“十四五”国家重点出版物出版规划项目
上海市促进文化创意产业发展财政扶持资金项目

国家科学技术学术著作出版基金资助出版

智能视频分析关键技术
行人再识别

Key Technologies of Intelligent Video Analysis Pedestrian Re-Identification

赵才荣　苗夺谦　著

同济大学出版社
TONGJI UNIVERSITY PRESS
·上海·

图书在版编目(CIP)数据

智能视频分析关键技术：行人再识别 / 赵才荣，苗夺谦著. --上海：同济大学出版社，2025.5. --(人工智能前沿丛书). -- ISBN 978-7-5765-1210-6

Ⅰ. TN948.65

中国国家版本馆 CIP 数据核字第 2024G77W12 号

“十四五”国家重点出版物出版规划项目

上海市促进文化创意产业发展财政扶持资金项目

人工智能前沿丛书

智能视频分析关键技术:行人再识别

赵才荣　苗夺谦　著

策划编辑：高晓辉　袁佳麟
责任编辑：朱　勇　王映晓
责任校对：徐春莲
装帧设计：唐思雯

出版发行　同济大学出版社　www.tongjipress.com.cn
（地址:上海市四平路 1239 号　邮编:200092　电话:021-65985622）
经　　销　全国各地新华书店、建筑书店、网络书店
排版制作　南京文脉图文设计制作有限公司
印　　刷　上海安枫印务有限公司
开　　本　787mm×1092mm　1/16
印　　张　22.25
字　　数　461 000
版　　次　2025 年 5 月第 1 版
印　　次　2025 年 5 月第 1 次印刷
书　　号　ISBN 978-7-5765-1210-6
定　　价　198.00 元

序

FOREWORD

在当今科技飞速发展的时代，人工智能正以前所未有的速度改变着我们的生活方式和工作模式。作为人工智能的重要分支，视觉识别技术在安全监控、智能交通、医疗诊断等领域展现了巨大的潜力和应用价值。而在这一分支中，行人再识别技术凭借其在公共安全、智能监控等方面的独特优势，逐渐成为智能视频分析的关键技术。

本书就是在这一背景下应运而生的。它不仅是作者多年研究心血的结晶，更是对行人再识别技术深入探讨和前沿研究的全面展示。全书以行人再识别为核心，涵盖了从基础理论到实际应用的各个方面，力图为读者梳理出一个系统、全面的知识体系。

本书以茶文化为引，新颖有趣，层次分明，内容结构又不失严谨。首先，从行人再识别的基本概念和研究现状入手，帮助读者建立起对该领域的初步认识。其次，详细介绍了多方向、多通道特征学习，最大粒度结构与广义多视图判别分析等先进技术手段，展示了行人再识别领域的最新研究成果。在此基础上，本书进一步探讨了基于生成对抗网络、人体协同解析等技术在遮挡行人再识别中的应用，揭示了在复杂场景下提高识别准确率的有效途径。

本书的独特之处在于它不仅关注技术层面的创新，更强调理论与实践的紧密结合。书中的每一个技术方案，都已经在大量实验和实际应用中经过验证，具有很强的实践指导意义。通过对这些技术的学习，读者不仅可以了解行人再识别的前沿技术，还能学会如何将其应用于实际项目。

此外，本书还特别关注行人再识别技术在隐私保护和安全防御方面的挑战与对策。在信息技术飞速发展的今天，隐私保护成为一个不容忽视的重要问题。本书通过探讨行人身份偏移、动态后门攻击等前沿问题，为读者提供了应对这些挑战的有效方法和思路。

总的来说，本书不仅是一本技术指南，更是一部充满智慧的学术著作。它将复杂的技术问题以深入浅出的方式呈现给读者，即使非专业读者也能在阅读中受益匪浅。通过对本书的学习，读者不仅可以掌握行人再识别的核心技术，还能培养系统的思维方式和解决问题的能力。

希望本书能够为读者在学习和研究中提供帮助。同时，也期待更多的研究者和工程师能够从中获得启发，共同推动行人再识别技术不断向前发展，为社会的进步和发展贡献自己的力量。

中国工程院院士蒋昌俊

2024 年 11 月

前言

PREFACE

随着科技的飞速发展，智能视频分析技术在公共安全、智慧城市、智能交通等领域发挥着越来越重要的作用。其中，行人再识别作为智能视频分析领域的一项关键技术，通过对视频中的行人进行跨摄像头识别和跟踪，为案件侦破、失踪人口查找等提供了强有力的支持。在此背景下，本书诞生了。

本书重点探讨智能视频分析中的关键技术——行人再识别。首先，介绍了经典行人再识别中的表征学习与度量学习，以及此类研究的局限性。其次，聚焦于面向复杂场景的行人再识别研究，探讨了遮挡、行人搜索、跨模态、大规模行人快速检索和隐私保护等多方面的关键问题。此外，本书还向读者展示了智能视频分析技术在多个不同领域的应用案例，包括犯罪侦查和预防、智慧交通管理、智慧城市规划等。通过深入了解智能视频分析技术的多样化应用，读者将能够更好地理解其在不同领域中的潜在价值，并为未来的技术发展获取新的思路和启示。

本书分为 16 个章节，分别探讨了行人再识别技术的多个不同方面。具体包括从基本的行人特征提取到复杂的多视角、多尺度学习；涵盖了从经典行人再识别中的表征学习与度量学习知识，到面向复杂、真实场景的行人再识别研究。另外，还重点探讨了遮挡、行人搜索、跨模态、大规模行人快速检索和隐私保护等问题，这些也是当前学术界关注的研究热点。

第 1 章为全书基础理论知识，深入探讨了行人再识别的研究背景、技术发展现状和面临的关键挑战等。通过系统性的介绍，为读者构建起完整的行人再识别技术知识框架，为后续各章节的深入探讨作好铺垫。正如《周易》所言："乾道变化，各正性命。"行人再识别技术的发展正体现了这种与时俱进的特质。

第 2 章在第 1 章基础理论知识的指导下,深入研究基于多方向、多通道的条形结构特征学习方法。通过创新性地引入多尺度、多方向的特征提取机制,显著提升了所提取特征的表达能力。这种方法不仅能够提高行人再识别的准确率,还为后续的多视角研究奠定了重要基础。

第 3 章承接前文的多方向特征研究,将行人再识别问题进一步拓展到多视图领域。通过引入最大粒度结构和广义多视图判别分析,实现了多视角信息的有效融合,显著增强了模型的鲁棒性和泛化能力,为后续的特征融合研究开辟了新思路。

第 4 章基于前三章的研究基础,创新性地提出了联合迁移约束下的相似性学习方法。通过迁移学习技术,实现了跨数据集的知识迁移,有效解决了跨域数据集受限的问题,为实际应用提供了更多的可能性。

第 5 章在前述特征学习方法的基础上,引入深度学习技术,提出了多层次、多尺度的特征融合方案。这种方法不仅继承了传统方法的优势,还通过深度学习提升了特征的表达能力,为后续的高级特征提取奠定了基础。

第 6 章针对实际应用中的遮挡问题,创新性地将生成抑制对抗网络引入行人再识别领域。通过生成器和判别器的对抗学习,有效解决了遮挡场景下的识别难题,开创了遮挡处理研究的新方向。

第 7 章在第 6 章方法的基础上,提出了更精细的人体协同解析方法。通过深入分析人体各部分的结构关联,提供了一种新的遮挡处理思路,进一步提升了行人再识别的性能。

第 8 章承接前两章的遮挡处理研究,提出了自适应遮挡数据增强方法。该方法能够根据图像内容动态调整特征提取策略,实现了更智能的遮挡处理,使识别系统更适应复杂环境。

第 9 章多模态行人再识别突破单一视觉模态的限制,创新性地提出了多模态融合方案。通过整合视觉、文本等多种信息,构建了更全面的特征表示,为行人再识别提供了新的研究视角。

第 10 章针对大规模数据处理的效率问题,提出了基于哈希技术的快速检索方法。这种方法显著提升了检索速度,为实际应用中的实时处理提供了可行方案。

第 11 章在前述特征提取方法的基础上,专注于行人搜索问题。通过精确的外观特征描述和匹配,实现了高效的目标搜索,为实际应用提供了有力支持。

第 12 章进一步完善行人搜索技术,创新性地提出了基于图结构的序列化方法。这种方法既保持了特征的结构信息,又提供了高效的检索机制,实现了理论与实践的良好结合。

第 13 章在前两章搜索方法的基础上,提出了特征增强策略。通过深入的特征挖掘和优化,进一步提升了搜索的准确性和效率,推动了技术的实用化发展。

第 14 章专门探讨了身份保护问题。通过创新的身份偏移方法,在保证识别效果的同时,有效保护了个人隐私,为技术的规范应用提供了解决方案。

第 15 章深入探讨了系统安全问题。通过分析动态后门攻击方法,揭示了行人再识别领域中潜在的安全威胁,并提出了相应的防御策略,为系统的安全部署提供了重要指导。

第 16 章作为全书的收官部分,从行人再识别模型输出的角度出发,研究成员推断攻击(Membership Inference Attack)在该输出上如何进行攻击特征设计,提出了一种基于相似度分布的行人再识别模型上的成员推断攻击方法,不仅能够挖掘行人再识别模型训练集和测试集输出上的统计差异,也能够对行人再识别模型进行成员推断攻击,量化目标模型训练集的隐私泄露程度。

这 16 章内容层层递进,从基础理论到实际应用,从单一功能到综合系统,构建了一个完整的行人再识别技术体系。每章既保持了相对独立性,又与其他章节紧密关联,形成了一个有机的整体。这种系统性的研究和探讨,为读者提供了全面而深入的技术认知,对推动行人再识别技术的发展具有重要意义。

科学研究犹如一条漫长的旅途,充满了未知与挑战。本书通过对行人再识别技术的全面解析,不仅展现了这一领域的最新研究成果和应用前景,还向读者展示了智能视频分析技术的广泛应用前景。通过深入了解这些多样化应用,读者将更好地理解其在不同领域中的潜在价值,为未来发展获取新的思路和启示。

本书的撰写得到了多位老师和同学的帮助。在此,要特别感谢编辑高晓辉老师、袁佳麟老师的精心策划以及编辑朱勇老师、王映晓老师的仔细校订;感谢蒋忻洋老师、崔金荣老师的修改建议;感谢同济大学视觉与智能学习实验室窦曙光博士、宋子帆博士、齐鼎博士以及赵佳乐博士等协助整理资料以及规范格式等。

行人再识别技术在智能监控、公共安全、交通管理等领域应用广泛,但仍面临诸如复杂环境下的光照变化、姿态变化、遮挡问题以及跨域适应等挑战,任重而道远,需要不断深入研究与探索实践。希望本书能够起到抛砖引玉的作用,激发更多学者和研究人员对这一领域的关注和思考,并推动该技术的进一步发展。由于著者水平有限,书中难免存在错漏之处,恳请读者批评指正。

著者

2024 年 11 月

目录

CONTENTS

目录

CONTENTS

目录

CONTENTS

目录

CONTENTS

引　子

“夜幕降临，华灯初上，整个城市喧闹而繁华，充满了幸福生活的烟火气。城市里熙熙攘攘的人群踏着匆忙的脚步赶往不同的目的地……”这是监控室大屏的实时画面。此时，刑侦专家老福正在专注地观看大屏。他端起茶杯喝完下班前的最后一口茶，又看了看窗外夜幕中的城市，心中升起了一丝自豪感。他知道，城市的祥和美好有他和同事们的功劳。

时至深夜，一些同事还在加班，他们仍在仔细审查和辨认电脑上的监控视频画面。老福深知，视频侦察就如盘查犯罪线索一样，千丝万缕，需要依靠大量人力、物力才能抽丝剥茧。好在近年来，智能视频分析技术的快速发展极大减轻了视频侦查人员的负担，提高了侦查速度和精确度。例如，在某知名歌手的万人演唱会现场出现了令人震惊的一幕，一个歌迷突然被几名警察带走。经过调查才发现，原来这个歌迷竟然是网络通缉逃犯。而整件事情最令人惊奇的是，这个逃犯并不是被警察盯了好久才被抓，而是在观看演唱会的时候，被警方的智能视频监控系统锁定，最终落网。在数万人中，在演唱会嘈杂的环境中，警察仍能锁定逃犯，令人不得不惊叹于智能视频分析技术的迅猛发展。

智能视频分析技术是视频侦察的关键技术之一，而行人再识别技术又是智能视频分析技术中的核心技术。老福深知，未来，该技术的应用将会为城市公共安全等方面作出巨大的贡献。阿济教授对此也颇有研究，老福决定与他共同探讨和梳理该技术的现状、应用和问题，最终形成本书，以帮助该领域的年轻人快速入门，尽快掌握视频侦察的先进技术。

阿济教授和老福围席而坐，泡上一壶武夷大红袍，顿时室内茶香扑鼻。此茶香气清纯无杂，汤色清澈明亮，果不负岩茶之王的美誉。阿济教授给老福和自己各斟一杯，轻酌一口，滋味醇厚、滑润、甘爽，带着特有的“岩韵”。然后，他们就智能视频分析关键技术交谈起来。

老福：“随着社会和经济的快速发展，城市公共安全问题受到越来越多的关注。众所周知，视频监控作为保障城市安全的重要技术手段，被广泛应用于街道、学校、商场等人流密集的公共场所。城市视频监控网络每时每刻都在获取视频数据，目前的视频分析技术主要以‘人工分析’为主，结合简单的智能化方法来处理分析视频数据，这导致了诸如‘视频在、找不到’‘找得到、找太久’‘有服务、不可靠’等视频监控技术应用的瓶颈。因此，实现智能视频监控，尤其是对行人数据的智能处理、可疑行为的自动研判，是新时代公共安全领域的迫切需要。”阿济教授对此深表赞同。

本书将探讨智能视频分析技术中关键的行人再识别研究。首先，将介绍经典行人再识别中的表征学习与度量学习知识，并认识研究的局限性。其次，将聚焦于面向复杂、真实场景的行人再识别研究，探讨遮挡、行人搜索、跨模态、大规模行人快速检索和隐私保护等问题，这些问题正受到越来越多学者的关注。

此外，本书还将展示智能视频分析技术在不同领域的应用案例，包括犯罪侦查和预防、交通管理、城市规划等。我们将阐述智能视频分析技术对提高效率、保障安全和改善生活质量的积极影响。通过深入了解智能视频分析技术的多样化应用，读者将能够更好地理解其在不同领域中的潜在价值，并为未来的发展获取新的思路和启示。

CHAPTER
1

第 1 章
绪　论

1.1 引言

如图 1-1 所示,智能视频监控系统利用模式识别和计算机视觉技术对海量监控数据进行处理和分析,在不需要人力干预的前提下,能够实现对监控目标的自动检测、跟踪以及识别。行人再识别(Person Re-IDentification, Re-ID)作为智能视频监控体系中的关键一环,旨在解决跨摄像头、跨场景下目标行人的关联与匹配。行人再识别起源于行人跟踪,在实际中行人是不断走动的,而摄像头是固定视野的,从而会产生被跟踪目标中断的情况。例如,摄像头视野里有障碍物遮挡,那么摄像头对行人的跟踪会因为障碍物的遮挡而丢失;同一个人会在不同时间点走入某个摄像头视野,从大的范围上讲这也是一种跟踪目标中断的情况;另外,行人也很容易走出当前摄像头的监控视野,从而造成跟踪信息丢失。以上都是实际中经常出现的情形。具体而言,图 1-1 中摄像机 1 捕获的目标行人作为待查询对象,摄像机 2～4 拍摄的行人图像组成候选图库,将待查询对象与候选图库中的行人逐个匹配,并在候选图库中找到与待查询行人相同类别的行人,从而实现跨摄像头、跨场景下目标行人关联与匹配。

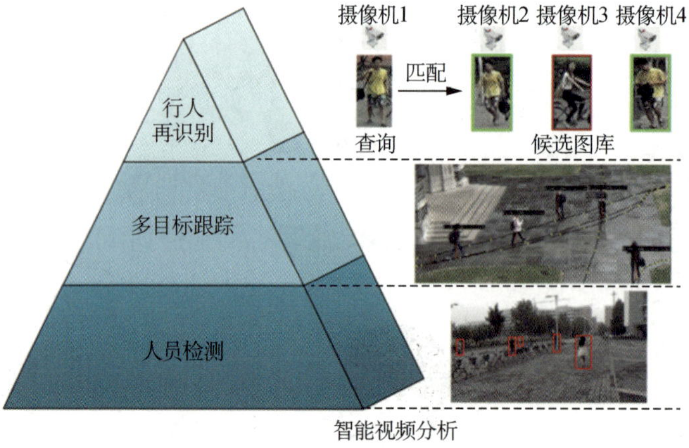

图 1-1　智能视频分析示意

要想构建一个高效、稳定的行人再识别模型,首先该模型需要对行人产生稳定的刻画——即使跨越了时间或空间,该人的描述始终是一致的,那么就可以与行人跟踪系统结合起来,完整掌握一个人的行动轨迹,进而可以对特定人完成动作和行为分析。进一步地,如果捕获到不符常规或者危险的行为,那么也可以完成异常行为检测。行人再识别也可以用在公安机关,辅助对犯罪人员的追捕,通过大规模的公共摄像头对犯罪人员进行识别,使其无所遁形;或者用于对案件的取证,帮助司法机关进行案件分析。因此,行人再识别有着重要的应用价值,能够大大降低维护公共安全的成本,为人民的生命健康安全提供有力的保障。

1.2 国内外研究现状

早期的行人再识别研究可以追溯到多摄像机追踪领域[1]。2005 年，阿姆斯特丹大学(University of Amsterdam)的 Zajdel 等[2]首次提出行人再识别概念。2007 年，Gary 等[3]发布了第一个用于行人再识别研究的数据集 VIPeR。随后的十几年，行人再识别作为一个独立的计算机视觉任务，受到越来越多国内外学者和研究机构的关注。

国际上著名的行人再识别研究机构有美国得克萨斯大学圣安东尼奥分校(University of Texas at San Antonio)、卡耐基梅隆大学(Carnegie Mellon University)，英国伦敦大学玛丽女王学院(Queen Mary University of London)，澳大利亚悉尼科技大学(University of Technology Sydney)，以色列理工学院(Technion-Israel Institute of Technology)，新加坡南洋理工大学(Nanyang Technological University)、新加坡国立大学(National University of Singapore)以及韩国首尔大学(Seoul National University)等。

近年来，国内对于行人再识别研究的热度不断增长。图 1-2 展示了近 10 年来相关国家自然科学基金的立项情况，可以看出，项目数量和资助金额都处于稳步上升的趋势。2018 年之后，该领域的项目数量和资助金额处于高峰，这是因为当年由国家自然科学基金和企业共同资助的多个联合项目立项。近年来，国内行人再识别研究活跃的研究机构主要包括中山大学智能科学与系统实验室、北京大学多媒体学习研究组、中国科学院自动化研究所模式识别国家重点实验室、中国科学院自动化研究所生物识别与安全研究中心、香港中文大学多媒体实验室、同济大学视觉与智能学习实验室、华中科技大学视觉与深度学习研究组、武汉大学国家多媒体软件工程技术研究中心、清华大学信息处理研究所、腾讯优图、微软亚洲研究院、旷世科技、阿里巴巴、京东 AI 研究院、商汤科技、依图科技、云从科技等。

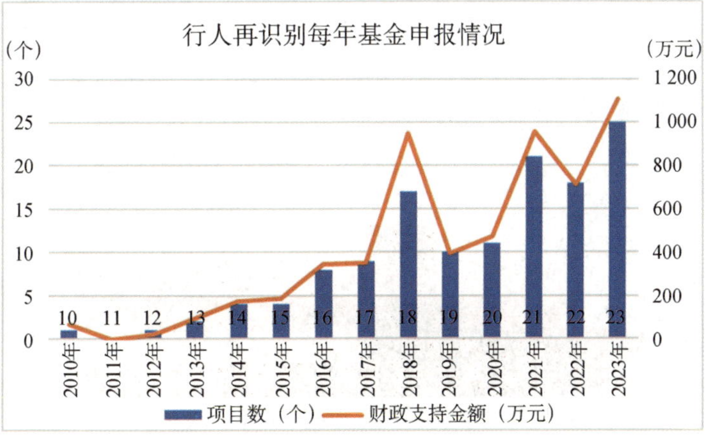

图 1-2　行人再识别基金项目数量与资助金额

行人再识别的众多科研成果也相继发表在计算机视觉领域顶级会议和顶级刊物上。图 1-3 展示了近 10 年来计算机视觉三大顶级会议 CVPR，ICCV，ECCV 收录的行人再识别论文数量变化情况。在 TPAMI，TIP，TMM，TOMM，TCSVT 等国际顶级刊物上，也发表了大量优秀的行人再识别研究成果。随着深度学习的快速发展，其在多个重要的计算机视觉任务上取得了重大突破。因此，基于深度学习的行人再识别研究也成为近年来的主流。图 1-4 展示了基于深度学习的行人再识别研究热点及变化趋势：表征学习[4-7]和度量学习[8-13]持续得到研究人员的关注，近年来一直保持着较高的研究热度；基于视频[14-18]、无监督[19-23]、注意力机制的行人再识别研究热度显著上升；此外，跨模态[24-26]、遮挡[27-29]、行人搜索[30,31]问题也开始得到研究人员的关注。具体地，

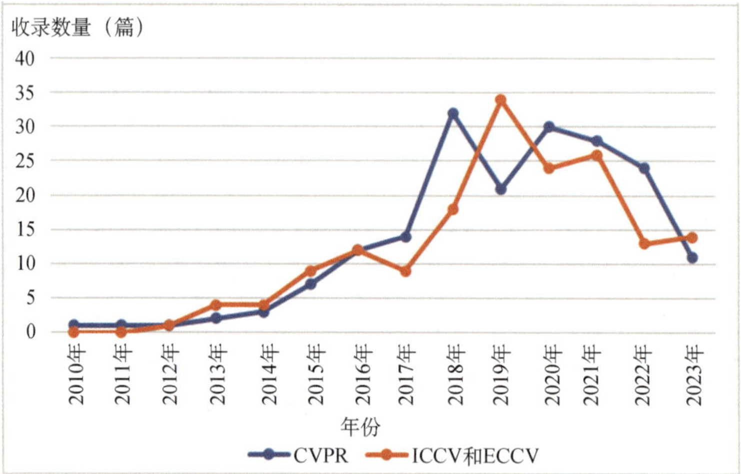

图 1-3　行人再识别论文在顶级会议中的数量

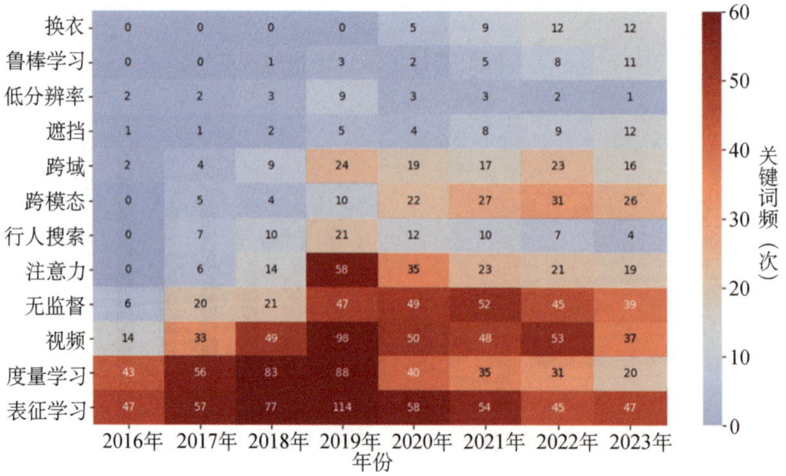

图 1-4　近年行人再识别关键词频

2016—2017 年，大量研究集中在行人的特征表达和相似性度量上，这一时期提出的数据集规模较小，涉及的开放性问题也较少，因此只能供研究者在相对理想的环境下进行标准行人再识别研究。2018—2020 年，注意力研究升温，标准行人再识别性能进一步提升。此外，更多的基于开放问题的行人再识别研究被提出。例如，2021—2023 年，针对遮挡、跨模态、无监督、换衣、鲁棒学习等问题的研究成为另一大趋势。在这一阶段，规模更大、考虑问题更全面、场景更拟真的数据集的提出也是推动这一研究趋势的重要原因。

传统的行人再识别研究聚焦于视觉信息中的可见光图像，在实际的监控视频系统中，由于摄像机的成像质量、光照强度、监控视角不同以及行人姿态不同、遮挡等，同一行人在不同摄像机下的外观特征呈现较大的差异。为了解决这些研究难题，研究人员将红外图像、深度图像、素描人像等图像引入行人再识别视觉信息的研究。同时，文本信息和时空信息也提供了更加广泛的特征用以识别，时空信息的应用也为提升跨域无监督学习的行人再识别算法起到了很大的作用，引起了研究人员的关注。这些多源信息应用于行人再识别研究，从而有了更多的角度对传统的算法进行改良和优化，进一步达到更好的识别效果。

1.3 评价指标

在行人再识别任务中，评价不同方法优劣通常使用累计匹配特性（Cumulated Matching Characteristics, *CMC*）与均值平均精度（mean Average Precision, *mAP*）这两项关键指标。基于深度学习的模型在训练集上进行训练，模型训练完成后转至测试数据集上进行最后的性能评估。行人再识别可视为一类典型的图像检索过程，当给定测试图片时，模型需要在测试数据集中找出可能的样本，并依据可能性从高到低进行排序。具体而言，属于同一 ID 的图片样本排序越靠前，说明该模型的精度越高，具体用 *CMC* 与 *mAP* 这两项关键指标进行衡量。

CMC 曲线表示模型 *Top-k* 的命中概率，主要用于评估闭集 *Rank-k*（也写为 *Rank*=*k*）的正确率，而命中 ID 在排序 k 之前的概率决定了 *Rank-k* 的精度。当模型检索结果存在多个时，*CMC* 曲线采用了平均值的做法，其 *Rank-k* 的精度可表示为

$$CMC(k)=\frac{1}{N}\sum_{i=1}^{N}f(p_i, k) \tag{1-1}$$

式中，*CMC*(*k*)代表 *Rank-k* 的精度，行人再识别常用 *Rank-k* 有 *Rank*-1、*Rank*-5 与 *Rank*-10，其中 *Rank*-1 准确率为 Re-ID 模型最为关键的指标；$f(p_i, k)$表示判别函数，对于测试数据集中的样本 p_i 而言，首 k 位是否包含正确 ID 样本项的判别函数 $f(p_i, k)$定义为

$$f(p_i, k)=\begin{cases}1 & \text{当首 } k \text{ 位包含正确 ID 样本项时}\\ 0 & \text{其他}\end{cases} \tag{1-2}$$

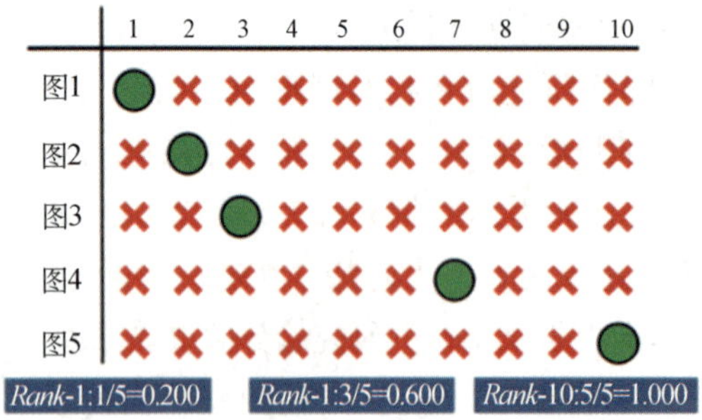

图 1-5　行人再识别 *Rank-k* 计算示例

由此可知,*CMC*(*k*)给出了模型在排序列表前 *k* 位的概率,为便于理解,本书实验部分的 *CMC*(*k*)均使用具体 *Rank*-1、*Rank*-5 与 *Rank*-10 指标来进行描述,这也是学术界通用的模型性能衡量方式。图 1-5 通过简单的示例对 *Rank*-*k* 的计算进行演示。图中假设待检索样本数量为 5,分别标记为图 1～图 5,绿色圆圈代表命中,红色叉代表未命中,横轴 1～10 代表排序位置。可知第 1 位命中 1 个样本,前 5 位命中 3 个样本,前 10 位命中 5 个样本。由检索样本数量 5 可知,*Rank*-1、*Rank*-5、*Rank*-10 精度分别为 0.200、0.600 与 1.000。

CMC 描述了排序前 *k* 位命中的概率,而另一关键指标 *mAP* 则描述了模型在整个测试集中所有样本的排序结果的平均精度均值,更能体现算法的整体鲁棒性。*mAP* 计算方法为

$$mAP = \frac{1}{N}\sum_{i}^{N} AP(i) \tag{1-3}$$

式中,N 指代了测试集样本总量;$AP(i)$指代序号为 i 的样本所对应的平均精度,$AP(i)$对应公式可表示为

$$AP(i) = \frac{1}{M}\sum_{i=1}^{M} P(k,\ q_k) \tag{1-4}$$

式中,M 指代测试集中命中 ID 为 i 的总数;$P(k,\ q_k)$指代排序前 k 个位置中命中总数与 k 的比值。由此可知,$AP(i)$指代了单个样本的检索平均精度,*mAP* 指代了所有测试样本的最终平均精度。

图 1-6 描述了 *mAP* 的计算过程,AP_1、AP_2、AP_3 的均值构成了 *mAP* 准确率。对应单个样本 *AP* 计算方式如图 1-6 所示,正确样本的排序越靠前,*AP* 值越接近于 1。与 *CMC* 曲线不同,所有检索命中样本均会参与计算。*mAP* 的值在 0 与 1 之间,假设模

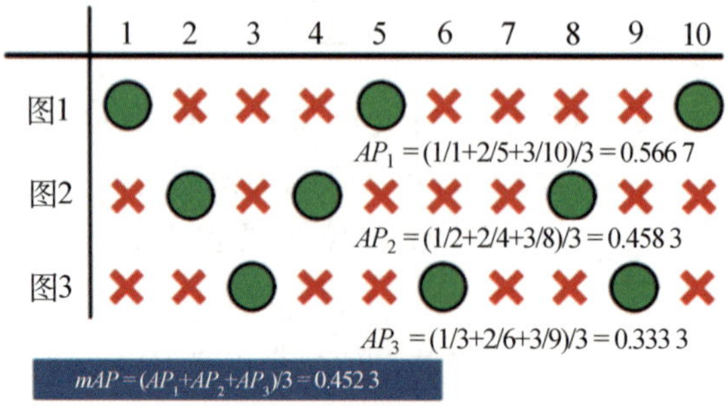

图 1-6　行人再识别 *mAP* 计算示例

型检索排序达到最理想状态，所有样本均命中且在排序列表中占据前列，则此时 mAP 值为 1；如检索过程中错误样本排序在正确样本之前，则小于 1。由此可知，mAP 可以很好地反应整体模型鲁棒性，其通常与 *CMC* 曲线一起来评价行人再识别模型的精度。

1.4　常用数据集

自 2007 年 Gray 等研究人员发布第一个行人再识别数据集 VIPeR 以来，先后有一些行人数据集逐步公开，其中一些被广泛用于各类算法的测试。现有的大部分行人数据集主要可以分为基于图像和视频两种类型，并且绝大多数是在正常场景下拍摄的。由于在实际监控部署中，同一行人可能穿过不同地点的摄像头，所以这些镜头拍摄的区域一般是没有重叠的。但由于实际场景中监控设备的部署受环境影响较大，行人再识别存在很多方面的困难，如行人与相机之间的拍摄视角变化、图像分辨率高低的差异、拍摄场景的光线变化、行人的姿态变化以及可能的遮挡等不利因素。目前公开的行人数据集采集过程中，样本采集设备一般部署在固定的位置，同一个相机获取的行人样本的视角相对固定。

光照、视角、姿态、摄像参数、遮挡、背景变化等使行人再识别问题极具挑战性。为了有效模拟这些环境因素和评估行人再识别算法性能，近年来许多行人再识别数据集被提出。表 1-1 所示列举了针对静态图像和视频序列的标准行人再识别数据集以及针对各种开放问题的开放行人再识别数据集。

表 1-1　行人再识别常用数据集统计

	方向	数据集	年份		方向	数据集	年份
标准行人再识别	图像	VIPeR	2007 年	开放行人再识别	遮挡	P-ETHZ	2008 年
		CUHK03	2014 年			Partial-RE-ID	2015 年
		Market1501	2015 年			P-DukeMTMC	2016 年
		DukeMTMC-Re -ID	2017 年			Occluded-RE-ID	2018 年
		MSMT17	2018 年			Occluded-Duke	2019 年
	视频	PRID -2011	2011 年		行人搜索	CUHK-SYSU	2017 年
		iLIDS -VID	2014 年			PRW	2017 年
		MARS	2016 年		文本-图像	CUHK-PEDES	2017 年
		DukeMTMC-Video	2018 年		可见光-红外	SYSU-MM01	2017 年
		LS -VID	2019 年			RegDB	2017 年

目前，常用的图像行人再识别数据集有 VIPeR[32]，CUHK03[33]，Market1501[34]，DukeMTMC-Re -ID[35]和 MSMT17[36]。图像行人再识别数据集示例如图 1-7 所示。VIPeR 是较早公开的行人再识别数据集，创建于 2007 年。该数据集包含 2 个摄像头，

涉及 632 个行人,共计 1 264 幅图像,其中涉及大幅度姿态变化以及轻微光照变化。CUHK03 是香港中文大学于 2014 年发布的数据集,由 6 个不同监控摄像机拍摄收集,每个行人都至少出现在 2 个摄像视角下,共计 28 192 张图片,涉及 1 467 个行人。该数据集中存在光照、遮挡、身体部分不匹配等因素造成的影响。Market1501 数据集采集自清华大学的校园,包括 6 个摄像头(5 个高清和 1 个低清)。该数据集包含 32 688 张图片,1 501 个行人,其中的行人边界框由 DPM 自动检测得到。DukeMTMC-Re-ID 是大规模多目标跟踪数据集 DukeMTMC 的一个子集,采集自杜克大学校园,于 2016 年公布。该数据集包含 1 404 个行人的 34 183 张图像,其中 702 个行人的 16 522 张图像用作训练,剩下 702 个行人的 17 661 张图像用作测试。MSMT17 是目前最大规模图像行人再识别数据集之一,由 12 个室外摄像机和 3 个室内摄像机在不同时段、不同气候条件下拍摄得到,共计 126 441 张行人图像,涉及 4 101 个行人。该数据集中的行人边界框由 Faster R-CNN 检测器检测得到。

图 1-7　图像行人再识别数据集示例

不同于仅需要单帧图像的行人再识别方法,视频行人再识别需要的是连续视频帧的数据集(图 1-8)。常用的视频行人再识别数据集主要有 PRID-2011[37],iLIDS-VID[38],MARS[39],DukeMTMC-Video[40],LS-VID[41]。PRID-2011 是 Hizer 等[37]于 2011 年提出的行人再识别数据集。该数据集分别由 2 台摄像机拍摄的 385 条和 749 条行人轨迹组成,其中有 200 个行人在这 2 台摄像机中都出现过。该数据集的背景比较干净并且遮挡较少,因此相对简单。此外,该数据集还有一个由随机选择的快照组成的单镜头版本。iLIDS-VID 是 Wang 等[38]于 2014 年发布的行人再识别数据集。该数据集来源于航空接站大厅监控视频,包含 2 个视野不相交摄像头拍摄的 300 个行人的 600 条行人轨迹。该数据集由于严重遮挡和复杂的背景等,识别具有挑战性。MARS 是 Zheng 等[39]于 2016 年发布的行人再识别数据集,是 Market1501 数据集的视频拓展版,也是视频行人再识别数据集中首个大规模数据集。它包含 1 261 个行人的大约 20 000 个轨迹。相比之前的其他数据集,更加贴近现实场景。DukeMTMC-Video 是 DukeMTMC 的子集,Wu 等于 2018 年将其从 DukeMTMC 中提取出来,专门用于基于视频的行人再识别。Wu 等人每秒从视频中裁剪行人图像 12 帧，以生成行人轨迹。该数据集包含用于训练的 2 196 条轨迹的 369 656 帧和用于测试和干扰的 2 636 条轨迹的 445 764 帧。LS-VID 是 Li 等[41]于 2019 年提出的大规模视频行人再识别数据集。其具有更长的轨迹序列，是目前最大的视频行人再识别数据集，同时更加面向现实场景且具有挑战性。

图 1-8　视频行人再识别数据集示例

开放行人再识别数据集的构建主要为了解决遮挡、行人搜索、跨模态等问题。针对遮挡行人再识别，Partial-RE-ID[42]，Occluded-RE-ID[43]，Occluded-Duke[44]，P-ETHZ[44]，P-DukeMTMC[44]数据集被提出。Partial-RE-ID 采集自大学校园，包含 60 个行人的 600 张图片，每个行人有 5 张全身图片和 5 张遮挡图片，该数据集存在复杂的视角、背景变化和严重遮挡情况。Occluded-RE-ID 由校园内的移动摄像设备拍摄，包含 200 个行人的 2 000 张标注图像，类似于 Partial-RE-ID 的设置，每个行人由 5 张全身图片和 5 张不同遮挡图片组成。Occluded-Duke 由 DukeMTMC-Re-ID 中的遮挡图像组成，是迄今为止最大的遮挡行人数据集，其训练集包含 702 个行人的 15 618 张图像，测试集包含 1 110 个行人的 17 661 张图库图像和 2 210 张待查询图像。该数据集存在多种视角变化和丰富的遮挡类型。一些研究者分别从 ETHZ 和 DukeMTMC-Re-ID 数据集中挑选出遮挡行人图像组成 P-ETHZ 和 P-DukeMTMC 数据集。在 P-ETHZ 中，包含 85 个行人的 3 897 张图像。在 P-DukeMTMC 中，训练集包含 665 个行人的 12 927 张图像，测试集包含 634 个行人的 9 053 张图库图像和 2 163 张待查询图像。

针对行人搜索，常用的两个数据集是 CUHK-SYSU[45]和 PRW[46]数据集。此外还有针对场景行人遮挡的 LSPS 数据集被提出。CUHK-SYSU 收集自手持摄像机拍摄的街景和电影中的场景，共有 18 184 张包含行人的场景图像，96 143 个行人边界框，8 432 个行人身份。PRW 采集自大学校园内的 6 台摄像设备，共有 11 816 张场景图像，43 110 个行人边界框，932 个行人身份。LSPS 由 17 个摄像设备拍摄的室内、室外场景组成，拥有复杂的背景、视角、光照、行人密度变化。此外，还具有大量不完整的行人框，该数据集包含 51 836 张场景图像，60 433 个行人边界框，4 067 个行人身份。

在通过自然语言描述查询图库行人的文本-图像行人再识别方面，CUHK-PEDES[47]是目前该领域唯一的数据集，相关研究人员从CUHK03，Market1501，SSM，VIPER和CUHK01数据集中挑选出13 003个行人的40 206张图像，每张图像都有两段自然语言描述。

可见光-红外行人再识别的两个常用数据集分别是由Wu等[48]提出的SYSU-MM01和由Nguyen等[49]提出的RegDB数据集。SYSU-MM01包含6个摄像头，其中4个是在白天工作的可见光摄像头，2个是在黑暗环境中工作的红外摄像头。该数据集共有491个行人身份的287 628张可见光图像和15 792张红外图像。RegDB数据集共有432个行人，每个行人包含10张可见光图像和10张红外图像，且只有正面和背面两种拍摄视角。

近年来，随着行人再识别研究的不断深入，行人数据集规模快速增加，摄像机位增多，拍摄视角更加多变，数据集中涉及的开放问题也更加丰富，行人再识别数据集越来越接近真实监控场景。然而，行人再识别数据集标注成本十分昂贵，为了缓解这一问题，一些学者致力于数据集标注方法的改进。Xu等[50]提出主动冗余削减框架(Active Redundancy Reduction，ARR)，以最少的标注工作量，实现全监督环境下训练有效的行人再识别模型，其目标是在构建大规模行人再识别数据集时减少冗余样本。通过估计样本的不确定性和内部多样性，主动选择信息丰富和多样化的样本进行标注。实验表明ARR可以在Market1501，MSMT17和CUHK03上分别减少57%，63%和49%的标注工作量。当前的行人再识别数据集大多涉及隐私等敏感问题，为此，一些学者致力于构建虚拟行人数据集[51-53]，在虚拟数据集上预训练一个行人再识别模型，并迁移到真实数据上进行测试。

1.5 本章小结

传统行人再识别(相对于基于深度学习的方法而言)研究思路主要聚焦于手工图像特征采集与样本间整体相似度度量，因而传统方法在非对齐场景下难以取得理想的识别精度，诸如行人形体姿态变化、遮挡、图片裁切不合理等外部因素都将严重影响传统模型的识别精度。为对抗上述现实场景中实际存在，或因设备一致性、自动检测等采集过程所引入的样本缺陷，基于大样本自主特征学习的深度学习方法逐渐成为行人再识别研究的主流方法。近年来，深度学习在智能搜索、数据挖掘、计算机视觉、自然语言处理、语音理解等许多领域取得多项重大进展，在诸如围棋、自然语言处理等复杂任务上达到或超过人类水平，进而被应用于解决部分复杂的模式识别问题，成为了当前人工智能领域发展的主要推手。

行人再识别算法根据不同的使用场景分为标准行人再识别和开放行人再识别两个研究课题。其中，标准行人再识别是开放行人再识别的基础，开放行人再识别是标准行人再识别的延伸。近几年，国内外大量行人再识别领域的研究工作大多是基于深度学习技术展开的。图 1-9 展示了基于深度学习的行人再识别模型处理标准流程[54]：首先，从监控系统中获取原始视频数据；随后对视频抽帧，得到一系列场景图片；其次，使用行人检测算法将场景中的行人检测并裁剪出来；再次，通过表征学习的方法提取行人的鲁棒特征表示；最后，利用度量学习方法计算行人之间的相似度得分，并从高到低进行排序，根据排序结果完成目标行人的再识别。此外，还可以在原始排序基础上，通过重排序算法进一步优化性能。

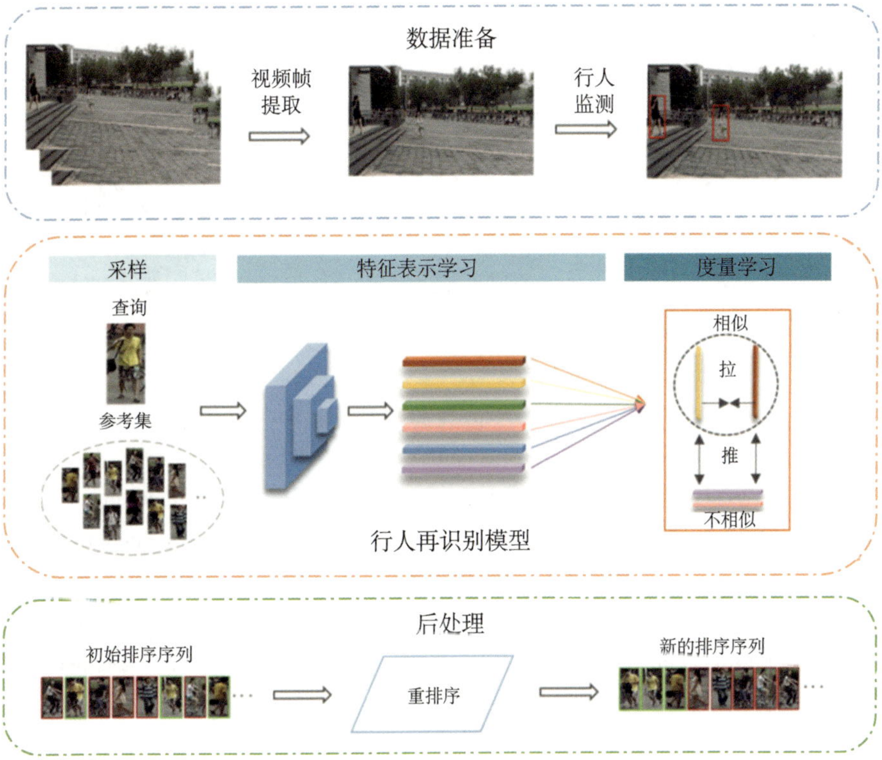

图 1-9　行人再识别标准流程

随着行人再识别算法取得一定的突破，更具有实用价值的开放行人再识别问题正逐渐受到国内外研究者的关注。目前，开放行人再识别研究仍然面临诸多挑战，本书后续将一一介绍。

参考文献

[1] WANG X. Intelligent multi-camera video surveillance: A review[J]. Pattern recognition letters, 2013, 34(1): 3-19.

[2] ZAJDEL W, ZIVKOVIC Z, KROSE B J A. Keeping track of humans: Have I seen this person before? [C]//Proceedings of the 2005 IEEE international conference on robotics and automation.

IEEE, 2005: 2081-2086.

[3] ZHAO C, CHEN K, ZANG D, et al. Uncertainty-optimized deep learning model for small-scale person Re-IDentification[J]. Science China Information Sciences, 2019, 62(12): 1-13.

[4] ZHAO C, WANG X, WONG W K, et al. Multiple metric learning based on bar-shape descriptor for person Re-IDentification[J]. Pattern Recognition, 2017, 71: 218-234.

[5] ZHAO C, WANG X, MIAO D, et al. Maximal granularity structure and generalized multi-view discriminant analysis for person Re-IDentification[J]. Pattern Recognition, 2018, 79: 79-96.

[6] ZHAO C, CHEN K, WEI Z, et al. Multilevel triplet deep learning model for person Re-IDentification[J]. Pattern Recognition Letters, 2019, 117: 161-168.

[7] ZHENG M, KARANAM S, WU Z, et al. Re-IDentification with consistent attentive siamese networks[C]//Proceedings of the IEEE/CVF conference on computer vision and pattern recognition. 2019: 5735-5744.

[8] FAN X, JIANG W, LUO H, et al. SphereRe-ID: Deep hypersphere manifold embedding for person Re-IDentification[J]. Journal of Visual Communication and Image Representation, 2019, 60: 51-58.

[9] ZHENG Z, ZHENG L, YANG Y. A discriminatively learned cnn embedding for person Re-IDentification [J]. ACM transactions on multimedia computing, communications, and applications (TOMM), 2017, 14(1): 1-20.

[10] DING S, LIN L, WANG G, et al. Deep feature learning with relative distance comparison for person Re-IDentification[J]. Pattern Recognition, 2015, 48(10): 2993-3003.

[11] CHENG D, GONG Y, ZHOU S, et al. Person Re-IDentification by multi-channel parts-based cnn with improved triplet loss function[C]//Proceedings of the iEEE conference on computer vision and pattern recognition. 2016: 1335-1344.

[12] ZHOU S, WANG J, WANG J, et al. Point to set similarity based deep feature learning for person Re-IDentification[C]//Proceedings of the IEEE Conference on Computer Vision and Pattern Recognition. 2017: 3741-3750.

[13] ZHANG W, HU S, LIU K, et al. Learning compact appearance representation for video-based person Re-IDentification[J]. IEEE Transactions on Circuits and Systems for Video Technology, 2018, 29(8): 2442-2452.

[14] CHUNG D, TAHBOUB K, DELP E J. A two stream siamese convolutional neural network for person Re-IDentification[C]//Proceedings of the IEEE international conference on computer vision. 2017: 1983-1991.

[15] ZHANG J, WANG N, ZHANG L. Multi-shot pedestrian Re-IDentification via sequential decision making[C]//Proceedings of the IEEE conference on computer vision and pattern recognition. 2018: 6781-6789.

[16] MCLAUGHLIN N, DEL RINCON J M, MILLER P. Recurrent convolutional network for video-based person Re-IDentification[C]//Proceedings of the IEEE conference on computer vision and pattern recognition. 2016: 1325-1334.

[17] MCLAUGHLIN N, DEL RINCON J M, MILLER P. Video person Re-IDentification for wide area tracking based on recurrent neural networks[J]. IEEE Transactions on Circuits and Systems for Video Technology, 2017, 29(9): 2613-2626.
[18] WEI L, ZHANG S, GAO W, et al. Person transfer gan to bridge domain gap for person Re-IDentification[C]//Proceedings of the IEEE conference on computer vision and pattern recognition. 2018: 79-88.
[19] DENG W, ZHENG L, YE Q, et al. Image-image domain adaptation with preserved self-similarity and domain-dissimilarity for person Re-IDentification[C]//Proceedings of the IEEE conference on computer vision and pattern recognition. 2018: 994-1003.
[20] WU G, ZHU X, GONG S. Tracklet self-supervised learning for unsupervised person Re-IDentification[C]//Proceedings of the AAAI Conference on Artificial Intelligence. 2020, 34(7): 12362-12369.
[21] WANG J, ZHU X, GONG S, et al. Transferable joint attribute-identity deep learning for unsupervised person Re-IDentification[C]//Proceedings of the IEEE conference on computer vision and pattern recognition. 2018: 2275-2284.
[22] PENG P, XIANG T, WANG Y, et al. Unsupervised cross-dataset transfer learning for person Re-IDentification[C]//Proceedings of the IEEE conference on computer vision and pattern recognition. 2016: 1306-1315.
[23] NIU K, HUANG Y, WANG L. Fusing two directions in cross-domain adaption for real life person search by language[C]//Proceedings of the IEEE/CVF International Conference on Computer Vision Workshops. 2019.
[24] JING Y, SI C, WANG J, et al. Pose-guided multi-granularity attention network for text-based person search[C]//Proceedings of the AAAI Conference on Artificial Intelligence. 2020, 34(7): 11189-11196.
[25] LI S, XIAO T, LI H, et al. Identity-aware textual-visual matching with latent co-attention[C]//Proceedings of the IEEE International Conference on Computer Vision. 2017: 1890-1899.
[26] ZHUO J, CHEN Z, LAI J, et al. Occluded person Re-IDentification[C]//2018 IEEE International Conference on Multimedia and Expo (ICME). IEEE, 2018: 1-6.
[27] ZHAO C, LV X, DOU S, et al. Incremental generative occlusion adversarial suppression network for person Re-ID[J]. IEEE Transactions on Image Processing, 2021, 30: 4212-4224.
[28] ZHENG W S, LI X, XIANG T, et al. Partial person Re-IDentification[C]//Proceedings of the IEEE International Conference on Computer Vision. 2015: 4678-4686.
[29] XIAO T, LI S, WANG B, et al. Joint detection and identification feature learning for person search[C]//Proceedings of the IEEE conference on computer vision and pattern recognition. 2017: 3415-3424.
[30] ZHENG L, ZHANG H, SUN S, et al. Person Re-IDentification in the wild[C]//Proceedings of the IEEE conference on computer vision and pattern recognition. 2017: 1367-1376.
[31] GRAY D, TAO H. Viewpoint invariant pedestrian recognition with an ensemble of localized

features[C]//European conference on computer vision. Springer, Berlin, Heidelberg, 2008: 262-275.

[32] LI W, ZHAO R, XIAO T, et al. DeepRe-ID: Deep filter pairing neural network for person Re-IDentification [C]//Proceedings of the IEEE conference on computer vision and pattern recognition. 2014: 152-159.

[33] ZHENG L, SHEN L, TIAN L, et al. Scalable person Re-IDentification: A benchmark[C]//Proceedings of the IEEE international conference on computer vision. 2015: 1116-1124.

[34] ZHENG Z, ZHENG L, YANG Y. Unlabeled samples generated by gan improve the person Re-IDentification baseline in vitro[C]//Proceedings of the IEEE international conference on computer vision. 2017: 3754-3762.

[35] WEI L, ZHANG S, GAO W, et al. Person transfer gan to bridge domain gap for person Re-IDentification [C]//Proceedings of the IEEE conference on computer vision and pattern recognition. 2018: 79-88.

[36] HIZER M, BELEZNAI C, ROTH P M, et al. Person Re-IDentification by descriptive and discriminative classification[C]//Scandinavian conference on Image analysis. Springer, Berlin, Heidelberg, 2011: 91-102.

[37] WANG T, GONG S, ZHU X, et al. Person Re-IDentification by video ranking[C]//European conference on computer vision. Springer, Cham, 2014: 688-703.

[38] ZHENG L, BIE Z, SUN Y, et al. Mars: A video benchmark for large-scale person Re-IDentification[C]//European conference on computer vision. Springer, Cham, 2016: 868-884.

[39] BAZZANI L, CRISTANI M, PERINA A, et al. Multiple-shot person Re-IDentification by hpe signature[C]//2010 20th international conference on pattern recognition. IEEE, 2010: 1413-1416.

[40] LI J, WANG J, TIAN Q, et al. Global-local temporal representations for video person Re-IDentification[C]//Proceedings of the IEEE/CVF international conference on computer vision. 2019: 3958-3967.

[41] ZHENG W S, LI X, XIANG T, et al. Partial person Re-IDentification[C]//Proceedings of the IEEE International Conference on Computer Vision. 2015: 4678-4686.

[42] ZHUO J, CHEN Z, LAI J, et al. Occluded person Re-IDentification [C]//2018 IEEE International Conference on Multimedia and Expo (ICME). IEEE, 2018: 1-6.

[43] MIAO J, WU Y, LIU P, et al. Pose-guided feature alignment for occluded person Re-IDentification[C]//Proceedings of the IEEE/CVF international conference on computer vision. 2019: 542-551.

[44] XIAO T, LI S, WANG B, et al. Joint detection and identification feature learning for person search[C]//Proceedings of the IEEE conference on computer vision and pattern recognition. 2017: 3415-3424.

[45] ZHENG L, ZHANG H, SUN S, et al. Person Re-IDentification in the wild[C]//Proceedings of the IEEE conference on computer vision and pattern recognition. 2017: 1367-1376.

[46] LI S, XIAO T, LI H, et al. Identity-aware textual-visual matching with latent co-attention[C]//Proceedings of the IEEE International Conference on Computer Vision. 2017: 1890-1899.
[47] WU A, ZHENG W S, YU H X, et al. RGB-infrared cross-modality person Re-IDentification [C]//Proceedings of the IEEE international conference on computer vision. 2017: 5380-5389.
[48] NGUYEN D T, HONG H G, KIM K W, et al. Person recognition system based on a combination of body images from visible light and thermal cameras[J]. Sensors, 2017, 17 (3): 605.
[49] XU X, LIU L, ZHANG X, et al. Rethinking data collection for person Re-IDentification: active redundancy reduction[J]. Pattern Recognition, 2021, 113: 107827.
[50] JIANG X, QIAO Y, YAN J, et al. SSN3D: Self-separated network to align parts for 3D convolution in video person Re-IDentification[C]//Proceedings of the AAAI Conference on Artificial Intelligence. 2021, 35(2): 1691-1699.
[51] WANG Y, LIAO S, SHAO L. Surpassing real-world source training data: Random 3d characters for generalizable person Re-IDentification [C]//Proceedings of the 28th ACM international conference on multimedia. 2020: 3422-3430.
[52] ZHANG T, XIE L, WEI L, et al. Unrealperson: An adaptive pipeline towards costless person Re-IDentification[C]//Proceedings of the IEEE/CVF Conference on Computer Vision and Pattern Recognition. 2021: 11506-11515.
[53] 赵才荣，齐鼎，窦曙光，等. 智能视频监控关键技术：行人再识别研究综述[J]. 中国科学：信息科学，2021，51(12)：1979-2015.

办公室里，庐山云雾的茶条随着阿济教授对行人再识别技术的初步梳理而逐渐舒展开来。 老福轻轻掀开茶壶盖子的一角，一股醇厚甘甜的香气顿时弥漫在屋中，久久不散。 看着汤色清明豁亮、叶底嫩绿匀齐的茶水，两人默契地停下了交谈，抿了抿茶，阿济教授随即笑着点了点头：“老福，我们合作了七八年，你不仅业务上突飞猛进，科研知识也精进了不少。怎么样，要不要忙里偷闲到我这里念个博士啊？”

老福早就习惯了老友风趣诙谐的称赞方式，莞尔道：“别打趣我了，今天是来谈正事的。 给点建议，智能视频分析技术从哪开始讲起呢？”

阿济教授思索了一下，便说：“还记得我之前跟你说起的，智能视频分析技术最重要的一步是什么吗？”

老福恍然大悟：“你的意思是，从图像特征的提取开始讲起？”

阿济点头：“对！ 特征提取是计算机视觉技术的第一步，它就像‘1’，后面再多的改进也只是跟在‘1’后面的‘0’。若没有一个好的特征提取方法，其他的网络设计都是空谈。本章就从这里入手，讲一讲我们是如何通过仅有的几张嫌疑人的模糊照片，更加深入地了解和发现他们的。”

CHAPTER
2

第 2 章 基于多方向、多通道条形结构的特征学习

2.1 引言

本章将从图像粒计算的角度出发,研究在不同粒结构下行人图像的多粒度信息提取和表示方法,一方面,能够模拟人类认知来认识和表示客观事物;另一方面,也能够挖掘不同层面上的信息,弥补由于信息缺失而导致的识别误差。而从多层次、多视角等不同的粒度出发,往往能够提取到多种不同类别的特征,这些特征存在不同的分布结构。因此,如何对多粒度的特征进行度量的融合成为一个重要的研究问题。

本章提出了一种基于多方向、多通道条形结构的行人特征提取方法,从不同方向粒度上对行人图像进行表示与描述,针对不同方向粒度上的条形结构特征,利用其度量之间内在的不确定性联系,设计一种基于最优多元组距离的度量集成模型,针对不同方向粒度上的条形特征表示的度量结果进行融合。最后,在三个公开的行人再识别数据集(i-LIDS MCTS、CAVIAR4RE-ID、WARD 行人再识别数据集)上对算法性能进行评测,结果表明,本章提出的方法能够提取图像的本质特征,且对场景、光照、视角等变化具有较强的鲁棒性,行人再识别性能整体良好。

2.2 相关技术

首先介绍方向多粒度以及度量融合领域的一些背景知识,其次介绍其中涉及的几个相关工作,包括了局部二值编码的变换金字塔模型和二元相互作用机制。

2.2.1 局部二值编码的变换金字塔模型

局部二值编码(LBP)算法首先由 Ojala 等[1]在 2002 年提出,并用于图像的结构特征进行有效的表示。基于 LBP 算法,很多该算法的变体逐渐被提出,如 CLBP[2], CBP[3], LDP[4], LTP[5], LQP[6], CS-LBP[7]等。这些模型主要针对灰度图像的特征进行描述,相比于彩色多通道图像,损失了大量的信息,而彩色图像多通道局部二值编码又存在特征维数较高的问题,例如,对于单通道而言,特征维数为 $LBP_{8,1}=256$。因此,可以得到三通道 RGB 空间彩色图像的编码维度为 $(LBP_{8,1})^3=256^3$。针对该问题,Xiao 等[8]提出了一种局部二值编码的变换金字塔模型,从不同方向粒度上出发,计算图像的二值编码,来抽取多通道局部二值编码信息,并用于场景分类。具体如图 2-1 所示,该模型共包括三个不同的级别,即 Level-0,Level-1,Level-2。其中,Level-0 即针对单通道下的传统 $LBP_{8,1}$ 编码值,考虑到图像局部区域下的粗粒度特征定义为

$$CT_1=(10110101)_2 \tag{2-1}$$

对于多通道 Level-0 编码值,定义为

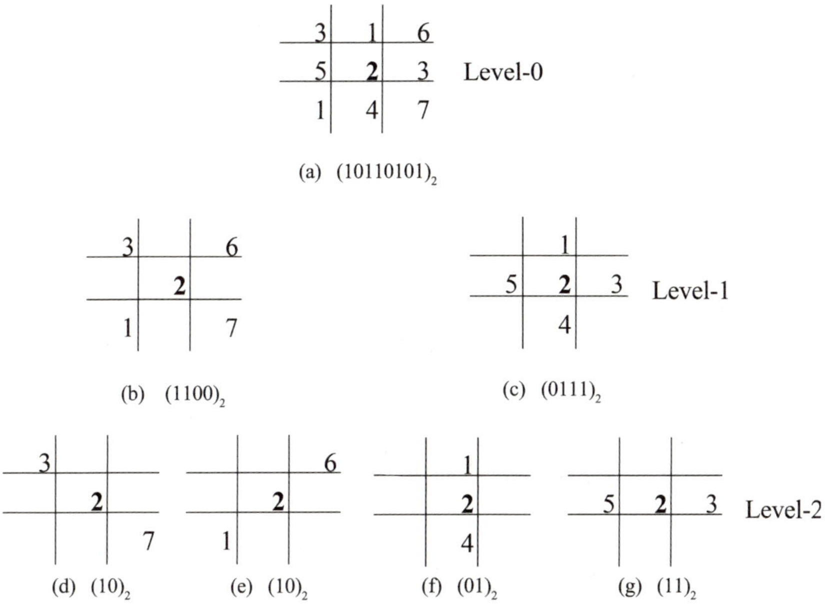

图 2-1　局部二值编码的变换金字塔模型

$$\overrightarrow{mCT_{\text{level0}}}=\underbrace{(CT_1, CT_2, \cdots, CT_n)}_{n\text{-channels}} \tag{2-2}$$

而 Level-1 则包括了单通道下“＋”和“×”两个方向粒度上的特征，相比于 Level-0 粒度更细，定义为

$$CT_1^1=(1100)_2 \tag{2-3}$$

和

$$CT_1^2=(0111)_2 \tag{2-4}$$

对于多通道 Level-1 编码值，定义为

$$\overrightarrow{mCT_{\text{level1}}^1}=\underbrace{(CT_1^1, CT_2^1, \cdots, CT_n^1)}_{n\text{-channels}} \tag{2-5}$$

和

$$\overrightarrow{mCT_{\text{level1}}^2}=\underbrace{(CT_1^1, CT_2^1, \cdots, CT_n^1)}_{n\text{-channels}} \tag{2-6}$$

可以看出，基于方向多粒度编码后的 Level-1 编码值维数相比于 Level-0 编码维数，从 $2^{8\times n}$ 降低到 $m\times 2^{k\times n}$，其中 m 定义为方向数，n 定义为通道数，k 定义为邻域点数。对于多通道 level-2 编码值，方法同上，即 $m=4$，$k=2$，$n=3$。

2.2.2 二元相互作用机制

对于多通道信息的融合，上述直接合并的方法依然存在维数较高的问题，而受启发于二元相互作用机制，Xiao 等[8]采用 2 通道交叉编码的方式来完成不同方向粒度上的二进制编码，即：定义 $\boldsymbol{C}=\{\boldsymbol{c}_1, \boldsymbol{c}_2, \boldsymbol{c}_3, \boldsymbol{c}_4\}$ 表示 4 通道（3 个颜色通道+1 个纹理通道）彩色图像，经过二元通道相互作用机制后，可重新获得 6 组双通道对，即 $\boldsymbol{c}'_1=\{\boldsymbol{c}_1, \boldsymbol{c}_2\}$，$\boldsymbol{c}'_2=\{\boldsymbol{c}_1, \boldsymbol{c}_3\}$，$\boldsymbol{c}'_3=\{\boldsymbol{c}_1, \boldsymbol{c}_4\}$，$\boldsymbol{c}'_4=\{\boldsymbol{c}_2, \boldsymbol{c}_3\}$，$\boldsymbol{c}'_5=\{\boldsymbol{c}_2, \boldsymbol{c}_4\}$，$\boldsymbol{c}'_6=\{\boldsymbol{c}_3, \boldsymbol{c}_4\}$，得到 $\boldsymbol{C}'=\{\boldsymbol{c}'_1, \boldsymbol{c}'_2, \boldsymbol{c}'_3, \boldsymbol{c}'_4, \boldsymbol{c}'_5, \boldsymbol{c}'_6\}$。因此，针对 2.2.1 小节中的二进制编码值，在进行编码时仅仅考虑 2 个通道，共 6 组。相比于以往的编码方式，这不仅能够有效地抽取多通道信息，而且能够针对多粒度方向编码特征进行降维，即特征维度从 $m\times 2^{k\times n}$ 进一步降低到 $\binom{n}{2}\times m\times 2^{k\times 2}$。其中，$m$ 定义为方向数，n 定义为通道数，k 定义为邻域点数。它能够有效地实现计算性能和存储空间的平衡考量。

2.3 基于方向多粒度的条形特征表示方法

本节主要介绍一种基于方向多粒度的条形特征提取方法，并作为一种新的行人结构特征描述符用于行人再识别问题。它利用多通道局部二值编码对彩色行人图像中不同方向粒度上的条形结构进行描述，并创造性地提出用颜色差分权重因子来弥补二值编码在颜色信息上的损失，同时考虑到行人图像越靠近中心位置，信息越重要这一特性，进一步定义像素点的高斯权重，并采用滑动窗口和交叠的策略来提取局部归一化之后的统计直方图，作为最终的描述符。考虑到不同特征的优劣性，在计算时利用样本的相似性和差异性，对特征权重进行训练。具体模型架构如图 2-2 所示。

2.3.1 基于方向多粒度的混合编码策略

在过去的几年中，诸如颜色[9-11]和纹理[12,13]等低层次的特征已经被广泛地应用于基于外观的表示。此外，一些研究包括 Bag-of-Words 方法[14]、局部最大出现率（LOMO）[15]、层次高斯描述符[16]、循环特征聚合网络（RFANet）[17]和散列特征[18,19]等，都试图整合它们以获取更鲁棒和可靠的特征。除了这些方法外，深度学习[20-22]是一个特别值得注意的方法，它在行人的学习表示方面表现出了良好的性能。但是这些方法仍然很难有效地提取一个稳定的特征表示，以适应不同视角下的严重改变和错位现象。

受启发于局部二值编码的变换金字塔模型的 Level-2 级别[8]，从不同方向粒度的角度出发，可以发现行人外观中存在较多的条形结构，而这些 0°，45°，90°，135°的条形结构（图 2-3）在人类视觉系统中有较为明显的显著性，能够较好地描述相邻点间的空间相关性。

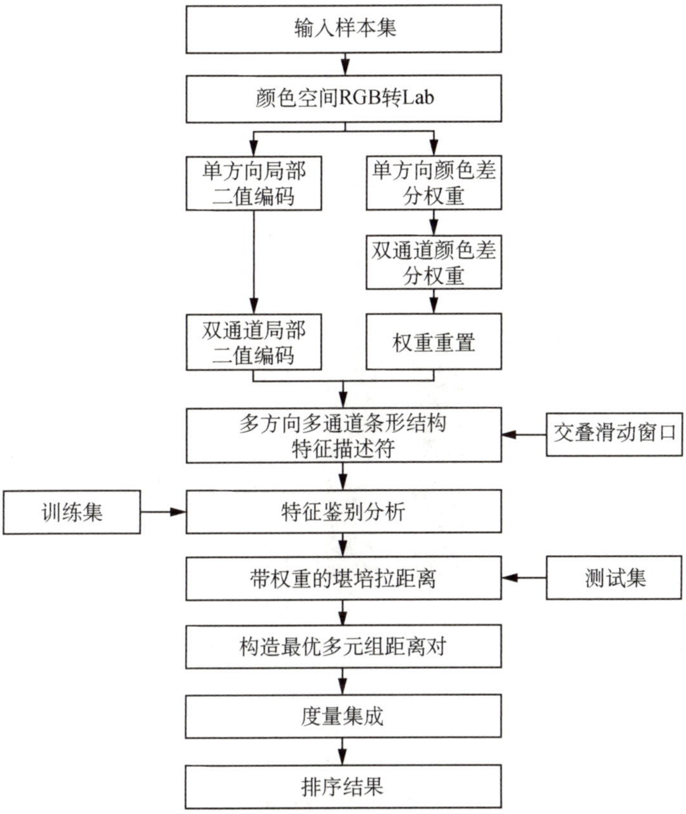

图 2-2　基于方向多粒度及度量融合的模型架构

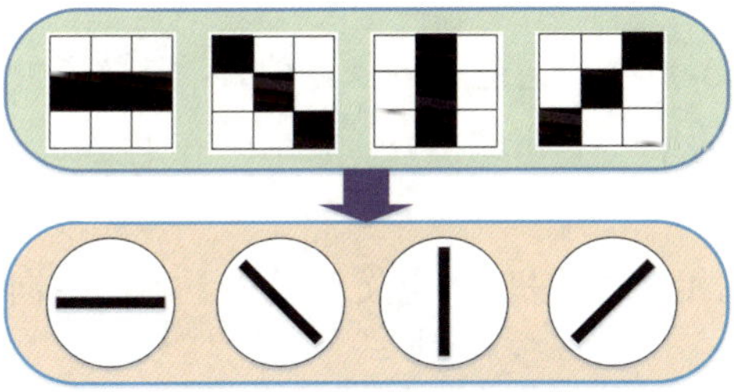

图 2-3　基于不同方向粒度的条形结构示意

在本节中，为了对不同方向粒度上的条形结构特征进行描述，提出了一种包括方向双通道二值编码和颜色粒化双通道编码两种不同方式的混合编码策略，如图 2-4 所示。对于彩色图像像素点 A，定义其单通道二值编码为 $BSL_\theta^c(A)$，颜色粒化单通道编码为 $BSC_\theta^c(A)$。其中，c 表示彩色图像的不同通道，此处选择了更适合人类视觉系统的 $L^*a^*b^*$ 颜色空间和 sobel 纹理空间，θ 表示不同的方向，包括了 0°，45°，90°，135°，具体定义为

$$BSL_\theta^c(A)=\sum_{i=0}^{N-1}s(g_{\theta,i}^c-g_{\text{center}}^c)\times 2^i \tag{2-7}$$

$$BSC_\theta^c(A)=\sum_{i=0}^{N-1}(k_c)^i\times g_{\theta,i}^c \tag{2-8}$$

$$s(x)=\begin{cases}1, & x\geqslant 0\\ 0, & x<0\end{cases} \tag{2-9}$$

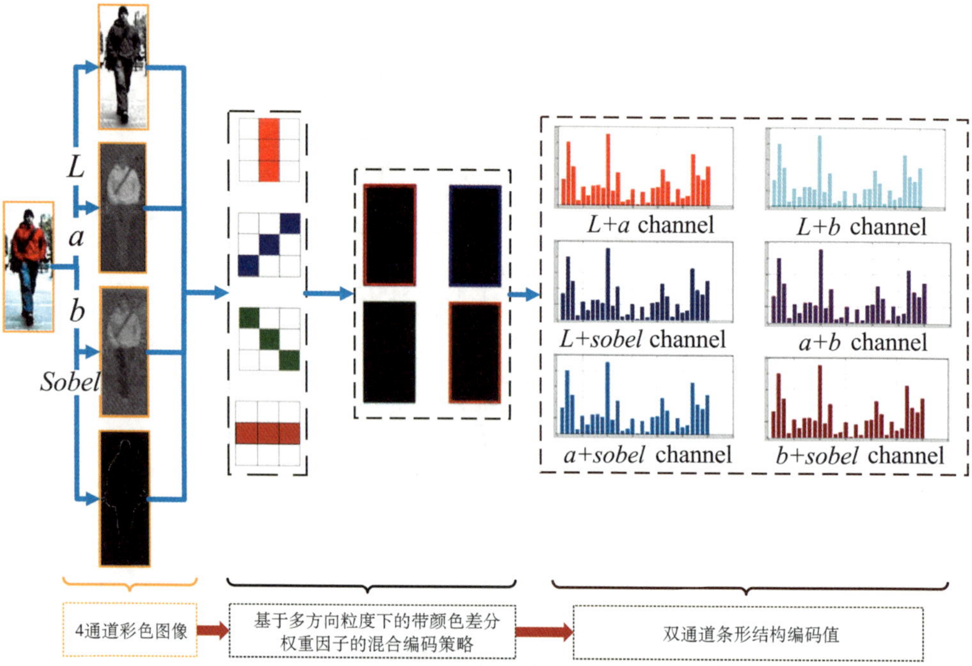

图 2-4　基于方向多粒度的条形特征表示方法架构图

这里，g_{center}^c 定义了 A 点在 c 通道下的像素值，N 定义了方向 θ 上的邻域点值，$g_{\theta,i}^c$ 表示了 A 点在方向 θ 上的第 i 个邻域值，k_c 表示了在通道 c 上粒化后值空间的维数。此处，定义 $N=2$。

进一步地，结合二元相互作用机制，定义双通道下不同方向粒度的条形结构的不同编码值为

$$BSL_\theta^{i,j}(A)=BSL_\theta^i(A)\times 2^N+BSL_\theta^j(A) \tag{2-10}$$

$$BSC_\theta^{i,j}(A)=BSC_\theta^i(A)\times k_j+BSC_\theta^j(A) \tag{2-11}$$

式中，i，j 表示两个不同的通道；$BSL_\theta^{i,j}(A)$ 定义为方向 θ 上的双通道局部二值编码值；N 表示方向 θ 上的邻域点个数；$BSC_\theta^{i,j}(A)$ 方向 θ 上的双通道颜色粒化编码值；k_j 是通道 j 上粒化后值的维数，针对 4 个通道，我们可以计算出 6 个双通道混合编码值，分别定义为

$$BL_\theta=\{BSL_\theta^{L,a},\ BSL_\theta^{L,a},\ BSL_\theta^{L,sobel},\ BSL_\theta^{a,b},\ BSL_\theta^{a,sobel},\ BSL_\theta^{b,sobel}\} \tag{2-12}$$

和

$$BC_\theta = \{BSC_\theta^{L,a},\ BSC_\theta^{L,b},\ BSC_\theta^{L,sobel},\ BSC_\theta^{a,b},\ BSC_\theta^{a,sobel},\ BSC_\theta^{b,sobel}\} \quad (2\text{-}13)$$

对于不同的方向粒度，可以得到两组多粒度条形结构特征，分别为 $BL=\{BL_\theta\}$，$\theta \in \{0°, 45°, 90°, 135°\}$ 和 $BC=\{BC_\theta\}$，$\theta \in \{0°, 45°, 90°, 135°\}$。

2.3.2 颜色差分权重因子

对于以往的方法，最终特征描述符多是以权重为 1 的直方图统计方法来完成。考虑到 2.3.1 小节的混合编码策略，即无论是基于方向双通道的二值编码方法还是基于颜色粒化的双通道编码方法，均是从粗粒度的角度出发，忽略了具体通道下的颜色信息，基于此，本方法提出了一种颜色差分权重因子来定义对应编码值的权重值，即从细粒度的角度来弥补粗粒度下信息的损失。具体定义如下。

首先，定义像素 A 点在单通道下的颜色权重因子为

$$CDW_\theta^c(A) = \sum_{i=0}^{N-1} \left| g_{\theta,i}^c - g_{\text{center}}^c \right| \quad (2\text{-}14)$$

然后，考虑到行人图像越靠近中心点，在描述行人时重要程度越高，基于此，对于像素点 A 定义权重因子映射图[23]

$$w(A) = \mathrm{e}^{-\frac{(x-\mu_x)^2}{2\sigma_x}} \times \mathrm{e}^{-\frac{(y-\mu_y)^2}{2\sigma_y}} \quad (2\text{-}15)$$

式中，$\mu_x = L_x/2$，$\mu_y = L_y/2$，$\sigma_x = L_x/4$，$\sigma_y = L_y/4$，x 定义为图像矩阵行，y 定义为图像矩阵列，L_x 和 L_y 分别定义了图像的高与宽。

进一步地，对于不同方向粒度下的双通道条形结构，定义其权重因子为

$$CDW_\theta^{i,j}(A) = w(A) \times \sqrt{CDW_\theta^i(A)^2 + CDW_\theta^j(A)^2} \quad (2\text{-}16)$$

式中，i 和 j 分别表示不同的通道；θ 定义为不同的方向。

因此，对于 4 通道的行人图像，不同方向粒度下，计算得到 6 组双通道颜色差分权重映射图，分别为

$W_\theta = \{CDW_\theta^{L,a},\ CDW_\theta^{L,b},\ CDW_\theta^{L,sobel},\ CDW_\theta^{a,b},\ CDW_\theta^{a,sobel},\ CDW_\theta^{b,sobel}\}$。

最后，采用交叠的策略进行局部区域直方图提取，交叠的滑动窗口大小定义为 $n \times n$。对于像素点 $A=(x, y)$，其双通道局部二值编码为 $BSL_\theta^{i,j}(A)$，颜色粒化编码为 $BSC_\theta^{i,j}(A)$，颜色权重因子为 $CDW_\theta^{i,j}(A)$，因此，在获取直方图描述符 $HL_\theta^{i,j}$ 时，第 $BSL_\theta^{i,j}(A)$ 个值统计为

$$HL_\theta^{i,j}[BSL_\theta^{i,j}(A)] = \sum_{A \in R} CDW_\theta^{i,j}(A) \quad (2\text{-}17)$$

在获取直方图描述符 $HC_\theta^{i,j}$ 时，第 $BSC_\theta^{i,j}(A)$ 个值统计为

$$HC_{\theta}^{i,j}[BSC_{\theta}^{i,j}(A)] = \sum_{A \in R} CDW_{\theta}^{i,j}(A) \tag{2-18}$$

式中,R 表示不同的交叠的 $n \times n$ 区域;θ 表示不同的方向;i 和 j 分别表示不同的通道。对于不同局部区域下提取到的直方图,采用局部归一化的方法来降低光照等变化的影响。最终,提取到不同方向粒度下的多组双通道直方图特征描述符为

$$H_{i,j} = [HL_{0^\circ}^{i,j}, HC_{0^\circ}^{i,j}, HL_{45^\circ}^{i,j}, HC_{45^\circ}^{i,j}, HL_{90^\circ}^{i,j}, HC_{90^\circ}^{i,j}, HL_{135^\circ}^{i,j}, HC_{135^\circ}^{i,j}],$$
$$i, j \in \{L, a, b, sobel\} \tag{2-19}$$

另外,为了提取到更多的信息,针对原始图像进行了尺度上多粒度的变化,并利用最大池化(max-pooling)[24]技术对多尺度下的多粒度特征进行融合,进而计算出最终的基于方向多粒度的条形特征描述符。

2.4 基于最优多元组的度量融合策略

针对不同方向粒度下的特征,本节提出了一种基于最优多元组的度量融合方法,利用不同粒度特征下得到的度量结果之间的内在相似性,采用度量差别矩阵来对度量结果的不确定性进行度量最优多元组的选择和学习,来进行度量策略的结合。

2.4.1 基于权重鉴别子空间的距离度量算法

2.3 节提取的基于方向多粒度的特征描述符,由于采用了交叠的滑动策略,依旧存在稀疏、高维的情况,所以需要利用子空间投影的方法来寻找一个低维的特征子空间以代替原始特征空间。该问题通过局部线性判别分析(Localized Fischer Discriminant Analysis, LFDA)的方法,针对维数为 $d \times d$ 的散度矩阵来进行特征值求解的问题[25]。另外,为了分析不同特征针对度量的贡献程度,本章设计了一种鉴别权重因子,并结合堪培拉距离,进行相似性的求解,具体定义为

$$W_f = \mathrm{e}^{\sum_D - \sum_S} \tag{2-20}$$

$$\sum_D = \sum_{x_i, x_j \in D} \log |x_i - x_j| \tag{2-21}$$

$$\sum_S = \sum_{x_i, x_j \in S} \log |x_i - x_j| \tag{2-22}$$

式中,$\sum_S$ 和 $\sum_D$ 分别定义了相似对距离向量和不相似对距离向量之间的差异,进而得到特征权重因子 W_f。结合堪培拉距离,我们可以计算方向多粒度的条形特征描述符 $T_{i,j}$ 和 $Q_{i,j}$ 之间的相似度

$$D_{i,j}(T_{i,j}, Q_{i,j}) = \sum_{k=1}^{M} \left[W_{f_{i,j}}^{k} \times \left(\frac{|T_{i,j}^{k} - Q_{i,j}^{k}|}{|T_{i,j}^{k} + \mu_t| + |Q_{i,j}^{k} + \mu_q|} \right) \right] \tag{2-23}$$

$$\mu_t = \sum_{k=1}^{M} T_{i,j}^{k} / M \tag{2-24}$$

$$\mu_q = \sum_{k=1}^{M} Q_{i,j}^{k} / M \tag{2-25}$$

式中，M 表示特征的维数；i，j 分别表示不同的通道；$T_{i,j}^{k}$ 和 $Q_{i,j}^{k}$ 分别表示特征向量 $T_{i,j}$ 和 $Q_{i,j}$ 的第 k 个值；μ_t 和 μ_q 则是归一化参数，用于避免分母为 0。针对方向多粒度下不同双通道条形特征描述符，计算两个特征向量之间的距离度量结果为

$$D = \{D_{i,j}(T_{i,j}, Q_{i,j})\},\ i,\ j \in \{L,\ a,\ b,\ sobel\},\ i \neq j。$$

2.4.2 基于差别矩阵的最优距离多元组模型

针对上述的计算结果，不同样本在计算相似性时会得到不同通道粒度下的多组距离。传统的方法是直接对计算后的距离进行加权平均，此类方法需要确定权重参数，属于超参数问题，参数的实际意义很难具有合理性解释。针对此问题，本小节提出了一种基于差别矩阵的最优距离多元组模型，该方法的主要依据在于利用距离之间的不确定性，结合投票理论，从距离对的相似性出发，找到最优的距离对，也就是相似的距离对之间具有更小的不确定性，在进行行人图像特征之间的相似性度量时，可靠性更高。基于此，我们提出了一种基于差别矩阵的最优距离多元组模型，利用最小相对距离比较的方法来进行距离选择与融合。

为了提取最优的距离多元组，首先对式(2-13)提取出的不同方向粒度下的双通道特征描述符计算出的距离进行归一化处理，然后对于不同的样本对之间的多组距离，构造差别矩阵(Dissimilarity Matrix，DM)来计算多组距离之间的相似距离，以此来衡量彼此之间的不确定性，具体定义为

$$\begin{cases} \boldsymbol{DM}_{i,j} = \mathrm{e}^{|D_i - D_j|} \\ D_i,\ D_j \in D \end{cases} \tag{2-26}$$

式中，$\boldsymbol{DM}_{i,j}$ 表示了差别矩阵的第 i 行，第 j 列；D 表示由式(2-3)计算得到的距离组。利用二元相互作用模型，可以计算出 6 组不同的多方向粒度下的双通道特征描述符，即针对两个不同样本，可计算出 6 组不同的距离。因此，差别矩阵 $\boldsymbol{DM}$ 是一个 6×6 的对称矩阵。最后，结合距离对之间的不确定性，选择 n 组最优的距离对，最终的距离定义为

$$\boldsymbol{DM}_{\mathrm{MODR}} = \sum_{k=1}^{n} \frac{1}{DM_{up}^{k}} \times \mathrm{e}^{D_i + D_j} \tag{2-27}$$

式中，$1/\boldsymbol{DM}_{up}^{k}$ 表示距离的不确定性，$\boldsymbol{DM}_{up}^{k}$ 表示差别矩阵的上三角矩阵降序排序后的第 k-th 个元素。

2.5 实验结果与分析

实验环境采用 Intel Xeon CPU E5-2670v3@2.30GHZ，内存 32G，64 位 Windows 7 操作系统，编程语言为 Matlab。

2.5.1 I-LIDS MCTS 数据集

1. 不同算法性能的比较

本小节分别测试了在 $p=30$，50，80 时提出的算法（MMLBD）同一些相关的新提出算法（LOMO + XQDA[26]，MFA[27]，kLFDA[27]，eSDC[28]，PRICoLBP[29]，sub-mCT histogram[8]，ELF[30]，LBP[31] 和 HOG[32]）。具体累积识别误差如图 2-5 和表 2-1 所示，可以看出，本章提出的算法在 $p=30$，50，80 且 $Rank=1$ 时，分别实现 54.76%，50.67%，39.42%的正确匹配率，相比于比较算法中效果最好的 LOMO+XQDA（分别实现 53.57%，47.33%，35.68%的 $Rank=1$ 的识别率），均有较为明显的性能上的提升。另外，从 CMC 曲线也能看出，相比于其他算法，本书提出的方法在整体趋势上仍然有更好的性能优势。进一步地，从 SD/SR 曲线图中同样能够看出提出的算法性能有着更好的优势。分析其中的原因，主要包括以下几方面。

（1）提出的基于方向粒度的描述符（MBD）从人类条形结构出发，从多个不同方向粒度出发，提出多方向信息且融合颜色差分特征以及空间点的结构关系，能够具有较好的识别效果。

（2）提出的基于方向粒度的描述符（MBD）采用局部特征提取的方法，利用交叠策略和局部归一的方法，从细胞单元（cell）、块结构（block）以及整体图像的多粒度提取策略出发，来提升算法对于光照等变化的鲁棒性。

（3）利用距离之间的不确定性来构建鉴别信息学习模型，提取优化的距离多元组信息，来完成距离度量，从度量的角度再一次提升算法的效果。

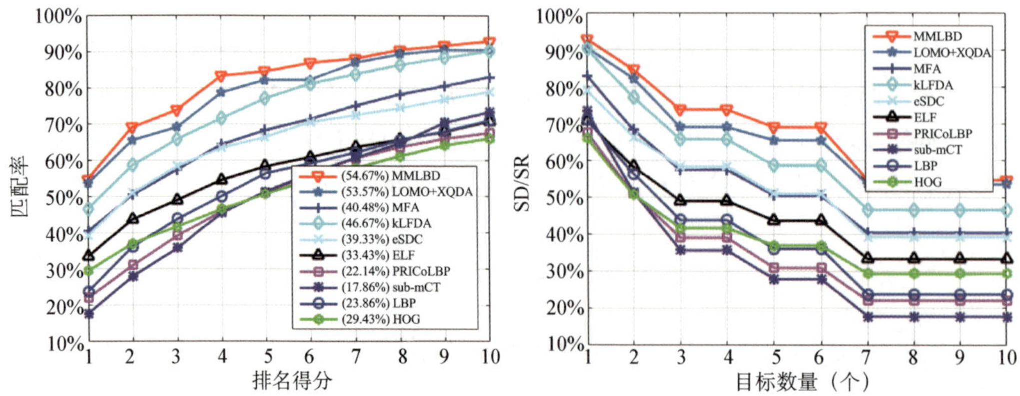

(a) p=30　　(b) p=30

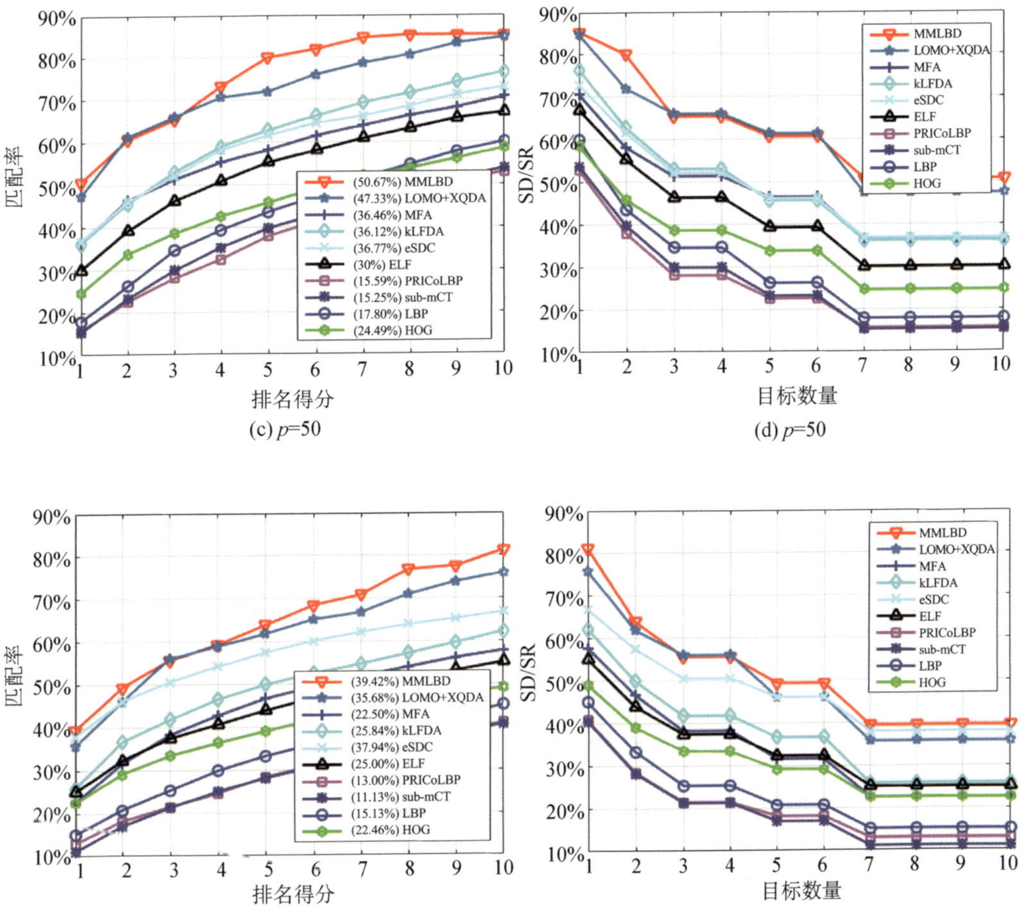

(c) p=50　(d) p=50

(e) p=80　(f) p=80

图 2-5　不同算法在 $p=30$，50，80 时的性能比较

（$Rank=1$ 的识别率，CMC、SD/SR 曲线）

表 2-1　本章算法与其他算法性能比较(%)

算法	$p=30$				$p=50$				$p=80$			
	***Rank* =1**	***Rank* =5**	***Rank* =10**	***Rank* =20**	***Rank* =1**	***Rank* =5**	***Rank* =10**	***Rank* =20**	***Rank* =1**	***Rank* =5**	***Rank* =10**	***Rank* =20**
MMLBD	54.76	84.52	92.86	95.24	50.67	80.00	85.33	94.67	39.42	63.90	81.34	87.24
LOMO+XQDA	53.57	82.14	90.48	97.61	47.33	72.00	84.67	93.33	35.68	61.83	75.93	87.13
MFA	40.48	68.27	82.92	96.07	36.46	58.16	70.65	86.22	22.50	46.68	57.78	72.58
kLFDA	46.67	76.96	90.12	97.62	36.12	62.76	76.46	90.71	25.84	49.90	62.23	75.88
eSDC	39.33	66.35	78.85	93.08	36.77	61.56	66.78	77.79	37.94	57.43	66.78	67.92

（续表）

算法	$p=30$				$p=50$				$p=80$			
	Rank =1	*Rank* =5	*Rank* =10	*Rank* =20	*Rank* =1	*Rank* =5	*Rank* =10	*Rank* =20	*Rank* =1	*Rank* =5	*Rank* =10	*Rank* =20
ELF	33.43	58.29	70.71	90.43	30.00	55.25	67.03	82.20	25.00	43.9	55.08	68.67
PRICoLBP	22.14	51.00	67.57	86.43	15.59	37.88	52.88	75.59	13.00	28.38	40.83	58.08
sub-mCT	17.86	51.43	73.29	90.71	15.25	39.75	53.8	73.90	11.13	28.17	40.50	59.08
LBP	23.86	56.43	71.00	88.29	17.80	43.56	60.08	76.69	15.13	33.29	45.00	60.63
HOG	29.43	50.71	66.00	88.29	24.49	45.76	58.56	73.73	22.46	39.08	49.08	61.58

2. 不同粒度细胞单元下算法性能的比较

本小节详细比较了在不同细胞单元(cell)粒度下所提出的算法性能所受到的影响。所比较的细胞单元的粒度分别包括了宽度变化($w=8$，16，24，32)和高度变化($h=8$，16，24，32)。在不同细胞单元粒度下，算法在 *Rank*=1，5，10，20 时的累积识别率如图 2-6 所示。从图中可以看出，相比于其他粒度，在 16×16 粒度的细胞单元，提出算法在 *Rank*=1，5，10，20 时的累积识别率整体上来看相对较高，并且能够保证较低的维度。因此，在实际的实验过程中，选择该细胞单元粒度作为具体的特征提取的粒度。

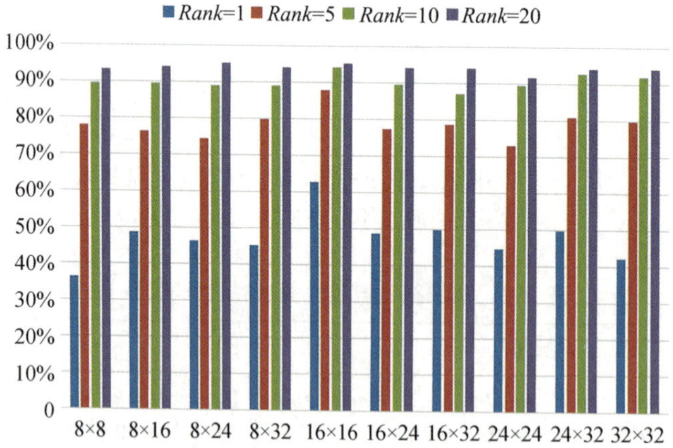

图 2-6　在不同细胞单元粒度下，提出算法在 *Rank*=1，5，10，20，$p=30$ 时的累积识别率

(i-LIDS MCTS 数据集)

3. 不同颜色空间粒度下算法性能的比较

本小节比较了本章提出算法在不同颜色空间粒度(RGB，HSV 和 $L^*a^*b^*$)下，提取不同方向粒度的特征的识别性能，具体如图 2-7 所示。通常情况下，本章算法在不同的颜色空间粒度下，均有着较为鲁棒的性能。其中，在 $L^*a^*b^*$ 颜色空间下，能够实现在 $p=50$，$Rank=1$ 时最好的识别效果，即 50.67%的识别率，相比于 HSV 颜色空间，实现了 3.23%的识别率的提升，且在 $Rank>1$ 时，均能实现较好的效果。从另一个角度来看，说明了 $L^*a^*b^*$ 颜色空间相比于 HSV 和 RGB 颜色空间，更加适合提出方法，对于图像特征的描述与表达和特征类内的变化更加鲁棒。

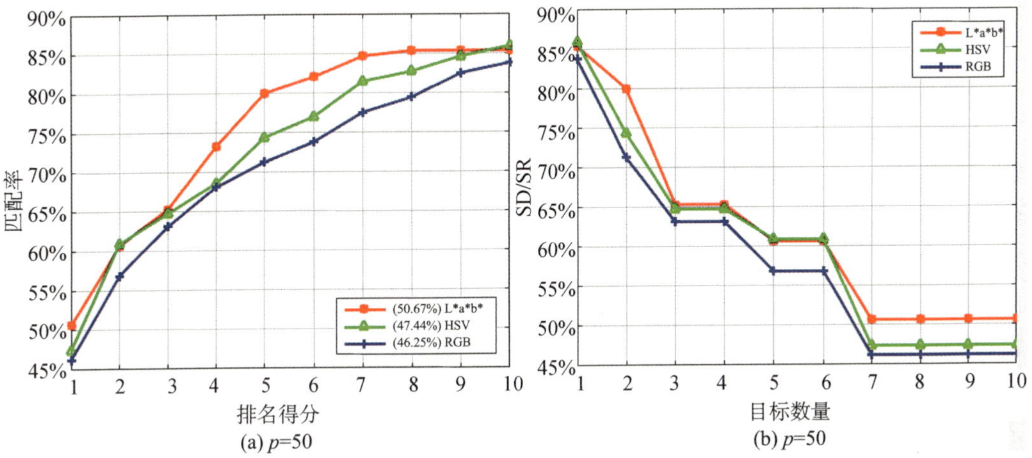

图 2-7　不同颜色空间粒度下描述符性能的比较

（*Rank*-1 的匹配率，CMC、SD/SR 曲线，i-LIDS MCTS 数据集）

4. 不同双通道粒度下描述符性能的比较

本小节比较了不同双通道粒度下特征描述符的性能。从图 2-8 所示的 CMC 和 SD/SR 曲线可以看出，提出的基于最优多元组的方法相比于双通道特征描述符以及均值的策略均能够实现较好的效果，相比于 a+b 通道粒度特征描述符，能够实现 0.97%

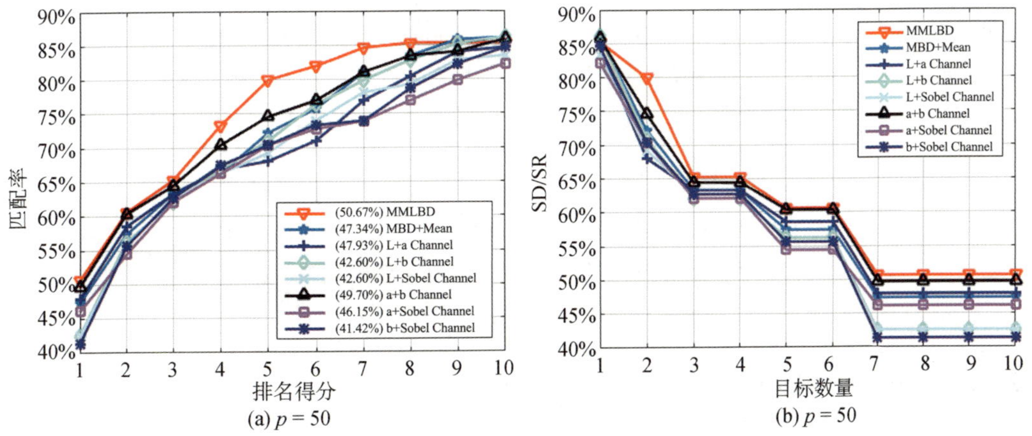

图 2-8　不同双通道粒度下描述符性能的比较

（*Rank*-1 的匹配率，CMC、SD/SR 曲线，i-LIDS MCTS 数据集）

的性能提升。这也说明本书提出的最优距离对策略通过利用鉴别矩阵的方式来获取最优多元组,能够有效地提取鉴别信息,实现较好的识别性能。

5. 不同描述符和不同度量方法性能的比较

本小节首先比较了本章算法基于方向粒度的条形描述符(MBD)和一些已经提出的新的相关特征描述符(LOMO、LBP、HOG)在进行行人再识别时的算法性能,不同特征描述符在计算相似性时采用 l_2-norm 的度量方法,具体结果如图 2-9 所示。从图 2-9(a)可以看出,本书提出的基于方向粒度的条形描述符在 $p=50$,*Rank*-1 的情况下,能够实现 48.67%的识别率,相对于另外几种描述符中最好的识别结果,达到了 2.65%的性能提升。由此也可以看出,基于方向粒度的特征描述符能够有效地结合颜色、纹理和空间特征,融合更多的信息,在进行行人再识别时效果更优。另外,针对提出的基于方向粒度的条形描述符(Mean Barcode Descriptor, MBD),我们还比较了基于最优多元组的度量学习方法同目前已经提出的较新且相关的度量学习方法(MBD+Mean, MBD+XQDA, MBD+kLFDA)。从图 2-9(b)显示的累积识别误差曲线,我们可以看出提出的度量学习方法同样能够有效地挖掘距离之间的鉴别信息,在 $p=50$,*Rank*-1 时,相比于其他度量算法中的最好的识别结果,依然能够实现 3.34%的性能提升。总体上来看,无论是我们提出的特征描述符还是优化的距离度量算法,均能够有效减少类内之间的相似性,进而确保更好的识别效果。

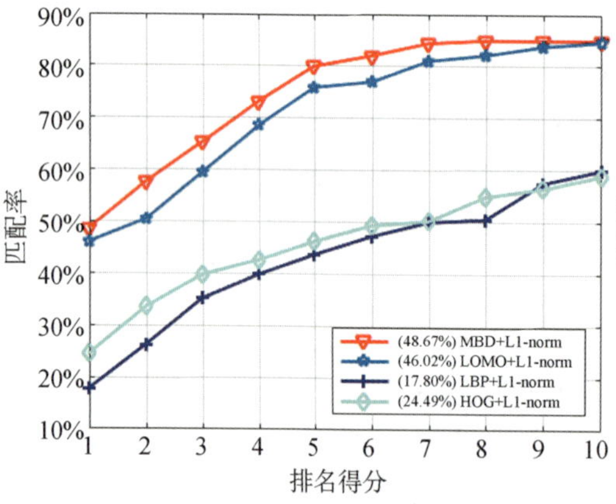

(a) 不同描述符

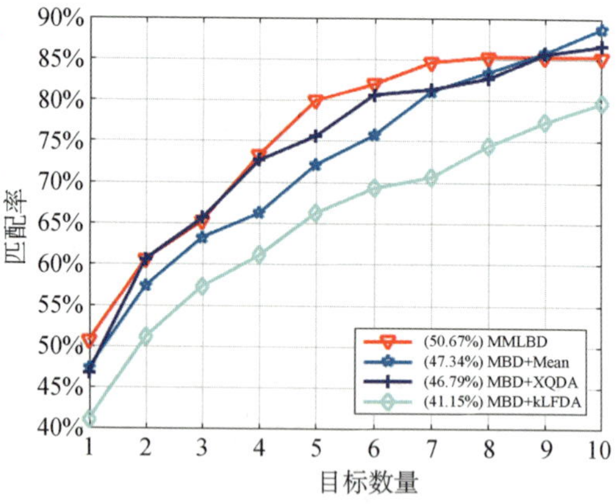

(b) 不同度量策略

图 2-9　提出的特征描述符及度量方法同已有方法性能的比较

(*Rank*-1 的匹配率,CMC、SD/SR 曲线,i-LIDS MCTS 数据集)

2.5.2　CAVIAR4RE-ID 数据集

本小节分别测试了当 $p=36$, 50 时,提出算法(Multi-Scale Multi-Level Local Binary Descriptor, MMLBD)与一些相关的新提出算法(LOMO+XQDA, MFA, kLFDA, eSDC, PRICoLBP, sub-mCT histogram, ELF, LBP 和 HOG)在性能上的比较。具体累积识别误

差如图 2-10 和表 2-2 所示，可以看出，本书提出的算法在 $p=36$，50 和 $Rank=1$ 时，分别实现 44.33% 和 35.26%的正确匹配率，相比于比较算法中效果最好的 MFA(分别实现 34.92% 和 33.82%的 $Rank=1$ 的识别率)，均有着较为明显的性能上的提升。另外，在 $p=36$，50 和 $Rank=10$，20 时，提出方法的累积识别率会出现偶尔小于 MFA 的情况，但依旧保持着较优的识别性能。然而，在实际应用中，往往 $Rank<10$ 时的累积识别率更有意义。因此，从整体趋势上来看，本书提出的算法(MMLBD)在多数情况下是优于其他方法的，对于光照、遮挡等问题有着较好的鲁棒性。

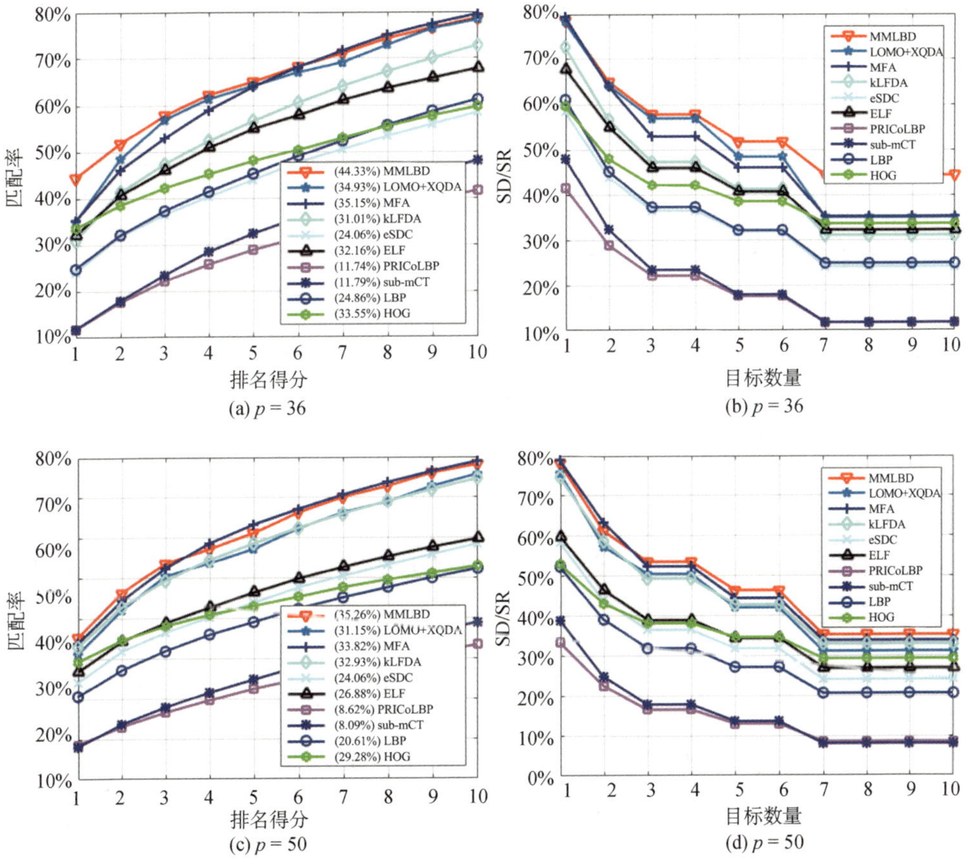

图 2-10　不同算法在 $p=36$，50 时的性能比较

($Rank=1$ 的识别率，CMC、SD/SR 曲线，CAVIAR4RE-ID 数据集)

表 2-2　提出算法与其他算法性能比较(%)

算法	$p=36$				$p=50$			
	$Rank=1$	$Rank=5$	$Rank=10$	$Rank=20$	$Rank=1$	$Rank=5$	$Rank=10$	$Rank=20$
MMLBD	44.33	65.07	78.72	92.02	35.26	64.28	78.21	93.08
LOMO+XQDA	34.92	64.18	78.36	94.50	31.15	57.31	75.77	90.90

(续表)

算法	p=36				p=50			
	Rank=1	*Rank*=5	*Rank*=10	*Rank*=20	*Rank*=1	*Rank*=5	*Rank*=10	*Rank*=20
MFA	35.15	64.18	79.56	94.56	33.82	57.31	78.97	**93.15**
kLFDA	31.01	63.98	72.81	92.29	32.93	63.38	74.67	91.91
eSDC	24.06	47.60	58.41	78.92	23.30	42.25	53.50	69.21
ELF	32.16	54.96	67.87	85.12	26.88	46.44	59.74	59.35
PRICoLBP	11.74	28.87	41.58	64.82	8.62	22.50	33.39	50.74
sub-mCT	11.79	32.36	48.10	71.88	8.09	24.79	38.94	76.26
LBP	24.88	45.23	61.19	82.16	20.61	39.10	52.35	69.09
HOG	33.55	47.96	59.63	78.42	29.28	43.11	52.99	66.89

2.5.3 WARD 数据集

本小节测试了在 $p=60$ 时,不同摄像机视角(camera)组合(camera1-2,camera1-3,和 camera2-3)下提出的算法(MMLBD)同一些相关的新提出算法(LOMO+XQDA,MFA,kLFDA,eSDC,PRICoLBP,sub-mCT histogram,ELF,LBP 和 HOG)的性能优劣。具体累积识别误差如图 2-11 和表 2-3 所示,可以看出,本书提出的算法在 $p=60$,$Rank=1$ 时,在不同视角对下,分别实现 67.89%,63.67%和 76.89%的正确匹配率,相比于比较算法中效果最好的识别结果,性能上分别提升了 11.24%,15.29% 和 15.63%。从图 2-11 的整体趋势来看,提出的算法(MMLBD)也是优于其他方法的,对于光照条件变化、视角变化等问题有着较好的鲁棒性。

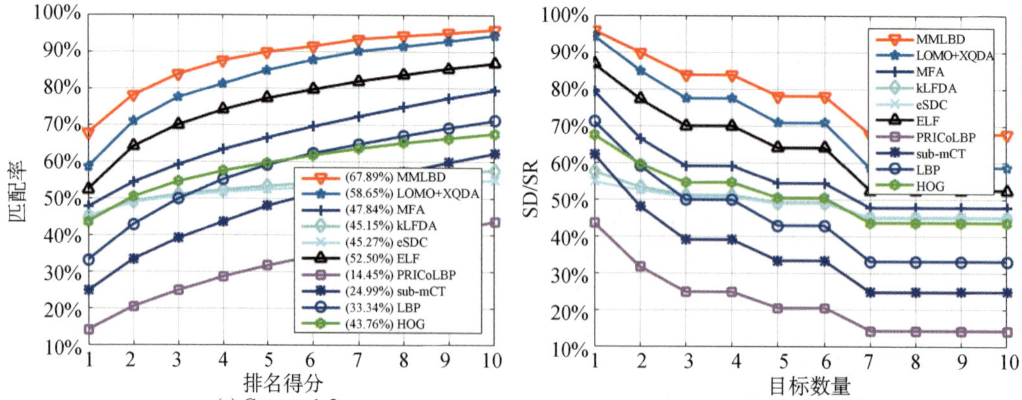

(a) Camera 1-2　　(b) Camera 1-2

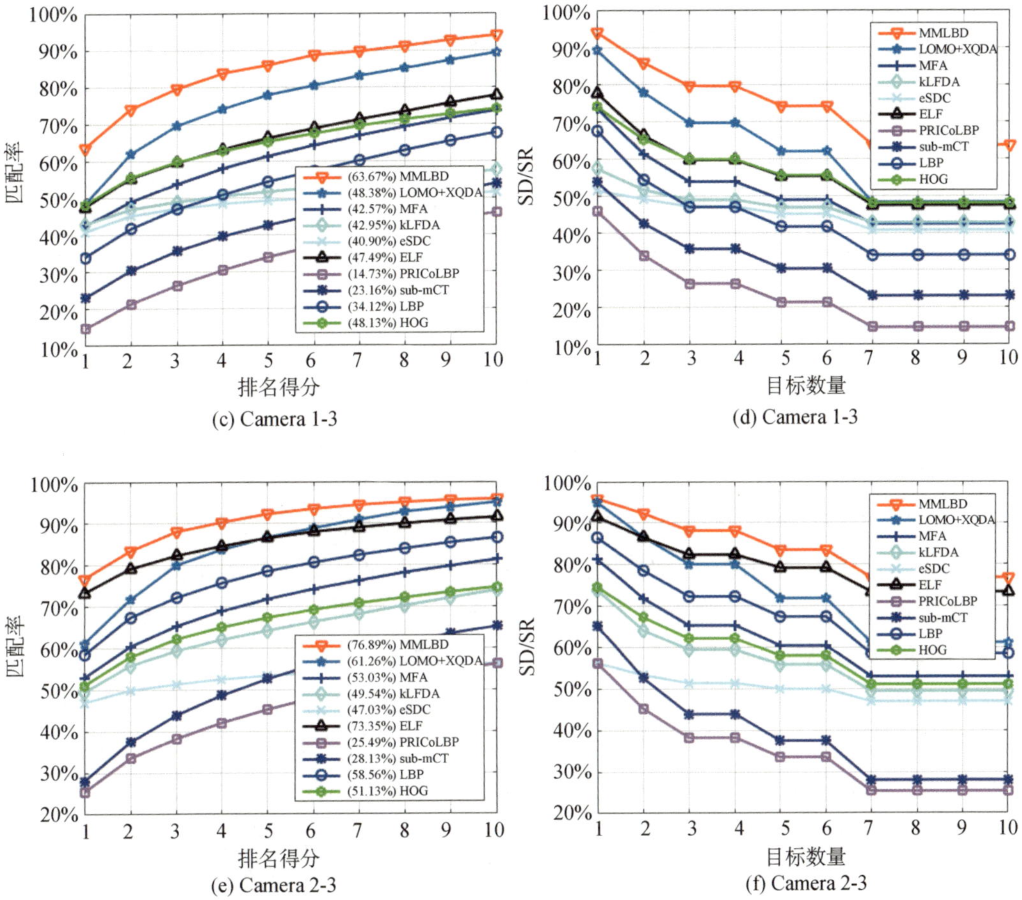

图 2-11　不同算法在 $p=60$ 时的性能比较

（$Rank=1$ 的识别率，CMC、SD/SR 曲线，WARD 数据集）

表 2-3　提出算法与其他算法的性能比较(%，不同摄像机视角组合)

算法	Camera 1-2			Camera 1-3			Camera 2-3		
	$Rank=1$	$Rank=5$	$Rank=10$	$Rank=1$	$Rank=5$	$Rank=10$	$Rank=1$	$Rank=5$	$Rank=10$
MMLBD	67.89	89.98	95.98	63.67	85.95	94.10	76.89	92.35	95.93
LOMO+XQDA	58.65	84.93	94.35	48.38	77.89	89.36	61.26	86.70	93.93
MFA	47.84	66.63	79.38	42.57	61.42	73.69	53.03	71.94	79.81
kLFDA	45.15	53.44	57.72	42.95	51.78	57.52	49.54	64.27	72.16
eSDC	45.27	52.52	54.93	40.90	49.30	50.93	47.03	53.44	56.31
ELF	52.50	77.21	86.95	47.49	66.20	77.68	73.35	86.49	91.48
PRICoLBP	14.45	31.83	43.68	14.73	34.06	46.10	25.49	45.33	56.28

(续表)

算法	Camera 1-2			Camera 1-3			Camera 2-3		
	Rank=1	*Rank*=5	*Rank*=10	*Rank*=1	*Rank*=5	*Rank*=10	*Rank*=1	*Rank*=5	*Rank*=10
sub-mCT	24.99	48.12	62.29	23.16	42.70	53.95	28.13	52.58	65.30
LBP	33.34	59.21	71.17	34.12	54.53	67.71	58.56	78.63	86.59
HOG	43.76	59.75	67.62	48.13	65.36	74.11	51.13	67.39	75.77

2.6 本章小结

本章主要介绍一种基于方向多粒度及度量融合的行人再识别方法。首先,从整体上介绍了本章提出的方法;其次,分别介绍了涉及的相关工作,包括局部二值编码的变换金字塔模型、二元相互作用机制;再次,介绍了基于方向多粒度的条形特征表示方法,包括基于方向多粒度的混合编码策略和颜色差分权重因子;然后,介绍了一种基于最优多元组的度量融合策略,对不同粒度下的特征描述符进行度量学习;最后,分别在I-LIDS MCTS、CAVIAR4RE-ID和WARD三个数据集上对提出的算法性能进行测试、比较和分析。从实验结果可以看出,所提出的方法通过考虑人体的结构特点和图像内部的结构关系,并引入度量学习策略,对于视觉上的变化具有较好的鲁棒性和有效性。

然而,在进行特征表达时,如果仅仅提取低层次视觉特征,没有对图像内在的高层语义信息进行抽取与表达,重识别网络仍然无法处理在光照、环境遮挡、相机视角等多因素影响下的复杂场景。因此,为了进一步推动行人再识别技术的应用,第3章将对如何抽取图像的高维信息进行详细介绍。

参考文献

[1] OJALA T, PIETIKAINEN M, MAENPAA T. Multiresolution gray-scale and rotation invariant texture classification with local binary patterns[J]. IEEE Transactions on pattern analysis and machine intelligence, 2002, 24(7): 971-987.

[2] GUO Z, ZHANG L, ZHANG D. A completed modeling of local binary pattern operator for texture classification[J]. IEEE Trans. Image Process. 2010, 19 (6): 1657-1663.

[3] FU X, WEI W. Centralized binary patterns embedded with image euclidean distance for facial expression recognition[C]//2008 Fourth International Conference on Natural Computation. IEEE, 2008, 4: 115-119.

[4] ZHANG B, GAO Y, ZHAO S. et al. Local derivative pattern versus local binary pattern: face recognition with highorder local pattern descriptor[J]. IEEE Trans. Image Process. 2010, 19 (2): 533-544.

[5] LIAO W H. Region description using extended local ternary patterns[C]// IEEE International

Conference on Pattern Recognition，2010：1003-1006.
[6] VIPPARTHI S K，NAGAR S K. Color directional local quinary patterns for content based indexing and retrieval[J]. Human Centric Comput. Inf. Sci. 2014，4 (1)：1.
[7] LIAO W H，LIU C Y，LIN M C. Feature description using center-symmetric extended local ternary patterns[C]// IEEE International Symposium on Multimedia，2014：94-97.
[8] XIAO Y，WU J，YUAN J. mcentrist：A multi-channel feature generation mechanism for scene categorization[J]. IEEE Transactions on Image Processing，2014，23(2)：823-836.
[9] YANG Y，YANG J，YAN J，et al. Salient color names for person Re-IDentification[C]// European Conference on Computer Vision，Springer，2014：536-551.
[10] AWAD A I，HASSABALLAH M. Image Feature Detectors and Descriptors[M]. Berlin：Springer，2016.
[11] ZHAO C，MIAO D，LAI Z，et al. Two-dimensional color uncorrelated discriminant analysis for face recognition[J]. Neurocomputing，2013，113：251-261.
[12] FARENZENA M，BAZZANI L，PERINA A，et al. Person Re-IDentification by symmetry-driven accumulation of local features[C]// Proceedings of the IEEE Conference on Computer Vision and Pattern Recognition，2010：2360-2367.
[13] JEGOU H，PERRONNIN F，DOUZE M，et al. Aggregating local image descriptors into compact codes[J]. IEEE Trans. Pattern Anal. Mach. Intell. 2012，34 (9)：1704-1716.
[14] MA L，LIU H，HU L，et al. Orientation driven bag of appearances for person Re-IDentification [J]. arXiv，2016.
[15] LIAO S，HU Y，ZHU X，et al. Person Re-IDentification by local maximal occurrence representation and metric learning[C]// Proceedings of the IEEE Conference on Computer Vision and Pattern Recognition，2015：2197-2206.
[16] MATSUKAWA T，OKABE T，SUZUKI E，et al. Hierarchical Gaussian descriptor for person Re-IDentification[C]//Proceedings of the IEEE Conference on Computer Vision and Pattern Recognition，2016：1363-1372.
[17] YAN Y，NI B，SONG Z，et al. Person Re-IDentification via recurrent feature aggregation[C]// European Conference on Computer Vision，2016：701-716.
[18] SHEN F，SHEN C，SHI Q，et al. Hashing on nonlinear manifolds[J]. IEEE Trans. Image Process. 2015，24 (6)：1839-1851.
[19] SHEN F，ZHOU X，YANG Y，et al. A fast optimization method for general binary code learning[J]. IEEE Trans. Image Process. 2016，25 (12)：5610-5621.
[20] DING S，LIN L，WANG G，et al. Deep feature learning with relative distance comparison for person Re-IDentification[J]. Pattern Recognit. 2015，48 (10)：2993-3003.
[21] CHENG D，GONG Y，ZHOU S，et al. Person Re-IDentification by multi-channel parts-based cnn with improved triplet loss function[C]//Proceedings of the IEEE Conference on Computer Vision and Pattern Recognition，2016：1335-1344.
[22] WANG J，WANG Z，GAO C，et al. Deeplist：Learning deep features with adaptive listwise

constraint for person reidentification[J]. IEEE Transactions on Circuits and Systems for Video Technology, 2016, 27(3): 513-524.

[23] YANG Y, YAN S, LIAO D, et al. Salient color names for person Re-IDentification[C]// European Conference on Computer Vision (ECCV). Springer International Publishing, 2014: 536-551.

[24] LIAO S, HU Y, ZHU X, et al. Person Re-IDentification by local maximal occurrence representation and metric learning[C]// Proceedings of the IEEE Conference on Computer Vision and Pattern Recognition (CVPR), 2015: 2197-2206.

[25] PEDAGADI S, ORWELL J, VELASTIN S, et al. Local Fisher Discriminant Analysis for Pedestrian Re-IDentification[C]//Proceedings of the IEEE Conference on Computer Vision and Pattern Recognition (CVPR), 2013: 3318-3325.

[26] LIAO S, HU Y, ZHU X, et al. Person Re-IDentification by local maximal occurrence representation and metric learning[C]// Proceedings of the IEEE Conference on Computer Vision and Pattern Recognition (CVPR), 2015: 2197-2206.

[27] XIONG F, GOU M, CAMPS O, et al. Person Re-IDentification Using Kernel-Based Metric Learning Methods [C]// European Conference on Computer Vision (ECCV), Springer International Publishing, 2014: 1-16.

[28] ZHAO R, OUYANG W L, WANG X G. Unsupervised salience learning for person Re-IDentification[C]//Proceedings of the IEEE Conference on Computer Vision and Pattern Recognition (CVPR), 2013: 3586-3593.

[29] QI X, XIAO R, LI C G, et al. Pairwise rotation invariant co-occurrence local binary pattern[J]. IEEE Transactions on Pattern Analysis and Machine Intelligence, 2014, 36(11): 2199-2213.

[30] GRAY D, TAO H. Viewpoint invariant pedestrian recognition with an ensemble of localized features[C]// European conference on computer vision (ECCV), Springer Berlin Heidelberg, 2008: 262-275.

[31] OJALA T, PIETIKAINEN M, MAENPAA T. Multiresolution gray-scale and rotation invariant texture classification with local binary patterns[J]. IEEE Transactions on pattern analysis and machine intelligence, 2002, 24(7): 971-987.

[32] DALAL N, TRIGGS B. Histograms of oriented gradients for human detection[C]// Proceedings of the IEEE Conference on Computer Vision and Pattern Recognition (CVPR), 2005: 886-893.

讨论了第 2 章的内容后，老福说道:“要是天底下所有的场景都能满足相机视角统一、光照充足且目标无遮挡的设定就好了。 什么江洋大盗都能瞬间搞定。”阿济听后，打开抽屉翻找了半天，从角落里拿出一包云南普洱。 普洱茶随着云南制茶和种植技术的数千载发展，凭借其独有的口味层次感和醇厚的香气逐渐走出云南，进入世界爱茶人士的视野之中。 阿济接了一壶热水冲泡起来，并笑道:“要是 AI 什么都能搞定，那你离下岗可不远咯！ 不过按现在的趋势来看，AI 在刑侦界或其他领域大放异彩也只是时间问题，就像这普洱茶一样。 第 2 章谈到的特征提取虽然面临各种各样现实场景中的困难限制，我们也有办法去缓解它。”

老福点了点头:“改变不了环境，我们就适应环境！ 第 3 章就详细讲讲我们为应对视角混乱、光照不足等困难场景中行人再识别技术的实际落地而做的改进吧。”

CHAPTER

3

第 3 章

最大粒度结构与广义多视图判别分析

3.1 引言

第 3 章介绍如何提取一个鲁棒的特征,以及学习跨相机视角的最佳距离度量。这是十分重要的问题。现有的手工调节的方法或可学习方法已经被证明可以有效地提高 Re-ID 任务的性能,但它们也普遍存在以下缺陷。

(1) 传统的描述符可以描述不同特征的确定性,但对不确定性则无法描述。然而,从人类感知的角度来看,图像的模糊性和不确定性是 Re-ID 非常重要的特性。

(2) 现有的大多数方法都假设多个摄像机视角的分布是一致的。然而,这种假设并不成立,因为不同摄像机视图的重要性在实践中是不同的。

(3) 大多数度量学习方法存在小样本量(Small Sample Size, SSS)问题。

为了弥补上述缺陷,本章从特征提取的角度提出了一种新颖的最大粒度结构描述符(Gradient Magnitude Similarity Deviation, GMSD),它提取了局部的显著特征来描述行人的外观,为了实现对视点变化的稳定表示,利用一种新的局部最大交叉编码策略,结合颜色、纹理和方向块的颜色差异,不仅考虑了局部特征,还考虑了不同尺度和纹理方向的空间关系。从度量学习的角度提出了一种具有表示一致性的广义多视图判别分析(GMDA-RC),来寻找低维一致性判别子空间,并通过广义特征值分解来求解。为了保证表示的一致性,最小化从视图 1 到视图 2 的构造误差,并通过最小平方法来解决这个问题。最后,在三个公开的行人再识别数据集(VIPeR,CUHK-01 和 WARD 行人再识别数据集)上对算法性能进行评测,结果表明,本章提出的方法受益于特定的特征表示和度量学习设计,整体性能良好。

3.2 相关技术

3.2.1 颜色直方图

颜色直方图(Color Distribution Histogram, CDH)[1]算法已被用于图像特征表示,用来分析不同背景下两点在颜色感知和边缘方向感知上的综合颜色差异。具体来说,CDH 关注那些突出的点,这些点在颗粒化和编码后具有相同的颜色和纹理方向。此外,这些点与中心点分开,位于矩形的边界上,如图 3-1 所示。当然,颜色直方图可以基于不同的颜色空间和坐标系。最常用的颜色空间是 RGB 颜色空间,原因在于大部分的数字图像都是用这种颜色空间表达的。然而,RGB 空间结构并不符合人们对颜色相似性的主观判断。因此,有人提出了基于 HSV 空间、Luv 空间和 Lab 空间的颜色直方图,因为它们更接近人们对颜色的主观认识。其中,HSV 空间是直方图最常用的颜色空间。它的三个分量分别代表色彩(Hue)、饱和度(Saturation)和值(Value)。计算颜色直方图需要将颜色空间划分成若干个小的颜色区间,每个小区间是直方图的一个 bin。这个过程称为颜色量化(Color Quantization)。然后,计算颜色落在每个小区间内的像素数量,可以得到颜色直方图。颜色量化有许多方法,例如向量量化、聚类方法或者神经网络方法。

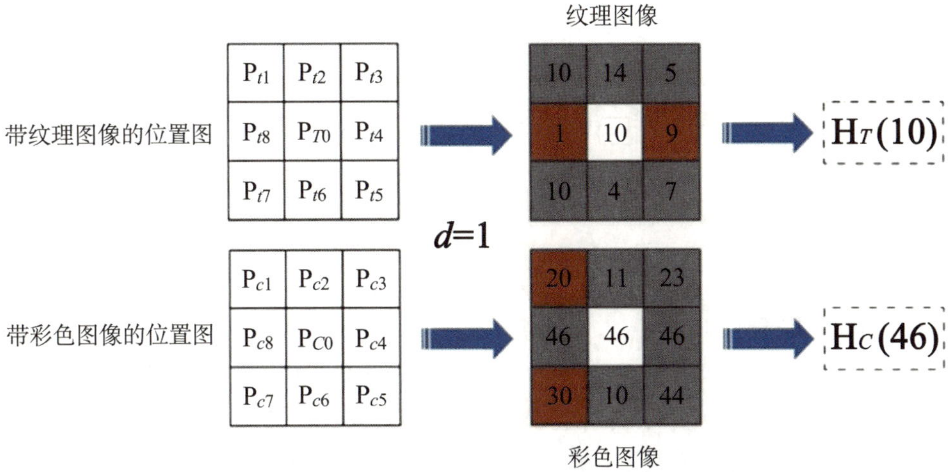

图 3-1 基于 $d=1$ 的颜色直方图处理

只有具有相同纹理方向和颜色指数值的点被用来计算颜色差异直方图。考虑到颜色、方向以及像素和它们相邻的邻域之间的空间联系等特征,获得直方图信息来描述与原始图像三个通道的颜色差异。因此,它对光照和视角的变化具有鲁棒性。

对于彩色图像,中心点是 P_{C0},它的 d 个相邻邻域是 P_{c1}, P_{c2}, …, P_{c8}。同样,对于纹理图像,中心点是 P_{T0},它的 d 个相邻邻域是 P_{t1}, P_{t2}, …, P_{t8}。根据 CDH 理论,彩色图像考虑具有相同纹理值的 P_{c1}, P_{c7} 的点,纹理图像考虑具有相同颜色值的 P_{t4}, P_{t8} 的点。

3.2.2 局部敏感判别分析

局部敏感判别分析算法(Locality Sensitive Discriminant Analysis, LSDA)属于流行学习算法,其主要思想是通过最大化每个局部区域中不同类的边缘,也就是使高维数据近邻中的同类样本投影到低维空间中更近,同时使不同类的样本彼此远离,从而使高维数据在低维空间中具有更强的可分性。在原始空间中,作者首先构造了一个类内图(Within-class Graph),其中只考虑同类样本的关系。随后,作者构造了一个类间图(Between-class Graph),其中关注不同类别样本之间的关系。最终,作者将这些样本嵌入一个低维流形空间中,结果显示同类样本在低维空间中更为接近,而不同类样本则相互远离。这表明通过这种方法可以有效地将同类样本聚集在一起,同时分离不同类的样本。

对于判别两个描述类内变化和类间变化的协方差矩阵[2],给定一对样本 x_i 和 x_j, $x_i, x_j \in R^{P\times P}$, S_w 和 S_B 可以通过以下公式得到。

$$S_w = \frac{1}{|A|} \sum_{x_i, x_j \in A} (x_i - x_j)(x_i - x_j)^{\mathrm{T}}$$

$$S_B = \frac{1}{|B|} \sum_{x_i, x_j \in B} (x_i - x_j)(x_i - x_j)^{\mathrm{T}} \tag{3-1}$$

式中,A 是相似的样本对;B 是不相似的样本对。

为了使类间的散点矩阵最大化,减少类内的差异,传统的局部判别分析会更关注 $K \leqslant k$ 列向量,并得到 $W = [w_1, w_2, \cdots, w_k] \in \mathrm{R}^{p \times k}$ 的目标矩阵。目标优化函数为

$$J(W) = \underset{W}{\operatorname{argmax}} \frac{trace(W^{\mathrm{T}} S_B W)}{trace(W^{\mathrm{T}} S_W W)} \tag{3-2}$$

3.2.3 典型关联分析

典型关联分析(Canonical Correlation Analysis, CCA)[3]算法是最常用的挖掘数据关联关系的算法之一。如果拿到两组数据,第一组是人身高和体重的数据,第二组是对应的跑步能力和跳远能力的数据,那么,能不能说这两组数据是相关的呢?CCA 可以帮助分析这个问题。将数据形式不同的矩阵映射成向量,从而可以比较二者之间的相关系数。这个方法多用在信息的检索过程当中。在数理统计里面,我们都知道相关系数这个概念。假设有两组一维的数据集 X 和 Y,则相关系数 ρ 的定义为

$$\rho(X, Y) = \frac{\operatorname{cov}(X, Y)}{\sqrt{D(X)}\sqrt{D(Y)}} \tag{3-3}$$

式中,$\operatorname{cov}(X, Y)$是 X 和 Y 的协方差,而 $D(X)$, $D(Y)$分别是 X 和 Y 的方差。相关系数 ρ 的取值为$[-1, 1]$,ρ 的绝对值越接近于 1,则 X 和 Y 的线性相关性越高;越接近于 0,则 X 和 Y 的线性相关性越低。

虽然相关系数可以很好地帮助分析一维数据的相关性,但是高维数据不能直接使用。如果 X 是包括人身高和体重两个维度的数据,Y 是包括跑步能力和跳远能力两个维度的数据,就不能直接使用相关系数的方法。CCA 给出以下的变通方法。

CCA 使用的方法是将多维的 X 和 Y 都用线性变换为 1 维的 X'和 Y',然后再使用相关系数来看 X'和 Y'的相关性。将数据从多维变到 1 维,也可以理解为 CCA 是在进行降维,将高维数据降到 1 维,再用相关系数进行相关性分析。下面介绍 CCA 的算法思想。

在 Re-ID 任务中,使用 CCA 可以将两个不同的视角之间的线性关系联系起来。它为每个视图获得两个投影方向 w_x 和 w_y,并使两个转换后的特征集在一个共同的子空间中的相关性最大化。在一个共同的子空间中,最大限度地提高两个转换后的特征集的相关性。一般来说,最佳目标函数定义为

$$(w_x, w_y) = \underset{w_x, w_y}{\operatorname{argmax}} \, w_x^{\mathrm{T}} C_{xy} w_y$$

$$s.t.\ w_x^{\mathrm{T}} C_{xx} w_x = 1,\ w_y^{\mathrm{T}} C_{yy} w_y = 1$$

$$C_{xy} = \frac{1}{n} XY^{\mathrm{T}},\ C_{xx} = \frac{1}{n} XX^{\mathrm{T}},\ C_{yy} = \frac{1}{n} YY^{\mathrm{T}} \tag{3-4}$$

式中，$\frac{1}{n}$项在计算相关系数时可以约去，此时，式(3-4)可以转化为一个广义的特征值问题。

在对以上相关工作有了一定的了解后，本书主张采用最大粒度结构描述符(Gradient Magnitude Similarity Deviation, GMSD)和具有表示一致性的广义多视图判别分析(GMDA-RC)解决行人再识别任务中的不确定性以及多视角问题。

3.3 最大粒度结构描述符

心理物理学和神经生物学研究表明，色彩和纹理包含丰富的视觉信息，对人类的视觉感知起着关键作用，并被广泛用于图像特征的表示[4]。然而，光照条件和视角的变化会导致同一个人的颜色和纹理有很大的差异。例如，图 3-2 展示了来自 WARD 数据集的同一个人的图像[5]，同一个人在不同的相机视角下可能会有很大的差异。不同的相机视角下，同一个人可能会有很大的不同。本节提出一个稳健的描述符 MGSD 来表示人的外观。

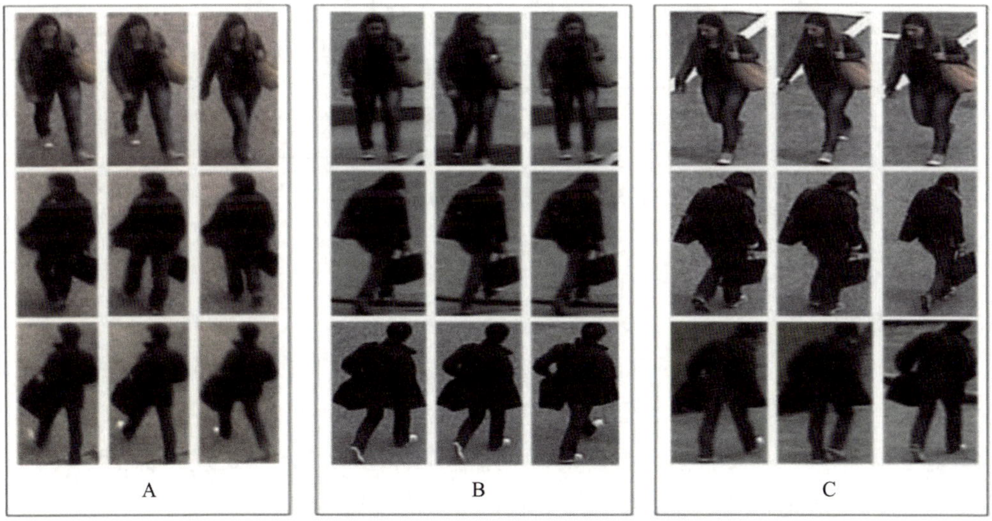

图 3-2　WARD 数据集中 A、B、C 三台相机拍摄的同一行人样例

3.3.1 基本思想

为了提高对光照变化的鲁棒性，本书应用了多个 Gabor 滤波器(这符合用人眼观察自然场景的习惯)对原始图像进行了预处理。通过分析多尺度和多方位的颜色和纹理特征,Gabor 滤波器对光照变化不敏感。此外,本书利用 MAX 算子来融合这些图像,通过突出的颜色和纹理特征,利用滑动窗口来捕捉局部颜色直方图。此外,我们还分析了局部特征的水平出现率[2],并最大限度地提高局部特征的出现率,以形成一个可以对抗视点和光照变化的稳定表示。MGSD 方法的流程如图 3-3 所示。

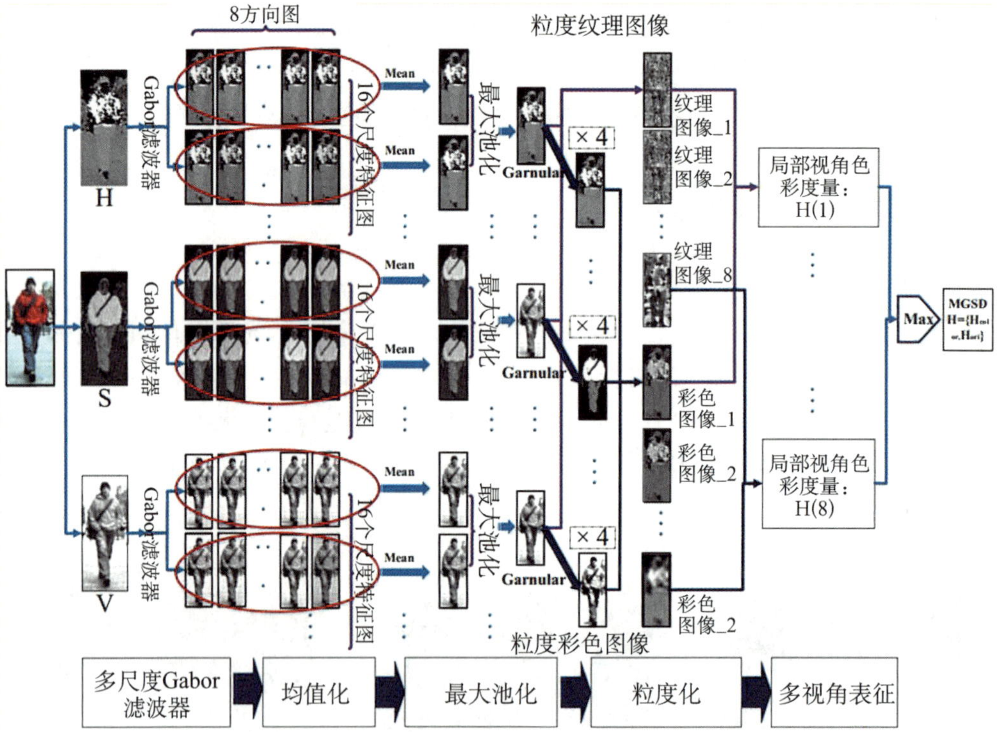

图 3-3　MGSD 方法的总体流程

3.3.2　预处理

Gabor 滤波器可以反映局部区域的特征,并以多尺度和多方位的不同颗粒度来表示图像[1]。用多个 Gabor 滤波器对图像进行预处理会给我们的特征表示带来更多关键的多粒度纹理信息。为了保留更多的颜色信息,预处理将分别处理图像的三个通道(HSV),而不是灰色图像。然后,定义多个 Gabor 滤波器为

$$\psi_{\mu,\theta}(x, y)=\frac{\mu^2}{\sigma^2}\mathrm{e}^{-\frac{\mu^2(x^2+y^2)}{2\sigma^2}}\left[\mathrm{e}^{i\mu(x\cos\theta+y\sin\theta)}-\mathrm{e}^{-\frac{\sigma^2}{2}}\right] \tag{3-5}$$

式中,x 和 y 是图像中的坐标位置;σ 是高斯函数的标准偏差;μ 代表尺度,被分成 16 个不同的尺度,θ 定义了方向,它被分成 8 个方向。用多个 Gabor 滤波器计算原始图像

$I(x, y)$，得到

$$G_{\mu,\theta}(x, y)=I(x, y)\cdot\psi_{\mu,\theta}(x, y) \tag{3-6}$$

然后，提取不同方向的平均特征图，得到尺度为 16(16 尺度)的特征图，定义为

$$G_{\mu}(x, y)=\frac{1}{8}\sum_{v=1}^{8}G_{\mu,\theta}(x, y) \tag{3-7}$$

式中，$G_{\mu}(x, y)$被定义为$G_{\mu,\theta}(x, y)$的平均值，详细处理过程可以参考图 3-4。此外，我们将 16 尺度特征图 $G_{\mu}(x, y)$分为 8 组，每组包括两个邻域尺度图像。然后，利用 Max Pooling 的优势，在每组中得到生物启发特征(BIF)的幅度图像，它的定义为

$$B_i=\max[G_{2i-1}(x, y), G_{2i}(x, y)], i\in[1, 2, \cdots, 8] \tag{3-8}$$

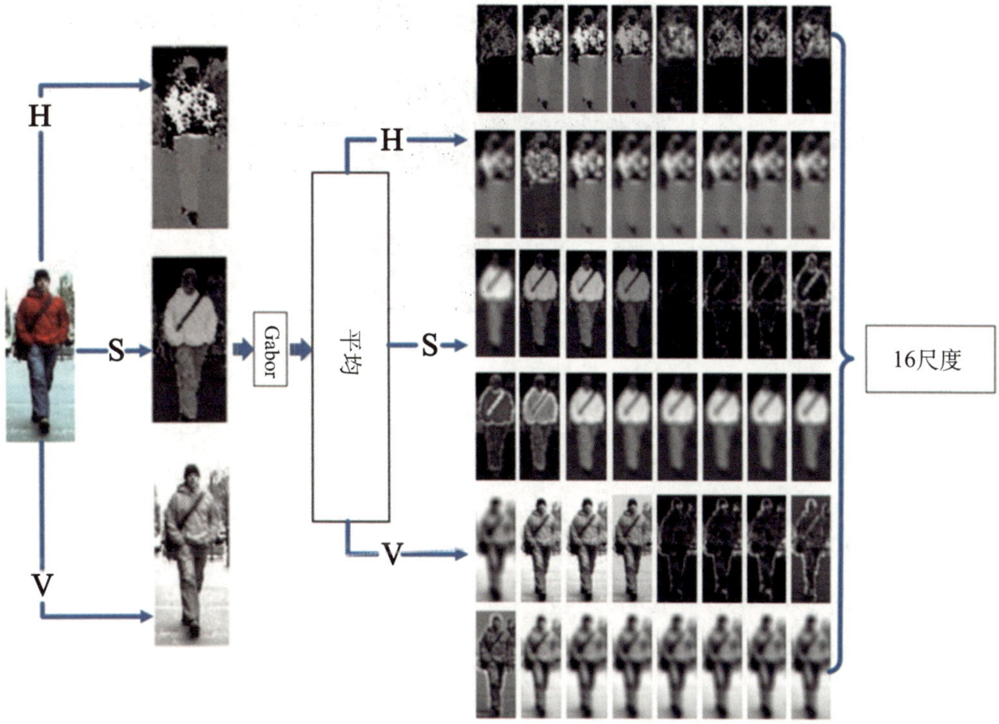

图 3-4 通过 16 尺度的多 Gabor 滤波器和 8 方向平均值进行预处理的整体框架

图 3-5 显示了具有 HSV 色彩空间的三个通道图像的成对图像和 BIF 幅度图像，使用 Max Pooling 预处理操作，从 16 尺度的特征图中得到 8 组特征图。

3.3.3 最大粒度结构描述符

行人通常在不同的摄像机下出现在不同的视角，这将导致匹配同一行人的困难。为了解决这个问题，本节方法是一种最大粒度结构描述符(MGSD)，它结合了颜色信

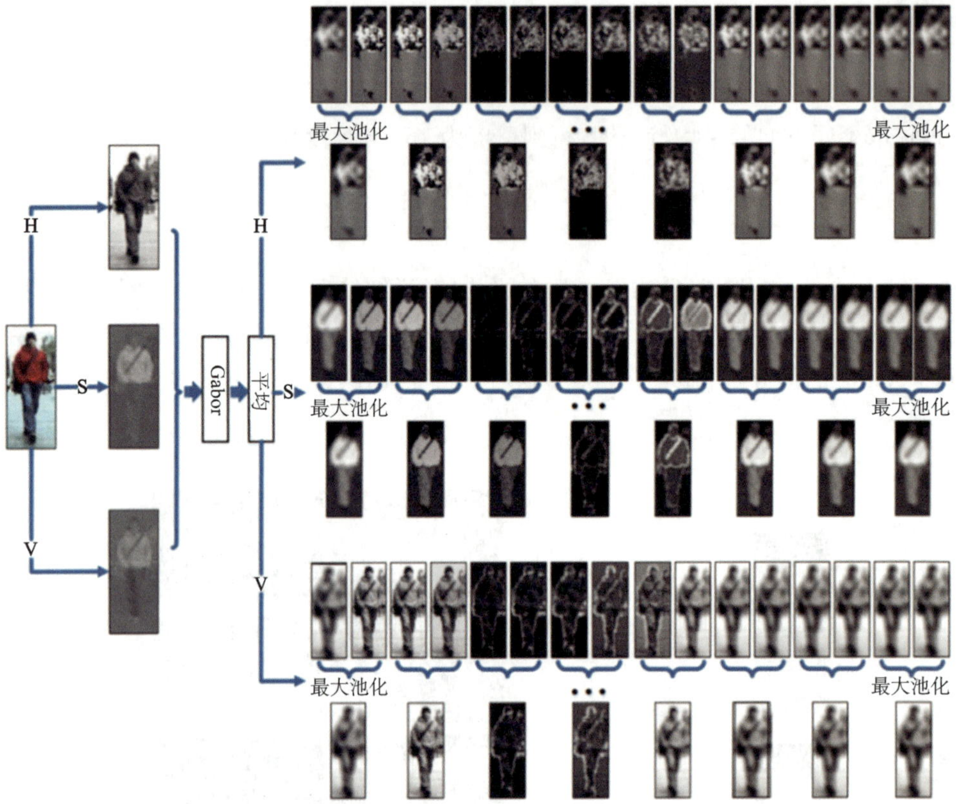

图 3-5　8 组特征图

息、纹理方向和局部区域的空间相关性。在本方法中,我们将 HSV 颜色空间划分为 $4\times4\times4=64$ 个 BIF 大小的图像组,并获得粒度彩色图像 $GC_i(x, y)\in[1, 2, \cdots, 64]$, $i\in[1, 2, \cdots, 8]$ 去减少特征维度。此外,我们将彩色纹理图像以均匀的步长细化为 36 组,得到细化的纹理图像 $G\theta'_i(x, y)\in[1, 2, \cdots, 36]$, $i\in[1, 2, \cdots, 8]$。

接下来,考虑中心像素及其相邻的 d 个邻域,并提取色差直方图(CDH)[4],考虑具有相同颜色值或纹理值的突出点,如图 3-6 所示。它的定义为

$$h^{(i)}_{\text{color}}[GC_i(x, y)] = \begin{cases} \sum\sum\sqrt{(\Delta H_i)^2+(\Delta S_i)^2+(\Delta V_i)^2} \\ G\theta'_i(x, y)=G\theta'_i(x', y'); \max(|x-x'|, |y-y'|)=D_i \end{cases} \tag{3-9}$$

$$h^{(i)}_{\text{ori}}[G\theta'_i(x, y)] = \begin{cases} \sum\sum\sqrt{(\Delta H_i)^2+(\Delta S_i)^2+(\Delta V_i)^2} \\ GC_i(x, y)=GC_i(x', y'); \max(|x-x'|, |y-y'|)=D_i \end{cases} \tag{3-10}$$

式中，(x, y)和(x', y')描述了图像中点的坐标位置，D_i 定义了中心点和其邻域之间的距离。

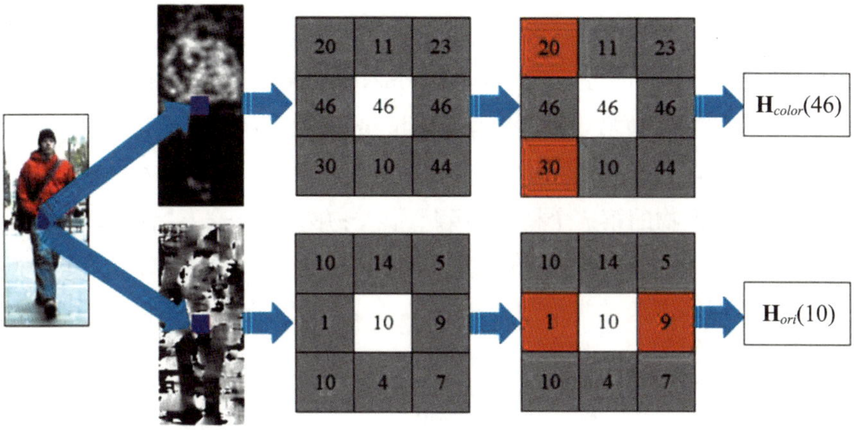

图 3-6　使用最大池化预处理操作，从 16 尺度的特征图中得到 8 组特征图

为了捕捉更多的细微特征，本书利用滑动窗口来捕捉局部区域的 CDH 描述符，并将其视为一个图案的出现概率。然后，选择所有局部区域在同一水平位置捕获的 CDH 直方图的最大值，并从彩色图像 $C_i(x, y)$和纹理方向图像 $\theta'_i(x, y)$获得特征向量，定义为

$$H=[h_{\text{color}}^{(i, m)}(0), h_{\text{color}}^{(i, m)}(1), \cdots, h_{\text{color}}^{(i, m)}(63), h_{\text{ori}}^{(i, m)}(0), h_{\text{ori}}^{(i, m)}(1), \cdots, h_{\text{ori}}^{(i, m)}(35)] \tag{3-11}$$

式中，m 是图像中的行数。

在 HSV 色彩空间中，通过捕获颗粒度色彩直方图，可以分析图像中颜色的分布。同时，从局部区域提取尺度不变局部三元模式（Scale Invariant Local Ternary Pattern，SILTP）[2]，该模式能够在不同尺度下保持特征的一致性。将颗粒度色彩直方图与局部三元模式相结合，定义为最大颗粒度结构描述符，用于表示人物图像。

3.4　广义多视图判别分析

本节首先介绍了一种基于多视图判别分析和多视图典型相关分析表述的新型度量学习方法，定义为具有表示一致性的广义多视角判别分析（Generalized Multi-view Discriminant Analysis based on Representation Consistency，GMDA-RC），然后提出具体的设计方案。它可以学习多视角判别子空间 $W=[w_1^*, w_2^*, \cdots, w_v^*]$，并具有表征一致性，这与实现所有视角判别共同子空间的一般工作不同[3,6-9]。本书将描述它的表示和解决方案。请注意，所提出的 GMDA-RC 在行人再识别的多视角问题中考虑了视角标签信息,并通过广义的特征值分解来分析并解决。

3.4.1 多视角判别分析

如图 3-7 所示,本书提出的 GMDA-RC 试图找到 v 个线性变换 $W=[w_1^*, w_2^*, \cdots, w_v^*]$,这些变换可以分别将来自 v 个不同视角的人物样本投射到一个嵌入的判别空间,其中类间变体被最大化,类内变体被最小化。为了考虑视图标签信息,定义 $\{x_{ijk} \mid i=1, 2, \cdots, c;\ j=1, 2, \cdots, v;\ k=1, 2, \cdots, n_{ij}\}$ 为人物图像集合,其中 $x_{ijk} \in R^d$ 是第 i 个人物的第 j 个视角的第 k 张人物图像,c 是人物的数量,v 是视图的数量,n_{ij} 是第 i 个人物的第 j 个视图中的人物图像数量。然后,我们对多个不同的线性变换进行优化,得到两视角的类内散射矩阵 $\boldsymbol{S}_{jr}$[7],考虑到视角标签信息,其定义为

$$\boldsymbol{S}_{jr}=\begin{cases}\sum_{i=1}^{c}\left(\sum_{k=1}^{n_{ij}} x_{ijk} x_{ijk}^{\mathrm{T}}-\dfrac{n_{ij} n_{ij}}{n_i} \mu_{ij} \mu_{ij}^{\mathrm{T}}\right), & \text{当 } j=r \text{ 时} \\ -\sum_{i=1}^{c} \dfrac{n_{ij} n_{ir}}{n_i} \mu_{ij} \mu_{ir}^{\mathrm{T}}, & \text{其他}\end{cases} \tag{3-12}$$

式中,$\mu_{ij}=\dfrac{1}{n_{ij}} \sum_{k=1}^{n_{ij}} x_{ijk}$ 被定义为第 i 个人的图像与第 j 个视图图像的平均值;n_i 是第 i 个人的图像的数量。

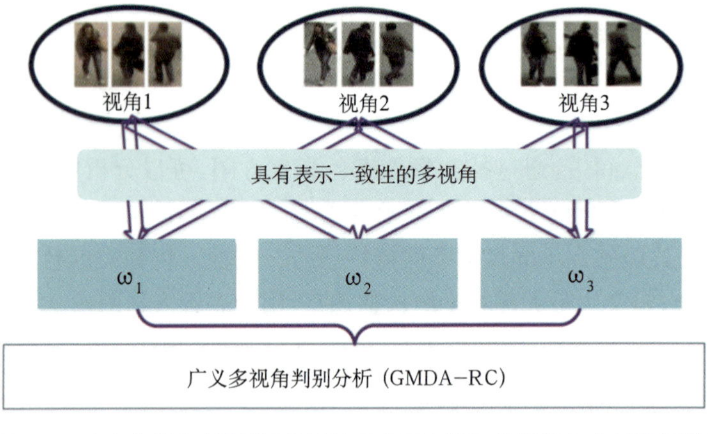

图 3-7 广义多视角判别分析过程(考虑了多视角并捕获多个目标矩阵)

对于共同空间中的多视角类内散射矩阵,可以重新表述为

$$\boldsymbol{S}_W=[w_1^{\mathrm{T}}, w_2^{\mathrm{T}}, \cdots, w_v^{\mathrm{T}}]\begin{pmatrix} S_{11} & \cdots & S_{1v} \\ \vdots & \ddots & \vdots \\ S_{v1} & \cdots & S_{vv}\end{pmatrix}\begin{bmatrix} w_1 \\ w_2 \\ \cdots \\ w_v\end{bmatrix}=\boldsymbol{W}^{\mathrm{T}}\boldsymbol{S}\boldsymbol{W} \tag{3-13}$$

同样，双视角的类间散射矩阵可以定义为

$$D_{jr}=\left(\sum_{i=1}^{c}\frac{n_{ij}n_{ir}}{n_i}\mu_{ij}\mu_{ir}^{\mathrm{T}}\right)-\frac{1}{n}\left(\sum_{i=1}^{c}n_{ij}\mu_{ij}\right)\left(\sum_{i=1}^{c}n_{ir}\mu_{ir}\right)^{\mathrm{T}} \tag{3-14}$$

可以得到共同空间中的多视角类间散点为

$$S_D=[w_1^{\mathrm{T}},w_2^{\mathrm{T}},\cdots,w_v^{\mathrm{T}}]\begin{pmatrix}D_{11} & \cdots & D_{1v}\\ \vdots & \ddots & \vdots\\ D_{v1} & \cdots & D_{vv}\end{pmatrix}\begin{bmatrix}w_1\\ w_2\\ \cdots\\ w_v\end{bmatrix}=W^{\mathrm{T}}DW \tag{3-15}$$

结合式(3-2)，可以将多视角判别子空间重新表述为

$$(w_1,w_2,\cdots,w_v)=\underset{w_1,\cdots,w_v}{\operatorname{argmax}}\frac{trace(W^{\mathrm{T}}DW)}{trace(W^{\mathrm{T}}SW)} \tag{3-16}$$

3.4.2　多视角关联分析

与原来的多视角典型相关分析(MCCA)[1]不同，本书结合双视角典型相关分析，在共同空间中将总相关定义为

$$S_C=[w_1^{\mathrm{T}},w_2^{\mathrm{T}},\cdots,w_v^{\mathrm{T}}]\begin{pmatrix}C_{11} & \cdots & C_{1v}\\ \vdots & \ddots & \vdots\\ C_{v1} & \cdots & C_{vv}\end{pmatrix}\begin{bmatrix}w_1\\ w_2\\ \cdots\\ w_v\end{bmatrix}=W^{\mathrm{T}}CW \tag{3-17}$$

结合公式(3-16)，将广义的多视角分析定义为

$$(w_1,w_2,\cdots,w_v)=\underset{w_1,w_2,\cdots,w_v}{\operatorname{argmax}}\frac{trace(W^{\mathrm{T}}DW)+\alpha trace(W^{\mathrm{T}}CW)}{trace(W^{\mathrm{T}}SW)} \tag{3-18}$$

3.4.3　多视角表示一致性

对于同一个人的不同相机视角，分别表示为 $X_j(j=1)$ 和 $X_r(r=2)$，由于相同的分布，可以得到基于代表性的一致性的最佳函数

$$X_j=X_r\boldsymbol{Z}_{jr}+\boldsymbol{E}_{jr} \tag{3-19}$$

式中，$\boldsymbol{Z}_{jr}$ 被定义为重建系数矩阵，用来捕获到样本结构；$\boldsymbol{E}_{jr}$ 被定义为噪声矩阵，然而，它不能保证不同视角下分布的一致性。因此，应用目标矩阵($\boldsymbol{W}_{jr}$)，它被定义为视角 j 翻转到视角 r 的形式，以寻求一个共同的子空间，使两个视图的差异最小。然后，可以得到如下的最优函数

$$\min_{W_{jr}} \| \boldsymbol{W}_{jr}^{\mathrm{T}} \boldsymbol{M}_{jr} \boldsymbol{W}_{jr} \|_2^2$$
$$\boldsymbol{M}_{jr} = (X_j - X_r Z_{jr} - E_{jr})(X_j - X_r Z_{jr} - E_{jr})^{\mathrm{T}} \tag{3-20}$$

式中,j, r 代表两个不同的视角,X_j, X_r 代表同一个人的视角 j 和视角 r。$\boldsymbol{W}_{jr}$ 被定义为从视角 j 到视角 r 的目标矩阵。$\boldsymbol{M}_{jr}$ 被定义为双视图的代表性-一致性散点矩阵,代表同一个人的视角 j 和视角 r。

在式(3-19)中,定义 $K_{jr}=[Z_{jr};\ E_{jr}]$ 和 $X'_r=[X_r;\ 1]$。受到最小二乘法的启发,可以获得最优函数$\frac{1}{2} \| X'_r K_{jr} - X_j \|^2$,并求解

$$\begin{cases} X_j = X'_r K_{jr} \\ K_{jr} = (X'^{\mathrm{T}}_r X'_r)^{-1} X'^{\mathrm{T}}_r X_j \end{cases} \tag{3-21}$$

双视图表示一致性散点矩阵 $\boldsymbol{M}_{jr}$ 被重新定义为

$$\boldsymbol{M}_{jr} = (X_j - X'_r K_{jr})(X_j - X'_r K_{jr})^{\mathrm{T}} \tag{3-22}$$

然后,可以得到下面的多视角表示一致性分散矩阵

$$\boldsymbol{S}_M = [w_1^{\mathrm{T}},\ w_2^{\mathrm{T}},\ \cdots,\ w_v^{\mathrm{T}}] \begin{pmatrix} M_{11} & \cdots & M_{1v} \\ \vdots & \ddots & \vdots \\ M_{v1} & \cdots & M_{vv} \end{pmatrix} \begin{bmatrix} w_1 \\ w_2 \\ \cdots \\ w_v \end{bmatrix} = \boldsymbol{W}^{\mathrm{T}} \boldsymbol{M} \boldsymbol{W} \tag{3-23}$$

最后,结合式(3-18),可以将相似性定义为多视角问题的视角一致性,并用式(3-24)建模。

$$(w_1,\ w_2,\ \cdots,\ w_v) = \underset{w_1,\ w_2,\ \cdots,\ w_v}{\operatorname{argmax}} \frac{trace(W^{\mathrm{T}}DW) + \alpha trace(W^{\mathrm{T}}CW)}{trace(W^{\mathrm{T}}SW) + \beta trace(W^{\mathrm{T}}MW)} \tag{3-24}$$

通过优化公式(3-24),不同视角之间的相关性和每个视角的判别力可以同时达到最大,并且可以保证表示的一致性,使多个视角的分布差异最小。我们将这种扩展的多视角判别分析和具有表示一致性的多视角典范相关分析称为具有表示一致性的广义多视角判别分析。

3.5 实验结果与分析

本节展示了评估本章方法的实验,在三个公开可用的人的再识别数据集中与最先进的方法进行了比较,分别是 VIPeR[10]、CUHK-01[2] 和 WARD[5],这三个数据集涵盖了行人再识别的不同方面和挑战。在本书实验中,随机选择 p 个行人(类)的所有图像来建立测试集,其余的是测试集,包括一个 Gallery 集和一个 Query 集。Gallery 集由每

个人的一张图片组成，其余的图片被定义为 Query 集。这个过程要重复 10 次。

在评估阶段，我们利用 CMC 曲线[11]作为性能测量标准。CMC 曲线代表了 Query 图像与 p 个 Gallery 图像在 *Rank*-r 上正确匹配的期望值，因此 *Rank*-1 的匹配率就是正确的匹配率和识别率。在实践中，一个高的 *Rank*-1 匹配率是很关键的。在本书实验中，将所提出的方法与几个最先进的方法分别在以下几个数据集上进行了比较。

3.5.1　VIPeR 数据集

VIPeR 数据集由一对摄像机在户外环境中拍摄，由 632 个行人的 1 264 张图像组成，每个行人有两张 128×48 像素的图像。这些图像是从水平的角度拍摄的，但方向却完全不同。在这个数据集中，背景、照明和视点的大变化是行人 Re-ID 的主要问题。在本书实验中，从所有图像中随机选择 316 名行人作为训练集，其余的是测试集，并重复这个过程 10 次，得到平均性能。

将提出的方法 MGSD+GMDA-RC 和特征融合+GMDA-RC 与最先进的方法，包括 CRAFT[12]，GOG[10]，LSL[13]，LOMO + MLAPG[14]，LOMO + XQDA[2]，kLFDA[15]，MFA[15]，KISSME[16]，SVMML[17] 和 LFDA[18] 进行比较，结果见图 3-8 和表 3-1，其中，MGSD+ 为本章所提算法。从图 3-8 中可以看出，所提出的 MGSD+GMDA-RC 方法在*Rank*-1 上的识别率为 44.87%，可以超过大部分的比较方法。具体来说，融合特征(即 LOMO、GOG、CRAFT)+GMDA-RC 与排名第一的最佳匹配率(49.68%，GOG)相比，取得了明显的改进(10.86%，17.41%，5.68%)。如表 3-1 所示，本书方法(特征融合+GMDA-RC)的识别性能在 *Rank*=5，10，20 时也明显优于其他方法。显著提高的内在原因如下：首先，分析了不同尺度和方向的人物图像，并应用 Max Pooling 操作来提取更突出的特征，这更有利于处理光照变异。其次，

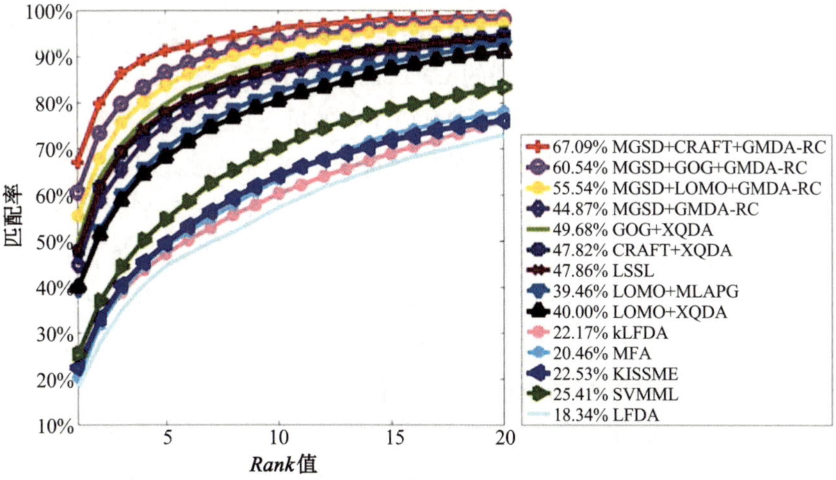

图 3-8　提出的方法与其他方法的 CMC 和 *Rank*-1 曲线对比

我们捕捉局部结构,最大限度地提高局部特征的水平出现率。这对于明显的视点变化来说更加稳定和有效。最后,通过最大化类间变异和最小化类内变异,并考虑多视角相关分析和表示的一致性,来寻求嵌入人物图像中的丰富的多视角判别信息。有了这些优势,所提出的方法比其他的行人再识别方法表现得更好。

表 3-1　各个方法的 *Rank* 值对比(%)

算法	*Rank*=1	*Rank*=5	*Rank*=10	*Rank*=15	*Rank*=20
MGSD+CRAFT+GMDA-RC	67.09	91.33	96.23	98.23	98.86
MGSD+GOG+GMDA-RC	60.54	86.58	93.61	96.68	98.20
MGSD+LOMO+GMDA-RC	55.54	83.70	92.25	95.89	97.37
MGSD+GMDA-RC	44.87	75.25	86.42	91.23	93.83
GOG+XQDA	49.68	79.72	88.67	92.50	94.53
CRAFT+XQDA	47.82	77.53	87.78	92.06	94.84
LSSL	47.86	78.03	87.63	91.84	94.05
LOMO+MLAPG	39.46	70.04	82.41	88.83	92.84
LOMO+XQDA	40.00	68.13	80.51	87.37	91.08
kLFDA	22.17	47.23	60.27	68.96	76.01
MFA	20.46	48.97	63.35	73.05	78.15
KISSME	22.53	49.57	64.11	71.79	76.08
SVMML	25.41	54.25	70.28	78.72	83.50
LFDA	18.34	44.64	57.25	66.66	73.96

将提出的 MGSD 与其他特征(LOMO[19]、ELF16[20]、FFN4096[21]、KCCA[22]、SCNCD[23])进行比较,图 3-9 是得到的 CMC 曲线和 *Rank*-1 匹配率。为了保持一致性,在下面的实验中,利用 XQDA[2] 和 GMDA-RC 的度量学习方法来衡量不同特征的相似度。从图 3-9(a)可以看出,MGSD 的描述符与 XQDA 的度量学习方法的匹配率达到了 44.18%,优于其他现有的描述符,与 LOMO+XQDA 的方法(39.00%)相比,增加了 5.18%。此外,图 3-9(b)显示了使用 GMDA-RC 度量方法的性能改进,实现了 44.87%的匹配率,而 MGSD+GMDA-RC 的方法对行人再识别更有意义。由于这几种描述符在融合颜色和纹理信息方面是相似的,MGSD 提出的描述符所取得的改进主要是考虑细微特征,它可以处理较大的光照和视角变化。

对 GMDA-RC 算法和几种度量学习算法进行了评估,包括 l1-规范距离[24]、KISSME[16]、kLFDA[15] 和 XQDA[2],并使用相同的 MGSD 特征。对于比较的算法,首先应用 PCA 来降低特征的维度。图 3-10 所示为在 VIPeR 数据集上的 CMC 曲线和

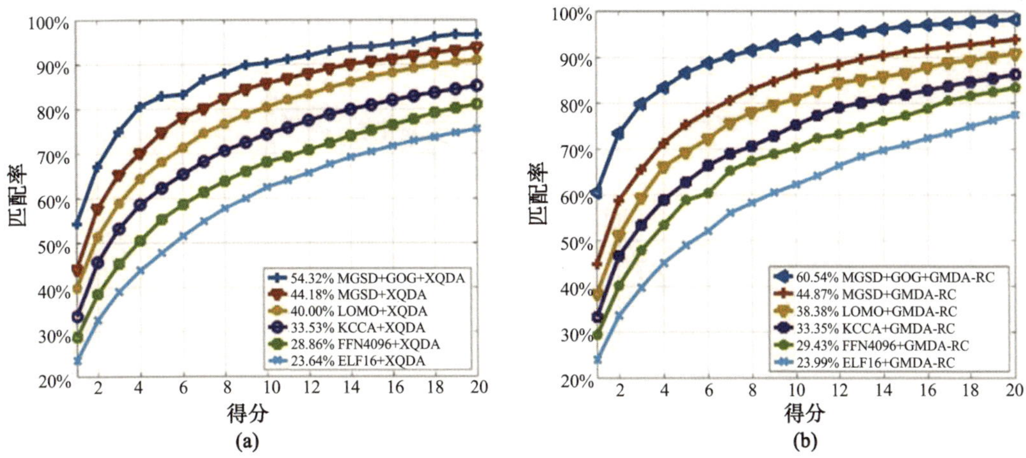

图 3-9 CMC 曲线和 *Rank*-1 识别率

Rank-1 识别率($P=316$),通过比较 MGSD 与 GMDA-RC 的描述符与四种可用的度量学习方法,包括 l1-规范距离、kLFDA 和 XQDA,得到的累积匹配特征(CMC)曲线。可以看到,所提出的方法 MGSD+GMDA-RC 实现了 44.87%的匹配率,比其他公因子学习算法做得更好,准确率比 MGSD+XQDA 得到的最好结果提高了 0.69%。这表明 GMDA-RC 算法成功地学习了多视图判别子空间及有效的度量。

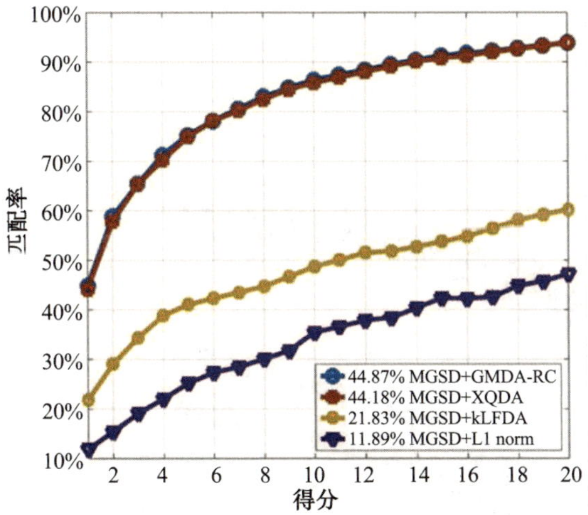

图 3-10 比较 MGSD 与 GMDA-RC 的描述符与四种可用的度量学习算法

同时,本书在不同的颜色空间(HSV、RGB、L* a* b* 、Ycbcr)比较了算法 MGSD+GMDA-RC,结果如图 3-11 所示。很明显,在行人再识别方面,在 HSV 颜色空间上的 MGSD+GMDA-RC 实现了 44.87%的 *Rank*-1 匹配率,比其他方法要好,增加了 2.64%。这是因为它包含了多个不同的通道,代表了图像的多个方面(如色相、饱和度、值)形成不同的粒度。

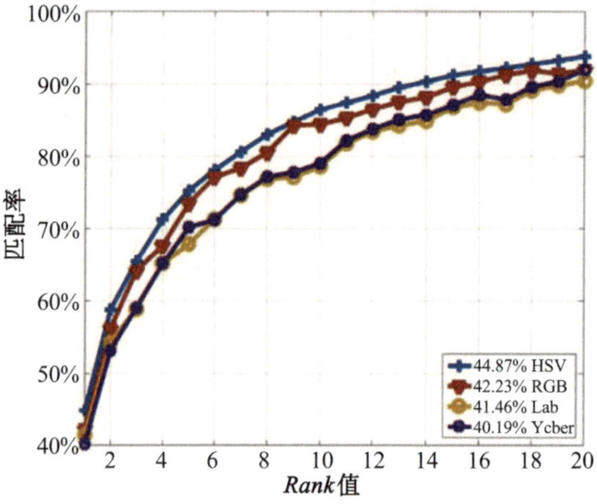

图 3-11　MGSD＋GMDA-RC 在不同色彩空间上的 CMC 曲线和 *Rank*-1 识别率(p＝316)

3.5.2　CUHK-01 数据集

本小节将本书提出的算法 MGSD＋GMDA-RC 与 Sota 方法进行比较,包括 GOG＋XQDA[10]、LOMO＋MLAPG[14]、LOMO＋XQDA[2]、FN4096＋XQDA[21]、kLFDA[15]、MFA[15]、KISSME[16]、SVMML[17]和 LFDA[18]。实验结果如图 3-12 和表 3-2 所示,其中,MGSD＋为本章所提算法。从实验结果可以看出,所提出的方法明显优于其他方法。此外,可以看到,所提出的方法(MGSD＋GMDA-RC)在 *Rank*-1 的匹配率高达 70.67%,比 GOG＋XQDA 的当前最佳结果高出 5.34%。而 MGSD＋CRAFT＋GMDA-RC 的方法可以达到 75.69%的最好成绩,排名第一。此外,CMC 曲

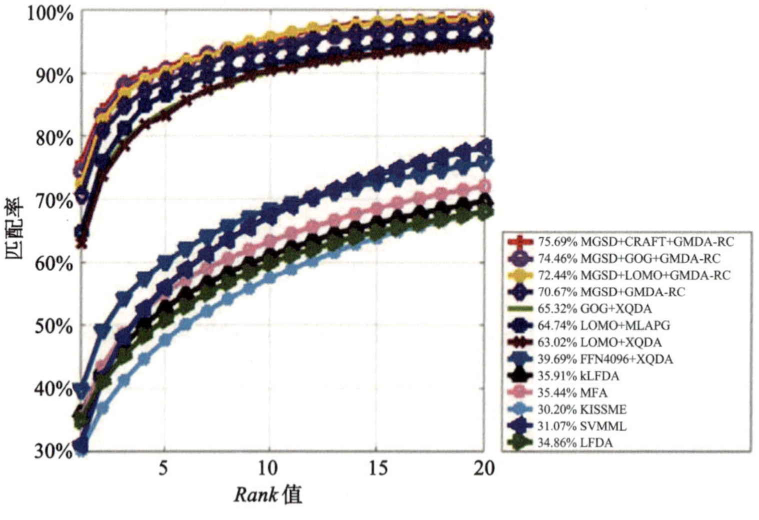

图 3-12　在 CUHK-01 数据集上各个方法的 CMC 曲线和 *Rank*-1 值

线还显示所提出的 MGSD+GMDA-RC 的性能比其他方法在这个数据集上 *Rank*＝5，10，15，20 的性能更好。因此，证明了 MGSD+GMDA-RC 对视角和光照的变化具有更强的鲁棒性。观点和光照的变化更为稳健，这是因为计量学习方法的项目子空间有助于减少类内变化，提高了匹配精度。

表 3-2　各个方法在 CUHK-01 数据集上的 *Rank* 值(%)

算法	*Rank*＝1	*Rank*＝5	*Rank*＝10	*Rank*＝15	*Rank*＝20
MGSD+CRAFT+GMDA-RC	75.69	90.89	95.38	98.00	98.65
MGSD+GOG+GMDA-RC	74.46	90.47	95	96.67	98.59
MGSD+LOMO+GMDA-RC	72.44	89.87	95.65	98.00	98.80
MGSD+GMDA-RC	70.67	88.77	93.71	96.80	98.24
GOG+XQDA	65.33	84.13	90.25	92.94	94.61
LOMO+MLAPG	64.74	86.60	91.55	94.23	95.40
LOMO+XQDA	63.02	83.33	88.87	91.93	93.70
FFN4096+XQDA	39.69	60.05	68.43	72.76	75.79
kLFDA	35.91	52.71	61.05	66.22	69.77
MFA	35.44	55.10	63.30	68.53	72.09
KISSME	30.20	47.66	57.54	63.88	68.16
SVMML	31.07	56.04	67.27	73.83	78.30
LFDA	34.86	50.91	59.91	64.80	68.03

3.6　本章小结

本章提出了一种有效的行人再识别方法，它使用了最大颗粒度结构描述符(MGSD)和度量学习(GMDA-RC)，提取突出的信息，捕捉丰富的鉴别性外观，同时提升对复杂环境的鲁棒性。MGSD 是一个高效的描述符，对视角和光照的变化具有鲁棒性。在 MGSD 中，我们提出了一种新的生物启发特征(Bio-inspired Features，BIF)幅度图像的局部最大水平发生策略，由局部最大交叉编码直方图描述。它可以完美地整合颜色、纹理和空间结构信息。同时，提出了一种基于多重交叉视角判别分析的度量学习方法，即 GMDA-RC，该方法在处理行人 Re-ID 所面临的维度偏差问题时非常有效。在 VIPeR、CUHK-01 等具有挑战性的行人再识别数据集上的实验结果表明，本书提出的方法 MGSD+GMDA-RC 明显优于同类方法。此外，该方法还可以适用于其他图像匹配问题，如异质人脸识别。未来的工作将尝试解决参数的最佳选择。此外，转移学习方法可以解决多视图中分布不一致的问题,我们将尝试通过其理论来扩展模型。

参考文献

[1] MA B, SU Y, JURIE F. Bicov: a novel image representation for person re-identification and face verification[C]//British Machive Vision Conference. 2012: 11.

[2] LIAO S, HU Y, ZHU X, et al. Person re-identification by local maximal occurrence representation and metric learning[C]//Proceedings of the IEEE conference on computer vision and pattern recognition. 2015: 2197-2206.

[3] RUPNIK J, SHAWE-TAYLOR J. Multi-view canonical correlation analysis[C]//Conference on data mining and data warehouses (SiKDD 2010). 2010, 473: 1-4.

[4] LIU G H, YANG J Y. Content-based image retrieval using color difference histogram[J]. Pattern recognition, 2013, 46(1): 188-198.

[5] DAS A, CHAKRABORTY A, ROY-CHOWDHURY A K. Consistent re-identification in a camera network [C]//Computer Vision-ECCV 2014: 13th European Conference, Zurich, Switzerland, September 6-12, 2014, Proceedings, Part II 13. Springer International Publishing, 2014: 330-345.

[6] SHARMA A, KUMAR A, DAUME H, et al. Generalized multiview analysis: A discriminative latent space[C]//2012 IEEE conference on computer vision and pattern recognition. IEEE, 2012: 2160-2167.

[7] KAN M, SHAN S, ZHANG H, et al. Multi-view discriminant analysis[J]. IEEE transactions on pattern analysis and machine intelligence, 2015, 38(1): 188-194.

[8] LIU W, TAO D, CHENG J, et al. Multiview Hessian discriminative sparse coding for image annotation[J]. Computer Vision and Image Understanding, 2014, 118: 50-60.

[9] LIU W, LIU H, TAO D, et al. Multiview Hessian regularized logistic regression for action recognition[J]. Signal Processing, 2015, 110: 101-107.

[10] MATSUKAWA T, OKABE T, SUZUKI E, et al. Hierarchical gaussian descriptor for person re-identification[C]//Proceedings of the IEEE conference on computer vision and pattern recognition. 2016: 1363-1372.

[11] GRAY D, BRENNAN S, TAO H. Evaluating appearance models for recognition, reacquisition, and tracking[C]//Proc. IEEE international workshop on performance evaluation for tracking and surveillance (PETS). 2007, 3(5): 1-7.

[12] CHEN Y C, ZHU X, ZHENG W S, et al. Person re-identification by camera correlation aware feature augmentation[J]. IEEE transactions on pattern analysis and machine intelligence, 2017, 40(2): 392-408.

[13] YANG Y, LIAO S, LEI Z, et al. Large scale similarity learning using similar pairs for person verification[C]//Proceedings of the AAAI Conference on Artificial Intelligence. 2016, 30(1).

[14] LIAO S, LI S Z. Efficient psd constrained asymmetric metric learning for person re-identification [C]//Proceedings of the IEEE international conference on computer vision. 2015: 3685-3693.

[15] XIONG F, GOU M, CAMPS O, et al. Person re-identification using kernel-based metric learning methods [C]//Computer Vision-ECCV 2014: 13th European Conference, Zurich, Switzerland, September 6 - 12, 2014, Proceedings, Part VII 13. Springer International Publishing, 2014: 1-16.

[16] KOESTINGER M, HIRZER M, WOHLHART P, et al. Large scale metric learning from equivalence constraints[C]//2012 IEEE conference on computer vision and pattern recognition. IEEE, 2012: 2288-2295.

[17] LI Z, CHANG S, LIANG F, et al. Learning locally-adaptive decision functions for person verification[C]//Proceedings of the IEEE conference on computer vision and pattern recognition. 2013: 3610-3617.

[18] PEDAGADI S, ORWELL J, VELASTIN S, et al. Local fisher discriminant analysis for pedestrian re-identification [C]//Proceedings of the IEEE conference on computer vision and pattern recognition. 2013: 3318-3325.

[19] LI W, WU Y, LI J. Re-identification by neighborhood structure metric learning[J]. Pattern Recognition, 2017, 61: 327-338.

[20] GRAY D, TAO H. Viewpoint invariant pedestrian recognition with an ensemble of localized features[C]//Computer Vision-ECCV 2008: 10th European Conference on Computer Vision, Marseille, France, October 12-18, 2008, Proceedings, Part I 10. Springer Berlin Heidelberg, 2008: 262-275.

[21] WU S, CHEN Y C, LI X, et al. An enhanced deep feature representation for person re-identification[C]//2016 IEEE winter conference on applications of computer vision (WACV). IEEE, 2016: 1-8.

[22] LISANTI G, MASI I, DEL BIMBO A. Matching people across camera views using kernel canonical correlation analysis [C]//Proceedings of the international conference on distributed smart cameras. 2014: 1-6.

[23] YANG Y, YANG J, YAN J, ct al. Salient color names for person re-identification [C]// Computer Vision-ECCV 2014: 13th European Conference, Zurich, Switzerland, September 6 - 12, 2014, Proceedings, Part I 13. Springer International Publishing, 2014: 536-551.

[24] ZHENG W S, GONG S, XIANG T. Reidentification by relative distance comparison[J]. IEEE transactions on pattern analysis and machine intelligence, 2012, 35(3): 653-668.

随着一杯正山小种下肚，奇特的烟香味在鼻中久久不散，阿济教授和老福也借着这香气馥郁的热红茶提了提神。黄带微红、清澈明亮的茶色煞是好看，给办公室增添了几分鲜艳的色彩。在喝茶之余，阿济教授饶有兴趣地查看“万人演唱会中抓捕逃犯”的案件介绍，感慨道：“这逃犯向来谨慎，这次顶着悬赏也要去参加演唱会，音乐的号召力还真是强大。”

老福说道：“在审讯的时候我们才知道，此人对刑侦系统和刑侦技术都非常了解，因此反侦察能力很强。多亏了你那套迁移学习的理论，否则还不知道需要多久才能将他绳之以法。”

阿济教授笑道：“就算没有我，以你福大长官的能力，捉个小毛贼不是眨下眼睛的事？我好奇的是，这个逃犯究竟是怎么对付基于行人搜索的刑侦系统的呢？”

老福回忆道：“他在参加演唱会之前特地换了一套衣服，戴了帽子，选择晚场并在人流最密集的时候入场，以为像往常一样能避开我们的识别系统。可是他没想到，刑侦系统的识别算法也在与时俱进，只能说他这次是‘聪明反被聪明误’了。”

阿济教授点了点头，说：“融入迁移学习的思想之后，刑侦系统在处理光照差异、行人遮挡等复杂场景时的能力也得到了大幅提升，这无疑是识别系统落地的又一重大突破。我们在第4章把这个思想和方法记录下来，或许能对后续的研究者有所启发。”

CHAPTER

4

第 4 章

联合迁移约束下的相似性学习

4.1 引言

粒计算理论能够从不同层面、不同视角对客观事物进行表示和认识。针对图像处理技术,尤其是图像特征表示方面,通过多粒度的策略,提取尺度、方向、通道等不同粒度下的特征,此类方法能够对图像进行不同层面的理解与抽象,进而挖掘多角度、多侧面下的不同粒度信息。然而,此类方法更多关注低层次的图像特征,例如颜色、纹理、形状等特征,从图像全局或者局部提取细节特征,特征维度较高且稠密,缺乏一定的结构层次关系,对于图像内部蕴含的中层次、高层次语义特征很难进行表示与刻画。而迁移学习能够通过对图像进行多层次语义分析,提取多粒度图像特征,更深层次地理解图像的本质,建立图像的认知和表示模型。

迁移学习引入对同域样本训练集和测试集样本分布一致性约束,寻找满足一定条件的共同子空间投影,来提升抽取的特征对"光照、相机视角、遮挡等"变化的鲁棒性。迁移学习通过对分布一致子空间投影的学习,能够基于传统的低层次视觉特征,进一步挖掘中、高层次视觉语义特征,从多层次、多粒度的视角对图像进行不同程度的表示、优化与集成,提升图像特征表示的有效性和鲁棒性,并切实用于行人再识别等实际问题。

本章提出了一种基于迁移学习的多粒度行人特征表示方法,利用多视角视觉词对样本进行重新表示学习,并结合一致的迭代学习策略来寻找最优的迁移子空间,以确保样本空间分布的一致性,降低样本表示的不确定性。通过迁移学习来挖掘样本之间的结构关系,基于低层次的样本特征来提取中层语义特征,建立低层次、中层次的多粒度行人特征表示方法,完成行人再识别。另外,为了拟合样本的内在关系,引入稀疏和低秩的约束,并结合鉴别分析来确保迁移子空间的类间相似性最大、类内相似性最小。最终,建立相应的优化模型。提出的模型通过增广的拉格朗日乘子 IALM 和迭代一致的方法进行近似求解。最后,通过在 VIPeR、CUHK01 和 PRID450S 行人再识别数据集上对算法性能进行评测,发现本章提出的方法能够提取图像的本质特征,且对场景、光照、视角等变化具有较强的鲁棒性,行人再识别性能整体良好。

4.2 相关技术

4.2.1 视觉词模型

视觉词模型是一种经典的中层次特征表示方法,它能够有效应用于各种视觉任务,例如图片场景分类、动作识别等。不同于低层次视觉特征描述符(如颜色、纹理、形状),该模型受自然语言处理中文档表示的文档-词模型启发,主要关注不同目标之间的潜在语义相似性。目前,典型的视觉词模型主要包括词袋模型[1]和视觉字典模型[2]。其中,词袋模型主要的思想在于统计分析,而视觉字典模型主要关注字典的表示和学习,多数通过非监督的方法(例如 k-means 等)或者监督的方法(例如稀疏表示等)。

对于行人再识别系统,行人图像可以粗略地表示为一组不同结构(头、躯干和四肢等)的组合,它们分别具有不同的颜色和纹理信息,对于视觉词模型有着很好的适应性。例如,Ma 等[1]利用 Fisher 向量对低层次描述符进行进一步编码来提取中层次视觉特征描述符,并用于行人再识别;Yang 等[2]提出了一种显著颜色词模型,对整个颜色空间进行重新编码,并提取中层次语义特征,用于行人再识别。另外,视觉字典模型也已经用于提取鲁棒稀疏的鉴别特征,并用于行人再识别,且取得了明显的性能提升[3]。然而,上述方法主要关注利用全局的统计特征,而忽略了行人身体的局部结构信息。针对此问题,Ma 等[4]提出了一种基元驱动的行人外观词袋模型(ODBoA),该模型主要关注在垂直方向上行人结构特征的一致性,进而挖掘出中层次语义特征,并用于行人再识别。

4.2.2　迁移学习模型

在现实生活中,数据在采集过程中受环境、设备、人为等不同因素的影响,存在各种偶然性,而这些因素也直接导致数据集中样本的特征空间存在一定的差异,数据分布存在较大的差异。因此,在进行模型学习和训练过程中也存在较大的不确定性。为了确保数据分布的不一致性,降低模型训练的不确定性,越来越多的基于迁移学习的方法被提出,并广泛地用于各类视觉任务。

对于行人再识别系统,迁移学习的主要目标是通过训练和学习一个鲁棒的识别模型,识别不同场景下的同一行人目标。其中,涉及的主要问题在于,受到视角、光照、遮挡、形变等影响,同一行人目标的图像存在较大的不一致性,而迁移学习能够有效地解决跨域、交叉域背景下的识别问题。例如,Li[5]等提出将迁移学习应用在行人再识别的度量学习上,通过在线学习得出一个加权最大边缘矩阵,把普通的度量矩阵迁移成特殊的候选集矩阵,从而得以利用更多的数据集;Zheng 等[6]提出使用迁移学习的框架,来最小化非目标行人图像和目标行人图像间的区分信息;Layne 等[7]介绍了如何从不同源领域的行人图像对中学习到不同的行人再识别先验模型,以及如何有效地把这些先验模型结合起来;Ma 等[8]提出了一个基于域迁移排列的支持向量机方法,有效地利用上源领域和目标领域的数据,且不需要目标领域的标签信息;Wu 等[9]系统地分析了典型迁移学习应用在行人再识别领域上的有效性;Shi 等[10]提出一种语义属性学习方法,无需标签信息就能从多域中学习鲁棒的语义描述符;Wang 等[11]提出跨场景的迁移学习模型,既能减小跨域信息间的矛盾,又能最大化不同行人图像对间的差距,最小化相同行人图像对间的变化;Xiao 等[12]使用迁移学习,从不同相关域中提取可以适用于行人再识别的中层次语义特征和高层次辨识特征,再利用这些特征有效地提升行人再识别的识别率。

4.3 基于迭代一致的多粒度行人特征提取

目前,大多数基于外观的 Re-ID 方法使用低层次视觉特征作为行人图像的特征表示,如颜色特征[13]和纹理特征[14]。为了提高 Re-ID 的性能,人们设计了各种各样的融合方法[15],如深度上下文感知特征[16]、CRAFT[17]、全局和局部联合特征学习[18]、分层高斯描述器[19]、局部最大发生率表示法[20]、跨模式特征[21]和显著性匹配[22]。然而,要设计一个具有辨别力的、可靠的、不受严重变化和错位影响的特征表示,仍然是非常具有挑战性的。

很多研究者从度量学习[23,24]入手,试图学习一个相似性函数或一个稳健的距离度量来优化匹配得分。典型的度量学习方法包括局部费雪判别分析(LFDA)[25]、基于核的方法[26]、基于交叉视角二次判别分析(XQDA)[27]、监督平滑流形[28]、领域适应[29]、参考约束[30]、排序[31]和深度度量学习[32]。尽管这些基于度量学习的方法优于大多数 Re-ID 方法,但它们还是受到一些经典问题的限制,如多视图之间的分布不一致和模型学习的小样本量(SSS)问题。

基于迁移多粒度特征表示的行人再识别方法整体框架如图 4-1 所示。

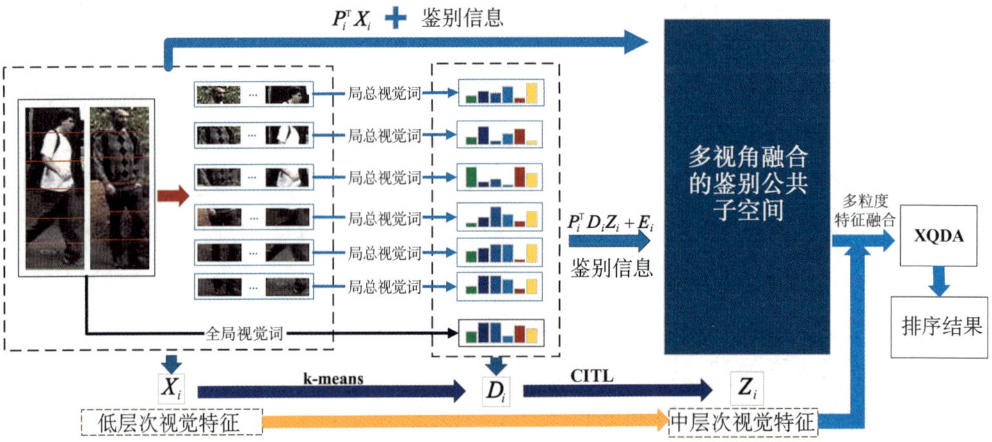

图 4-1 基于迁移多粒度特征表示的行人再识别方法整体框架

4.3.1 基于 k-means 的多粒度视觉词模型

本小节主要介绍了本文算法部分中的基于 k-means 聚类算法的多粒度视觉词模型。首先,针对行人图像在垂直方向上的分布特征,将行人图像在垂直方向上平均划分为 6 个水平条纹,每个水平条即为一个局部区域,包含了行人的局部信息;然后,针对整个行人图像数据集中的全部行人图像,分别从不同条纹中分别提取 6 组局部视觉词,其中的视觉词即为低层次视觉特征，本方法中采用了 LOMO[33] 和 GOG[34] 两种视觉词特征；另外，考虑到更高粒度上的行人特征，从整体的行人图像中提取 1 组全局视觉字词；最后，利用一种非监督的聚类方法（k-means）来融合多视角信息，并剔除提取出的视觉词中的冗余部分，以提炼出核心视觉词，最终获得 7 组多视角视觉词，定义为 MvVW = $\{D_i\}$，$i=1, 2, 3, 4, 5, 6, 7$。其中，$\{D_i\}$，$i=1, 2, 3, 4, 5, 6$ 表示局部多视角视觉词；$\{D_i\}$，$i=7$ 表示全局多视角视觉词。“多视角”是指分别从不同摄像机视角下提取行人图像，经过 k-means 聚类分析后，提炼出的核心视觉词往往表示为原视觉词集合的平均，而这些视觉词多取自不同的视角，包含了不同视角的信息。

4.3.2　基于多视角迁移学习的多粒度特征分析与建模

考虑到行人图像特征的相似性，即头部特征，往往使用头部视觉词进行描述会更加合适。因此，针对上述提取出的多粒度视觉词进行分别处理。为了进一步挖掘中层次视觉特征，本节提出了基于多视角迁移学习的多粒度特征建模方法。首先针对原始的样本空间 $\boldsymbol{X}$，利用上述提取出的视觉词 $\boldsymbol{D}$ 进行重构，具体表示为

$$\boldsymbol{X}=\boldsymbol{D}\boldsymbol{Z} \tag{4-1}$$

式中，$\boldsymbol{X}$ 表示样本空间；$\boldsymbol{D}$ 表示视觉词矩阵；$\boldsymbol{Z}$ 表示重构稀疏矩阵，$\boldsymbol{Z}$ 能够从一定程度上反映图像特征的结构信息，往往被定义为中层次视觉特征。

然而，由于同一行人的不同图像往往受到自然环境、人自身、摄像机参数、视角等不同因素的影响，所以彼此之间存在分布上的不一致性。针对于此，本方法采用迁移学习的思想，通过子空间的迁移，约束样本空间的分布趋于一致，进而确保学习模型的鲁棒性。具体形式定义为

$$\boldsymbol{P}^{\mathrm{T}}\boldsymbol{X}=\boldsymbol{P}^{\mathrm{T}}\boldsymbol{D}\boldsymbol{Z} \tag{4-2}$$

式中，$\boldsymbol{P}$ 定义为迁移矩阵，即能够确保样本空间分布一致的公共子空间。进一步地，为了挖掘数据之间的结构信息，我们约束重构稀疏矩阵 $\boldsymbol{Z}$ 要保证低秩，也就是说，稀疏向量对应的样本来自同一类别应该高度相关。此外，我们加入稀疏的约束来确保每一个样本的重构能使用较少的视觉词，得到优化形式为

$$\min_{P,\,Z} Rank(\boldsymbol{Z})+\alpha\|\boldsymbol{Z}\|_F^2,\ s.t.\ \boldsymbol{P}^{\mathrm{T}}\boldsymbol{X}=\boldsymbol{P}^{\mathrm{T}}\boldsymbol{D}\boldsymbol{Z} \tag{4-3}$$

式中，$\|\cdot\|_F$ 表示 F 范式；α 表示惩罚因子。另外，引入噪声矩阵 $\boldsymbol{E}$ 来降低噪声的影响，得到新的优化形式为

$$\min_{P,\,Z} Rank(\boldsymbol{Z})+\alpha\|\boldsymbol{Z}\|_F^2+\beta\|\boldsymbol{E}\|_1,\ s.t.\ \boldsymbol{P}^{\mathrm{T}}\boldsymbol{X}=\boldsymbol{P}^{\mathrm{T}}\boldsymbol{D}\boldsymbol{Z}+\boldsymbol{E} \tag{4-4}$$

式中，$Rank(\cdot)$ 问题属于非凸问题，通常采用核范数进行近似，即上述优化形式转化为

$$\min_{P,\,Z}\|\boldsymbol{Z}\|_*+\alpha\|\boldsymbol{Z}\|_F^2+\beta\|\boldsymbol{E}\|_1,\ s.t.\ \boldsymbol{P}^{\mathrm{T}}\boldsymbol{X}=\boldsymbol{P}^{\mathrm{T}}\boldsymbol{D}\boldsymbol{Z}+\boldsymbol{E} \tag{4-5}$$

进一步地，为了确保中层次特征空间 $\boldsymbol{Z}$ 的鉴别性(最大化类间差异，最小化类内差异)，引入鉴别函数 $\phi(\boldsymbol{Z}_h)$，具体定义为

$$\phi(\boldsymbol{Z}_h)=\mathrm{tr}[\boldsymbol{S}_B(\boldsymbol{Z}_h)]-\mathrm{tr}[\boldsymbol{S}_w(\boldsymbol{Z}_h)] \tag{4-6}$$

式中，$\boldsymbol{Z}_h$ 表示有标签数据的重构系数矩阵；tr 表示矩阵的迹；$\boldsymbol{S}_B(\boldsymbol{Z}_h)$ 和 $\boldsymbol{S}_w(\boldsymbol{Z}_h)$ 分别表示有标签样本特征空间 $\boldsymbol{Z}_h$ 的类间散度矩阵和类内散度矩阵，具体定义为

$$\boldsymbol{S}_B(\boldsymbol{Z}_h)=\sum_{i=1}^{c}n_i(m_i-m)(m_i-m)^{\mathrm{T}} \tag{4-7}$$

$$\boldsymbol{S}_w(\boldsymbol{Z}_h)=\sum_{i=1}^{c}\sum_{j=1}^{n_i}(\widetilde{\boldsymbol{Z}}_{h_{i,j}}-m)(\widetilde{\boldsymbol{Z}}_{h_{i,j}}-m)^{\mathrm{T}} \tag{4-8}$$

式中，m_i 表示样本特征空间 $\boldsymbol{Z}_h$ 中的第 i 个行人(类别)的特征均值；m 表示全部样本空间的均值；$\widetilde{\boldsymbol{Z}}_{h_{i,j}}$ 表示第 i 个行人(类别)的第 j 个样本的特征向量。为了保证整体优化的一致性，我们将鉴别约束同迁移学习进行同步的模型优化，结合后得到基于一致迭代的迁移模型，具体定义为

$$\underset{P,Z,E}{\mathrm{argmin}}\,\lambda\phi(\boldsymbol{Z}_h)+\|\boldsymbol{Z}\|_*+\alpha\|\boldsymbol{Z}\|_F^2+\beta\|\boldsymbol{E}\|_1 \tag{4-9}$$

约束条件为 s. t. $\boldsymbol{P}^{\mathrm{T}}\boldsymbol{X}=\boldsymbol{P}^{\mathrm{T}}\boldsymbol{DZ}+\boldsymbol{E},\ \boldsymbol{P}^{\mathrm{T}}\boldsymbol{P}=\boldsymbol{I}_P,\ \boldsymbol{Z}_h\in\boldsymbol{Z}$

$\phi(\boldsymbol{Z}_h)$ 属于非凸的优化问题，可以进一步的转化为

$$\phi(\boldsymbol{Z}_h)=\mathrm{tr}[\boldsymbol{S}_B(\boldsymbol{Z}_h)]-\mathrm{tr}[\boldsymbol{S}_w(\boldsymbol{Z}_h)]=\|\boldsymbol{Z}_h(\boldsymbol{I}-\boldsymbol{H}_b)\|_F^2-\|\boldsymbol{Z}_h(\boldsymbol{H}_b-\boldsymbol{H}_t)\|_F^2 \tag{4-10}$$

式中，$\boldsymbol{I}\in\mathbb{R}^{P\times P}$ 为辨识矩阵；p 表示有标签样本的数目；$\boldsymbol{H}_b$ 和 $\boldsymbol{H}_t$ 为两个一致的因子矩阵，具体定义：如果样本特征空间 z_i 和 z_j 属于同一个行人(同类)，则 $H_b(i,j)=\dfrac{1}{n_c}$，$H_t(i,j)=0$，否则 $H_b(i,j)=0$，$H_t(i,j)=\dfrac{1}{p}$。其中，n_c 表示第c 类行人所包含的图像数目。进一步地，将 $\phi(\boldsymbol{Z}_h)$ 和 $\|\boldsymbol{Z}\|_F^2$ 进行合并，并对系数进行调整后，得到最终的优化函数为

$$\underset{P,Z,E}{\mathrm{argmin}}\|\boldsymbol{Z}\|_*+\alpha\tilde{\phi}(\boldsymbol{Z}_h)+\beta\|\boldsymbol{E}\|_1 \tag{4-11}$$

约束条件为

$$\text{s. t. }\boldsymbol{P}^{\mathrm{T}}\boldsymbol{X}=\boldsymbol{P}^{\mathrm{T}}\boldsymbol{DZ}+E,\ \boldsymbol{P}^{\mathrm{T}}\boldsymbol{P}=\boldsymbol{I}_P,\ \boldsymbol{Z}_h\in\boldsymbol{Z}$$

式中，$\tilde{\phi}(\boldsymbol{Z}_h)=\|\boldsymbol{Z}_h(\boldsymbol{I}-\boldsymbol{H}_b)\|_F^2-\|\boldsymbol{Z}_h(\boldsymbol{H}_b-\boldsymbol{H}_t)\|_F^2+\eta\|\boldsymbol{Z}_h\|_F^2$。

4.3.3 基于多视角迁移学习多粒度特征模型问题的求解

上述的优化形式属于非凸优化问题，我们使用增广的拉格朗日乘子方法(IALM)[35]进

行优化问题求解。该方法是一种迭代的算法，通过求解每一个变量的闭形式解，结合坐标下降的方式进行最终的结果求解。首先，引进变量 $\boldsymbol{Z}_1$ 和新约束 $\boldsymbol{Z}=\boldsymbol{Z}_1$，并引进拉格朗日乘子 $\mathcal{L}_1\in\mathbb{R}^{m\times n}$、$\mathcal{L}_2\in\mathbb{R}^{m\times p}$ 和 $\mathcal{L}_3\in\mathbb{R}^{m\times n}$，将上述得到的优化模型转换为

$$\begin{aligned}&\underset{P,Z,Z_1,Z_h,E,\mathcal{L}_1,\mathcal{L}_2,\mathcal{L}_3}{\operatorname{argmin}}\|\boldsymbol{Z}_1\|_*+\alpha\phi(\boldsymbol{Z}_h)+\beta\|\boldsymbol{E}\|_1+\langle\mathcal{L}_1,\boldsymbol{P}^{\mathrm{T}}X-\boldsymbol{P}^{\mathrm{T}}\boldsymbol{DZ}-\boldsymbol{E}\rangle+\\&\langle\mathcal{L}_2,\boldsymbol{Z}-\psi(\boldsymbol{Z}_h)\rangle+\langle\mathcal{L}_3,\boldsymbol{Z}-\boldsymbol{Z}_1\rangle+\frac{\mu}{2}(\|\boldsymbol{P}^{\mathrm{T}}X-\boldsymbol{P}^{\mathrm{T}}\boldsymbol{DZ}-\boldsymbol{E}\|_F^2+\\&\|\boldsymbol{Z}-\psi(\boldsymbol{Z}_h)\|_F^2+\|\boldsymbol{Z}-\boldsymbol{Z}_1\|_F^2)+\gamma\|\boldsymbol{P}^{\mathrm{T}}\boldsymbol{P}-\boldsymbol{I}_P\|_1\end{aligned}\tag{4-12}$$

式中，α，β，γ，μ 表示惩罚因子；$\boldsymbol{P}$ 表示迁移矩阵；$\boldsymbol{P}^{\mathrm{T}}$ 表示矩阵 $\boldsymbol{P}$ 的转置；$\phi(\boldsymbol{Z}_h)$ 为基于 Fisher 准则的鉴别度量学习函数；$\|\ \|_*$ 为矩阵的核范数；$\|*\|_1$ 为 1 范数约束；$\boldsymbol{D}$ 表示字典矩阵；$\|\ \|_F^2$ 表示矩阵的 2 范式；$\boldsymbol{E}$ 为噪声矩阵，$\boldsymbol{Z}$ 为重构稀疏矩阵，$\boldsymbol{Z}_h$ 为有标签样本的重构稀疏矩阵，$\boldsymbol{Z}_1$ 为 $\boldsymbol{Z}$ 的近似解；$\psi(\boldsymbol{Z}_h)$ 的含义为合并 $\boldsymbol{Z}_h$ 和 $\boldsymbol{Z}$ 的无标签部分，确保矩阵维数的一致性。

针对不同的变量，分别进行优化求解，具体如下。

(1) 对于变量 $\boldsymbol{P}$，可以定义为式(4-13)求解。

$$\begin{aligned}&\underset{P}{\operatorname{argmin}}\langle\mathcal{L}_1,\boldsymbol{P}^{\mathrm{T}}\boldsymbol{X}-\boldsymbol{P}^{\mathrm{T}}\boldsymbol{DZ}-\boldsymbol{E}\rangle+\frac{\mu}{2}(\|\boldsymbol{P}^{\mathrm{T}}\boldsymbol{X}-\boldsymbol{P}^{\mathrm{T}}\boldsymbol{DZ}-\boldsymbol{E}\|_F^2+\gamma\|\boldsymbol{P}^{\mathrm{T}}\boldsymbol{P}-\boldsymbol{I}_P\|_1\\&=\underset{P}{\operatorname{argmin}}\frac{\mu}{2}\|\boldsymbol{P}^{\mathrm{T}}\boldsymbol{X}-\boldsymbol{P}^{\mathrm{T}}\boldsymbol{DZ}-\boldsymbol{E}+\frac{\mathcal{L}_1}{\mu}\|_F^2+\gamma\|\boldsymbol{P}^{\mathrm{T}}\boldsymbol{P}-\boldsymbol{I}_P\|_1\end{aligned}\tag{4-13}$$

得到其闭形式解为

$$\boldsymbol{P}^*=(\mu\boldsymbol{G}_1\boldsymbol{G}_1^{\mathrm{T}}+2\gamma\boldsymbol{I})^{-1}(\mu\boldsymbol{G}_1\boldsymbol{G}_2^{\mathrm{T}})\tag{4-14}$$

式中，$\boldsymbol{G}_1=\boldsymbol{X}-\boldsymbol{DZ}$，$\boldsymbol{G}_2=\boldsymbol{E}-\dfrac{\mathcal{L}_1}{\mu}$。

(2) 对于变量 $\boldsymbol{Z}$，可以定义为式(4-15)求解。

$$\begin{aligned}&\underset{Z}{\operatorname{argmin}}\langle\mathcal{L}_1,\boldsymbol{P}^{\mathrm{T}}\boldsymbol{X}-\boldsymbol{P}^{\mathrm{T}}\boldsymbol{DZ}-\boldsymbol{E}\rangle+\langle\mathcal{L}_2,\boldsymbol{Z}-\psi(\boldsymbol{Z}_h)\rangle+\langle\mathcal{L}_3,\boldsymbol{Z}-\boldsymbol{Z}_1\rangle+\\&\frac{\mu}{2}(\|\boldsymbol{P}^{\mathrm{T}}\boldsymbol{X}-\boldsymbol{P}^{\mathrm{T}}\boldsymbol{DZ}-\boldsymbol{E}\|_F^2+\|\boldsymbol{Z}-\psi(\boldsymbol{Z}_h)\|_F^2+\|\boldsymbol{Z}-\boldsymbol{Z}_1\|_F^2)\\&=\underset{Z}{\operatorname{argmin}}\|\boldsymbol{P}^{\mathrm{T}}\boldsymbol{X}-\boldsymbol{P}^{\mathrm{T}}\boldsymbol{DZ}-\boldsymbol{E}+\frac{\mathcal{L}_1}{\mu}\|_F^2+\|\boldsymbol{Z}-\psi(\boldsymbol{Z}_h)+\frac{\mathcal{L}_2}{\mu}\|_F^2+\|\boldsymbol{Z}-\boldsymbol{Z}_1+\frac{\mathcal{L}_3}{\mu}\|_F^2\end{aligned}\tag{4-15}$$

得到其闭形式解为

$$\boldsymbol{Z}^*=(\mu\boldsymbol{D}^{\mathrm{T}}\boldsymbol{PP}^{\mathrm{T}}\boldsymbol{D}+2\mu)^{-1}(\boldsymbol{G}_4+\boldsymbol{G}_5-\boldsymbol{D}^{\mathrm{T}}\boldsymbol{PG}_3)\tag{4-16}$$

式中，$\boldsymbol{G}_3=\boldsymbol{P}^{\mathrm{T}}\boldsymbol{X}-\boldsymbol{E}+\frac{\mathcal{L}_1}{\mu}$；$\boldsymbol{G}_4=\psi\left(\boldsymbol{Z}_h-\frac{\mathcal{L}_2}{\mu}\right)$；$\boldsymbol{G}_5=\boldsymbol{Z}_1-\frac{\mathcal{L}_3}{\mu}$。

(3) 对于变量 $\boldsymbol{Z}_h$，可以定义为式(4-17)求解。

$$\begin{aligned}&\underset{Z_h}{\operatorname{argmin}}\,\alpha\varphi(\boldsymbol{Z}_h)+\langle\mathcal{L}_2,\boldsymbol{Z}^*-\boldsymbol{Z}_h\rangle+\frac{\mu}{2}\|\boldsymbol{Z}^*-\boldsymbol{Z}_h\|_F^2\\&=\underset{Z_h}{\operatorname{argmin}}\,\alpha(\|\boldsymbol{Z}_h(\boldsymbol{I}-\boldsymbol{H}_b)\|_F^2-\|\boldsymbol{Z}_h(\boldsymbol{H}_b-\boldsymbol{H}_t)\|_F^2+\eta\|\boldsymbol{Z}_h\|_F^2)+\\&\frac{\mu}{2}\|\boldsymbol{Z}^*-\boldsymbol{Z}_h+\frac{\mathcal{L}_2}{\mu}\|_F^2\end{aligned}\tag{4-17}$$

得到其闭形式解为

$$\boldsymbol{Z}_h^*=\mu\boldsymbol{G}_8[2\alpha\boldsymbol{G}_6\boldsymbol{G}_6^{\mathrm{T}}-2\alpha\boldsymbol{G}_7\boldsymbol{G}_7^{\mathrm{T}}+(2\alpha\eta+\mu)\boldsymbol{I}]^{-1}\tag{4-18}$$

式中，$\boldsymbol{G}_6=1-\boldsymbol{H}_b$；$\boldsymbol{G}_7=\boldsymbol{H}_b-\boldsymbol{H}_t$；$\boldsymbol{G}_8=\boldsymbol{Z}^*+\frac{\mathcal{L}_2}{\mu}$，$\boldsymbol{Z}^*$ 为矩阵 $\boldsymbol{Z}$ 中的有标签列。

(4) 对于变量 $\boldsymbol{Z}_1$，可以定义为式(4-19)求解。

$$\begin{aligned}&\underset{Z_1}{\operatorname{argmin}}\|\boldsymbol{Z}_1\|_*+\langle\mathcal{L}_3,\boldsymbol{Z}-\boldsymbol{Z}_1\rangle+\frac{\mu}{2}\|\boldsymbol{Z}-\boldsymbol{Z}_1\|_F^2\\&=\underset{Z_1}{\operatorname{argmin}}\|\boldsymbol{Z}_1\|_*+\frac{\mu}{2}\|\boldsymbol{Z}-\boldsymbol{Z}_1+\frac{\mathcal{L}_3}{\mu}\|_F^2\end{aligned}\tag{4-19}$$

得到其闭形式解为

$$\boldsymbol{Z}_1^*=\theta_{\frac{1}{\mu}}\left(\boldsymbol{Z}+\frac{\mathcal{L}_3}{\mu}\right)\tag{4-20}$$

式中，$\theta_\lambda(\boldsymbol{X})=\boldsymbol{U}S_\lambda(\boldsymbol{\Sigma})\boldsymbol{V}^{\mathrm{T}}$ 是一个同奇异值 λ 相关的阈值操作，$S_\lambda(\sum_{i,j})=\operatorname{sign}(\sum_{i,j})\max(0,|\sum_{i,j}-\lambda|)$。$\boldsymbol{X}=\boldsymbol{U\Sigma V}^{\mathrm{T}}$ 是关于 $\boldsymbol{X}$ 的奇异值分解运算。

(5) 对于变量 $\boldsymbol{E}$，可以定义为式(4-22)求解。

$$\begin{aligned}&\underset{E}{\operatorname{argmin}}\,\beta\|\boldsymbol{E}\|_1+\langle\mathcal{L}_1,\boldsymbol{P}^{\mathrm{T}}\boldsymbol{X}-\boldsymbol{P}^{\mathrm{T}}\boldsymbol{DZ}-\boldsymbol{E}\rangle+\frac{\mu}{2}(\|\boldsymbol{P}^{\mathrm{T}}\boldsymbol{X}-\boldsymbol{P}^{\mathrm{T}}\boldsymbol{DZ}-\boldsymbol{E}\|_F^2)\\&=\underset{E}{\operatorname{argmin}}\,\beta\|\boldsymbol{E}\|_1+\frac{\mu}{2}\left(\|\boldsymbol{P}^{\mathrm{T}}\boldsymbol{X}-\boldsymbol{P}^{\mathrm{T}}\boldsymbol{DZ}-\boldsymbol{E}+\frac{\mathcal{L}_1}{\mu}\|_F^2\right)\end{aligned}\tag{4-21}$$

根据 shrinkage 运算[36]，可以得到闭形式解

$$\boldsymbol{E}^*=\operatorname{shrinkage}\left(\boldsymbol{P}^{\mathrm{T}}\boldsymbol{X}-\boldsymbol{P}^{\mathrm{T}}\boldsymbol{DZ}-\boldsymbol{E}+\frac{\mathcal{L}_1}{\mu},\frac{\beta}{\mu}\right)\tag{4-22}$$

式中，$\operatorname{shrinkage}(x,a)=\operatorname{signmax}(|x|-a,0)$。

(6) 对于变量$\mathcal{L}_1$，$\mathcal{L}_2$，$\mathcal{L}_3$，可以通过迭代步长 $\rho(\rho>1)$来定义，更新为

$$\begin{cases}\mathcal{L}_1=\mathcal{L}_1+\mu(\boldsymbol{P}^{\mathrm{T}}\boldsymbol{X}-\boldsymbol{P}^{\mathrm{T}}\boldsymbol{D}\boldsymbol{Z}-\boldsymbol{E})\\ \mathcal{L}_2=\mathcal{L}_2+\mu(\boldsymbol{Z}^*-\boldsymbol{Z}_h)\\ \mathcal{L}_3=\mathcal{L}_3+\mu(\boldsymbol{Z}-\boldsymbol{Z}_h)\\ \mu\ =\min(\rho\mu,\ \mu_{\max})\end{cases}\tag{4-23}$$

具体迭代过程定义如算法 4-1 所示。

算法 4-1　基于一致迭代的优化模型求解算法
输入：样本矩阵 X 和视觉词矩阵 D，参数 α，β，η，γ，ρ，μ，$\mu_{\max}$
初始化：$Z=Z_1=0$，$Z_h=0$，$E=0$，$\mathcal{L}_1=0$，$\mathcal{L}_2=0$，$\mathcal{L}_3=0$，$\alpha=0.11$，$\beta=1.0$，$\eta=1.0$，$\gamma=0.05$，$\rho=1.01$，$\mu=0.8$，$\mu_{\max}=10^7$
开始：
While(不收敛) (1) 利用公式(4-14)更新变量 P； (2) 利用公式(4-16)更新变量 Z； (3) 利用公式(4-18)更新变量 Z_h； (4) 利用公式(4-20)更新变量 Z_1； (5) 利用公式(4-22)更新变量 E； (6) 利用公式(4-23)更新拉格朗日乘子 $\mathcal{L}_1$，$\mathcal{L}_2$，$\mathcal{L}_3$ 和参数 μ； (7) 收敛判定：$\\|P^{\mathrm{T}}X-P^{\mathrm{T}}DZ-E\\|_\infty<\varepsilon$，$\\|P^{\mathrm{T}}P-I_p\\|_\infty<\varepsilon$，$\\|Z-Z_1\\|_\infty<\varepsilon$，$\\|Z^*-Z_h\\|_\infty<\varepsilon$
End 结束
输出：Z，P，E

4.4　基于多粒度特征的度量学习策略

在本节提出的方法中，低层次视觉描述符主要包括两种类型：局部最大出现的低层次特征描述符($\boldsymbol{F}_{\mathrm{LOMO}}$)和分层高斯低层次特征描述符($\boldsymbol{F}_{\mathrm{GOG}}$)。通过这些低层次描述符，进一步提取了中层特征描述符，分别定义为 $\widetilde{\boldsymbol{Z}}_{\mathrm{LOMO}}$ 和 $\widetilde{\boldsymbol{Z}}_{\mathrm{GOG}}$，每种中层特征描述符都由 7 个重构系数矩阵组成，其中包括 6 组局部特征和 1 组全局特征。更进一步地，将低层次特征 ($\boldsymbol{F}_{\mathrm{LOMO}}\in\mathbb{R}^{d_{\mathrm{LOMO}}\times n}$，$\boldsymbol{F}_{\mathrm{GOG}}\in\mathbb{R}^{d_{\mathrm{GOG}}\times r}$) 和中层次特征 ($\widetilde{\boldsymbol{Z}}_{\mathrm{LOMO}}\in\mathbb{R}^{m\times n}$，$\widetilde{\boldsymbol{Z}}_{\mathrm{GOG}}\in\mathbb{R}^{m\times n}$) 进行融合，即对特征进行归一化后的直方图采用简单加权组合到一起，具体权重均为 1，获得最终的多层次、多粒度的特征描述符，其中，d_{LOMO} 表示 $\boldsymbol{F}_{\mathrm{LOMO}}$ 的维数，d_{GOG} 表示 $\boldsymbol{F}_{\mathrm{GOG}}$ 的维数，n 表示样本数，$\mathbb{R}^{m\times n}$ 表示 $m\times n$ 维的实数空间。此外，为了减少提

出描述符的维度,定义了新的低层次特征 $\widetilde{\boldsymbol{F}}_{\mathrm{LOMO}}=\boldsymbol{F}_{\mathrm{LOMO}}{}^{\mathrm{T}}\boldsymbol{F}_{\mathrm{LOMO}}\in\mathbf{R}^{n\times n}$ 和 $\widetilde{\boldsymbol{F}}_{\mathrm{GOG}}=\boldsymbol{F}_{\mathrm{GOG}}{}^{\mathrm{T}}\boldsymbol{F}_{\mathrm{GOG}}\in\mathbb{R}^{n\times n}$。最后,针对上述提出的多层次图像特征描述符,利用 XQDA 算法来度量行人的相似性,进而获得最终的行人再识别结果。

4.5 实验结果与分析

4.5.1 VIPeR 数据集

本实验随机选取 VIPeR 数据集中的 316 个行人作为训练集,剩余 316 个行人作为测试集,该过程重复 10 遍,实验结果取平均值。实验环境采用 Intel Xeon CPU E5-2670v3@2.30GHz,内存 32G,64 位 Windows 7 操作系统,编程语言为 Matlab。

1. 不同算法性能比较与分析

本小节测试了本书提出的算法[CIMvTL(Fusion)、CIMvTL(GoG)和 CIMvTL(LOMO)]与一些相关的新提出算法(GOG+XQDA[34],LSSL[37],LOMO+XQDA[33],kLFDA[38]和 KISSME[39])的性能优劣,具体累积识别误差如图 4-2 和表 4-1 所示,可以看出,本书提出的算法 CIMvTL(Fusion)在 $p=316$,*Rank* 分别为 1 和 10 时,实现 56.04%和 91.01%的正确匹配率,相比于比较算法中效果最好的 GoG+XQDA(49.68%、88.67%),识别性能上分别提升了 6.36%和 2.34%。另外,从 *CMC* 曲线也能看出,相比于其他算法,我们提出的方法在整体趋势上仍然能有更好的性能优势。

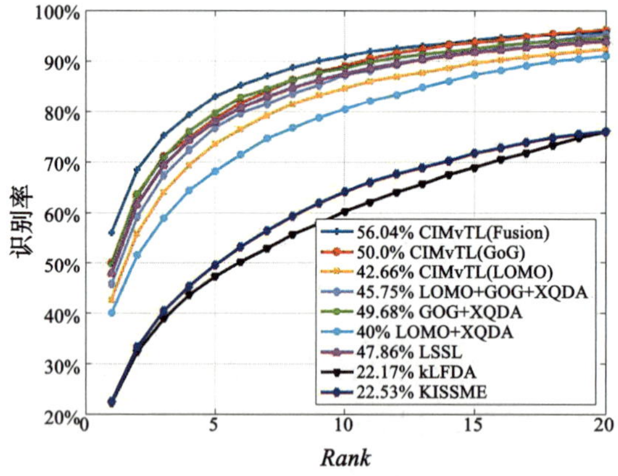

图 4-2 不同算法在 $p=316$ 时的性能比较

(*Rank*=1 的识别率,*CMC*、SD/SR 曲线,VIPeR 数据集)

表 4-1 提出算法与一些相关的新提出算法的对比(%)

算法	*Rank*=1	*Rank*=10
CIMvTL(Fusion)	56.04	91.01

（续表）

算法	*Rank*＝1	*Rank*＝10
CIMvTL(GoG)	50	89.14
CIMvTL(LOMO)	42.66	84.68
GoG+LOMO	45.75	87.34
GOG+XQDA	49.68	88.67
LSSL	47.86	87.63
LOMO+XQDA	40	80.51
kLFDA	22.17	47.23
KISSME	22.53	49.57

另外，我们还分别比较了基于不同低层次视觉词 LOMO 和 GoG 时算法的性能情况，同样从图中可以看出，在 p＝316，*Rank*＝1 和 *Rank*＝10 时，CIMvTL(LOMO)分别实现了 42.66％和 84.68％的识别率，相比于 LOMO＋XQDA 算法(40％，80.51％)实现了 2.66％和 4.17％的性能提升；CIMvTL(GoG)实现了 50％和 89.14％的识别率，相比于 GoG＋XQDA 算法(49.68％，88.67％)实现了 0.32％和 0.74％的性能提升。值得注意的是，我们还对 LOMO 和 GoG 两种描述符融合后的性能进行了测试，即 LOMO＋GoG＋XQDA。同样，从图中可以看出，直接融合后的算法性能上并没有显著提升，在 p＝316，*Rank*＝1 和 *Rank*＝10 时，实现了 45.75％和 87.34％的识别效果，虽然优于 LOMO＋XQDA，但是效果差于 GoG＋XQDA，这也说明了两种描述符进行直接融合后并没有明显的性能提升。

2. 不同度量算法性能比较与分析

本小节分别使用不同的度量算法(L1-Norm，kLFDA 和 XQDA)对提出的模型(MvVW＋CIMvTL)进行了测试，具体累积识别误差如图 4-3 和表 4-2 所示，可以看出，我们提出的算法在使用 XQDA 度量算法时，相比较于 kLFDA 度量算法，在 p＝316，*Rank*＝1 时，有 33.51％的性能提升，具有较明显的性能上的优势，这也说明我们学习得到的鉴别迁移特征子空间更适用于 XQDA 算法。

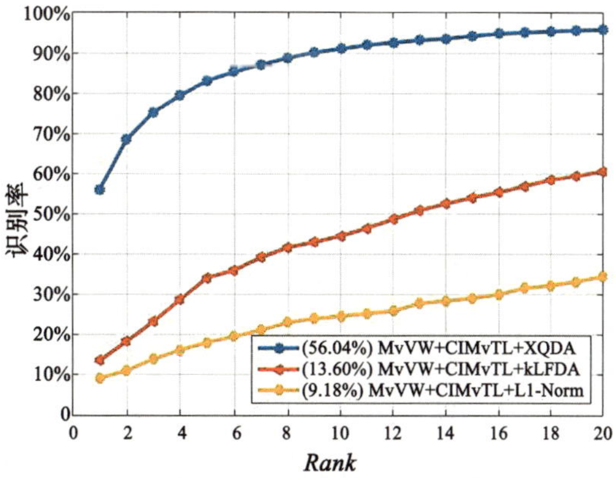

图 4-3　不同度量算法性能比较

(*Rank*＝1 的识别率，*CMC* 曲线，VIPeR 数据集)

表 4-2　在 *Rank*=1, 10, 15, 20 时,提出算法 CIMvTL 采用不同度量方法的比较(%)

算法	*Rank*=1	*Rank*=10	*Rank*=15	*Rank*=20
CIMvTL+XQDA	56.0	91.0	94.2	95.8
CIMvTL+kLFDA	22.5	49.6	54.1	60.8
CIMvTL+L1-Norm	9.2	24.7	29.1	34.5

注:VIPeR 数据集上的性能比较。

3. 不同多视角视觉词个数下算法性能比较与分析

本小节分别比较了不同 k-means 聚类中心个数下,即不同多视角视觉词(MvVW)个数,对于提出算法(CIMvTL)性能的影响。具体比较了多视角视觉词个数分别为 M=50,100,150,200 和 All(全部样本)情况下的累积识别率,实验结果如图 4-4 和表 4-3 所示。从图中可以看出,在 p = 316,*Rank* =1,M = 150 时,提出算法能够实现最优(57.7%)的识别效果;相比于 M=All 时,能够实现 7.9%的性能提升。这也说明了原始的视觉词集合存在一定的信息冗余,k-means 方法能够有效减少冗余的信息,进而提升算法的性能。

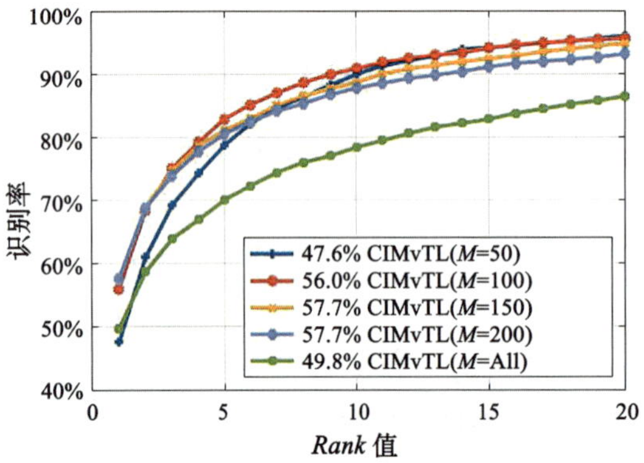

图 4-4　不同视觉词个数算法性能比较

(*Rank*=1 的识别率,*CMC* 曲线,VIPeR 数据集)

表 4-3　不同多视角视觉词个数(M=50, 100, 150, 200, All)下的算法性能比较(%)

算法	*Rank*=1	*Rank*=5	*Rank*=10	*Rank*=20
CIMvTL(M=50)	47.6	78.8	90.0	96.0
CIMvTL(M=100)	56.0	83.0	91.0	95.8
CIMvTL(M=150)	57.7	81.2	88.8	95.0
CIMvTL(M=200)	57.7	80.6	87.9	93.2
CIMvTL(M=All)	49.8	70.1	78.5	86.5

4. 不同参数值选择下算法性能比较与分析

本小节比较了在不同参数设定下算法的性能所受到的影响,进而说明我们参数选择的标准。从模型来看,主要涉及的参数包括 α, β, γ, η, μ 和 ρ。在不同参数值下,分别给出 *Rank*=1, 5, 10, 15, 20 时,提出算法的累积识别率,具体如图 4-5 所示。可以看出,这些参数对于模型是不敏感的,基本上能够保证在最优识别效果下的小范围波动。在实际中,具体的参数选择采用固定其他参数下,优化具体参数的方法,最终参数

α，β，γ，η，μ 和 ρ 的值分别为 0.11，1.0，0.05，1.0，0.8 和 1.05。值得注意的是，如果需要一个较快的收敛速度，可以令 μ 等于较大的值。

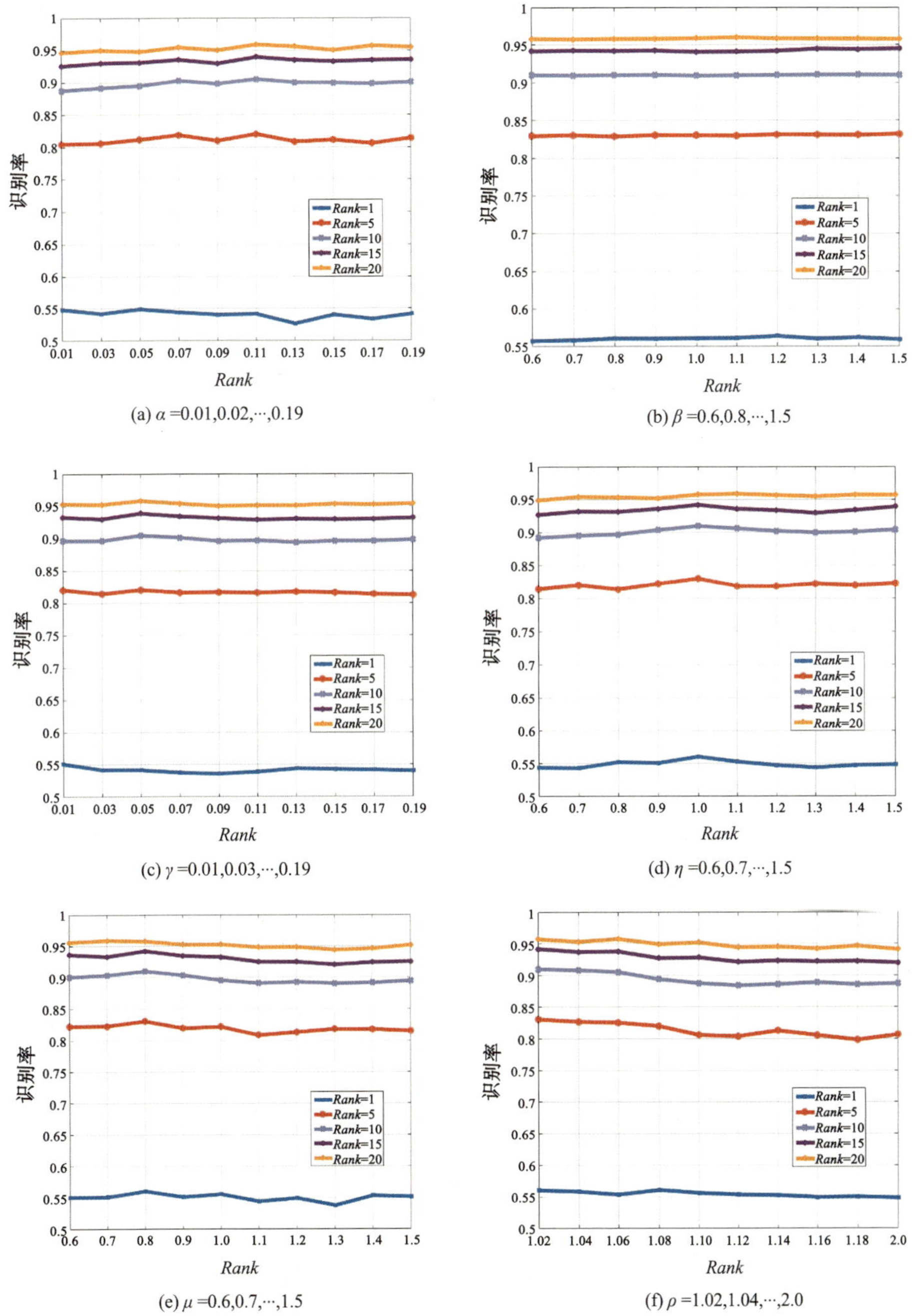

(a) α =0.01,0.02,⋯,0.19　(b) β =0.6,0.8,⋯,1.5

(c) γ =0.01,0.03,⋯,0.19　(d) η =0.6,0.7,⋯,1.5

(e) μ =0.6,0.7,⋯,1.5　(f) ρ =1.02,1.04,⋯,2.0

图 4-5　不同参数值选择下算法性能比较

（*Rank*＝1，5，10，15，20，p＝316，VIPeR 数据集）

4.5.2 CUHK01 数据集

本小节在 CUHK01 数据集上测试了提出的算法 CIMvTL(Fusion)以及一些相关的新提出算法,如 GOG+XQDA[34], LOMO+XQDA[33],Semantic[10]和 SalMatch[40]。从数据集的 971 个行人中随机选择 486 个行人用于模型训练,剩余 485 个行人用于测试,该过程重复 10 次,最终结果为多次实验的平均值。针对提出的算法,利用 k-means 计算出 7×200 个视觉词,具体实验结果如表 4-4 所示。可以看出,我们提出的算法 CIMvTL(Fusion)在 $p=485$, $Rank=1$ 和 $Rank=10$ 时,实现了 65.5%和 91.6%的累积匹配率,相比于比较算法中效果最好的 GoG+XQDA(57.8%、86.2%),识别性能分别提升了 7.7%和 5.4%。

表 4-4 提出算法与一些相关的新提出算法的比较(%)

算法	*Rank*=1	*Rank*=5	*Rank*=10
MvVW+CIMvTL(提出算法)	65.5	90.7	91.6
GoG+XQDA	57.8	88.6	86.2
LOMO+XQDA	49.2	76.2	84.2
Semantic	32.7	51.2	64.4
SalMatch	28.5	45	55

4.5.3 PRID450S 数据集

本小节在 PRID450S 数据集上测试了提出的算法 CIMvTL(Fusion)与相关的新提出算法 GOG+XQDA, LOMO+XQDA, SCNCD[1]和 Semantic。从数据集的 450 个行人中,随机选择 225 个行人用于模型训练,剩余 225 个行人用于测试,该过程重复 10 次,最终结果为多次实验的平均值。针对提出的算法,我们利用 k-means 计算出 7×100 个视觉词,具体实验结果如表 4-5 所示。可以看出,本书提出的算法 CIMvTL(Fusion)在 $p=225$, $Rank=1$ 和 $Rank=10$ 时,实现 71.6%和 94.9%的累积匹配率,相比于比较算法中效果最好的 GoG+XQDA(67.9%、94.4%),识别性能分别提升了 3.7%和 0.5%。

表 4-5 提出算法与相关的新提出算法的对比(%)

算法	*Rank*=1	*Rank*=5	*Rank*=10
MvVW+CIMvTL(提出算法)	71.6	90.7	94.9
GoG+XQDA	67.9	88.6	94.4
LOMO+XQDA	52.3	76.2	84.6

（续表）

算法	*Rank*＝1	*Rank*＝5	*Rank*＝10
SCNCD	41.6	68.9	79.4
Semantic	43.1	70.5	78.2

4.6 本章小结

本章主要介绍了一种基于迁移多粒度特征表示的行人再识别方法。首先，从整体上介绍了提出的方法；其次，分别介绍了涉及的相关工作，包括视觉词模型和迁移学习模型分析与介绍；再次，介绍了基于迭代一致的多粒度行人特征提取方法，包括基于 k-means 的多粒度视觉词模型、基于多视角迁移学习的多粒度特征分析与建模和基于多视角迁移学习多粒度特征模型问题的求解；接着，介绍了一种基于多粒度特征的度量学习策略，来对不同粒度下的特征描述符进行度量学习；最后，在 VIPeR、CUHK01 和 PRID450S 这三个数据集上，对提出的算法性能进行比较、测试和分析。可以看出，本书提出的算法能够挖掘不同语义粒度上的图像信息，不同粒度上的信息能够充分地用于行人图像数据的特征表达，并取得较优的性能提升。

参考文献

[1] MA B, SU Y, JURIE F. Local descriptors encoded by fisher vectors for person re-identification [C]//Computer Vision-ECCV 2012. Workshops and Demonstrations: Florence, Italy, October 7-13, 2012, Proceedings, Part I 12. Springer Berlin Heidelberg, 2012: 413-422.

[2] YANG Y, YANG J, YAN J, et al. Salient color names for person re-identification[C]// Computer Vision-ECCV 2014: 13th European Conference, Zurich, Switzerland, September 6-12, 2014, Proceedings, Part I 13. Springer International Publishing, 2014: 536-551.

[3] LI S, SHAO M, FU Y. Cross-view projective dictionary learning for person re-identification [C]//Twenty-Fourth International Joint Conference on Artificial Intelligence. 2015.

[4] MA L, LIU H, HU L, et al. Orientation driven bag of appearances for person re-identification [J]. arXiv preprint arXiv: 1605. 02464, 2016.

[5] LI W, ZHAO R, WANG X. Human reidentification with transferred metric learning[C]// Computer Vision-ACCV 2012: 11th Asian Conference on Computer Vision, Daejeon, Korea, November 5-9, 2012, Revised Selected Papers, Part I 11. Springer Berlin Heidelberg, 2013: 31-44.

[6] ZHENG W S, GONG S, XIANG T. Transfer re-identification: From person to set-based verification[C]//2012 IEEE Conference on Computer Vision and Pattern Recognition. IEEE, 2012: 2650-2657.

[7] LAYNE R, HOSPEDALES T M, Gong S. Domain transfer for person re-identification[C]//Proceedings of the 4th ACM/IEEE international workshop on Analysis and retrieval of tracked events and motion in imagery stream. 2013: 25-32.

[8] MA A J, YUEN P C, LI J. Domain transfer support vector ranking for person re-identification without target camera label information[C]//Proceedings of the IEEE international conference on computer vision. 2013: 3567-3574.

[9] WU Y, LI W, MINOH M, et al. Can feature-based inductive transfer learning help person re-identification? [C]//2013 IEEE international conference on image processing. IEEE, 2013: 2812-2816.

[10] SHI Z, HOSPEDALES T M, XIANG T. Transferring a semantic representation for person Re-IDentification and search. In: Proceedings of the IEEE Conference on Computer Vision and Pattern Recognition (CVPR), 2015: 4184-4193.

[11] WANG X, ZHENG W S, LI X, et al. Cross-scenario transfer person reidentification[J]. IEEE Transactions on Circuits and Systems for Video Technology, 2015, 26(8): 1447-1460.

[12] XIAO Q, CAO K, CHEN H, et al. Cross domain knowledge transfer for person re-identification [J]. arXiv preprint arXiv: 1611. 06026, 2016.

[13] PATRUNO C, MARANI R, CICIRELLI G, et al. People re-identification using skeleton standard posture and color descriptors from RGB-D data[J]. Pattern Recognition, 2019, 89: 77-90.

[14] GUO Y, ZHAO G, PIETIKäINEN M. Discriminative features for texture description[J]. Pattern Recognition, 2012, 45(10): 3834-3843.

[15] ZHANG L, ZHANG Q, ZHANG L, et al. Ensemble manifold regularized sparse low-rank approximation for multiview feature embedding[J]. Pattern Recognit, 2015, 48(10):3102-3112.

[16] LI D, CHEN X, ZHANG Z, et al. Learning deep context-aware features over body and latent parts for person re-identification[C]//Proceedings of the IEEE conference on computer vision and pattern recognition. 2017: 384-393.

[17] CHEN Y C, ZHU X, ZHENG W S, et al. Person re-identification by camera correlation aware feature augmentation[J]. IEEE transactions on pattern analysis and machine intelligence, 2017, 40(2): 392-408.

[18] WU L, WANG Y, GAO J, et al. Deep adaptive feature embedding with local sample distributions for person re-identification[J]. Pattern Recognition, 2018, 73: 275-288.

[19] MATSUKAWA T, OKABE T, SUZUKI E, et al. Hierarchical gaussian descriptor for person re-identification[C]//Proceedings of the IEEE conference on computer vision and pattern recognition. 2016: 1363-1372.

[20] LIAO S, HU Y, ZHU X, et al. Person re-identification by local maximal occurrence representation and metric learning[C]//Proceedings of the IEEE conference on computer vision and pattern recognition. 2015: 2197-2206.

[21] WU A, ZHENG W S, YU H X, et al. RGB-infrared cross-modality person re-identification

[C]//Proceedings of the IEEE international conference on computer vision. 2017: 5380-5389.

[22] ZHAO C, CHEN K, WEI Z, et al. Multilevel triplet deep learning model for person Re-IDentification[J]. Pattern Recognit. 2018, 117(1): 161-168.

[23] LI S, SHAO M, FU Y. Person re-identification by cross-view multi-level dictionary learning[J]. IEEE transactions on pattern analysis and machine intelligence, 2017, 40(12): 2963-2977.

[24] KOESTINGER M, HIRZER M, WOHLHART P, et al. Large scale metric learning from equivalence constraints[C]//2012 IEEE conference on computer vision and pattern recognition. IEEE, 2012: 2288-2295.

[25] PEDAGADI S, ORWELL J, VELASTIN S, et al. Local fisher discriminant analysis for pedestrian re-identification[C]//Proceedings of the IEEE conference on computer vision and pattern recognition. 2013: 3318-3325.

[26] XIONG F, GOU M, CAMPS O, et al. Person re-identification using kernel-based metric learning methods[C]//Computer Vision-ECCV 2014: 13th European Conference, Zurich, Switzerland, September 6 - 12, 2014, Proceedings, Part VII 13. Springer International Publishing, 2014: 1-16.

[27] LIAO S, HU Y, ZHU X, et al. Person re-identification by local maximal occurrence representation and metric learning[C]//Proceedings of the IEEE conference on computer vision and pattern recognition. 2015: 2197-2206.

[28] BAI S, BAI X, TIAN Q. Scalable person re-identification on supervised smoothed manifold[C]//Proceedings of the IEEE conference on computer vision and pattern recognition. 2017: 2530-2539.

[29] YANG B, MA A J, YUEN P C. Learning domain-shared group-sparse representation for unsupervised domain adaptation[J]. Pattern Recognition, 2018, 81: 615-632.

[30] ZHOU J, SU B, WU Y. Easy identification from better constraints: Multi-shot person re-identification from reference constraints[C]//Proceedings of the IEEE conference on computer vision and pattern recognition. 2018: 5373-5381.

[31] WANG J, ZHOU S, WANG J, et al. Deep ranking model by large adaptive margin learning for person re-identification[J]. Pattern Recognition, 2018, 74: 241-252.

[32] SHI H, YANG Y, ZHU X, et al. Embedding deep metric for person re-identification: A study against large variations[C]//Computer Vision-ECCV 2016: 14th European Conference, Amsterdam, The Netherlands, October 11 - 14, 2016, Proceedings, Part I 14. Springer International Publishing, 2016: 732-748.

[33] LIAO S, HU Y, ZHU X, et al. Person re-identification by local maximal occurrence representation and metric learning[C]//Proceedings of the IEEE conference on computer vision and pattern recognition. 2015: 2197-2206.

[34] MATSUKAWA T, OKABE T, SUZUKI E, et al. Hierarchical gaussian descriptor for person re-identification[C]//Proceedings of the IEEE conference on computer vision and pattern recognition. 2016: 1363-1372.

[35] LIN Z, CHEN M, MA Y. The augmented lagrange multiplier method for exact recovery of corrupted low-rank matrices[J]. arXiv preprint arXiv: 1009. 5055, 2010.

[36] LIU G, LIN Z, YAN S, et al. Robust recovery of subspace structures by low-rank representation [J]. IEEE transactions on pattern analysis and machine intelligence, 2012, 35(1): 171-184.

[37] YANG Y, LIAO S, LEI Z, et al. Large scale similarity learning using similar pairs for person verification[C]//Proceedings of the AAAI Conference on Artificial Intelligence. 2016, 30(1).

[38] XIONG F, GOU M, CAMPS O, et al. Person re-identification using kernel-based metric learning methods [C]//Computer Vision-ECCV 2014: 13th European Conference, Zurich, Switzerland, September 6 - 12, 2014, Proceedings, Part VII 13. Springer International Publishing, 2014: 1-16.

[39] ROTH P M, HIRZER M, KÖSTINGER M, et al. Mahalanobis distance learning for person re-identification[J]. Person re-identification, 2014: 247-267.

[40] ZHAO R, OUYANG W, WANG X. Person re-identification by salience matching [C]// Proceedings of the IEEE international conference on computer vision. 2013: 2528-2535.

阿济教授打开柜子，取出一个翠绿小盒，轻轻一掀便清香四溢。老福动了动鼻翼:“好浓郁的茶香，这便是你前些时日新买的洞庭碧螺春吧。”

“不错，老福，你的茶品也不赖啊。洞庭碧螺春，茶香百里醉。这一盒二级碧螺春有五万五千个茶芽，茸毛丰盈，芽叶嫩，色、香、味鲜，乃是来自太湖洞庭山的茶中珍品啊。”说着便倒入壶中泡开后为两人各斟一杯。

阿济教授抿了一口茶，开口道:“为了应对复杂场景下光照差异、视角变化、行人遮挡等问题，除了引入迁移学习的思想，获得更精细的行人特征以外，接下来自然是考虑如何更好地利用特征。”

老福点了点头:“逃犯穿的衣服都是大众化的着装搭配，演唱会现场类似穿着的行人不在少数，能够在这种情况下精准地把他揪出来，有鉴别力的行人特征真是帮了大忙。”

阿济教授补充道:“不仅如此，一种好的损失函数设计也是拉开不同行人间距离度量的关键。本章可要详尽介绍如何获得更有鉴别力的行人特征，以及如何构造优秀的损失函数。”

CHAPTER

5

第 5 章

基于困难样本挖掘中心-三元组损失的深度融合特征表示学习

5.1 引言

面对以往单一池化方法在表征上性能的不足,本章设计了一个融合特征学习网络(Fusion Feature Learning Network, FFLN),并提出一种池化融合策略,将最大池化和平均池化相结合。同时,学习高响应值、显著特征和低响应值但有鉴别力的特征。对于复杂的外观变化,它可以获得更具鉴别力的行人特征精细描述,并在 Market1501 和 DukeMTMC-Re-ID 上验证效果。

本章设计了一种基于类中心约束的硬挖掘中心三元组损失(Hard Mining Center-Triplet Loss, HCTL)。该方法在维护类中心稳定基础上,引入类中心的思想,更好地优化了行人类内/类间特征的分布,降低了困难 Triplets 的挖掘成本,提高了表征能力,并在 Market1501、DukeMTMC-Re-ID 和 MSMT17 上证明了 HCTL 在行人再识别任务上的有效性和鲁棒性。

5.2 相关技术

5.2.1 行人特征精细描述方法

行人再识别的目的是实现行人特征的稳定表示和精准匹配。光照、姿态、视角、错位和背景遮挡等因素导致的行人图像视觉外观的巨大差异/变化,使得行人特征鲁棒表示变为一项困难的任务。图 5-1 显示了一些具有挑战性的示例,图 5-1(a)～图 5-1(e)反映了不同因素造成的干扰。因此,如何学习更稳定的行人特征精细描述是行人再识别的研究热点之一。

(a) 光照差异　(b) 姿态差异　(c) 视角差异　(d) 错位差异　(e) 遮挡差异

图 5-1　行人再识别的示例图像对

注:上下相邻的图像对有相同的行人 ID。

传统的图像表征方法主要关注图像浅层特征信息，如颜色、纹理特征。然而，浅层特征对外观的变化不够鲁棒。为此，出现了很多更有效的表征方法。例如，MGSD[1]提出了一种最大粒度结构描述符的表征方法。从图像重叠的像素里捕获丰富的局部结构信息，分析多粒度的水平发生概率并最大化这一概率，从而提取对于视角变化鲁棒的行人特征。与此同时，深度学习和卷积神经网络在图像识别、分类领域取得了瞩目成绩，吸引了学者们的关注。更多的研究人员开始聚焦于探究深度神经网络的表达能力，尝试将网络逐步作深以获得更好的表达性能，经典的网络有 VGG[2]，GoogLeNet[3]，ResNet[4]等。深层网络不仅能学习图像高级语义信息，也能丰富特征的粒度，给网络的表征带来显著的性能提升。也因此，Re-ID 领域逐渐涌现出一批经典的深度神经网络模型。FPNN[5]提出了一种基于深度滤波器的神经网络，该网络在统一的深度学习架构中联合优化特征学习、光度变换、几何变换、错位、遮挡和分类等问题，也是较早将深度学习应用于行人再识别问题的工作。FFN[6]提出了一个特征融合网络，将 CNN 提取的特征和手工提取的特征加以融合，学习更鲁棒的特征。MT-Net[7]提出了多层特征融合模型，将浅层纹理细节特征与深层高级语义特征相结合，以获得更好的特征表示。Spindle Net[8]提出一种分块特征融合网络，分别从身体的不同区域提取特征，然后将其合并，从而学习到更具判别性的融合特征。GLAD[9]显式地利用人体的局部特征和全局特征来获取一个更具鉴别性和鲁棒性的表示。还有一些其他方法[10,11]学习更稳定的特征描述来连接全局特征和局部细节特征。

可见，Re-ID 主流的一些表征方法常关注于深度网络框架的设计，忽略了网络中一些简单通用的、可优化结构的重要性。随着网络的加深，图像特征维度越来越高，容易出现特征冗余问题，同时计算量也呈现指数级增长。此时需要使用池化操作(Pooling)来优化特征表达。池化层的加入能有效地保留主要细节特征，过滤冗余信息，将高维特征简化表达，实现网络参数的减少和计算量的压缩，并且一定程度上能克服光照、姿态、视角、错位和背景遮挡等造成的外观显著差异。其中，全局平均池化(Global Average Pooling, GAP)和全局最大池化(Global Max Pooling, GMP)是两种常用且高效的方法。经典的 ResNet50 就采用了 GAP 操作，将深层高维度特征转换为简洁的 2 048 维特征向量。

5.2.2　行人特征优化度量方法

5.2.1 小节探讨了行人再识别的热点问题之一——如何学习行人特征精细表示。本小节将继续探讨行人再识别的另一热点问题，即如何(在表征的基础上)约束和优化行人特征分布，实现更有效的行人身份的区分和判别。

神经网络在获得行人特征图后，往往需要进一步对特征分布进行优化，进而精准有效地度量行人之间的相似性，这一过程通常需要设计合理的损失函数来实现。主流的工作大多将行人再识别的优化问题看作一个多标签分类任务，即采用 CE Loss

优化网络学习每个类别行人特征特有的分布。然而,这类方法常常导致类与类之间的分界不明显,一些边缘的分布大面积重叠,此时分类错误率较高。因此,引出了一个研究问题,如何有效优化特征分布、最小化类内特征间距、最大化类间间距,以得到更显著的区分。为此,学者们提出了许多基于深度度量学习的优化方法。一些文献[12]提出了 Center Loss,联合 CE Loss 优化网络,为每个类学习一个类中心(Center)特征,并不断更新维护,通过 L2 范数将每个类的样本特征拉近它们的类中心,以此实现类内间距的减小,让每个类的特征分布更紧凑。具体地,Center Loss 可以表示为

$$L_c = \frac{1}{2}\sum_{i=1}^{P\times K} \| f_i - c_{y^i} \|_2^2 \tag{5-1}$$

式中,P 表示每批训练样本的总类别数;K 表示每个类别的样本量;c_{y^i} 表示第 i 类中心的深度特征,该特征首次通过同批次相应类的所有样本特征取均值计算得到;f_i 表示第 i 个样本的深度特征。然而,Center Loss 没有考虑如何扩大类间分布的间距,在类间仍存在少量重叠。Facenet[13]在人脸识别领域的成功,促使学者们开始关注如何有效地挖掘 Triplets 来构建特征分布的约束,最小化类内间距,最大化类间间距。一些文献[14]首次尝试使用 Triplet 框架,通过挖掘潜在的 Triplets,并计算损失来优化特征类内、类间分布。Triplet Loss 的优化目标旨在设定一个阈值 m 来约束行人特征类内间距小于类间间距的程度,即

$$L_{tri} = \sum_{y_a = y_p \neq y_n}^{a,\,p,\,n} \max(d_{a,\,p} - d_{a,\,n} + m,\ 0) \tag{5-2}$$

式中,a, p, n 分别表示 Triplet 挖掘的 Anchor, Positive(同类正样本)和 Negative(异类负样本);$d_{a,\,p}$ 表示 Anchor 到 Positive 的相对距离;$d_{a,\,n}$ 表示 Anchor 到 Negative 的相对距离;m 为约束二者间距差的阈值。早期的 Triplet Loss 存在两个问题。一是类内聚类效果不显著,因为没有考虑如何优化类内距离;二是随着数据集样本量的增加,挖掘的 Triplets 的数量急剧增加,其中包括大量的无效 Triplets,对模型的优化无作用。针对上述问题,学者们提出了一些优化方案。Improved Triplet Loss[15]另外施加一个约束 α,要求来自同类样本特征之间的距离 $d_{a,\,p}$ 不能大于 $\alpha(\alpha \ll m)$,从而实现类内间距的减小。TriNet[13]提出 Trihard Loss 和挖掘困难 Triplets 的策略,旨在为每个 Anchor 选择最难的 Positive 和最难的 Negative 构成有效的 Triplet,以此确保优化的力度更大。HAP2S_E[16]采用自适应困难挖掘方法,其目的是根据 Triplet 产生的代价损失大小定义困难程度,给困难的 Triplet 产生的损失分配更高的权重,迫使网络重点关注对难例特征分布的约束。然而,类似方法在计算和挖掘困难 Triplet 上的成本是巨大的。因此,不仅需要考虑类内/类间距离的优化,还需要确保在有效优化的同时能降低计算和挖掘 Triplet 的成本。基于此,一些文献[17]提出了 Class-Wise Triplet Loss(CWTL)。

不同于以往的 Triplet Loss，CWTL 的目标是减少每个样本到其类中心之间的距离，扩大其到异类类中心的距离。以类中心 Centers 代替 Positive 和 Negative 的选择，显著降低了 Triplets 的数量，从而减少计算成本。图 5-1(c)中，CWTL 也有效地解决了类内间距大和类间分布重叠的问题。CWTL 表示为

$$L_{cwt}=\sum_{i=1}^{P\times K}\sum_{l=1,\ l\neq y^i}^{P}\max[D(f_i,\ c_{y^i})-D(f_i,\ c_l)+m,\ 0] \tag{5-3}$$

式中，$D(f_i,\ c_{y^i})$表示平方欧氏距离，公式为

$$D(f_i,\ c_{y^i})=\| f_i-c_{y^i}\|_2^2 \tag{5-4}$$

一些文献[18]提出了 Triplet-Center Loss(TCL)，其认为 Center Loss 在类间样本中仍然存在小的重叠区间，因为它只最小化类内距离，见图 5-1(b)。而 TCL 可以保证样本与其类中心之间的距离对比样本与其最近异类类中心之间的距离小于一个阈值 m，对比 CWTL，TCL 实现了对困难类中心的挖掘。TCL 的计算方法为

$$L_{tc}=\sum_{i=1}^{P\times K}\max[D(f_{i},\ c_{y^i})-\min_{l\neq y^i}D(f_i,\ c_l)+m,\ 0] \tag{5-5}$$

综上，关于表征后对特征分布的优化，主要采用度量学习的方法，即通过特征间距离的度量，对类内/类间距离施加约束，实现减小同类特征间距，使之分布更紧凑，拉开异类特征间距，使类与类之间的差异更显著可分，在有效优化的同时还需要考虑如何降低计算和挖掘成本。

5.3 基于池化融合策略的特征精细描述

5.3.1 融合特征学习网络

本小节提出的 FFLN 主要由以下几个不同的层组成：卷积层(Convolution Layer)、混合池化层(Mixed Pooling Layer)和特征融合层(Fusion Layer)。接下来详细地介绍每一层网络结构。

(1) 卷积层。采用 ResNet50 的 Stage1，2，3，4 作为骨干网络(Backbone Network)提取基础特征。考虑到更高的空间分辨率能提供更精细的特征，去除骨干网络中 Stage4 里的第一个残差块的空间下采样操作，即将参数 Last Stride 从原先的 2 调为 1，以此获取更大尺寸的特征图 16×8(特征图的高×宽，原始尺寸 8×4)。

(2) 混合池化层。卷积层后紧接两个池化分支，使用 GMP 和 GAP 同时处理卷积层输出的特征图($N\times 2\,048\times 16\times 8$，$N$ 表示 Batch Size 的大小，2 048 代表输出特征的通道数)，分别得到两个 2 048 维特征向量。然后，将这两个子特征拼接得到 4 096 维的高维特征向量，用于在特征融合层中学习深度融合特征。

(3) 特征融合层。为了优化 4 096 维的高维特征向量,学习更鲁棒的融合特征,后接一个全连接层(Fully Connected Layer, FC)、Batch Normalization (BN)和一个修正线性单元(Rectified Linear Unit, ReLU)。其中全连接层可以学习高维特征中每个特征值的权值,通过线性加权表达,实现两种池化策略自适应权重的融合。最后,为了防止网络表征过拟合,在全连接层上应用了 Dropout[19],进一步获得了更精细且更具鉴别力的行人特征。

5.3.2 模型对比分析

FFLN 是在原 ResNet50 的基础上,针对单一池化方法的缺点提出的改进策略,因此主要将其与 ResNet50 进行比较。假定 ResNet50 使用相同的骨干网络(同样去除 Stage4 第一个残差块的空间下采样操作)提取输入图像的深层特征,然后进行 GAP 操作。相比之下,FFLN 对原有的池化层 GAP 进行修改,使用一种池化融合策略。通过额外增加一个 GMP 层和一个特征融合层,自适应地学习不同池化后特征的对应权值,通过特征加权表示,实现同时学习高响应显著特征和低响应但具有区分性的特征,最终融合可获得更精细的行人特征。

5.3.3 实验结果与分析

为了验证池化融合策略的性能,本小节在 Market1501 和 DukeMTMC-Re-ID 数据集上进行实验评估。具体地,在 ResNet50 骨干网络上分别采用不同的池化策略进行对比实验,并用 $Rank=1, 5, 10$ 准确率和 mAP 对各类方法进行评价。同时也验证了在去除最后一层空间下采样层(Last Stride 改为 1)和在融合层中添加 Dropout 层的效果。两个数据集的结果如表 5-1 所示。"GAP"代表采用平均池化操作的 ResNet50,"GMP"代表采用最大池化操作的 ResNet50,"GAP+GMP"代表 FFLN(结合两种池化操作),"+S1"代表将最后一个步长设置为 1,"+S2"代表将最后一个步长设置为 2,"+Dropout"代表使用 Dropout 来避免过拟合。此外,本文也将 FFLN 同一些经典的 Re-ID 模型进行比对评估。网络的训练统一采用多分类交叉熵损失(Cross-Entropy Loss, CE Loss)优化,CE Loss 的计算为

$$L_{\mathrm{CE}}=-\frac{1}{M}\sum_{i=1}^{M}\log\frac{\mathrm{e}^{\boldsymbol{W}_{y_i}^{\mathrm{T}}x_i+b_{y_i}}}{\sum_{j=1}^{C}\mathrm{e}^{\boldsymbol{W}_j^{\mathrm{T}}x_i+b_j}} \tag{5-6}$$

式中,M 和 C 分别为每一批次样本量和类别数量;$x_i\in\mathbb{R}^d$ 表示该批次中的第 i 个样本特征,属于 y_i 类;d 为特征维度。$\boldsymbol{W}\in\mathbb{R}^{d\times n}$ 和 $b\in\mathbb{R}^n$ 是网络最后一个分类层(Softmax 层)的权重参数和偏置项。

表 5-1　Benchmarks 上不同算法的性能比较(%)

算法	Market1501				DukeMTMC-Re-ID			
	Rank =1	*Rank* =5	*Rank* =10	*mAP*	*Rank* =1	*Rank* =5	*Rank* =10	*mAP*
GAP+S2	82.0	92.8	95.2	63.6	68.9	82.4	86.6	48.5
GMP+S2	82.3	92.2	94.4	58.7	69.6	82.1	86.4	47.6
GAP+S1	81.5	92.6	95.3	61.4	66.6	80.2	85.7	46.9
GMP+S1	80.0	90.9	94.1	55.3	70.3	82.0	86.0	47.7
GAP+GMP+S2	90.8	96.5	97.8	74.9	81.7	90.4	93.2	64.2
GAP+GMP+S2+Dropout	91.2	96.9	98.1	78.0	82.2	90.8	93.2	64.4
GAP+GMP+S1	91.4	97.0	98.0	75.1	82.0	90.4	92.9	64.3
FFLN：GAP+GMP+S1+Drop	92.0	97.3	98.2	78.1	82.3	90.9	93.6	64.7
TriNet[15]	84.7	94.2	96.2	69.0	74.5	86.4	89.5	57.7
MLFN[20]	90.2	95.9	97.4	74.5	81.1	90.3	92.6	63.2
ResNet50-mid[21]	90.2	96.4	97.9	76.1	81.7	90.0	93.0	64.0
HA-CNN[22]	90.9	96.4	97.8	75.6	80.1	89.6	92.1	63.2
PCB[23]	92.3	96.9	98.2	77.3	81.6	91.1	93.3	66.4

实验分析可以看出，提升最后输出的特征图的分辨率/尺度并不一定适用于所有的 Re-ID 模型，但适用于 FFLN。Dropout 也能带来小幅度的性能提升。但 FFLN 性能的提升主要归功于 GMP 和 GAP 的融合策略。

(1) Market1501。采用 GAP 的 ResNet50 模型达到了 82.0%*Rank*=1 的准确率和 63.6%的 *mAP*，这与采用 GMP 性能相当。相比之下，FFLN 达到了 92.0%的 *Rank*=1 和 78.1%的 *mAP*，分别超出了 10.0%和 14.5%。对比 2018 年备受关注的 PCB (ECCV'18)和 HA-CNN(CVPR'18)，FFLN 获得了相近的性能。

(2) DukeMTMC-Re-ID。FFLN 的 *Rank*=1 和 *mAP* 进一步提高到 82.3%和 64.7%，对比原始 ResNet50(采用 GAP)高出 13.4%和 16.2%。同样，对比 PCB 和 HA-CNN，FFLN 获得了更高的 *Rank*=1。

图 5-2 所示的测试检索结果进一步说明了 FFLN 在行人精细特征表示方面的优势。给定目标查询图，从图库中挑选出相似度最高的前 8 张索引图。第一行显示了使用 ResNet50 采用 GAP 方法的结果。根据检索结果，相似度最高的 8 张行人图像中有 3 个错误匹配的行人在图像对比度和亮度上都相对较暗，这也证明了 GAP 过度考虑了一些低响应特征，从而降低了特征图的对比度。第二行为采用 GMP 的检索结果，前 4 张图像中有 2 个错误匹配都表现出鲜明的色彩特征和对比度，尤其是第一个错误匹配。结果表明，GMP 对高响应特征比较敏感，而忽略了低响应值，但有鉴别能力的特征。因此，

两种池化操作在特征表示方面都有不足。相比之下,FFLN 兼顾了二者的优点,同时学习高响应值、明亮特征和低响应值、有鉴别力的特征,从而增强特征图的鲁棒性。从第三行检索结果也可以看出,前 8 张最接近的图像中都是正确匹配的鲜明的行人图像。

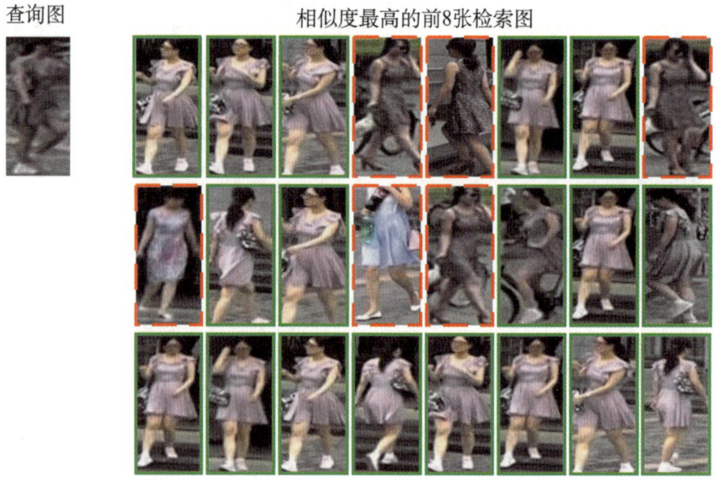

图 5-2 不同池化策略表现的可视化检索结果

注:绿色矩形表示正确匹配,红色虚线矩形表示错误匹配。对于查询样例,第一至三行分别显示了使用 GAP 操作的 ResNet50、使用 GMP 的 ResNet50 和 FFLN 方法的结果。

此外,图 5-3 展示了网络采用不同池化方法学习到的激活关注区域的特征图可视化结果。可以看出,使用 GAP 或 GMP 的 ResNet50 在特征表示方法上对行人区域的关注度和响应均弱于 FFLN, FFLN 可以更有效地迫使网络更多地关注行人区域。

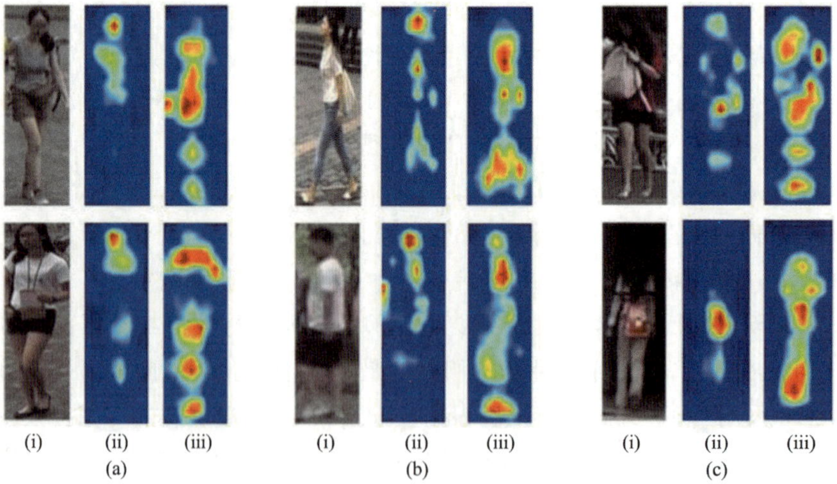

图 5-3 可视化网络采用不同池化方法表征学习时对行人图像的激活关注热力图

注:图(a)~(c)分别显示了采用 GAP 的 ResNet50,GMP 的 ResNet50 和 FFLN 方法的结果。其中,(i) 表示原始图像;(ii) 表示激活图;(iii) 表示前二者叠加图像。在热力图中,激活响应从低到高逐渐由蓝色过渡为红色。

实验分析表明，与采用单一池化方法相比，FFLN 采用融合池化策略，可以学习到行人更精细的特征表示。当面对现实场景下各种外界因素（尤其是光照）造成的复杂多样的行人图像时，该方法具有更鲁棒的表征能力。

5.4　基于类中心的困难 Triplets 挖掘

HCTL 整体框架如图 5-4 所示。具体来说，在提取行人图像特征之后，HCTL 采用困难挖掘策略来识别难以区分的 Center-Triplets。通过计算这些困难样本对的损失，HCTL 旨在优化类内距离和类间距离，同时减少挖掘这些困难 Triplets 的成本。这样，模型能够学习到更具区分性的特征表示。

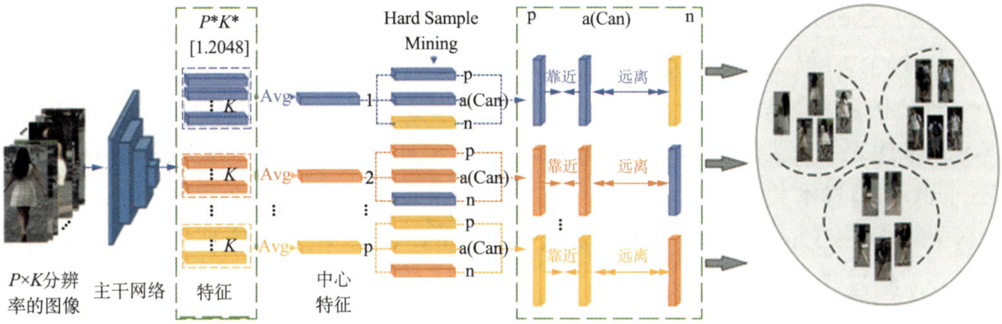

图 5-4　HCTL 整体框架示意

5.4.1　硬挖掘中心三元组损失

在 HCTL 中，基于类中心的困难 Triplets 挖掘方法是：以每个批次的训练子集中所有类别样本的类中心为 Anchors（锚点）。对于每个类中心 Anchor，选择与它距离最远的、最困难的 Positive（正样本）和与它距离最近的最困难的 Negative（负样本）构建 Triplet。然后，计算所有的 Triplets 得到的损失并优化。HCTL 旨在约束每个类中心 Center 与其最远的 Positive 之间的距离小于与其最近的 Negative 之间的距离，阈值为 m。HCTL 计算公式为

$$L_{\text{hct}}=\frac{1}{P}\sum_{p=1}^{P}\max\left\{\max_{1\leqslant i\leqslant K}D[c_p,\ f(p^i)]\right\}-\min_{\substack{l\neq p,\ 1\leqslant l\leqslant P,\\ 1\leqslant j\leqslant K}}\left\{D[c_p,\ f(l^j)]+m,\ 0\right\} \tag{5-7}$$

式中，c_p 表示第 p 类样本类中心特征；$f(p^i)$表示第 p 类中第 i 个样本的特征。

在 HCTL 计算过程中，由于每个批次随机抽取样本构成训练子集，每个类的类中心特征较不稳定。因此，需将其与 CE Loss 联合进行训练优化，CE Loss 可以为模型提供

较稳定的类的特征分布。为此需要一个超参数 λ 来平衡 HCTL 和 CE Loss，网络总损失 L 计算式为

$$L = L_{\mathrm{CE}} + \lambda L_{\mathrm{hct}} \tag{5-8}$$

式中，L_{CE} 表示 CE Loss；L_{hct} 表示 HCTL；λ 为平衡因子。

5.4.2 模型对比分析

本小节主要对比不同度量损失函数的特点和 HCTL 优化思路。主流采用 CE Loss、Center Loss、Triplet Loss 或相关变体，或联合优化的方式来约束网络优化特征分布。其中，Triplet Loss 及其变种，包括 Trihard Loss、Class-wise Triplet Loss 和 Triplet-Center Loss 有一个共同的思想——困难挖掘，即随机以训练样本为 Anchor 挖掘 Triplet，这种方式会产生很多的 Triplets。具体地，假设每个批次随机选取了 P 个类的样本，每个类随机抽取 K 张图像，组成 $P \times K$ 张训练子集进行训练。早期的 Triplet Loss 将会构建 $P \times K \times (K-1) \times (P-1) \times K$ 个 Triplets。由于 CWTL 引入类中心 Center 来代表每个类的样本的大致分布，对于每个样本的 Anchor，将会挖掘有 $K-1$ 个 Triplets，所有样本共计挖掘 $P \times K \times (K-1)$ 个 Triplets。TCL 的设计结合了 Trihard Loss 和 Center Loss 的优点。对于每个 Anchor，TCL 只选择最难的异类中心作为 Negative 构建 Triplet，共计构建 $P \times K$ 个 Triplets，这与 Trihard Loss 构建的 Triplets 数量相同。而 HCTL 使用每个类的类中心作为 Anchor，只考虑离类中心的距离最远的同类样本和距离最近的异类样本构建 Triplet。那么在每个批次中，挖掘的 Triplets 数量只取决于当前批次的样本类别数 P，对比 TCL 和 Trihard Loss 能进一步减少挖掘的 Triplets 数量，进而减小计算和困难挖掘的成本。此外，HCTL 能更有效地约束类内、类间距离，优化特征分布。

5.4.3 训练与优化

本方法联合 HCTL 和 CE Loss 对模型进行训练和优化。由于 CE Loss 的计算需要额外的 Softmax 层，在反向传播时应分别优化 HCTL 和 CE Loss。令 $\{\omega\}$ 表示初始化的网络参数，$f_\omega(I^i)$ 表示图像 i 的网络输出的融合特征。算法 5-1 展示了 HCTL 的优化过程伪代码。

算法 5-1　HCTL 优化过程

输入：训练样本 $\{I_i\}$. 初始化网络参数 $\{\omega\}$. 初始化 Softmax 层参数 $\{\vartheta\}$ of CE Loss. 超参数 λ 和学习率 μ. 网络迭代次数 $t \leftarrow 0$.

输出：网络参数 $\{\omega\}$.

1:　while $t \leqslant T$ do

2:　　$t \leftarrow t+1$;

（续表）

3:	前项传播过程中提取输入样本的特征表示 f_{p^k}；
4:	计算每个类中心到同类样本的最远距离和异类样本的最近距离： $\max\limits_{1\leqslant i\leqslant K}(D(c_p, f_\omega(p^i)))$, $\min\limits_{\substack{l\neq p,\ 1\leqslant l\leqslant P,\\ 1\leqslant j\leqslant K}}(D(c_p, f_\omega(l^j)))$
5:	计算本次迭代总的损失 $L = L_{\mathrm{CE}} + \lambda L_{\mathrm{hct}}$；
6:	反向传播计算梯度 $\frac{\partial L_{\mathrm{CE}}}{\partial\omega}$, $\frac{\partial L_{\mathrm{hct}}}{\partial\omega}$；
7:	更新 Softmax 层参数 $\{\vartheta\}$ of CE Loss $\vartheta^{t+1} = \vartheta^t - \mu^t \cdot \frac{\partial L_{\mathrm{CE}}}{\partial\vartheta^t}$；
8:	更新网络参数 $\omega^{t+1} = \omega^t - \mu^t \cdot \frac{\partial L}{\partial\omega^t} = \omega^t - \mu^t\left(\frac{\partial L_{\mathrm{CE}}}{\partial\omega} + \lambda\cdot\frac{\partial L_{\mathrm{hct}}}{\partial\omega}\right)$；
9:	end while

5.4.4 实验结果与分析

为了评估 HCTL 的性能，本文在 Market1501，DukeMTMC-Re-ID 和 MSMT17 上进行了实验分析。实验中主要采用了 FFLN 作为基础特征提取器。本次实验将输入图像的大小统一调整为 256×128，并通过随机翻转进行增强。每一批次的训练样本量(Batch Size)设置为 32，训练集总的训练次数(Epoch)为 120，采用标准的 Adam[24] 算法进行快速稳定的反向传播和损失优化。网络的学习率初始化为 3e−4，并在 20 和 40 个 Epochs 时衰减到原先的 0.1 倍。在前 5 个 Epochs 中，冻结网络 Stage1～4 层，只训练之后的网络层。5 个 Epochs 之后，开放训练所有网络层。

网络模型的阈值参数 m 和权重平衡因子 λ 的选择可能会影响模型的最终性能。具体地，m 会影响类簇与类簇分布之间的相对距离，而 λ 可以控制 HCTL 和 CE Loss 之间的权重比例。为研究两个超参数的影响，在 Market1501 数据集上进行了实验，并以 *Rank*=1 的准确率进行评估。

(1) 权重参数 λ 的影响。首先将阈值参数 m 固定为 0.5，然后分别设置 λ 为 1e−5，1e−4，0.001，0.01 和 0。实验结果如图 5-5(a)所示。如果只使用 CE Loss(λ==0)训练模型，其性能可以达到 92.0%(*Rank*-1)。而在 HCTL 中，当 λ 为 1e−4 时，可以得到最高+1.8%(*Rank*-1)的提升。这是因为 CE Loss 训练的模型一旦收敛，适当的 HCTL 权重可以进一步加强每个类簇的聚类，获得更好的性能。对于权重 λ，过大或过小都可能导致较差的结果。当它太小时，HCTL 的贡献微弱，而过大的值可能会影响 CE Loss 的收敛效果，导致结果变差。

(2) 阈值参数 m 的影响。先固定 λ 为 1e−4，然后将 m 从 0.1 设置为 1。实验结果如图 5-5(b)所示。同样地，对于阈值 m，值过大和过小都会导致性能变差。过小的值会削弱 HCTL 聚类的效果，而过大的值会导致模型的过拟合。最好的性能是 m 为

0.5 的时候,此时模型获得了 93.8%(*Rank*-1)的准确率。

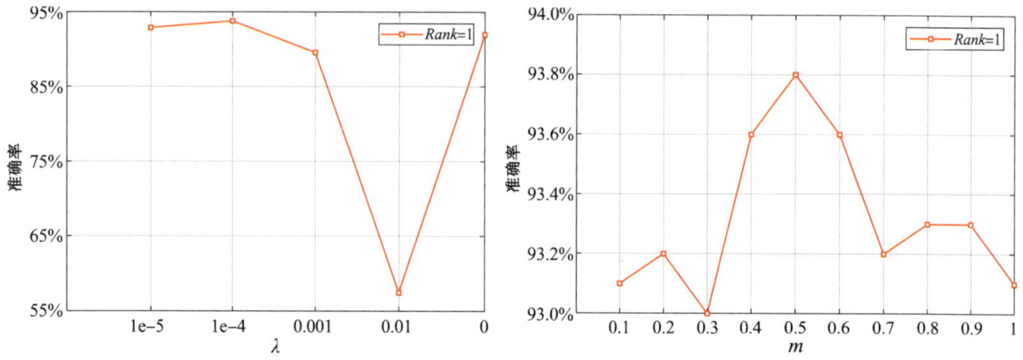

(a) 权重参数 λ　　　(b) 阈值参数 m

图 5-5　不同超参数取值对模型 *Rank*-1 的影响

实验结果表明,当 λ 为 1e−4,m 为 0.5 时,该模型在 Market1501 上的性能最佳。此外,DukeMTMC-Re-ID 和 MSMT17 数据集也开展了相同的实验以寻找最优参数值。最后,将 Market1501 和 MSMT17 上的参数 λ 和 m 分别设置为 0.5 和 1e−4,作为后续实验评估的默认参数,而将 DukeMTMC-Re-ID 上的 λ 和 m 设置为 0.3 和 1e−4。

5.4.5　不同 Re-ID 模型对比

本小节将本章所提的算法与 Re-ID 主流模型进行实验对比,分析并评估其性能。对比算法包括 OIM[25]、TriNet[13]、AlignedRe-ID[26]、MLFN[20]、HA-CNN[22] 和 PCB[23] 等。实验中采用 *Rank*=1, 5, 10 的准确率和 *mAP* 对它们进行评估,证明所提模型的优越性。在 Market1501、DukeMTMC-Re-ID 和 MSMT17 三个数据集上的实验结果如表 5-2 和图 5-6 所示。

表 5-2　三个数据集上的模型性能比较(%)

算法	Market1501				DukeMTMC-Re-ID				MSMT17			
	Rank=1	*Rank*=5	*Rank*=10	*mAP*	*Rank*=1	*Rank*=5	*Rank*=10	*mAP*	*Rank*=1	*Rank*=5	*Rank*=10	*mAP*
OIM	83.0	93.1	95.2	62.5	73.1	85.9	91.5	54.6	—	—	—	—
TriNet	84.7	94.2	96.2	69.0	74.5	86.4	89.5	57.7	56.9	72.7	78.4	26.9
MLFN	90.2	95.9	97.4	74.5	81.1	90.3	92.6	63.2	52.5	69.2	75.6	27.7
AlignedRe-ID	88.8	95.6	97.4	75.9	81.6	90.4	93.1	66.7	—	—	—	—
ResNet50-mid	90.2	96.4	97.9	76.1	81.6	90.0	93.0	64.0	68.7	80.9	84.8	37.7
HA-CNN	90.9	96.4	97.8	75.6	80.1	89.6	92.1	63.2	48.8	65.7	72.2	25.5

（续表）

算法	Market1501				DukeMTMC-Re-ID				MSMT17			
	Rank=1	*Rank*=5	*Rank*=10	*mAP*	*Rank*=1	*Rank*=5	*Rank*=10	*mAP*	*Rank*=1	*Rank*=5	*Rank*=10	*mAP*
PCB	92.3	96.9	98.2	77.3	81.6	91.1	93.3	66.4	68.2	81.3	85.6	41.1
本章所提方法	93.8	97.8	98.6	81.8	83.3	91.7	93.8	68.2	74.3	84.7	87.9	43.6

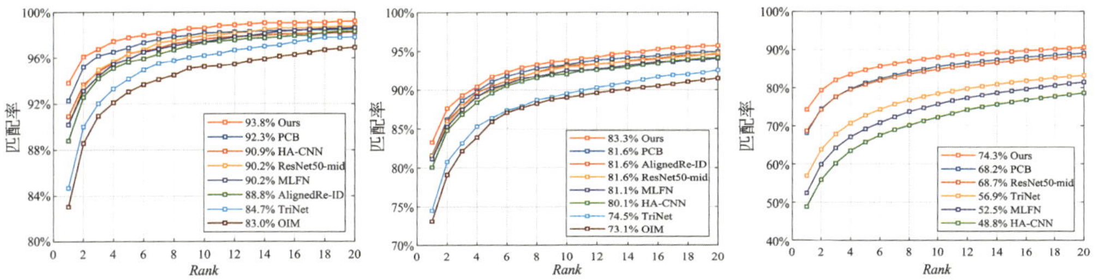

(a) Market1501　　(b) DukeMTMC-Re-ID　　(c) MSMT17

图 5-6　经典 Re-ID 方法在三个数据集上性能对比的 *CMC* 曲线

(1) Market1501

表 5-2 中，本章所提方法优于所列的主流 Re-ID 方法，并且在 *Rank*=1 和 *mAP* 上均取得最高得分。具体地，它在 *Rank*=1 和 *mAP* 上分别实现了 93.8%和 81.8%。对比 PCB，本书所提方法在 *Rank*=1 上高出 1.5%，在 *mAP* 上高出 4.5%。

(2) DukeMTMC-Re-ID。

在该数据集上，本章所提方法再次优于其他方法，且在 *Rank*=1 和 *mAP* 上有显著的提升。其中 *Rank*=1 超过 PCB1.7%，*mAP* 超过 PCB1.8%。具体地，本章所提方法达到了 83.3%(*Rank*=1)和 68.2%(*mAP*)。

(3) MSMT17

由于 MSMT17 数据集发布时间较晚(相对于本章方法提出时间)，所以报告该数据集的方法数量有限。但实验结果显示，本章方法仍然优于大多数方法，并且在 *Rank*=1 和 *mAP* 上获得了最高的分数。具体地，它在 *Rank*=1 和 *mPA* 上分别实现了 74.3%和 43.6%。比 PCB 高出 6.1%(*Rank*=1)和 2.5%(*mAP*)。

综上，在 Market1501、DukeMTMC-Re-ID 和 MSMT17 三个数据集上的实验结果表明，本章所提方法优于大多数主流的 Re-ID 方法，这也充分显示了其在行人再识别任务上的鲁棒性。

5.4.6　不同度量方法对比

本小节在 Market1501 和 DukeMTMC-Re-ID 上进行了不同损失优化函数的对比实

验,证明 HCTL 的优越性。注意,此处实验的网络特征提取器采用的是 ResNet50-Backbone。两个数据集上的结果如表 5-3 所示。比对方法包括 Online Instance Matching Loss(OIM Loss),Cluster Loss[27],Trihard Loss[13],Ring Loss[28],Center Loss[12],Range Loss[24],Class-Wise Triplet Loss(CWTL)[17]和 Triplet-Center Loss(TCL)[18]。CE 代表多分类交叉熵损失。有些损失函数需要和 CE 联合优化,具体细节参考表 5-3。

表 5-3 数据集上的模型性能比较(%)

算法	Market1501				DukeMTMC-Re-ID			
	Rank=1	*Rank*=5	*Rank*=10	*mAP*	*Rank*=1	*Rank*=5	*Rank*=10	*mAP*
CE	82.0	92.8	95.2	63.6	68.9	82.4	86.6	48.5
OIM	83.0	93.1	95.2	62.5	73.1	85.9	91.5	54.6
CE+Ring Loss	83.4	93.5	95.7	66.9	70.7	83.5	87.0	51.3
CE+Center Loss	84.1	94.2	96.3	66.4	70.0	83.3	87.6	50.0
CE+Range Loss	84.4	94.0	96.1	66.2	73.3	85.5	89.0	54.1
CE+CWTL	85.2	93.6	96.0	68.0	72.2	84.2	88.0	52.0
Trihard Loss	84.7	94.2	96.2	69.0	74.5	86.4	89.5	57.7
Cluster loss	86.1	95.0	—	71.5	—	—	—	—
CE+TCL	86.3	94.2	96.3	69.8	72.1	84.4	88.6	53.2
CE+HCTL(本章所提方法)	88.4	95.5	97.3	73.8	75.2	87.0	90.4	55.8

(1) Market1501

加入 HCTL 得到了 88.4%(*Rank*=1)的准确率和 73.8%*mAP*,超过了所有比对的损失函数,在 *Rank*=1 上超过了第二名 TCL2.1%,在 *mAP* 上超过了 4.0%。与 CE 相比,加入 HCTL 可以在 *Rank*=1 上进一步提升 6.4%的准确率,在 *mAP* 上提升 10.2%。这说明一旦通过 CE 训练的网络初步收敛后,HCTL 可以进一步约束类内/类间特征分布,优化聚类效果,实现更优的性能。

(2) DukeMTMC-Re-ID

加入 HCTL 也得到了最高的 *Rank*=1 和第二高的 *mAP*。虽然性能与 Trihard Loss 相比并没有太大的提升,但使用 HCTL 进行训练时,挖掘的困难 Triplets 更少,大大降低了训练样本的计算和挖掘成本。与 CE 相比,加入 HCTL 可以在 *Rank*=1 上进一步提高 6.3%,在 *mAP* 上提高 7.3%。图 5-7 可视化检索结果进一步证明了 HCTL 对模型性能的优化和提升,前 8 个候选集中 HCTL 可以召回更多的正确匹配。

实验证明,与同系列的 Triplet Loss 变体相比,HCTL 在训练网络和优化类内/类间距离方面更加有效，同时降低了硬训练样本的计算和挖掘要求。此外，HCTL 也优于大多数损失优化方法，有效提升了行人再识别的性能。

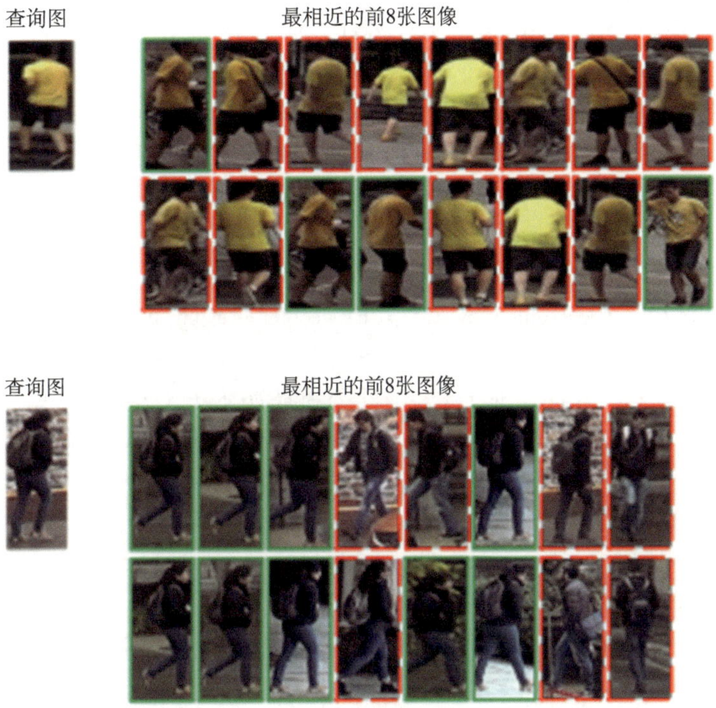

图 5-7 行人检索的可视化结果

注：绿色矩形代表正确匹配，红色虚线矩形代表错误匹配。对于每个查询样本，第一行和第二行方法分别是 CE 和 CE+HCTL。

5.5 本章小结

面对单一池化方法在神经网络表征中的不足，本章提出了一种池化融合策略。具体是将 GMP 和 GAP 有效结合起来，通过特征融合层为不同池化方法获得的特征学习合适的权值参数，最终可以同时学习高响应值、显著特征和低响应值但有鉴别力的特征。该算法在面对复杂多样的行人图像表征时可以获得更精细的特征描述，对外观因素的干扰具有更强的鲁棒性。此外，面对现有损失函数在优化特征分布和度量上的不足，本章提出了一种基于类中心约束的 HCTL。具体地，它以每个类的类中心为 Anchor，选择距其最远的 Positive 和距其最近的 Negative 构建最困难的 Triplets。实现类内/类间特征分布距离的优化，同时能有效降低计算和挖掘困难 Triplets 的成本。实验也充分证明了 HCTL 在行人再识别任务上的有效性和鲁棒性。

参考文献

[1] ZHAO C, WANG X, MIAO D, et al. Maximal granularity structure and generalized multi-view discriminant analysis for person re-identification[J]. Pattern Recognition, 2018, 79: 79-96.

[2] SIMONYAN K, ZISSERMAN A. Very deep convolutional networks for large-scale image recognition[J]. arXiv preprint arXiv: 1409. 1556, 2014.

[3] SZEGEDY C, LIU W, JIA Y, et al. Going deeper with convolutions[C]//Proceedings of the IEEE conference on computer vision and pattern recognition. 2015: 1-9.

[4] HE K, ZHANG X, REN S, et al. Deep residual learning for image recognition[C]//Proceedings of the IEEE conference on computer vision and pattern recognition. 2016: 770-778.

[5] LI W, ZHAO R, XIAO T, et al. Deepreid: Deep filter pairing neural network for person re-identification [C]//Proceedings of the IEEE conference on computer vision and pattern recognition. 2014: 152-159.

[6] WU S, CHEN Y C, LI X, et al. An enhanced deep feature representation for person re-identification[C]//2016 IEEE winter conference on applications of computer vision (WACV). IEEE, 2016: 1-8.

[7] ZHAO C, CHEN K, WEI Z, et al. Multilevel triplet deep learning model for person re-identification[J]. Pattern Recognition Letters, 2019, 117: 161-168.

[8] ZHAO H, TIAN M, SUN S, et al. Spindle net: Person re-identification with human body region guided feature decomposition and fusion[C]//Proceedings of the IEEE conference on computer vision and pattern recognition. 2017: 1077-1085.

[9] WEI L, ZHANG S, YAO H, et al. GLAD: Global-local-alignment descriptor for scalable person re-identification[J]. IEEE Transactions on Multimedia, 2018, 21(4): 986-999.

[10] LI D, CHEN X, ZHANG Z, et al. Learning deep context-aware features over body and latent parts for person re-identification[C]//Proceedings of the IEEE conference on computer vision and pattern recognition. 2017: 384-393.

[11] ZHANG X, LUO H, FAN X, et al. Alignedreid: Surpassing human-level performance in person re-identification[J]. arXiv preprint arXiv: 1711. 08184, 2017.

[12] WEN Y, ZHANG K, LI Z, et al. A discriminative feature learning approach for deep face recognition[C]//Computer vision-ECCV 2016: 14th European conference, amsterdam, the netherlands, October 11-14, 2016, proceedings, part VII 14. Springer International Publishing, 2016: 499-515.

[13] HERMANS A, BEYER L, LEIBE B. In defense of the triplet loss for person re-identification [J]. arXiv preprint arXiv: 1703. 07737, 2017.

[14] DING S, LIN L, WANG G, et al. Deep feature learning with relative distance comparison for person re-identification[J]. Pattern Recognition, 2015, 48(10): 2993-3003.

[15] CHENG D, GONG Y, ZHOU S, et al. Person re-identification by multi-channel parts-based cnn with improved triplet loss function[C]//Proceedings of the iEEE conference on computer vision and pattern recognition. 2016: 1335-1344.

[16] YU R, DOU Z, BAI S, et al. Hard-aware point-to-set deep metric for person re-identification [C]//Proceedings of the European conference on computer vision (ECCV). 2018: 188-204.

[17] MING Z, CHAZALON J, LUQMAN M M, et al. Simple triplet loss based on intra/inter-class metric learning for face verification[C]//2017 IEEE International Conference on Computer Vision Workshops (ICCVW). IEEE, 2017: 1656-1664.

[18] HE X, ZHOU Y, ZHOU Z, et al. Triplet-center loss for multi-view 3d object retrieval[C]//Proceedings of the IEEE conference on computer vision and pattern recognition. 2018: 1945-1954.

[19] SCHROFF F, KALENICHENKO D, PHILBIN J. Facenet: A unified embedding for face recognition and clustering[C]//Proceedings of the IEEE conference on computer vision and pattern recognition. 2015: 815-823.

[20] CHANG X, HOSPEDALES T M, XIANG T. Multi-level factorisation net for person re-identification [C]//Proceedings of the IEEE conference on computer vision and pattern recognition. 2018: 2109-2118.

[21] YU Q, CHANG X, SONG Y Z, et al. The devil is in the middle: Exploiting mid-level representations for cross-domain instance matching [J]. arXiv preprint arXiv: 1711. 08106, 2017.

[22] LI W, ZHU X, GONG S. Harmonious attention network for person re-identification[C]//Proceedings of the IEEE conference on computer vision and pattern recognition. 2018: 2285-2294.

[23] SUN Y, ZHENG L, YANG Y, et al. Beyond part models: Person retrieval with refined part pooling (and a strong convolutional baseline)[C]//Proceedings of the European conference on computer vision (ECCV). 2018: 480-496.

[24] ZHANG X, FANG Z, WEN Y, et al. Range loss for deep face recognition with long-tailed training data[C]//Proceedings of the IEEE international conference on computer vision. 2017: 5409-5418.

[25] XIAO T, LI S, WANG B, et al. Joint detection and identification feature learning for person search[C]//Proceedings of the IEEE conference on computer vision and pattern recognition. 2017: 3415-3424.

[26] ZHANG X, LUO H, FAN X, et al. Alignedreid: Surpassing human-level performance in person re-identification[J]. arXiv preprint arXiv: 1711. 08184, 2017.

[27] ALEX D, SAMI Z, BANERJEE S, et al. Cluster loss for person re-identification[C]//proceedings of the 11th Indian conference on computer vision, graphics and image processing. 2018: 1-8.

[28] ZHENG Y, PAL D K, SAVVIDES M. Ring loss: Convex feature normalization for face recognition[C]//Proceedings of the IEEE conference on computer vision and pattern recognition. 2018: 5089-5097.

听完阿济教授对标准行人再识别技术的详细介绍之后，老福陷入沉思。阿济教授示意老福一起品尝一下来自黄山的毛峰茶，阿济教授满意地叹了口气，说道：“这毛峰茶真是香气四溢，口感醇厚，沁人心脾。”老福也点头赞同，补充道：“正是黄山的土壤和气候造就了这么好的茶叶。”二人沉醉在清新的茶香中，感受着身心的舒适。

老福感叹：“我觉得我已经完全明白了标准行人再识别，其关键就是特征提取和度量学习。把这种智能技术应用到我们的城市当中，能更好地保障城市安全。不过在开放环境中，发现了很多数据集中没有出现的问题。比如两个行人之间相互遮挡或者行人被汽车遮挡，这些都大大降低了性能。”

“老朋友，快告诉我！”老福询问道：“为什么我将这些先进的算法应用到开放环境中，效果远没有在数据集上的效果好？”

阿济教授笑着回应道：“在开放环境中遇到的问题，正是我近期研究的另一类方法——开放行人再识别。”老福大喜道：“快，快！告诉我怎么解决刚才提到的遮挡问题。”

阿济教授不紧不慢道：“这正是我要说的第一种开放行人识别方向——遮挡行人再识别。在遮挡行人图像中，目标的有效信息减少，同时非目标的干扰信息变多。而一般的行人再识别工作关注学习行人图像的全部特征，一定程度上把遮挡信息纳入行人表征特征中，使得表观信息失真，导致模型性能显著下降。”

老福恍然大悟道：“我懂了！最好是关注图像中的行人部分，忽视遮挡信息，比如汽车和树木。可是现有的数据集存在的遮挡情况较少，如何能让模型学习到这点呢？”阿济教授回道：“没有遮挡情况，我们可以模拟遮挡。本章正是从这里从发，对没有遮挡的图像进行数据增强来模拟现实环境中的遮挡问题。”

CHAPTER
6

第 6 章

基于增量生成抑制对抗网络的遮挡行人再识别

6.1 引言

面对遮挡行人再识别任务中的挑战,本章提出了一种基于数据增强的简单高效方法,避免了引入复杂的模块和庞大的参数计算,旨在提升对遮挡行人特征的精细描述能力。传统的数据增强方法,如 Random Cropping、Random Cutout 和 Random Erasing 等,虽然无需额外的参数学习,能够在一定程度上增强模型的鲁棒性,但这些方法通常只对单一样本进行随机处理,增加了训练数据的复杂性,进而可能影响网络的收敛速度和性能。

本章从增量式学习与对抗学习的角度出发,提出了一种新颖的增量式生成遮挡-对抗抑制(Incremental Generative Occlusion Adversarial Suppression, IGOAS)网络。该网络通过一个基于批量样本的增量式生成遮挡块(IGO),从易到难逐步模拟遮挡行人的场景。与传统的单一样本随机遮挡方法不同,IGO 通过模拟多种遮挡难度,逐步引导网络适应复杂遮挡情况,提升网络在遮挡场景下的特征学习能力。同时,提出的全局-对抗抑制框架(Global-Adversarial Suppression, G&A 框架)在对抗学习的框架下进一步抑制遮挡区域特征的干扰,强化行人非遮挡区域的表征能力。

以上方法不仅有效减少了遮挡信息对行人再识别的干扰,且在无需增加额外计算负担的情况下,显著提升了网络在遮挡行人再识别任务中的精细表征能力和鲁棒性。

6.2 相关技术

本节对现有遮挡行人再识别问题进行分析,主要包括在行人被遮挡的情况下,如何获取有效的特征表示(精细描述),以及优化和度量遮挡行人特征间的相似性。

在遮挡行人的特征表示方面,AFPB[1]提出了一种基于行人身体注意力的深度特征学习框架。通过遮挡模拟器,自动为一般行人图像生成人工遮挡,然后设计多任务损失训练网络,强化其对遮挡行人图像特征的学习和行人身份的识别。PGFA[2]提出了一种利用姿态信息引导网络提取人体有效区域特征的新方法——姿态引导特征对齐。此外,该工作也为遮挡行人再识别的研究提供了当前最大规模的遮挡行人数据集 Occluded-DukeMTMC。HONet[3]在利用姿态信息的基础上,有效挖掘了图像局部特征间的高阶关联信息,以此强化局部特征对齐。为了学习关联信息,将图像的局部特征表示为图的节点,并提出了一种自适应方向图卷积层来促进语义特征的信息传递,抑制无意义的噪声特征(遮挡信息)的信息传递,解决了以往低阶特征信息关联性的性能瓶颈问题。FPR[4]结合全卷积网络[5]和金字塔池化[6,7]提取遮挡图像的空间金字塔特征,提出了有效的金字塔重建法,可以精确地计算遮挡行人间的相似性分数。基于师生框架[8]，Teacher-S[9]提出了利用行人全局特征引导学习遮挡图像局部特征的特征学习方法。PVPM[10]提出了一个基于姿态引导的注意力模块和自挖掘行人部件的可见性的方法以学习更具鉴别力的特征。MHSA[11]提出了多头自注意力分支和注意力竞争机制，从被遮挡的行人图像中修剪不重要的背景信息，捕捉关键的局部信息。HPNet[12]在行人语义解析的基础上，提取部分级特征并预测各部分的可见度，以减少背景噪声，纠正部分与部分之间的对齐关系。在相似性度量方面，除了上文提到的工作外，Huang 等[13]提出了联合局部-局部特征匹配与全局-局部特征匹配优化的框架。

一些注意力工作[11,14-22]有效地利用注意力机制来捕捉和集中注意力区域。例如，Chen 等[23]提出了一种时空注意力感知学习（STAL）方法来学习这些时空视频单元的质量分数，其目的是关注视频中人物的显著部分。Zhang 等[24]提出了一种多尺度时空注意力（MSTA）模型，该模型能够在空间和时间域中捕捉每个帧局部区域对整个视频表征的重要性。

6.3　增量式生成遮挡-对抗抑制网络

为了解决遮挡问题，且尽量避免引入复杂的模块和大量的参数计算，可选择从数据增强的角度入手研究。一般来说，数据增强方法不需要任何额外的参数学习，是一种有效的技巧，可以用来增强模型对数据变化（包括遮挡）的鲁棒性。然而，传统的单一样本随机数据增强方法是对单一的二维图像进行随机操作，如 Random Cropping[25]、Random Cutout[26]、Random Erasing[27]等，有时会使训练数据变得更加复杂多样，网络较难学习数据集的分布特点，也因此难以收敛。此外，困难训练样本的随机生成策略给网络带来的性能提升往往也十分有限。

受由易到难渐进式学习困难问题的策略和对抗学习思想的启发，本书提出了一种新颖的增量式生成遮挡-对抗抑制网络来解决遮挡行人再识别问题（图 6-1）。具体地，首先，提出了一个基于批量样本的增量式生成遮挡块。与传统的基于单一样本随机数据增强方法不同，它对批量样本进行模拟，具体采用由易到难的增量式方式生成相应难度的遮挡块来填充图像模拟遮挡行人，让网络一步步学习更难的遮挡，而不是直接学习最难的遮挡模式，降低网络学习和解决遮挡的难度，能更好地拟合遮挡数据的分布特点，从而提升网络对遮挡行人的精细表征能力。其次，提出了一个全局-对抗抑制框架，强化网络表征过程中对遮挡区域特征响应的抑制作用，与前一阶段的生成遮挡形成对抗学习的过程。本书的方法能有效的抑制遮挡信息干扰，强化行人非遮挡区域的特征表示，最终输出更鲁棒、更精细的遮挡行人特征，提升遮挡行人再识别的性能。

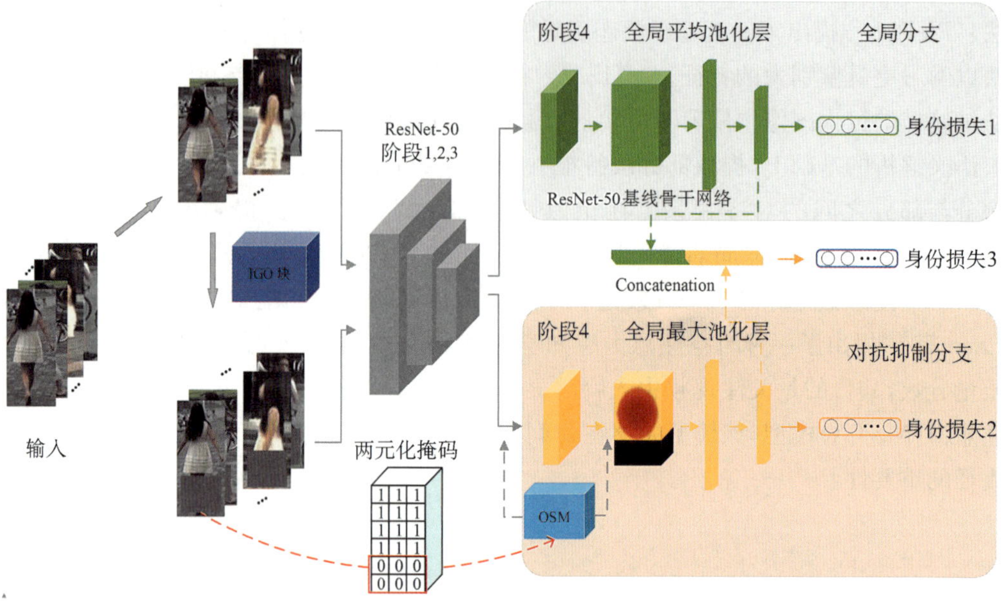

图 6-1　增量式生成遮挡-对抗抑制网络

6.3.1　增量式生成遮挡块

为了加强网络对遮挡的鲁棒性,丰富遮挡行人数据的多样性显得十分重要。本书提出了一种基于批量样本的增量式生成遮挡块。摒弃传统的基于单一样本的随机增强方法,我们统一对批量样本进行操作,且规定由易到难的生成遮挡块,使网络逐步学习更难的遮挡,而不是直接学习最难的遮挡。这有助于其更好地学习和拟合遮挡数据的分布特点,进而提升学习效果。本节将详细介绍它的结构。

给定一批训练样本的 RGB 特征图 $X \in \mathbb{R}^{B\times C\times H\times W}$,其中 B、C、H、W 分别表示每批样本的总量、通道数、高度和宽度。对于每批样本,增量式生成遮挡块在 X 中随机生成一个统一的遮挡块 O。假设原特征图 X 的面积为 $S(=H\times W)$,该模块随机初始化遮挡区域 O 的面积为 S_o,其中 S_o/S 的比值在最小值 s_l 和最大值 s_h 约束的范围内。与传统的方法在 s_l 和 s_h 之间随机生成比值不同,受由易到难的学习策略启发,控制遮挡块(Mask)的占比由小到大逐渐增加(随着训练迭代次数的增加而增加)。具体如算法 6-1 所示。其中遮挡块的长宽比 r_o 在 r_l 和 1 之间随机取值,所以 O 的长和宽分别为 $h_o=\sqrt{S_o\times r_o}$ 和 $w_o=\sqrt{S_o/r_o}$。然后,在 X 中随机初始化一个起始点 $P=(x_l, y_l)$,其中 $0\leqslant x_l\leqslant H-h_o$, $0\leqslant y_l\leqslant W-w_o$。遮挡块 O 的区域为$(x_l, y_l, x_l+h_o, y_l+w_o)$。在指定区域的 R, G, B 三个通道中,将指定区域每个单元值随机替换成[0,255]中的一个随机值。最后,得到人工遮挡的特征图 X_o 来模拟存在遮挡的行人图像。

算法 6-1　基于批的增量式生成遮挡块(IGO)

输入：训练数据 X (Shape：B，C，H，W)，遮挡块占 X 的比例 $[s_l, s_h]$，遮挡块的长宽比 $[r_l, 1]$，训练迭代次数 $t \leftarrow 0$.

输出：人工生成的遮挡数据 X_o.

while $t \leqslant T$ **do**

$t \leftarrow t+1$;

当前迭代轮次遮挡块面积 $S_o = (H \times W) \times \left(s_l + \frac{(s_h - s_l)t}{t_{\max}}\right)$;

随机生成遮挡块的长宽比 $r_o = \text{Rand}\ (r_l, 1)$;

计算遮挡块 O 的长 h_o 和宽 $w_o (h_o < H, w_o < W)$，$h_o = \sqrt{S_o * r_o}$，$w_o = \sqrt{S_o / r_o}$;

随机生成遮挡块的填充位置

$x_l = \text{Rand}\ (0, H-h_o)$，$y_l = \text{Rand}(0, W-w_o)$，$O = (x_l, y_l, x_l+h_o, y_l+w_o)$;

$X\ (O) = \text{Rand}\ (0, 255)$; $X_o \leftarrow X$

return X_o;

end while

基于批量样本处理的增量式生成遮挡的执行过程见算法 6-1 和图 6-2。与传统的基于单一样本随机遮挡方法相比，基于批量样本的统一遮挡方式会削弱遮挡数据的多样性。因此，随着迭代次数的增加，我们随机改变遮挡块出现的位置和长宽的尺寸比，再控制遮挡块的大小逐渐由小变大，模拟由易到难的学习过程，以此丰富遮挡数据的多样性，确保网络获取更多遮挡数据的信息。

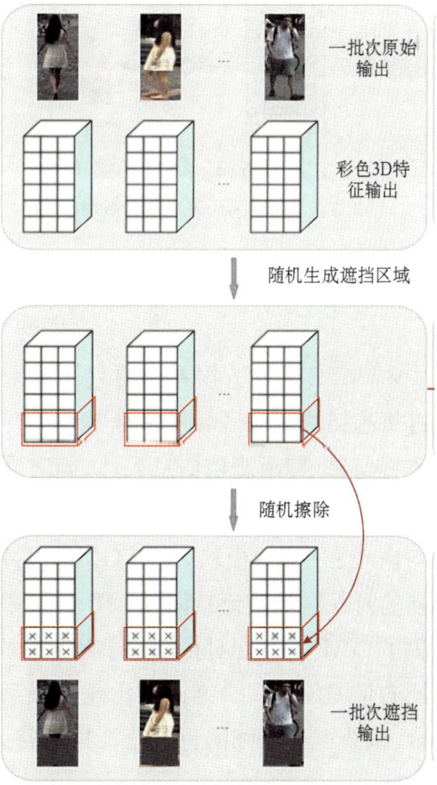

图 6-2　IGO 对每批样本的处理过程

注：每一个长方体代表一张行人图像的 RGB 三通道的特征张量。该块随机生成统一大小、位置的遮挡块，如红色的立方体区域。里面的所有单元会被[0，255]范围内的随机值替换，以此模拟行人图像受到遮挡。值得注意的是，随着训练迭代次数的增加，遮挡块的大小也在增加。

6.3.2　全局-对抗抑制框架

全局-对抗抑制框架(G&A 框架)见图 6-1。整体网络框架由骨干网络(Backbone Network)、全局分支(Global Branch)和对抗抑制分支(Adversarial Suppression Branch)组成。

(1) 骨干网络

使用 ResNet50 阶段 1～4 作为骨干网络，并去除了阶段 4 中第一个残差块的下采样操作，以得到更大尺寸的特征图 2 048×24×8。在 G&A 框架中，两个分支共享阶段 1，2，3 的权重参数，阶段 4 不共享。

(2) 全局分支

考虑到 ResNet50 竞争力的性能,沿用其经典的 Baseline 作为全局分支来学习稳定的全局特征。具体地,阶段 4 后紧接全局平均池化操作(GAP)得到一个 2048 维特征向量,再经过 FC, BN 和 ReLU,最后输出一个 512 维特征向量,用于计算分类损失。

(3) 对抗抑制分支

该分支旨在驱使网络在学习特征表示时对图像中遮挡块的响应抑制到零,从而让其更加关注前景信息(行人未遮挡区域)。为此,本书设计了一个遮挡抑制模块(Occlusion Suppression Module, OSM),结构如图 6-3 所示。假设输入当前模块的特征为 X,首先将 X 传入注意力模块,得到注意力级特征 X'。本小节使用 CBAM[28] 作为 OSM 的注意力模块。之后,通过对已知 0/1Mask 和注意力特征 X' 进行逐元素点乘得到 X_{mask}。其中,0/1Mask 是通过 IGO 块对图像上人工设计的遮挡块进行缩放得到与输入特征 X 相同尺寸的 Mask。最后,X_{mask} 通过设计的 Mask Loss 对注意力级特征 X' 进行监督,强化网络在反向传播过程中学会忽略背景区域的响应(图 6-3 中 X_{mask} 的黑色部分)。Mask Loss 可以表述为

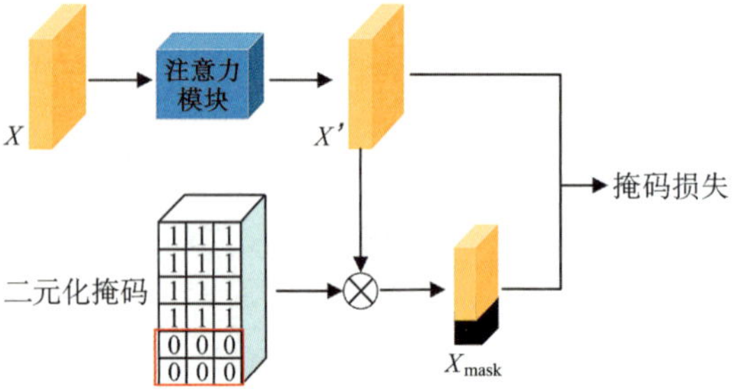

图 6-3　OSM 的结构

注:⊗代表逐元素相乘。

$$L_{Mask} = \mathrm{MSE}(X_{mask}, X') \tag{6-1}$$

式中,MSE 为均方误差。更具体地说,由于随机变化的遮挡块信息已知,Mask Loss 通过将遮挡块对应区域的特征响应尽可能抑制到零,一定程度上可以作为注意力模块的监督信息,抑制遮挡信息表达,同时强化行人非遮挡区域的表达。

不同于全局分支的 Baseline,在对抗抑制分支上作了以下修改:阶段 3 和阶段 4 后均插入了 OSM 模块;采用 GMP 代替 GAP 提取 2048 维特征向量。考虑到当鉴别力较强的行人区域被遮挡时,GMP 可以鼓励该分支挖掘响应相对较弱区域的特征,有效解决了 GAP 的不足(除了较弱响应特征外,还受低响应的遮挡块信息影响)。之后,将特征向量缩放到 512 维进行优化。最后,将全局分支和对抗抑制分支的特征进行拼接融合,以获得更精细的行人特征描述符。

6.3.3　网络训练策略

在 IGOAS 网络中得到了三个特征:全局分支提取的特征、对抗抑制分支提取的特征,以及两个分支拼接融合得到的特征。在训练阶段,本书采用 CE Loss 来对三个特征及网络参数进行优化。总的分类损失 L_{CE} 为

$$L_{\mathrm{CE}} = \alpha L_g + \beta L_o + \gamma L_f \tag{6-2}$$

式中，L_g，L_o，L_f 分别表示全局分支特征，对抗抑制分支特征以及两个分支拼接融合特征的分类损失；α，β，γ 表示三个损失的权重参数。

值得注意的是，权重参数的选择对网络的性能存在影响。回顾 G&A 框架，由于在对抗抑制分支中的训练样本添加了人工生成的遮挡块，该分支比全局分支更难训练和优化，所以 L_o 通常大于 L_g。此外，该分支对解决遮挡问题十分重要，需要通过它来抑制遮挡信息，强化对行人未遮挡区域特征的关注。因此，网络也需要对这一分支给予更多的关注，这也意味着权重参数 β 需要大于 α。对于 γ，考虑到其融合特征本是由两个分支的特征融合得到的，网络对它的关注度不需要太高，所以其损失和权重也应当相对比其他两个都要小。通过分析，最后采用 Softmax 权重分配策略[29]为 α，β，γ 自适应地分配权重，如式(6-3)所示。

$$\begin{cases} \alpha = \dfrac{e^{L_g}}{e^{L_g} + e^{L_o} + e^{L_f}} \\ \beta = \dfrac{e^{L_o}}{e^{L_g} + e^{L_o} + e^{L_f}} \\ \gamma = \dfrac{e^{L_f}}{e^{L_g} + e^{L_o} + e^{L_f}} \end{cases} \tag{6-3}$$

最后，IGOAS 网络联合优化 CE Loss 和 Mask Loss。总损失 L 如式(6-4)所示。

$$L = L_{\mathrm{CE}} + L_{\mathrm{Mask}} \tag{6-4}$$

6.3.4　模型对比分析

本小节对 IGOAS 与同类方法在网络框架和数据增强方面分别进行比较。

(1) 网络框架。本节没有采用复杂的辅助模块（如姿势估计器、特征金字塔重构模块、师生网络或高阶关系模块），仅仅采用基础的 ResNet50 Baseline 框架和轻量级的对抗抑制分支（内嵌两个抑制遮挡模块，无需额外参数）来构建网络框架。此外，IGO 也无须任何参数学习，具有高度可嵌入性。整体上，网络在参数计算量上显著优于各类方法。在应对遮挡问题上，该框架也能有效抑制遮挡的响应，加强非遮挡区域的特征描述，为遮挡行人学习更精细的特征描述。

(2) 数据增强。图 6-4(a)直观地展示了传统的基于单一样本的随机遮挡方法。它为每个样本随机生成不同的遮挡，使得训练集更加复杂多样，但有时训练过程很难收敛（网络较难学习训练集遮挡的特点和分布）。为了解决这个问题，Batch DropBlock (BDB)[30]和 Slow-DropBlock(SDB)[31]尝试对批量输入样本进行统一的遮挡处理，降低网络学习遮挡的难度，具体做法如图 6-5(a)和(b)所示。BDB 随机丢弃批量样本的深度特征的同一区域特征值(特征值置 0)来模拟遮挡导致的信息丢失。SDB 将丢弃操作从深度特征层移向图像层面。然而,它们都限制了遮挡块的尺寸和遮挡区域值的模式,使得模拟遮挡的多样性减少,限制了模型性能的提升。Batch Random Erasing Block (BREB)对不同批次样本生成随机大小和随机位置的遮挡,弥补了上述方法多样性损失的问题[图 6-5(c)]。但每个批次的随机遮挡模式加大了网络学习遮挡的难度(网络难

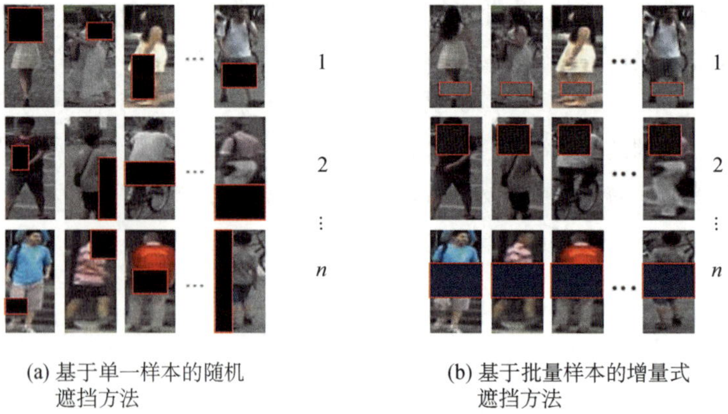

图 6-4　基于单一样本遮挡与基于批量样本的增量式遮挡对比

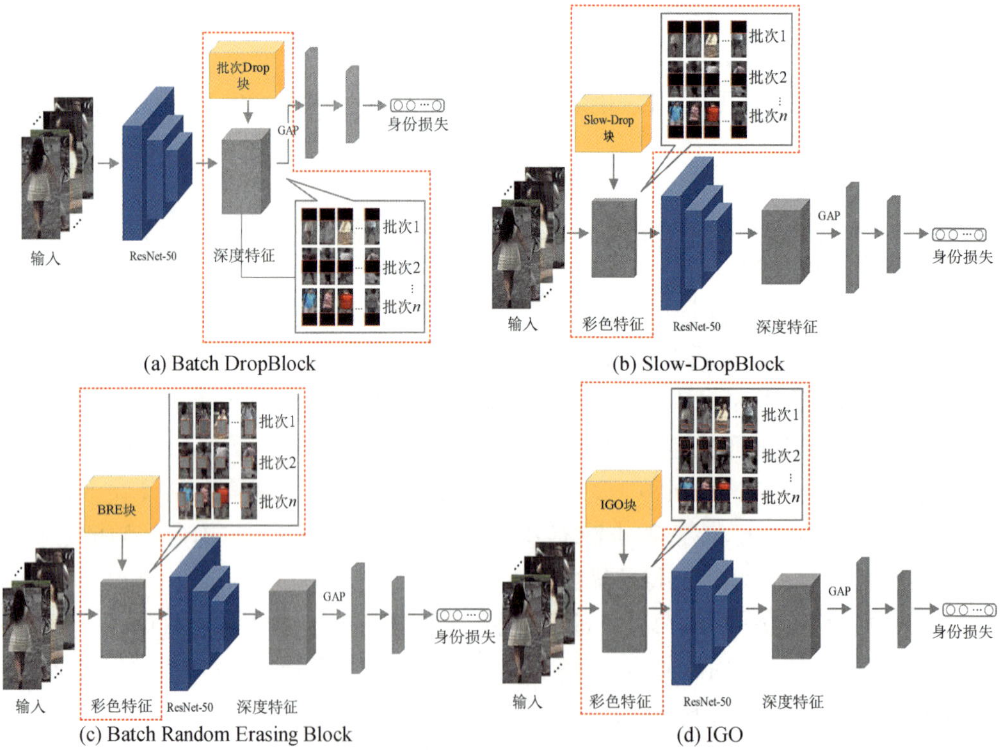

图 6-5　基于批量样本的不同遮挡方法对比

易学习和拟合随机变化的遮挡数据分布特点)。与它们不同,随着迭代次数的增加,IGO 控制生成可变位置且由易到难的遮挡块[图 6-5(d)]。每个批次中的图像样本用统一模式的遮挡处理,相比基于单一图像的随机遮挡操作,一定程度上降低了每次迭代训练时网络对遮挡块的学习难度;相比 BREB,IGO 借鉴人们由易到难渐进式学习困难问题的策略,让网络逐步学习更难的遮挡而不是直接学习最难的遮挡,也能简化学习遮挡的难度,使网络更好地学习和适应遮挡数据的分布特点,进而对遮挡行人表征的鲁棒性更强。

6.4 实验结果与分析

为了评估 IGOAS 的性能,本节在两个 Occluded 数据集(Occluded-DukeMTMC 和 Occluded-Re-ID)和两个 Holistic 数据集(Market1501 和 DukeMTMC-Re-ID)上进行了实验分析。

6.4.1 实验设置

本次实验将输入图像的大小统一调整为 384×128,并通过随机翻转进行增强。Batch Size 设置为 64,训练总 Epochs 为 90,同样采用 Adam 进行优化。网络初始化学习率为 3e−4,并在 20 个和 40 个 Epochs 时衰减到其原先的 0.1 倍。在前 5 个 Epochs 中,冻结网络阶段 1~4,只训练之后的网络层。在 5 个 Epochs 之后,开放训练所有网络层。

训练阶段,增量式生成遮挡块 IGO 作用于训练样本在输入对抗抑制分支之前。具体地,克隆一份与原始输入不共享空间和内存的训练样本,对其执行人工遮挡模拟。最后,原始输入进入全局分支,生成的遮挡样本进入对抗抑制分支。值得注意的是,在 IGO 中,s_l,s_h,r_l 分别设置为 0.1,0.33,0.5。而在测试阶段,测试集的样本图像直接输入网络,无需进行遮挡模拟操作,即可获得最终的特征描述符。

6.4.2 实验结果

与已有的遮挡行人再识别算法进行实验对比。

(1) Occluded-DukeMTMC。表 6-1 左侧展示了 IGOAS 和近年来经典的遮挡行人再识别算法的结果对比。具体地,IGOAS 达到了 60.1%($Rank=1$)和 49.4%(mAP),几乎优于所有最先进的方法。与最强的竞争方法 MHSA(ArXiv′20)相比,IGOAS 的 $Rank=1$ 进一步提高了 0.4%,mAP 更是大幅提升了 4.6%;与 HONet(CVPR′20)相比,IGOAS 提升了 5.0%($Rank=1$)和 5.6%(mAP),性能提升明显。

(2) Occluded-Re-ID。按照规定的数据集训练和评估协议,我们以遮挡行人图像作为 query,以全身行人图像作为 gallery,随机选择一半的 ID 行人图像进行训练,剩余一半的 ID 行人图像进行测试。实验重复 10 次,取平均性能结果。表 6-1 右侧中,IGOAS

的 *Rank*=1 达到 81.1%,*Rank*=5 达到了 91.6%,是目前所知的最高 *Rank*=1,其 *mAP* 也仅次于 Teacher-S(Arxiv′19)方法。两个 Occluded 数据集的实验结果充分证明了所提出的 IGOAS 在解决遮挡行人再识别问题上的优越性。需要注意的是,HONet 和 PGFA 在原文中均使用 Market1501 作为训练集,所有的 Occluded-Re-ID 样本作为测试集。这与本书使用的数据集协议不同,故表中这两种方法的结果暂时无法提供比较,用—表示。

表 6-1 Occluded 数据集上各类模型性能比较(%)

算法	Occluded-DukeMTMC		算法	Occluded-Re-ID	
	***Rank*=1**	***mAP***		***Rank*=1**	***mAP***
PCB[32]	42.6	33.7	SVDNet[36]	63.1	85.1
DSR[33]	40.8	30.4	REDA[27]	65.8	87.9
SFR[34]	42.3	32.0	MLFN[37]	64.7	87.7
Ad-Occ[35]	44.5	32.2	PCB[32]	66.6	89.2
Teacher-S[9]	—	—	AFPB[1]	68.1	88.3
PGFA[2]	51.4	37.3	Teacher-S[9]	73.7	92.9
HONet[3]	55.1	43.8	PGFA[2]	—	—
MHSA[11]	59.7	44.8	HONet[3]	—	—
IGOAS	60.1	49.4	IGOAS	81.1	91.6

(3) Market1501 和 DukeMTMC-Re-ID。本小节也在两个 Holistic 数据集上评估了 IGOAS 网络的泛化能力,如表 6-2 所示。IGOAS 设计意图是为了提高遮挡行人图像的识别能力,而 Holistic 数据集中的行人图像几乎不存在遮挡。因此这两个数据集上 IGOAS 带来的效果提升并不如预期好。但它仍能达到与 HONet(CVPR′20)相当的性能,且并未用到任何行人姿态的先验信息,这也充分凸显了 IGOAS 强大的泛化能力。

表 6-2 Holistic 数据集上的各类模型性能比较(%)

算法	Market1501		DukeMTMC-Re-ID	
	***Rank*=1**	***mAP***	***Rank*=1**	***mAP***
PCB	92.3	77.4	81.8	66.1
DSR	91.3	75.6	82.4	68.7
SFR	93.0	81.0	84.8	71.2
VPM[38]	93.0	80.8	83.6	72.6
FPR[4]	95.4	86.6	88.6	78.4
PGFA[2]	91.2	76.8	82.6	65.5

（续表）

算法	Market1501		DukeMTMC-Re-ID	
	***Rank*=1**	***mAP***	***Rank*=1**	***mAP***
HONet	94.2	84.9	86.9	75.6
MHSA	94.6	84.0	87.3	73.1
IGOAS	93.4	84.1	86.9	75.1

6.4.3 消融实验

在 Occluded-DukeMTMC 上进行了广泛的消融实验之后，分析 IGOAS 的以下每个组成部分对整个网络性能的影响和贡献。

(1) 全局-对抗抑制框架。首先评估该框架中的全局分支和对抗抑制分支对网络的影响，分别对其每个分支的特征以及融合特征的表示能力进行测试，包括全局分支的特征(G-F)、对抗抑制分支的特征(A-F)和融合特征(F-F)。表 6-3 和图 6-6 显示了比对结果。相比于 G-F，A-F 对遮挡行人的表征能力更强，在 Occluded-DukeMTMC 上的性能更高，提升了+3.7%的 *Rank*=1。图 6-6 中的可视化结果也验证了我们的设想，即对抗抑制分支可以有效抑制遮挡区域的响应，加强行人非遮挡区域的特征表达(图中对应的行人非遮挡区域的激活响应更高)。此外，F-F 的性能表明，两个分支特征的融合策略进一步提升了网络表征性能。我们认为，该框架可以在稳定的全局表征基础上，有效强化行人局部非遮挡区域的特征表达。最终，可以为遮挡行人获得更具鉴别力、更精细的特征表示。

表 6-3　不同分支特征对遮挡行人的表征能力比较

算法	Occluded-DukeMTMC			
	***Rank*=1**	***Rank*=5**	***Rank*=10**	***mAP***
G-F	53.3	65.5	70.8	38.8
A-F	57.0	70.5	76.1	47.5
F-F	60.1	75.0	80.3	49.4

(2) 对抗抑制分支各组件。本书也评估了对抗抑制分支中每个组件的影响，包括 GMP 和 OSM，结果如表 6-4 所示。G&A(+GAP)代表该分支在阶段 4 之后应用了全局平均池化操作 GAP，没有嵌入注意力模块或 OSM。+GMP 代表该分支采用 GMP 代替 GAP。正如预期的那样，采用 GMP 后，行人相对有鉴别力的区域的特征更容易被选择，比+GAP 获得了+1.5%(*Rank*=1)的提升。在此基础上，继续验证了内嵌 OSM 模块的影响。+GMP+CBAM 代表嵌入普通的注意力模块 CBAM，有效提升了+2.3%(*Rank*=1)；与之对比，G&A+GMP+OSM 在各项指标上均进一步得到了提

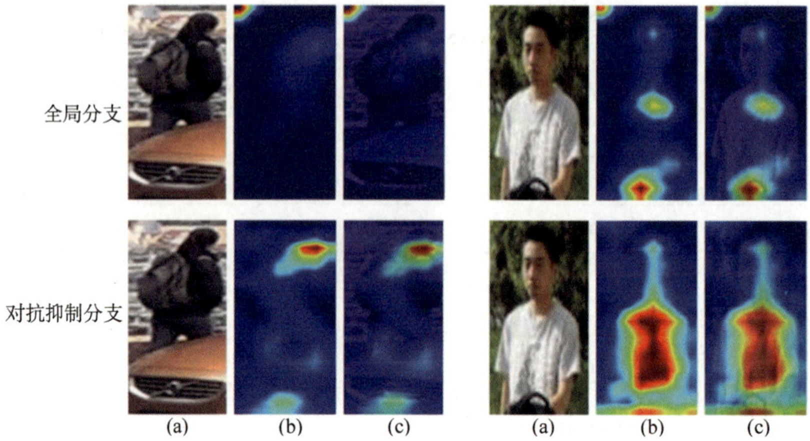

图 6-6　可视化不同分支表征学习时对遮挡行人图像的激活关注热力图

升，证明了内嵌 OSM 在抑制遮挡和强化遮挡行人表征能力方面的优越性。

表 6-4　Benchmarks 上的模型性能比较

算法	Occluded-DukeMTMC			
	Rank=1	*Rank*=5	*Rank*=10	*mAP*
G&A(+GAP)	55.8	70.8	76.0	44.5
G&A(+GMP)	57.3	72.6	78.5	47.2
G&A(+GMP+CBAM)	59.6	74.8	79.4	48.5
G&A(+GMP+OSM)	60.1	75.0	80.3	49.4

(3) IGO。为了分析 IGO 的影响，进行了不同遮挡模拟方式的对比实验，实验结果如表 6-5 所示。G&A 代表没有添加任何遮挡块的网络框架。+RD 代表 IGO 的遮挡块区域采用基于单一样本的随机丢弃(置 0)方式。+RE 代表在遮挡块区域采用基于单一样本的随机擦除方式(0～255 随机替换值)。+BID 代表遮挡块区域采用基于批级样本的增量式随机丢弃处理。+BIE 代表采用基于批量样本的增量式随机擦除方法，即本章提出的改进方案。无论是基于单一样本或基于批级样本的遮挡模拟方法，都能提高模型对遮挡问题的鲁棒性，证明了数据增强方法的有效性。表中结果还显示，基于批量样本的遮挡模拟比基于单一样本的模拟对网络性能的提升更大，说明批级操作在迭代训练中一定程度上降低了网络学习遮挡的难度；此外，本章提出的增量式生成遮挡块(随机擦除值方法)比其他算法都带来了更高的性能，这也证明了由易到难的渐进式学习策略的优越性。结果表明，基于批级操作和增量式遮挡模拟能有效降低网络学习遮挡的难度，使网络更好地拟合遮挡数据分布特点，提升对遮挡的鲁棒性。图 6-7 的可视化对比进一步表明，IGO 加强了网络对遮挡的抑制，进而能更多关注行人非遮挡区域信

息，体现其在解决遮挡问题上的有效性。

表 6-5　不同遮挡方法的性能比较(%)

算法	Occluded-DukeMTMC			
	***Rank*＝1**	***Rank*＝5**	***Rank*＝10**	***mAP***
G&A	57.6	72.6	76.0	44.6
IGO(+RD)+G&A	58.6	73.8	79.3	47.6
IGO(+RE)+G&A	59.1	74.1	79.9	47.3
IGO(+BID)+G&A	59.2	74.6	79.0	48.7
IGO(+BIE)+G&A	60.1	75.0	80.3	49.4

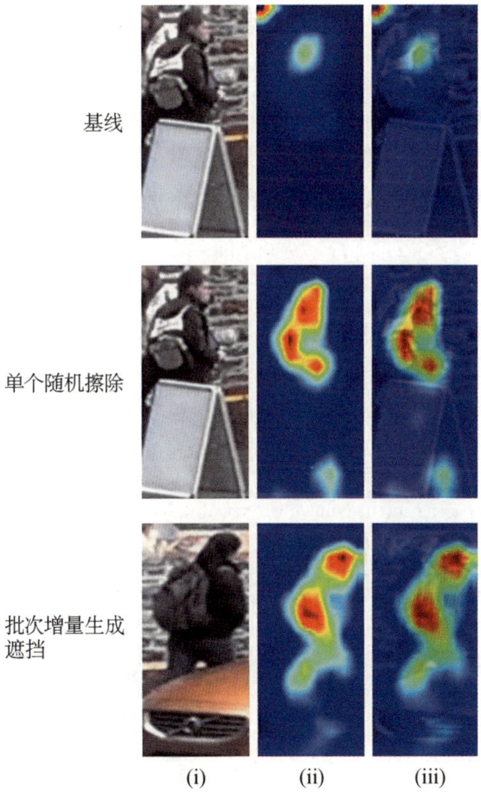

图 6-7　可视化对比不同遮挡方式影响网络表征学习时对遮挡行人图像的激活关注热力图

(4) 分类损失自适应权重策略。我们还评估了式(6-3)中自适应权重策略的效果，结果如表 6-6 所示。$+mw$ 表示采用平均权重策略优化，$+aw$ 表示通过自适应权重策略优化。结果表明，两种策略在 $Rank=k$ 的精度上差异不大，但自适应权重策略在 mAP 指标上得到了较大的提升。这表明在训练过程中，自适应权重策略可以驱使网络更多地关注对抗抑制分支的作用，强化对遮挡的抑制和遮挡行人有效特征（非遮挡区域特征）的表示。

表 6-6 分类损失不同权重分配策略对模型性能的影响(%)

算法	Occluded-DukeMTMC			
	Rank=1	*Rank*=5	*Rank*=10	*mAP*
IGOAS(+*mw*)	60.2	75.3	79.5	48.6
IGOAS(+*aw*)	60.1	75.0	80.3	49.4

6.5 本章小结

本章在遮挡行人再识别的研究中提出了一个新颖的增量式生成遮挡-对抗抑制网络。首先，借鉴人们由易到难渐进式学习困难问题的策略，提出了一个基于批量样本的增量式生成遮挡方法，通过生成增量式大小的遮挡块，使网络由易到难地学习遮挡，而不是直接学习最难的遮挡问题，降低了学习和解决遮挡问题的难度；其次，构建全局-对抗抑制框架（内嵌遮挡抑制模块 OSM），可以有效抑制遮挡区域的特征响应，进而强化对行人非遮挡区域特征的表达，融合全局特征，最终可以获得一个更具鉴别力、更精细的行人特征。充分的实验工作也证明了本书方法在解决遮挡行人再识别问题上的有效性和鲁棒性，同时也有较强的泛化能力。

参考文献

[1] ZHUO J, CHEN Z, LAI J, et al. Occluded person re-identification[C]//2018 IEEE international conference on multimedia and expo (ICME). IEEE, 2018: 1-6.

[2] MIAO J, WU Y, LIU P, et al. Pose-guided feature alignment for occluded person re-identification[C]//Proceedings of the IEEE/CVF international conference on computer vision. 2019: 542-551.

[3] WANG G, YANG S, LIU H, et al. High-order information matters: Learning relation and topology for occluded person re-identification[C]//Proceedings of the IEEE/CVF conference on computer vision and pattern recognition. 2020: 6449-6458.

[4] HE L, WANG Y, LIU W, et al. Foreground-aware pyramid reconstruction for alignment-free occluded person re-identification[C]//Proceedings of the IEEE/CVF international conference on computer vision. 2019: 8450-8459.

[5] LONG J, SHELHAMER E, DARRELL T. Fully convolutional networks for semantic segmentation[C]//Proceedings of the IEEE conference on computer vision and pattern recognition. 2015: 3431-3440.

[6] ZHENG W S, LI X, XIANG T, et al. Partial person re-identification[C]//Proceedings of the

IEEE international conference on computer vision. 2015: 4678-4686.
[7] HE K, ZHANG X, REN S, et al. Spatial pyramid pooling in deep convolutional networks for visual recognition[J]. IEEE transactions on pattern analysis and machine intelligence, 2015, 37(9): 1904-1916.
[8] YOO D, PARK S, LEE J Y, et al. Multi-scale pyramid pooling for deep convolutional representation[C]//Proceedings of the IEEE Conference on Computer Vision and Pattern Recognition Workshops. 2015: 71-80.
[9] ZIMMER M, VIAPPIANI P, WENG P. Teacher-student framework: a reinforcement learning approach[C]//AAMAS Workshop autonomous robots and multirobot systems. 2014.
[10] ZHUO J, LAI J, CHEN P. A novel teacher-student learning framework for occluded person re-identification[J]. arXiv preprint arXiv: 1907. 03253, 2019.
[11] GAO S, WANG J, LU H, et al. Pose-guided visible part matching for occluded person reid[C]//Proceedings of the IEEE/CVF conference on computer vision and pattern recognition. 2020: 11744-11752.
[12] TAN H, LIU X, YIN B, et al. MHSA-Net: Multihead self-attention network for occluded person re-identification[J]. IEEE Transactions on Neural Networks and Learning Systems, 2022, 34(11): 8210-8224.
[13] HUANG H, CHEN X, HUANG K. Human parsing based alignment with multi-task learning for occluded person re-identification[C]//2020 IEEE international conference on multimedia and expo (ICME). IEEE, 2020: 1-6.
[14] LI W, ZHU X, GONG S. Harmonious attention network for person re-identification[C]//Proceedings of the IEEE conference on computer vision and pattern recognition. 2018: 2285-2294.
[15] CHEN T, DING S, XIE J, et al. Abd-net: Attentive but diverse person re-identification[C]//Proceedings of the IEEE/CVF international conference on computer vision. 2019: 8351-8361.
[16] ZHOU S, WANG J, MENG D, et al. Discriminative feature learning with foreground attention for person re-identification[J]. IEEE Transactions on Image Processing, 2019, 28(9): 4671-4684.
[17] WANG F, JIANG M, QIAN C, et al. Residual attention network for image classification[C]//Proceedings of the IEEE conference on computer vision and pattern recognition. 2017: 3156-3164.
[18] LIU H, FENG J, QI M, et al. End-to-end comparative attention networks for person re-identification[J]. IEEE transactions on image processing, 2017, 26(7): 3492-3506.
[19] HU J, SHEN L, SUN G. Squeeze-and-excitation networks[C]//Proceedings of the IEEE conference on computer vision and pattern recognition. 2018: 7132-7141.
[20] WU L, WANG Y, GAO J, et al. Where-and-when to look: Deep siamese attention networks for video-based person re-identification[J]. IEEE Transactions on Multimedia, 2018, 21(6): 1412-1424.

[21] XU J, ZHAO R, ZHU F, et al. Attention-aware compositional network for person re-identification [C]//Proceedings of the IEEE conference on computer vision and pattern recognition. 2018: 2119-2128.

[22] ZHANG R, LI J, SUN H, et al. Scan: Self-and-collaborative attention network for video person re-identification[J]. IEEE Transactions on Image Processing, 2019, 28(10): 4870-4882.

[23] CHEN G, LU J, YANG M, et al. Spatial-temporal attention-aware learning for video-based person re-identification[J]. IEEE Transactions on Image Processing, 2019, 28(9): 4192-4205.

[24] ZHANG W, HE X, YU X, et al. A multi-scale spatial-temporal attention model for person re-identification in videos[J]. IEEE Transactions on Image Processing, 2019, 29: 3365-3373.

[25] KRIZHEVSKY A, SUTSKEVER I, HINTON G E. Imagenet classification with deep convolutional neural networks[J]. Advances in neural information processing systems, 2012, 25.

[26] DEVRIES T, TAYLOR G W. Improved regularization of convolutional neural networks with cutout[J]. arXiv preprint arXiv: 1708. 04552, 2017.

[27] ZHONG Z, ZHENG L, KANG G, et al. Random erasing data augmentation[C]//Proceedings of the AAAI conference on artificial intelligence. 2020, 34(7): 13001-13008.

[28] WOO S, PARK J, LEE J Y, et al. Cbam: Convolutional block attention module [C]// Proceedings of the European conference on computer vision (ECCV). 2018: 3-19.

[29] RISTANI E, TOMASI C. Features for multi-target multi-camera tracking and re-identification [C]//Proceedings of the IEEE conference on computer vision and pattern recognition. 2018: 6036-6046.

[30] DAI Z, CHEN M, GU X, et al. Batch dropblock network for person re-identification and beyond [C]//Proceedings of the IEEE/CVF international conference on computer vision. 2019: 3691-3701.

[31] WU X, XIE B, ZHAO S, et al. Diversity-achieving slow-dropblock network for person re-identification[J]. arXiv preprint arXiv: 2002. 04414, 2020.

[32] SUN Y, ZHENG L, YANG Y, et al. Beyond part models: Person retrieval with refined part pooling (and a strong convolutional baseline) [C]//Proceedings of the European conference on computer vision (ECCV). 2018: 480-496.

[33] HE L, LIANG J, LI H, et al. Deep spatial feature reconstruction for partial person re-identification: Alignment-free approach[C]//Proceedings of the IEEE conference on computer vision and pattern recognition. 2018: 7073-7082.

[34] HE L, SUN Z, ZHU Y, et al. Recognizing partial biometric patterns[J]. arXiv preprint arXiv: 1810. 07399, 2018.

[35] HUANG H, LI D, ZHANG Z, et al. Adversarially occluded samples for person re-identification [C]//Proceedings of the IEEE conference on computer vision and pattern recognition. 2018: 5098-5107.

[36] SUN Y, ZHENG L, DENG W, et al. Svdnet for pedestrian retrieval[C]//Proceedings of the IEEE international conference on computer vision. 2017: 3800-3808.

[37] CHANG X，HOSPEDALES T M，XIANG T. Multi-level factorisation net for person re-identification [C]//Proceedings of the IEEE conference on computer vision and pattern recognition. 2018：2109-2118.

[38] SUN Y，XU Q，LI Y，et al. Perceive where to focus：Learning visibility-aware part-level features for partial person re-identification[C]//Proceedings of the IEEE/CVF conference on computer vision and pattern recognition. 2019：393-402.

老福请阿济教授品尝湄潭翠芽，这是一种来自贵州的优质绿茶。阿济教授品尝了一口，首先注意到茶叶清新淡雅的香气；随后，茶在喉头留下的是一种清爽的滋味，带有淡淡的青草味和绿茶的鲜润感。教授对茶的香气和口感印象深刻，并表示这是一款非常优秀的茶叶。

在茶香中，老福和阿济教授进一步讨论遮挡行人再识别的解决方法，老福道："除了数据增强外，还可以利用额外信息，比如得到的行人语义信息，区分前景和背景，这应该有利于解决遮挡问题。在人体解析领域有三种不同的方法可供我们选择——监督方法、无监督方法和弱监督方法，您对这三种方法怎么看？"

阿济教授说："监督方法虽然可以提供较高的准确率，但是需要额外训练人体解析模型，这意味着昂贵的标注成本和领域差异。无监督方法则可以通过特征聚类的集成来实现行人再识别模型，但是由于缺乏监督信号，分割结果可能不太令人满意。"

老福说："那我们该如何选择呢？"阿济教授说："我认为我们应该考虑使用弱监督方法。在行人再识别训练数据集中，预先存在的信息可以直接用作监督信号，这样就不需要额外的注释。"

CHAPTER
7

第 7 章

基于人体协同解析的遮挡行人再识别

7.1 引言

本章从弱监督语义分割出发,探索一种无需额外数据的联合训练框架,通过将弱监督的人体解析网络集成到行人再识别网络,从而利用不同图像中相同行人的共享信息。具体来说,人体解析网络通过全局语义、局部空间和背景三种一致性标准进行弱监督。通过将行人再识别网络中的语义信息和深度特征传入导向对齐模块,可以获得前景和人体部分的特征,从而实现有效的遮挡行人再识别。

7.2 相关技术

本章提出的人体协同分割主要关注行人再识别、图像协同分割和深度聚类。本节简要介绍相关工作。

7.2.1 遮挡行人再识别

行人再识别[1]旨在将目标行人在不重叠的摄像机中进行匹配。近年来,行人再识别已成为研究重点,因为它在智能安全和视频监控领域具有潜在的应用价值[2]。然而,大多数行人再识别方法都集中在整体行人再识别上,忽略了遮挡问题。因此,在没有对齐的情况下直接匹配两个被遮挡的行人图像会使行人再识别变得更加困难。

为了解决遮挡问题,多种基于对齐的方法被提出,这些方法可以大致分为部分级[3-5]、关键点级[6-8]和像素级[9-13]。尽管现有的像素级再识别方法可以通过最细粒度的语义对齐来解决这个问题,但这些方法并不显著优于其他对齐方法。这是因为像素级方法的性能严重依赖于人体部分分割模型(或人体解析模型)。

基于监督的像素级对齐方法使用姿态估计或人类解析模型,这些模型由人类注释进行监督,以获取像素级对齐信息。例如,Huang 等[10]使用在 COCO[14]上训练的人类解析模型来获得 Re-ID 图像的伪像素级标签。基于伪像素级标签提出了一个多任务框架,在共享骨干中来训练人员 Re-ID 和人类解析。然而,由于像素级注释的高成本,只能使用在其他领域训练的分割模型,导致分割结果不准确。此外,当图像中出现多个行人时,基于监督的像素级对齐方法还会提取无关行人的像素级对齐信息,这可能使 Re-ID 任务变得更加困难。与上述监督方法不同,基于无监督的像素级对齐方法使用无监督聚类方法,将 Re-ID 特征映射作为输入。例如,Identity-guided Semantic Parsing[13]在特征映射上设计级联聚类以生成伪像素级标签,其中级联聚类由两个 k-means 分类器组成。然而,使用传统聚类方法来获得语义信息是次优的。受协同分割算法[15]的启发,研究人员提出不使用额外的域转换注释,而是以弱监督的方式训练人类解析模型以用于行人再识别的方法。实验结果表明，该方法在两个遮挡数据集上的表现优于其他方法，分别是 Occluded-DukeMTMC[16] 和 Occluded-RE-ID[17]，并在 Market1501[18] 和 CUHK03-NP[19,20] 两个无遮挡行人数据集上取得了与其他方法相媲美的性能。

在真实场景中经常出现遮挡问题。例如，目标行人可能会被拥挤场景中的其他无关行人遮挡。Zhuo 等[17] 首先定义了被遮挡的人员 Re-ID 问题，并提出了一种人体注意框架(Attention Framework for Person Body，AFPB)来解决遮挡问题。最近，已经提出了一些基于姿态估计和人类解析的方法来应对遮挡的 Re-ID 问题。Miao 等[16] 利用姿态估计模型从被遮挡的图像中提取有用信息，并引导模型关注非遮挡区域。Gao 等[6] 提出了一种姿态导向可见部分匹配方法来融合局部特征和视觉评分。Wang 等[7] 首先通过姿态估计模型提取语义局部特征，并提出了一种自适应方向图卷积层来学习关系和跨图嵌入对齐层以预测相似性得分。

在现有的基于深度学习的方法中，基于部分对齐的方法和基于注意力的方法是两种主导方法。基于部分对齐的方法[3,4,21,22] 将行人图像划分为几个区域或定位人体上的显著部位，基于注意力的方法[23-25] 指导模型更多地关注显著区域。除了上述传统方向之外，无监督领域自适应、跨模态和标签噪声学习也引起了研究人员的关注。例如，Zhou 等[26] 提出了一种具有自适应图学习的多特征融合的无监督 Re-ID。Wang 等[27] 提出了一种注意力波束块(Attention Wave Block，AWB)，可以集成到双重网络的相互学习中，用于减少伪标签中的噪声。Ye 等[28] 提出了一种新颖的动态三级关系挖掘(Dynamic Tri-Level Relation Mining，DTRM)，用于可见红外重新识别。为了学习稳健的 Re-ID 模型，提出了在线协同精炼(Collaborative Online Refinement，CORE)[29] 框架，用于提取不同工作之间的知识。这些工作大多关注整体 Re-ID 问题，而不考虑遮挡问题。

最近，一些工作开始探索 Vision Transformer 在 Re-ID 任务中的应用。He 等[30] 首次使用纯 Transformer 进行 Re-ID 任务，并提出了基于 Transformer 的物体重新识别(TransRe-ID)方法。TransRe-ID 引入了附加信息嵌入来编码不同的附加信息，并提出拼图块模块以利用条纹基础思想。Zhu 等[31] 提出了一种在线自动对齐 Transformer (AAformer)来自适应地分配相同语义的补丁嵌入运行时的同一部分标记。AAformer 学习部分特征并通过自我关注实现部分对齐。与现有的基于 CNN 的方法相比，基于 Transformer 的方法对遮挡更加稳健。

Zhao 等[32] 提出了一种新颖的 IGOAS 网络。IGOAS 网络首先通过增量式生成遮挡块生成遮挡数据，然后通过对抗抑制分支抑制生成的遮挡区域。Li 等[33] 首次探索了 Transformer 编码器-解码器结构，用于遮挡 Re-ID，并提出了一种 Part-Aware Transformer(PATrans)来学习部件原型。PATrans 设计了部件多样性和部件可辨性，以实现鲁棒的人体部件。Jia 等[34] 提出了一种解耦表示学习网络(DRL-Net)，可以在不需要严格人物图像对齐的情况下处理遮挡的再识别。

然而,这些遮挡行人再识别方法大多要求额外的细粒度对齐注释。此外,在整体数据集上的遮挡行人再识别方法的性能相对较低。整体和遮挡行人再识别任务并不矛盾。与上述遮挡行人再识别方法不同,我们提出的方法适用于两种任务。本书先前提出的方法 IGOAS 使用了数据增强和注意机制来解决遮挡问题。不同于 IGOAS,本章的动机是解决现有 Re-ID 数据集中手动注释的语义信息缺乏问题。在本章中,我们提出了一种弱监督方法,可在 Re-ID 图像中获取语义信息,以在像素级对齐时指导 Re-ID 网络。

7.2.2 基于深度网络的聚类算法

近年来,由于深度卷积神经网络具有强大的特征提取能力,基于深度网络的聚类算法取得了进展。Ji 等[35]提出了不变信息聚类来最大化样本对之间的互信息。Kim 等[36]提出了一种基于可微特征聚类的无监督图像分割方法。该方法利用空间连续性来代替固定分割边界的约束,如过度分割。Chen 等[37]提出了一种新方法,用于解决不平衡问题的半监督学习。与上述深度聚类方法不同,Li 等[38]将标签作为特殊表示,并提出了基于对比学习的对比聚类(CC)。CC 在实例级别和群集级别上有最大化样本对的相似性。受上述工作的启发,我们提出通过在三个不同级别上最大化预测矢量的相似性来训练图像分割网络的思想。

7.2.3 多部分协同分割

与协同解析相关的概念首先在服装协同解析中被引入[39]。与人体协同解析类似的其他问题包括实例共分割[40]和同部分分割[15]。多部分协同分割算法要解决的问题是不同对象实例之间的部分分割,用于只包含一个对象类的图像集合。实例共分割的目标是识别一组图像中特定类别的所有实例,并对每个实例进行分割。与上述图像共分割任务不同,人体共解析是 ID 级别的部分共分割任务,而不是类级别的。

7.3 人体协同解析再识别网络

本节首先描述人体协同解析指导对齐(Human Collalorative Analysis Guide Alignment, HCGA)框架;其次,详细描述人体协同解析指导对齐网络和三种一致性损失;再次,描述了行人再识别网络和导向对齐模块的结构;最后描述了推理过程。

7.3.1 整体框架

HCGA 框架由 HCNet 和 PRNet 两个子网络组成,其中 HCNet 的编码器是 PRNet 的骨干。HCGA 的训练阶段在每个时期包括以下两个步骤。

(1) 在训练阶段,相同 ID 的一组图像被作为批次输入 HCNet,在 HCNet 的训练中，编码器的参数不会更新。对于训练集中的每个 ID，我们分别训练解码器并在训练结束时输出该 ID 的所有图像的协同解析结果。

（2）协同解析结果被用作 PRNet 人体解析头部的伪 GT。在训练中，PRNet 的所有参数都通过反向传播更新。

在训练的早期阶段，HCNet 的分割效果并不好。随着 PRNet 不断优化 Backbone 中的参数，前景和背景像素特征之间的差异增加。因此，HCNet 通过迭代训练产生更好的分割结果。在 HCNet 获得的语义信息的指导下，PRNet 对遮挡具有鲁棒性。

7.3.2　人体协同解析指导对齐网络

（1）网络架构。HCNet 如图 7-1(a)所示。首先，使用主干网络作为编码器，并设计由几个卷积层组成的解码器；其次，设计三个损失函数来满足解析标准；最后，中心先验标签重分配（Center Prior-based Label Reassignment, CPLR）将预测的标签转换为背景和人体部分。图像集 X 的像素值首先被归一化为[0, 1]，然后被传送到编码器。提取特征向量时，编码器中的参数是固定的，并且编码器仅在 PRNet 网络中训练。然后将特征向量馈送到解码器。解码器由卷积层、批处理理归一化层和 ReLU 激活函数组成。最后一个基本块包含具有 C' 的卷积层（$C' \gg C$）。最终，每个像素的分类结果在 argmax 之后输出。

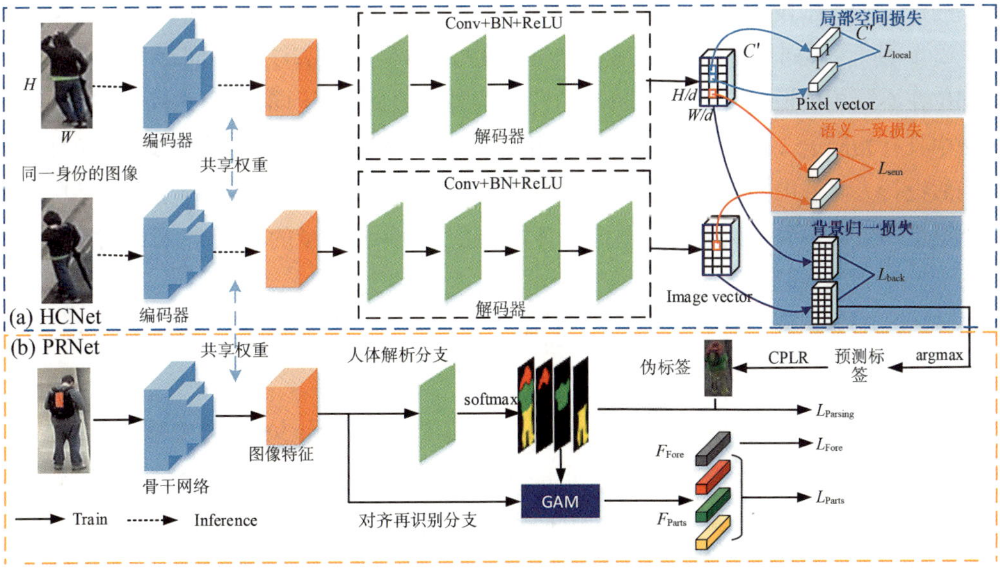

图 7-1　人体协同解析指导对齐网络

（2）局部空间一致性损失。如图 7-2(a)所示，当只关注一个行人图像及其相应的人类解析结果时，可以发现一个像素与其在局部空间中的相邻像素具有相同的标签，即局部空间一致性。但是如何保证分割结果的局部空间一致性呢? LBP 运算符是通过在 3×3 窗口内比较 8 个相邻像素的灰度值来定义的,窗口中心像素为阈值。受 LBP 运算符的启发,最大化中心像素和其相邻像素在 $R \times R$ 窗口内的预测向量的相似性。简而言之,本书提出了局部空间一致性损失,公式为

$$L_{\text{local}} = \sum_{s=1}^{S} \| y_c - y_s \|_p$$

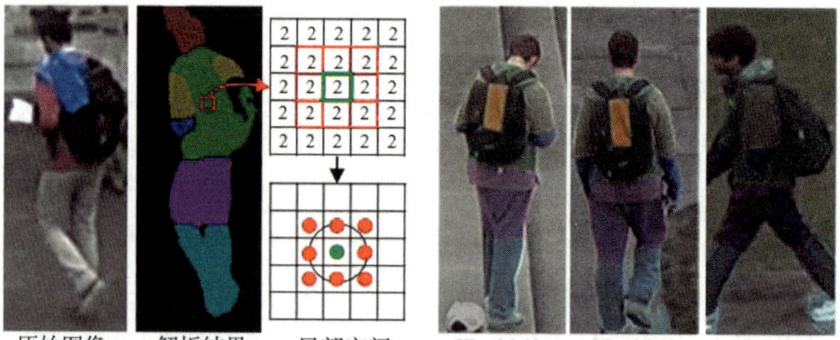

(a) 局部空间一致性　　(b) 图像间的语义一致性

图 7-2　图像内和图像间的一致性信息

(3) 语义一致性损失。人类可以很容易地将不同图像中具有相同语义的像素标记为相同的标签,但在没有像素级标签的情况下,网络很难学习这种语义一致性。如图 7-2(b)所示,不同 ID 的手臂或腿具有相同的语义,但颜色和纹理不同,而同一 ID 的人类部位在不同相机视图下具有相同的颜色和纹理。因此,对于同一 ID 的所有图像,行人区域中具有相同语义的像素的预测向量相似,网络对相似的预测向量分配相同的标签。我们假设行人区域中具有相同语义的像素由网络分配相同的标签。基于这一假设,我们提出语义一致性损失来最大化跨图像具有相同语义的像素向量的相似性,可以表示为

$$L_{\text{sem}} = -\sum_{i=1}^{M} \log \left[\frac{\exp\ (y_{pl})}{\sum_{j=i}^{C'} \exp(y_j)} \right]$$

(4) 背景归一损失(Background Group)。由于背景在不同的图像中是不同的,只有局部一致性损失和语义一致性损失不能保证背景像素被分组到一个类中,如图 7-3(b)所示。为了实现这一点,可在 Re-ID 数据中挖掘共享信息。在不同摄像机视图下,具有相同 ID 的 Re-ID 图像的照明和姿势发生了相当大的变化。然而,在同一相机视图下的 Re-ID 图像除了背景偏差之外,其他都是相似的,即相机视图内的相似性。基于相机视图内的相似性,最大化来自同一相机视图的相邻图像的预测向量的相似性,以消除背景偏差。简而言之,本书提出了一种背景归一损失,可以将背景像素分组到一个类中。背景归一损失的公式为

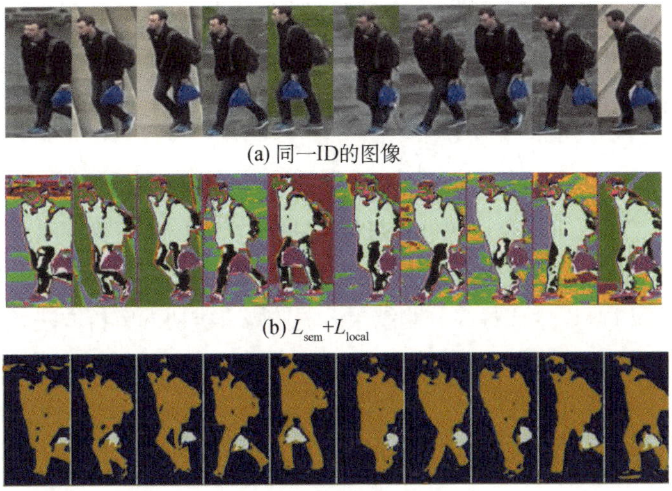

(a) 同一ID的图像

(b) $L_{sem}+L_{local}$

(c) $L_{sem}+L_{local}+L_{back}$

图 7-3 直接在具有相同 ID 的 RGB 图像上训练的 HCNet 的解析结果的可视化

$$L_{back}=\sum_{k1\neq k2}^{N-1}\| y_{k1}-y_{k2}\|_p$$

背景组丢失在一定程度上会破坏其他两个一致性损失。为了减少这种破坏，我们设计了训练中止机制。在背景归一损失中，与行人偏置相比，背景偏置提供了更大的梯度。当背景基本上被网络预测为相同标签之后，中止训练。

(5) CPLR。弱监督图像分割网络不能输出由每个预测标签表示的特定类别。因此，需要对共同解析结果重新分配标签。CPLR 基于先验知识将预测标签分为前景和背景，前景通常位于图像的中心，而背景大部分位于边缘。根据唯一预测标签像素的平均高度，CPLR 将前景标签划分为 C-1 个人体部分。CPLR 处理前后的分割图像如图 7-4 所示。

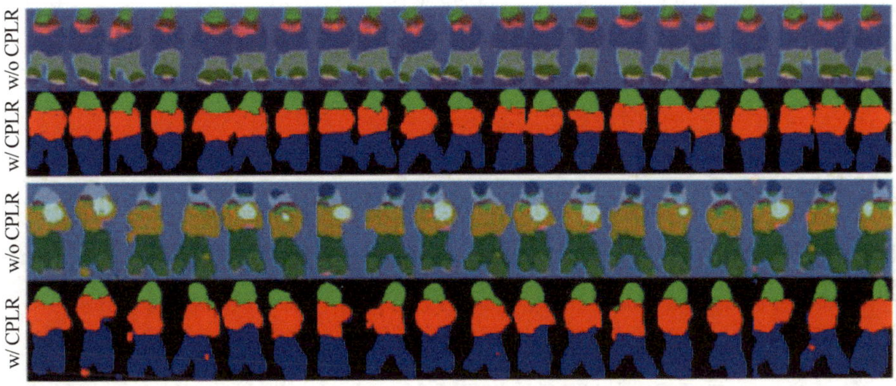

图 7-4 无 CPLR 和有 CPLR 的分割结果比较

（6）优化。在网络训练的开始阶段，编码器 E 中的参数使用 ImageNet 中预先训练的分类模型初始化，而映射函数 D 中的参数使用 Kaiming Uniform[41] 初始化。由于 E 和 D 已确定，可以通过前向传播获得预测标签。HCNet 的目标函数可以表述为

$$L_{\text{HCNet}} = L_{\text{sem}} + \lambda_L L_{\text{local}} + \lambda_B L_{\text{back}}$$

式中，λ_L 和 λ_B 是平衡权重。在迭代训练过程中，唯一预测标签的数量由于方程的约束而连续变小。一旦唯一预测标签的数量减少小于设定的最小数量，培训过程停止。并且共同解析结果被馈送到 CPLR 以生成最终分割结果。弱监督人类协同解析方法如算法 7-1 所示。

算法 7-1　弱监督人类协同解析方法

Input: N images with same ID $X = \{I_k(i, j) \in \mathbb{R}^3\}_{k=1}^{N}$, minimum number of unique predicted labels $\min_L$, learning rate μ

Output: Labels $\{Y_k(i, j) \in \mathbb{N}\}_{k=1}^{N}$

Initialize θ_E with pre-trained parameters in ImageNet

Initialize θ_D with Kaiming uniform

$\{V_k(i, j)\}_{k=1}^{N} \leftarrow E(\{I_k(i, j)\}_{k=1}^{N})$

repeat

　$\{Y'_k(i, j)\}_{k=1}^{N} \leftarrow D(\{V_k(i, j)\}_{k=1}^{N})$

　$\mathcal{L}_{HCNet} \leftarrow \mathcal{L}_{sme} + \lambda_L \mathcal{L}_{local} + \lambda_B \mathcal{L}_{back}$

　Update $\theta_D \leftarrow \theta_D - \mu \dfrac{\partial}{\partial \theta_D} \mathcal{L}_{HCNet}$

until Unique $(\{Y'k(i, j)\}_{k=1}^{N}) < \min_L$

Get the predicted labels on the image boundaries *boundary*

labels, *hists*←Unique (*boundary*, *return_ counts*=*True*)

for *label*, *hist* **in enumerate** (*labels*, *hists*) **do**

　if *hist*>*image_perimeter*/2 **then**

　　Reassign label to background label *b_labels*

　end if

end for

f_labels←*set*(*all_labels*)-*set*(*b_labels*)

Reassign the foreground labels *f_labels* to $C-1$ human parts based on the average height

return $\{Y_k(i, j)\}_{k=1}^{N} = 0$

7.3.3 行人再识别子网络

PRNet 基于 ISP[13]。使用具有共享权重的骨干网络来提取深度特征，人体解析头首先通过具有 C 个 1×1 卷积核和 softmax 函数的卷积层生成置信度图（Confidence Maps）。人体解析损失是通过人体解析头的预测结果和由 HCNet 生成的伪 GT 计算的。在对齐的人员 Re-ID 头中，置信度图和深度特征被馈送到指导对齐模块（GAM）中，其结构如图 7-5 所示。前景的置信度图 CM_{fore} 是通过将第 $1\sim C$ 个置信度图相加得到的，可以表示为

$$CM_{\text{fore}} = \sum_{i=1}^{C} CM_i$$

在 GAM 中,在训练和测试时以不同的方式对待人体部位的置信度图。具体来说,在训练过程中抑制置信度较低的像素特征,可以表示为

$$CM_{\text{part}}(e) = \begin{cases} e, & e > \dfrac{1}{t} \\ 0, & e \leqslant \dfrac{1}{t} \end{cases}$$

式中,e 是置信度图的元素,$t \in N+$确定阈值。而在推理时,设置高阈值来两值化置信度图

$$CM_{\text{part}}(e) = \begin{cases} 1, & e > 1 - \dfrac{1}{t} \\ 0, & e \leqslant 1 - \dfrac{1}{t} \end{cases}$$

图像特征与前景和人体部位的置信度图元素级相乘,以获得前景和人体部位的特征。

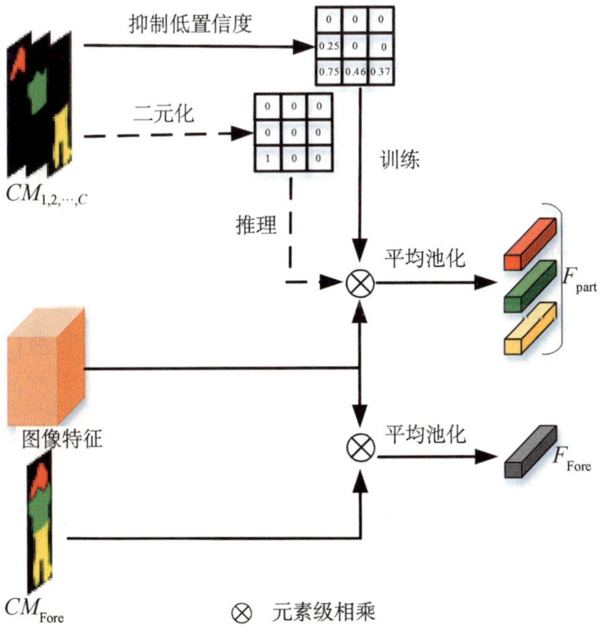

图 7-5　GAM 结构

在平均池化操作之后,图像、前景和人体部位的特征使用三个不同的分类器被用来预测 ID。PRNet 的目标函数被公式化为

$$\mathcal{L}_{\text{PRNet}}=\mathcal{L}_{\text{Image}}+\mathcal{L}_{\text{Fore}}+\mathcal{L}_{\text{Parts}}+\lambda_{hp}\mathcal{L}_{\text{Parsing}}$$

式中,$\mathcal{L}_{\text{Image}}$ 是三元组损失和带标签平滑的交叉熵损失;λ_{hp} 是平衡权重。

7.3.4 推理阶段

在推理阶段,只需要 PRNet。因此,HCNet 在推断过程中不会增加额外消耗。对于一对图像(x_1, x_2),本书使用 PRNet 获取整个的图像特征、前景和人体部位特征图像对。考虑到被遮挡的图像,我们只使用前景和人体部分以计算图像对的相似度。对于人体部位特征的距离,类似于最近的遮挡 Re-ID 方法[10,13,16],我们只计算共享的可见部分。

$$\text{sim}(x_1, x_2)=\frac{\cos(F_{\text{Fore}}^{x_1}, F_{\text{Fore}}^{x_2})+\frac{1}{2}\sum_{i=1}^{C-1}P_i\cos(F_{\text{part}_i}^{x_1}, F_{\text{part}_i}^{x_2})}{1+SV}$$

式中,cos()是余弦距离;P_i 等于 1;如果 part_i 是共享可见部分,则 $P_i=1$,否则 $P_i=0$;$SV\leqslant C$ 是共享可见部分的数量。

7.4 实验结果与分析

7.4.1 实验设置

1)数据集

为了验证所提出的 HCGA 对于遮挡和完整 Re-ID 问题是有效的,我们在两个完整的和两个遮挡的数据集上进行了实验,四个数据集的详细信息如下。

(1) Occluded-DukeMTMC[16] 包括 15 618 张训练图像,2 210 张遮挡查询图像和 17 661 个图库图像。

(2) Occluded-Re-ID[17] 包含 1 000 张整体图像和 1 000 张遮挡图像,200 个 ID。Occluded-Re-ID 的一半用于训练,剩下一半用于测试。

(3) CUHK03-NP[19,20] 使用了类似于 Market1501 的新测试协议,该协议将数据集划分为包含 767 名行人的训练集和包含 700 名行人的测试集。

(4) Market1501[18] 包含 12 936 张训练图像、3 368 张查询图像和 15 913 张待查询图像。

图 7-6 所示为四个数据集的示例图像。

2)训练细节

HCGA 框架是用 Pytorch 实现的。训练集中的所有图像都被重新调整为 256×128,并使用随机删除[42]、水平翻转、随机裁剪和填充 10 像素进行了增强。对于 HCNet,每个批次都是包含相同 ID 的所有图像。我们将 C' 设置为 32,$\min_L$ 设置为 18。平衡权重 λ_L 和 λ_B 分别为 2 和 1。HCNet 的优化器是 SGD,动量为 0.9。分割网络仅被

图 7-6　两个遮挡数据集和完整数据集的样本图像

训练 32 个 Epochs，学习率为 0.1。对于 PRNet，所有参数均被训练 120 个 Epochs，使用 Adam 优化器。学习率为 3.5e−4，在 40 和 70 个 Epochs 时减少至 0.1 倍。批量大小为 64，平衡权重 λ_{hp} 为 0.1。

3）评估指标

与大多数的 Re-ID 工作一样，本书使用累积匹配特征曲线（*CMC*）在 *Rank*＝1、*Rank*＝5 以及平均均值精度（*mAP*）时评估不同 Re-ID 方法的性能。所有实验都在 NVIDIA RTX 3090 GPU 上实现，在单次查询设置中进行。

7.4.2　实验结果

（1）遮挡数据集的结果

如表 7-1～表 7-3 所示，将本章所提方法与六种完整的 Re-ID 方法进行比较，即 SVDNet，HACNN[24]，DSR，PCB，SFR，MLFN；与七种最先进（SOTA）的遮挡 Re-ID 方法进行比较，即 AFPB，Teacher-S，PGFA，REDA，HONet，ISP，MOS；与四种基于 Transformer 的 Re-ID 方法进行比较，即 PATrans，AAFormer、TransRe-ID 和 DRL-Net。对于 Occluded-Duke 数据集，基于关键点水平对齐的方法比完整 Re-ID 方法高约 10%。基于像素级对齐的方法 ISP 具有显著高于它们的性能。和排名第二的基于 CNN 的方法 MOS 比较，HCGA 在 *Rank*＝1 时减少 3.6%，在 *mAP* 中减少 2.4%。与基于 Transformer 的方法相比，HCGA 在 *Rank*＝1、*Rank*＝5 和 *Rank*＝10 中的表现更优。对于 Occluded-Re-ID 数据集，两个遮挡 Re-ID 方法 REDA 和 AFPB 以及两种整体方法 MLFN 和 PCB 实现了类似的性能。原因可能是 Occluded-Re-ID 数据集相对较小。值得注意的是，为了公平比较，本书没有列出 HONet 和 PGFA 在 Occluded-Re-ID 上的表现，这是因为 HONet 和 PGFA 使用了不同的数据集划分方法。

表 7-1 与最先进的基于 CNN 的算法在 Occluded-Duke 上比较(%)

算法	References	*Rank*=1	*Rank*=5	*mAP*
HACNN[24]	CVPR18	34,4	51.9	26.0
DSR[43]	CVPR18	40,8	56.2	30.4
PCB[3]	ECCV18	42.6	57.1	33.7
SFR[44]	ArXiv18	42.3	60.3	32.0
PGFA[16]	CVPR19	51.4	68.6	37.3
HONet[7]	CVPR20	55.1		43.8
ISP[13]	ECCV20	62.8	82.9	52.3
IGOAS[32]	TIP21	60.1	—	49.4
MOS[45]	AAA121	66.6	—	55.1
HCGA without GAM(本章所提出的算法)		65.9	80.2	56.0
HCGA(本章所提出的算法)		70.2	83.3	57.5

表 7-2 与最先进的基于 Transformer 的算法在 Occluded-Duke 上比较(%)

算法	References	*Rank*=1	*Rank*=5	*Rank*=10	*mAP*
PATrans[33]	CVPR21	64.5	—	—	53.6
AAFormer[31]	ArXiv21	67.0	81.5	86.1	58.2
TransRe-ID[30]	ICCV21	66.4	—	—	59.2
DRL-Net[34]	TMM22	65.0	79.3	83.6	50.8
HCGA(本章所提出的算法)		70.2	83.3	87.0	57.5

表 7-3 与最先进的基于 CNN 的算法在 Occluded-Re-ID 上比较(%)

算法	References	*Rank*=1	*Rank*=5
SVDNet[46]	ICCV17	63.1	85.1
MLFN[47]	CVPR18	64.7	87.7
PCB[3]	ECCV18	66.6	89.2
REDA[42]	AAAI20	65.8	87.9
AFPB[10]	ICME18	68.1	88.3
Teacher-S[48]	Arxiv18	73.7	92.9
ISP[13]	ECCV20	86.2	95.4
IGOAS[32]	TIP21	81.1	91.6
HCGA without GAM(本章提提出的算法)		87.2	95.6
HCGA(本章所提出的算法)		88.0	96.0

(2) 在完整数据集上的结果

如表 7-4 和表 7-5 所示，将本章所提出的方法与三种基于部分水平对齐的算法(PCB+RPP，MGN，Relation Net)、三种基于关键点水平对齐的算法(PABR，PGFA，HONet)、四种基于像素水平对齐的算法(SPReID，P2-Net，FPR，ISP)、四种基于注意力的方法(DuATM，MHN-6，SCSN，RGA-SC)等进行比较。基于关键点水平对齐的算法在两个整体数据集上的性能略低于其他算法。这些直接使用预先训练的人体姿态估计模型的方法可能会产生类似的问题。像素级对齐基础方法 MPN 在 Market1501 数据集上 *Rank*=1 达到了 96.4%的性能，在 CUHK03-NP 数据集(基于标签)上 *Rank*=1 达到了 85.0%的性能。然而，MPN 使用了两种额外的信息：人体解析和人体分割。与不同方向上的最新方法相比，本章提出的算法仍然具有可比较的性能。

表 7-4　与最先进的基于 CNN 的算法在 Market1501 上比较(%)

算法	References	Market1501		
		Rank=1	*Rank*=5	*mAP*
PCB+RPP[3]	ECCV18	92.3	97.5	17.4
MGN[49]	MM18	95.7	—	36.9
Relation Net[50]	AAA120	95.2	—	88.9
PABR[51]	ECCV18	11.7	96.9	85.0
PGFA[16]	ICCV19	91.2	—	76.8
HONet[7]	CVPR20	94.2	—	84.9
SPReID[11]	CVPR18	92.5	—	31.3
P2-Net[52]	ICCV19	95.2	98.2	85.6
FPR[53]	CVPR19	25.4	—	36.6
ISP[13]	ECCV20	95.3	98.6	88.6
MPN[54]	PAMI 22	26.3	—	89.4
MPN *[54]	TPAMI 22	96.4	—	90.1
DuATM[55]	CVPR18	91.4	97.1	76.6
MHN-6[23]	ICCV19	95.1	98.1	85.0
SCSN[56]	CVPR20	95.7	—	88.5
RGA-SC[57]	CVPR20	96.1	—	88.4
HCGA without GAM(本章所提出的算法)		95.3	98.4	87.8
HCGA(本章所提出的算法)		95.2	98.2	88.4

表 7-5 与最先进的算法在 CUHK03-NP 上比较(%)

算法	基于检测		基于标签	
	Rank=1	*mAP*	*Rank*=1	*mAP*
PCB+RPP[3]	63.7	57.5	—	—
MGN[49]	66.8	66	68	67.4
Relation Net[50]	74.4	69.6	77.9	75.6
MHN-6[23]	71.7	65.4	77.2	72.4
Auto-ReID[58]	73.3	69.3	77.9	73
ISP[13]	75.2	71.4	76.5	74.1
P2-Net[52]	74.9	68.9	78.3	73.6
BDB+Cut[59]	76.4	73.5	79.4	76.7
DSA-ReID[60]	78.2	73.1	78.9	75.2
Pyramid[61]	78.9	74.8	78.9	76.9
MPN[54]	83.4	79.1	85.0	81.1
HCGA(本章所提出的算法)	76.9	73.2	78.3	75.8

7.4.3 消融实验

(1) 分析不同的 C 的影响。在这一部分中,分析了 C 的选择对 PRNet 解析的粒度以及在 Re-ID 任务上对 HCGA 的影响。如图 7-7 所示,HCGA 对 C 具有鲁棒性。当 C 的值为 4 时,获得了在 Occluded-Duke 数据集上最佳的 *mAP* 和较好的 *Rank*-1 的性能。将行人分为三部分是合理的,因为行人的主要特征是头部、上半身和下半身。因此,对所有数据集选择 $C=4$。

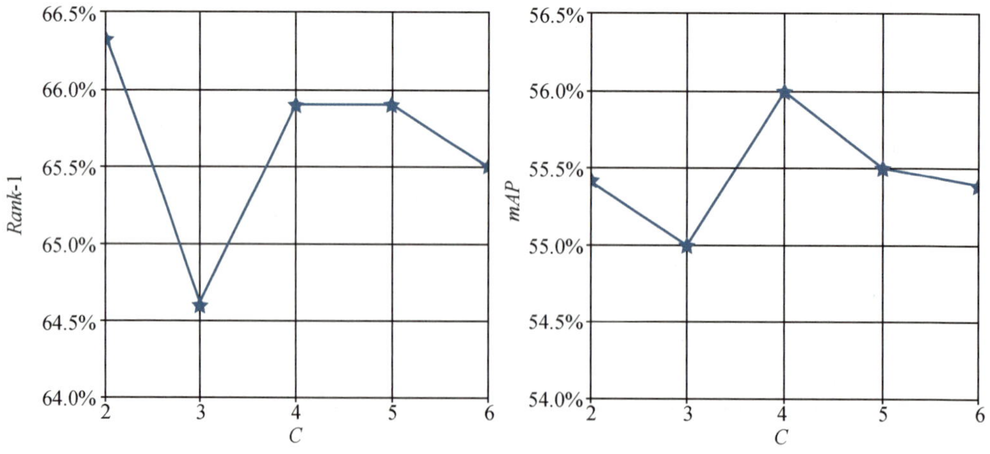

图 7-7 在 Occluded-Duke 数据集上没有 GAM 的 HCGA 对于 C 的分析

(2) 分析分割对 Re-ID 性能的影响。在这一部分中，分析了分割对 Re-ID 性能的影响。为了与类似方法进行比较，我们将 HRNet-W32 设置为基线(Base line)模型，遵循 ISP[13]。"＋Extra info"表示使用由预先训练的人体解析模型 SCHP[62]生成的人体解析结果作为人体解析部分的伪 GT。"＋ISP"表示使用由级联聚类[13]生成的聚类结果作为伪 GT。"＋HCNet"表示使用由 HCNet 生成的共同解析结果作为伪 GT。如表 7-6 所示，使用传统聚类算法对同一 ID 的所有图像的像素进行分类的级联聚类优于直接使用额外语义信息。

表 7-6　分析分割对 Re-ID 性能的影响(%)

算法	CUHK03-Labeled		CUHK03-Detected		Occluded-Duke	
	***Rank*-1**	***mAP***	***Rank*-1**	***mAP***	***Rank*-1**	***mAP***
Baseline	71.9	68.5	67.6	64.7	57.8	49.7
＋Extra info	73.3	71.9	72.2	69.6	61.2	50.2
＋ISP	76.5	74.1	75.2	71.4	62.8	52.3
＋HCNet	77.4	75.7	74.7	71.9	65.9	56.0

(3) 分析邻域 R 的影响。如表 7-7 所示，当扩大 R 的范围时，mAP 明显降低。由于局部空间一致性损失是在降维特征上而不是直接在像素上进行的，因此设置 $R=5$ 会使聚类效果粗糙。因此，我们简单地设置 $R=3$ 以获得良好的结果。

表 7-7　分析邻域 R 在 Occluded-Duke 上的影响(%)

邻域	***Rank*-1**	***Rank*-5**	***Rank*-10**	***mAP***
$R\times R=5\times5$	68.8	81.8	85.3	51.9
$R\times R=3\times3$	70.2	83.3	87.0	57.5

7.5　本章小结

本章在遮挡行人再识别的研究中提出了 HCGA 用于 Re-ID 任务。本章设计局部空间一致性、语义一致性和背景组损失来弱监督 HCGA。由 HCNet 生成的解析结果指导 PRNet 在像素级别对齐。PRNet 使用导向对齐模块来减少分割预测的不确定性。在推理期间，仅使用 PRNet 来获取前景特征和人体部位特征进行匹配。实验结果表明，所提出的框架对于整体和遮挡行人再识别问题都是有效的。此外，可视化结果表明，弱监督的人体协同解析对于遮挡行人再识别具有巨大潜力。

参考文献

[1] GONG S, XIANG T, GONG S, et al. Person re-identification[M]. London: Springer, 2011.

[2] YE M, SHEN J, LIN G, et al. Deep learning for person re-identification: A survey and outlook [J]. IEEE transactions on pattern analysis and machine intelligence, 2021, 44(6): 2872-2893.

[3] SUN Y, ZHENG L, YANG Y, et al. Beyond part models: Person retrieval with refined part pooling (and a strong convolutional baseline)[C]//Proceedings of the European conference on computer vision (ECCV). 2018: 480-496.

[4] ZHAO L, LI X, ZHUANG Y, et al. Deeply-learned part-aligned representations for person re-identification[C]//Proceedings of the IEEE international conference on computer vision. 2017: 3219-3228.

[5] LI D, CHEN X, ZHANG Z, et al. Learning deep context-aware features over body and latent parts for person re-identification[C]//Proceedings of the IEEE conference on computer vision and pattern recognition. 2017: 384-393.

[6] GAO S, WANG J, LU H, et al. Pose-guided visible part matching for occluded person reid [C]//Proceedings of the IEEE/CVF conference on computer vision and pattern recognition. 2020: 11744-11752.

[7] WANG G, YANG S, LIU H, et al. High-order information matters: Learning relation and topology for occluded person re-identification[C]//Proceedings of the IEEE/CVF conference on computer vision and pattern recognition. 2020: 6449-6458.

[8] MIAO J, WU Y, LIU P, et al. Pose-guided feature alignment for occluded person re-identification[C]//Proceedings of the IEEE/CVF international conference on computer vision. 2019: 542-551.

[9] GAO L, ZHANG H, GAO Z, et al. Texture semantically aligned with visibility-aware for partial person re-identification [C]//Proceedings of the 28th ACM international conference on multimedia. 2020: 3771-3779.

[10] HUANG H, CHEN X, HUANG K. Human parsing based alignment with multi-task learning for occluded person re-identification[C]//2020 IEEE international conference on multimedia and expo (ICME). IEEE, 2020: 1-6.

[11] KALAYEH M M, BASARAN E, GÖKMEN M, et al. Human semantic parsing for person re-identification [C]//Proceedings of the IEEE conference on computer vision and pattern recognition. 2018: 1062-1071.

[12] SONG C, HUANG Y, OUYANG W, et al. Mask-guided contrastive attention model for person re-identification[C]//Proceedings of the IEEE conference on computer vision and pattern recognition. 2018: 1179-1188.

[13] ZHU K, GUO H, LIU Z, et al. Identity-guided human semantic parsing for person re-identification[C]//Computer Vision-ECCV 2020: 16th European Conference, Glasgow, UK, August 23-28, 2020, Proceedings, Part III 16. Springer International Publishing, 2020: 346-363.

[14] GÜLER R A, NEVEROVA N, KOKKINOS I. Densepose: Dense human pose estimation in the wild[C]//Proceedings of the IEEE conference on computer vision and pattern recognition. 2018: 7297-7306.

[15] HUNG W C, JAMPANI V, LIU S, et al. Scops: Self-supervised co-part segmentation[C]//Proceedings of the IEEE/CVF Conference on Computer Vision and Pattern Recognition. 2019: 869-878.

[16] MIAO J, WU Y, LIU P, et al. Pose-guided feature alignment for occluded person re-identification[C]//Proceedings of the IEEE/CVF international conference on computer vision. 2019: 542-551.

[17] ZHUO J, CHEN Z, LAI J, et al. Occluded person re-identification[C]//2018 IEEE international conference on multimedia and expo (ICME). IEEE, 2018: 1-6.

[18] ZHENG L, SHEN L, TIAN L, et al. Scalable person re-identification: A benchmark[C]//Proceedings of the IEEE international conference on computer vision. 2015: 1116-1124.

[19] LI W, ZHAO R, XIAO T, et al. Deepreid: Deep filter pairing neural network for person re-identification [C]//Proceedings of the IEEE conference on computer vision and pattern recognition. 2014: 152-159.

[20] ZHONG Z, ZHENG L, CAO D, et al. Re-ranking person re-identification with k-reciprocal encoding[C]//Proceedings of the IEEE conference on computer vision and pattern recognition. 2017: 1318-1327.

[21] YAO H, ZHANG S, HONG R, et al. Deep representation learning with part loss for person re-identification[J]. IEEE Transactions on Image Processing, 2019, 28(6): 2860-2871.

[22] ZHENG F, DENG C, SUN X, et al. Pyramidal person re-identification via multi-loss dynamic training [C]//Proceedings of the IEEE/CVF conference on computer vision and pattern recognition. 2019: 8514-8522.

[23] CHEN B, DENG W, HU J. Mixed high-order attention network for person re-identification [C]//Proceedings of the IEEE/CVF international conference on computer vision. 2019: 371-381.

[24] LI W, ZHU X, GONG S. Harmonious attention network for person re-identification[C]//Proceedings of the IEEE conference on computer vision and pattern recognition. 2018: 2285-2294.

[25] ZHENG M, KARANAM S, WU Z, et al. Re-identification with consistent attentive siamese networks[C]//Proceedings of the IEEE/CVF conference on computer vision and pattern recognition. 2019: 5735-5744.

[26] ZHOU R, CHANG X, SHI L, et al. Person reidentification via multi-feature fusion with adaptive graph learning[J]. IEEE transactions on neural networks and learning systems, 2019, 31(5): 1592-1601.

[27] WANG W, ZHAO F, LIAO S, et al. Attentive waveblock: complementarity-enhanced mutual networks for unsupervised domain adaptation in person re-identification and beyond[J]. IEEE

Transactions on Image Processing, 2022, 31: 1532-1544.

[28] YE M, CHEN C, SHEN J, et al. Dynamic tri-level relation mining with attentive graph for visible infrared re-identification[J]. IEEE Transactions on Information Forensics and Security, 2021, 17: 386-398.

[29] YE M, LI H, DU B, et al. Collaborative refining for person re-identification with label noise[J]. IEEE Transactions on Image Processing, 2021, 31: 379-391.

[30] HE S, LUO H, WANG P, et al. Transreid: Transformer-based object re-identification[C]//Proceedings of the IEEE/CVF international conference on computer vision. 2021: 15013-15022.

[31] ZHU K, GUO H, ZHANG S, et al. Aaformer: Auto-aligned transformer for person re-identification[J]. IEEE Transactions on Neural Networks and Learning Systems, 2023.

[32] ZHAO C, LV X, DOU S, et al. Incremental generative occlusion adversarial suppression network for person ReID[J]. IEEE Transactions on Image Processing, 2021, 30: 4212-4224.

[33] LI Y, HE J, ZHANG T, et al. Diverse part discovery: Occluded person re-identification with part-aware transformer[C]//Proceedings of the IEEE/CVF conference on computer vision and pattern recognition. 2021: 2898-2907.

[34] JIA M, CHENG X, LU S, et al. Learning disentangled representation implicitly via transformer for occluded person re-identification[J]. IEEE Transactions on Multimedia, 2022, 25: 1294-1305.

[35] JI X, HENRIQUES J F, VEDALDI A. Invariant information clustering for unsupervised image classification and segmentation[C]//Proceedings of the IEEE/CVF international conference on computer vision. 2019: 9865-9874.

[36] KIM W, KANEZAKI A, TANAKA M. Unsupervised learning of image segmentation based on differentiable feature clustering[J]. IEEE Transactions on Image Processing, 2020, 29: 8055-8068.

[37] CHEN K, YAO L, ZHANG D, et al. A semisupervised recurrent convolutional attention model for human activity recognition[J]. IEEE transactions on neural networks and learning systems, 2019, 31(5): 1747-1756.

[38] LI Y, HU P, LIU Z, et al. Contrastive clustering[C]//Proceedings of the AAAI conference on artificial intelligence. 2021, 35(10): 8547-8555.

[39] YANG W, LUO P, LIN L. Clothing co-parsing by joint image segmentation and labeling[C]//Proceedings of the IEEE conference on computer vision and pattern recognition. 2014: 3182-3189.

[40] HSU K J, LIN Y Y, CHUANG Y Y. Deepco3: Deep instance co-segmentation by co-peak search and co-saliency detection[C]//Proceedings of the IEEE/CVF conference on computer vision and pattern recognition. 2019: 8846-8855.

[41] HE K, ZHANG X, REN S, et al. Delving deep into rectifiers: Surpassing human-level performance on imagenet classification[C]//Proceedings of the IEEE international conference on computer vision. 2015: 1026-1034.

[42] ZHONG Z, ZHENG L, KANG G, et al. Random erasing data augmentation[C]//Proceedings of the AAAI conference on artificial intelligence. 2020, 34(07): 13001-13008.

[43] HE L, LIANG J, LI H, et al. Deep spatial feature reconstruction for partial person re-identification: Alignment-free approach[C]//Proceedings of the IEEE conference on computer vision and pattern recognition. 2018: 7073-7082.

[44] HE L, SUN Z, ZHU Y, et al. Recognizing partial biometric patterns[J]. arXiv preprint arXiv: 1810. 07399, 2018.

[45] JIA M, CHENG X, ZHAI Y, et al. Matching on sets: Conquer occluded person re-identification without alignment[C]//Proceedings of the AAAI conference on artificial intelligence. 2021, 35(2): 1673-1681.

[46] SUN Y, ZHENG L, DENG W, et al. Svdnet for pedestrian retrieval[C]//Proceedings of the IEEE international conference on computer vision. 2017: 3800-3808.

[47] CHANG X, HOSPEDALES T M, XIANG T. Multi-level factorisation net for person re-identification[C]//Proceedings of the IEEE conference on computer vision and pattern recognition. 2018: 2109-2118.

[48] ZHUO J, LAI J, CHEN P. A novel teacher-student learning framework for occluded person re-identification[J]. arXiv preprint arXiv: 1907. 03253, 2019.

[49] WANG G, YUAN Y, CHEN X, et al. Learning discriminative features with multiple granularities for person re-identification[C]//Proceedings of the 26th ACM international conference on Multimedia. 2018: 274-282.

[50] PARK H, HAM B. Relation network for person re-identification[C]//Proceedings of the AAAI conference on artificial intelligence. 2020, 34(7): 11839-11847.

[51] SUH Y, WANG J, TANG S, et al. Part-aligned bilinear representations for person re-identification[C]//Proceedings of the European conference on computer vision (ECCV). 2018: 402-419.

[52] GUO J, YUAN Y, HUANG L, et al. Beyond human parts: Dual part-aligned representations for person re-identification[C]//Proceedings of the IEEE/CVF international conference on computer vision. 2019: 3642-3651.

[53] HE L, WANG Y, LIU W, et al. Foreground-aware pyramid reconstruction for alignment-free occluded person re-identification[C]//Proceedings of the IEEE/CVF international conference on computer vision. 2019: 8450-8459.

[54] DING C, WANG K, WANG P, et al. Multi-task learning with coarse priors for robust part-aware person re-identification[J]. IEEE Transactions on Pattern Analysis and Machine Intelligence, 2020, 44(3): 1474-1488.

[55] SI J, ZHANG H, LI C G, et al. Dual attention matching network for context-aware feature sequence based person re-identification[C]//Proceedings of the IEEE conference on computer vision and pattern recognition. 2018: 5363-5372.

[56] CHEN X, FU C, ZHAO Y, et al. Salience-guided cascaded suppression network for person re-

identification[C]//Proceedings of the IEEE/CVF conference on computer vision and pattern recognition. 2020：3300-3310.

[57] ZHANG Z, LAN C, ZENG W, et al. Relation-aware global attention for person re-identification [C]//Proceedings of the ieee/cvf conference on computer vision and pattern recognition. 2020：3186-3195.

[58] QUAN R, DONG X, WU Y, et al. Auto-reid：Searching for a part-aware convnet for person re-identification[C]//Proceedings of the IEEE/CVF International Conference on Computer Vision. 2019：3750-3759.

[59] DAI Z, CHEN M, GU X, et al. Batch dropblock network for person re-identification and beyond [C]//Proceedings of the IEEE/CVF international conference on computer vision. 2019：3691-3701.

[60] ZHANG Z, LAN C, ZENG W, et al. Densely semantically aligned person re-identification[C]// Proceedings of the IEEE/CVF conference on computer vision and pattern recognition. 2019：667-676.

[61] ZHENG F, DENG C, SUN X, et al. Pyramidal person re-identification via multi-loss dynamic training[C]//Proceedings of the IEEE/CVF conference on computer vision and pattern recognition. 2019：8514-8522.

[62] LI P, XU Y, WEI Y, et al. Self-correction for human parsing[J]. IEEE Transactions on Pattern Analysis and Machine Intelligence, 2020, 44(6)：3260-3271.

“茶”过三巡，老福和阿济博士仍在不知疲倦地思考、讨论，湄潭翠芽的茶叶在多次冲泡下也逐渐没了味道。这时，老福站起身来，在大衣兜里摸出了一盒包装精美的茶叶，说道:“阿济啊，我来你这一趟，也不能光享受，快来尝尝我收藏的好茶!”

阿济教授眼尖，一眼就看出了门道，笑道:“六安瓜片!听你吹了半年了，终于把宝贝拿出来了。听说这茶的加工非常复杂，从鲜叶到成品茶至少要经过一周的时间，尤其是讲究烘焙火功的拿捏，老一分则苦，嫩一分则涩。”

老福点了点头:“要不说是宝贝呢，但是话说回来，复杂有时也不一定是好事。第 7 章我们提出的遮挡行人再识别方法还是略微复杂，有没有更加简单、直接的方法呢?”

阿济想了想，说道:“或许我们可以把第 6 章的思路加以改进，让网络更加智能化，那本章就讨论讨论这个改进方法。”

CHAPTER
8

第 8 章

自适应遮挡数据增强的遮挡行人再识别

8.1 引言

本章将继续探索遮挡行人再识别问题，探究在不同图像及网络状态下，如何合理地利用遮挡增强来增强识别网络对于遮挡情况的鲁棒性。在第 5 章中提到，遮挡增强方法本质上就是一种模拟现实场景遮挡的数据增强方法，它通过增加训练样本的数量与识别难度使网络适应遮挡，并利用有限的行人特征进行识别。但这类方法存在一定的问题：一是在训练过程中，网络不断更新，网络的最佳遮挡增强策略也在变化；二是除了 Re-ID 模型的状态外，最佳的遮挡策略也取决于行人图像的内容。因此我们相信，如果有一种方法能改善这两个问题，那么一定可以有效地提升 Re-ID 网络的性能。

本章提出了基于图像内容自适应的遮挡增强网络(CAAO)，根据当前的模型训练状态和图像内容，自适应地定位最合适的遮挡位置和幅度。利用基于策略的强化学习方法训练一种在线训练模式。在整个训练过程中，再识别网络和遮挡控制器交替更新，允许网络根据当前 Re-ID 网络的训练状态来修改遮挡分布。同时，根据马尔可夫决策过程精细地设计了遮挡控制器模块的结构及其训练方式，使该模块能够产生内容自适应的遮挡分布。在遮挡数据集和完整数据集上的定量实验证明了我们提出的网络有效性。特别是在两个遮挡数据集 Occluded-DukeMTMC 和 P-DukeMTMC 上，CAAO 与最先进的方法相比具备有竞争力的性能。

8.2 相关技术

8.2.1 遮挡行人再识别

第 6～7 章已对遮挡行人再识别有了较为系统和清晰的介绍，本章将从不同的角度对已提出的遮挡行人再识别问题进行分类，并分析这些方法尚未解决的一些问题。

第一类方法[1-6]也是主要的一类方法，其依赖额外的线索，使用诸如姿势检测或前景分割的方法来对齐检测到的人体。利用辅助模型来获得一些额外的语义信息，如姿势检测方法来检测人体的关键点信息。其中，有些方法[2]利用图卷积网络对基于关键点的局部语义的高阶关系进行建模，以实现鲁棒的对齐。还有一些方法[3]用姿势引导的注意力联合学习判别特征，并在一个端到端的框架中预测局部特征的可见度。然而，这些方法的性能高度依赖于辅助模型的准确性。在严重遮挡的场景中，由于可见部分的位置更加复杂，Re-ID 模型的性能会因为提取的额外线索的质量下降而受到影响。同时，这些方法在推理期间引入了额外的计算消耗。

第二类方法采用部分对部分的匹配策略，根据局部特征的相似性建立部分对齐关系。例如，有些方法[7]在一个统一的框架中整合了稀疏重建学习和深度学习。有些方法[8]提出了一个 VPM 模型，它可以通过自我监督来学习定位行人图像上的可见区域。

然而，Yan 等与 Li 等的文献[9,10]中提到，这些方法在只有查询集有遮挡的情况下效果很好。当查询集和图库集都包含遮挡的图像时，这类方法不能很好地对齐身体部位，并且会引入大量的背景噪声。

最近，使用遮挡增强方法来模拟真实场景中的遮挡技术逐渐成熟并被证明是十分有效的。OAMN[11]将现实场景中的遮挡分为四个区域和两个区域，并对每张图像的这些位置进行擦除。CBE 模块[9]将批量级擦除与图像级擦除相结合，这有助于产生在不同大小的身体部位有闭塞的图像。IGOAS[12]提出了一个增量生成的遮挡块，生成从易到难的遮挡数据，使网络更加强大。FED 网络[13]使用从训练集裁剪出来的图像块进行随机遮挡，并生成遮挡 Mask 来指导后续网络的学习。

然而，随机遮挡增强方法仍有两个问题。其一，在训练过程中，网络不断被更新，导致网络的最佳遮挡策略也在变化。现有的遮挡增强方法是基于人工设计的，不能根据网络状态的变化动态地调整合适的遮挡策略；其二，除了 Re-ID 模型的地位外，可认为最佳的遮挡增强策略还取决于不同行人图像的内容。如图 8-1 所示，遮挡太简单会导致网络将注意力集中在图像的小的子区域而不是整个人体，而遮挡太困难会使网络的注意力发生偏移，转移到信息量较少的区域，这两种情况都导致了网络识别能力的下降。因此，必须根据图像的内容找到一个合适的区域进行遮挡。现有的方法只是从预先定义的全局策略分布中随机选择一个增强策略，而没有自适应地考虑每个图像的内容。这些方法将任意数量的增强样本添加到训练数据中，并简单地将所有这些样本纳入训练，而没有调查实际需要多少个增强样本。8.3 节将详细介绍解决方案。

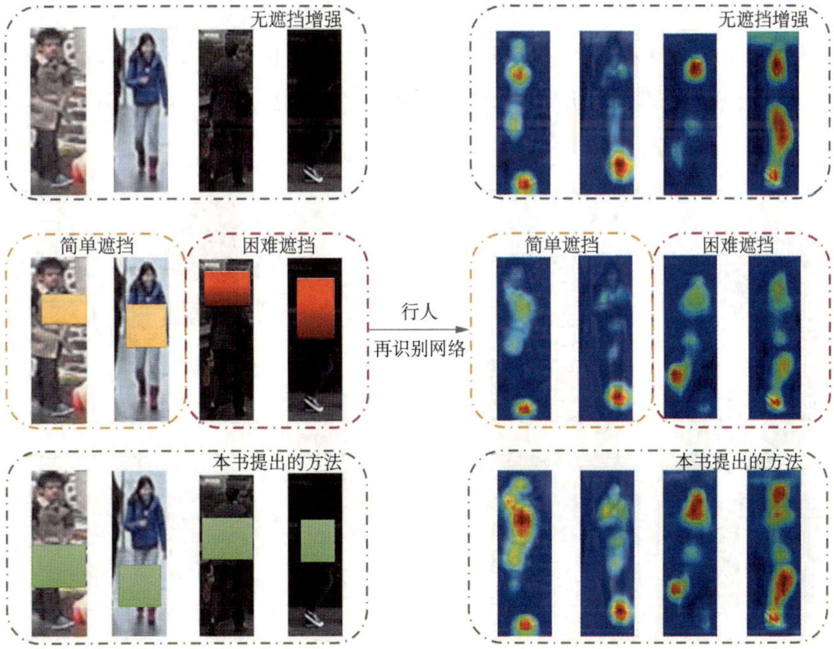

图 8-1　不同的图像遮挡增强(OA)对 Re-ID 网络的影响示意

8.2.2 自动数据增强

事实证明,数据增强可以提高神经网络的泛化性能,在数据量有限的情况下尤其有效。AutoAugment[14]是第一个自动搜索有效数据增强的工作。此后,数据增强策略搜索成为一个热门的研究方向,本书根据训练模式大致将其分为以下两种类型。

(1) 离线自动数据增强。离线自动数据增强方法将增强网络与目标网络分开训练。有些工作[15-17]利用部分训练数据或轻量级模型来评估增强策略并降低计算成本。其他一些方法[18,19]减少了搜索空间的大小,因此他们可以直接在目标网络上搜索。然而,这些离线方法无法在目标网络的训练阶段适应性地调整增强策略。

(2) 在线自动数据增强。在线自动数据增强方法将联合优化增强器和目标网络。有些方法[20-22]采用了对抗性训练的思想。Adversarial AutoAugment[22]应用了强化学习的思想,逐渐增加数据增强的难度以达到最佳效果。PointAugment[21]通过考虑点云数据特有的底层几何结构,学习一个样本感知的增强函数。在这项工作中,我们使用了在线自动数据增强的方法,并首次将其应用于闭塞人物识别的遮挡增强问题。与大多数自动数据增强工作不同,我们的增强网络是内容自适应的。

8.3 基于图像内容自适应遮挡数据增强的行人再识别网络

8.3.1 总体框架

CAAO 的主要结构如图 8-2 所示。CAAO 主要由 Re-ID 网络 $\phi(\cdot, w)$和自动遮挡控制器模块(AOC) AOC$(\cdot, \theta)$组成,w 和 θ 分别表示两个结构的参数。8.3.2 小节将介绍 Re-ID 网络的主要结构。8.3.3 小节将详细阐述 AOC 模块的结构和强化学习训练过程。

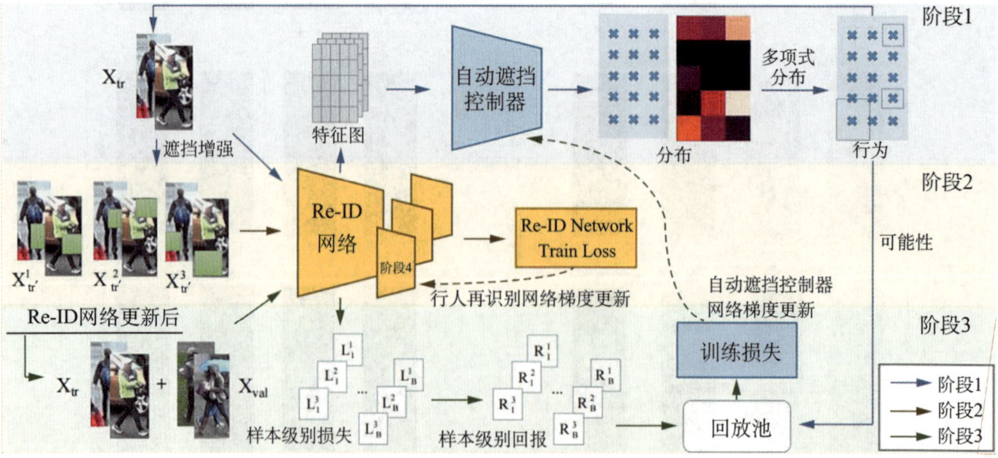

图 8-2 CAAO 网络结构示意

图 8-2 中，CAAO 的训练过程包含三个阶段。阶段 1：AOC 模块根据 Re-ID 网络获得的特征图对训练图像进行 OA 处理。他们的特征图由 Re-ID 网络获得。阶段 2：Re-ID 网络用增强的图像进行更新。阶段 3：更新后的 Re-ID 网络的损失被作为反馈奖励来训练 AOC 模块。在线训练策略的细节将在 8.3.4 小节说明。CAAO 网络的总体目标函数在 8.3.5 小节阐述。为了便于理解，在本节中，用上标表示 Re-ID 网络的不同分支或一个图像的不同 OA 策略，用下标表示一个训练 Batch 中的不同图像。

8.3.2　网络结构

本小节介绍 CAAO 中 Re-ID 网络的主要结构。

在线强化学习训练方法同时优化了 Re-ID 网络和 AOC 模块，这导致 AOC 模块对 Re-ID 网络的某一状态缺乏探索。在 RL 过程中，训练单一的 Re-ID 网络也无法解决数据相关性对 AOC 的影响。Asynchronous Advantage Actor-Critic (A3C) 算法[23]通过并行执行多个 Agent，在环境的多个实例上增强 RL 的探索和学习能力，以解决这些问题。同时，由多个代理产生的数据可以减少数据的相关性，从而更好地训练 RL 网络。受 A3C 算法的启发，CAAO 优化了多个 Re-ID 网络，并同时用不同的 OA 策略增强图像。这种网络设置可以在每次迭代中探索更多的 OA 策略，并获取准确的奖励值，以帮助 AOC 模块更稳定、更准确地收敛（详见 8.3.3 小节）。

为了实现异步强化学习训练，在 ResNet-50 Re-ID 主干上进行了一些结构修改。为了节省计算成本，CAAO 不直接训练几个完全独立的 Re-ID 网络。CAAO 网络的阶段 1～3 将共享相同的参数，ResNet-50 的阶段 4 将被扩展为 N 个分支。这 N 个分支中的每一个都将被不同的 OA 动作处理过的同一图像更新。Re-ID 网络的其他一些实施细节将在实验章节中详细说明。

8.3.3　自动遮挡控制器

本小节介绍自动遮挡控制器（Auto-Occlusion Controller, AOC）模块。

AOC 能够自动找到最合适的子区域来进行特定图像的遮挡增强，该模块是以强化学习的方式训练的。AOC 的详细结构如图 8-3 所示。

受 Tang 等[20]启发，使用一个三层多层感知器网络（MLP）来实现 AOC 模块。强化学习将 AOC 的决策过程建模为马尔科夫决策过程（MDP）[24]，包括四个因素，表示为四元组（S, A, P, R）。在 RL 框架中，代理人根据当前状态 S 采取行动 A，并得到政策 $S\times A\rightarrow[0, 1]$。在采取行动后，代理人用奖励 $r: S\times A\in R$ 优化 RL 网络，然后环境移动到下一个状态，过渡函数表示为 $P: S\times A\times S\rightarrow[0, 1]$。本小节将从强化学习过程中的状态、行为和回报方面详细介绍 AOC 模块。

（1）状态。AOC 模块的状态包含两部分：当前训练图像和当前 Re-ID 网络状态。由于 Re-ID 网络获得的每幅图像的特征图包含了网络状态的信息，而在我们提出的在

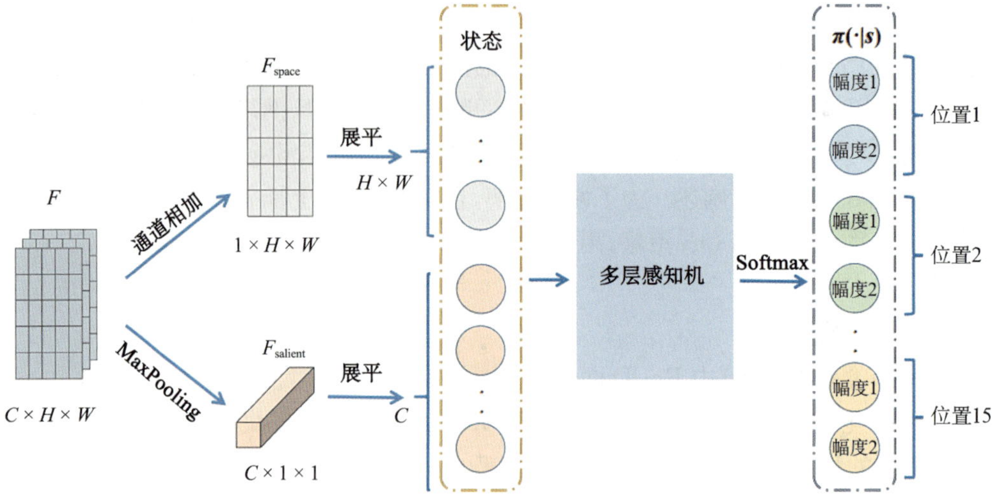

图 8-3　自动遮挡增强控制器(AOC)模块的具体结构

线训练策略下,AOC“充分拟合”以考虑当前的训练状态,因此可简单地采用每幅图像的特征图作为 AOC 状态。具体来说,本书使用从 Re-ID 网络中提取的深度特征图 $F \in R^{B\times C\times H\times W}$ 作为 AOC 模块的输入,其中 B 表示批次大小,C, H, W 分别表示通道、高度、宽度三个维度。

为了同时考虑特征的空间分布和每个图像的显著特征,我们通过对 F 进行以下两个处理来获得 MDP 的状态。

① 将 F 的每个通道维度的特征相加,得到特征的空间分布为 $F_{\text{space}} \in R^{B\times C\times H\times W}$。

② 对 F 进行最大池化操作,得到图像突出特征 $F_{\text{salient}} \in R^{B\times C\times 1\times 1}$。状态 S 定义为

$$S=\text{Concat}[\text{Flatten}(F_{\text{space}}),\ \text{Flatten}(F_{\text{salient}})] \tag{8-1}$$

式中,Flatten()函数将特征折叠成 1 维,之后 Concat()函数将每个图像折叠后的 F_{space} 和 F_{salient} 连接成状态 S。

(2) 行为。对于网络,行为指的是 AOC 模块选择遮挡的不同图像子区域。具体来说,对于任何具有固定尺寸的图像,我们定义了有限数量的锚点,均匀地分布在图像上,策略被建模为从以给定图像为条件的分类分布中抽取锚点位置和以锚点为中心的矩形面积。为了精确定位这些遮挡位置和区域,OA 的参数设置将比以前的工作更加精细。按照人体部位的分离,我们在图像的垂直方向上设置 5 个锚点,在水平方向上设置 3 个锚点。以每个锚箱为中心的矩形子区域进行闭塞,有两个备选闭塞区域,即图像区域 S 的 1/8 和 1/4。因此,AOC 模块的整体策略搜索空间的大小为 $5\times3\times2=30$。

在图 8-2 中,我们为每个图像选择多个 OA 行为,并将不同的增强图像分别送入 Re-ID 网络的不同分支。Policy 分布 $\pi_\theta(\cdot \mid S_i)$和分支 j 上的图像 X_i 的行动 A_{ij} 可以得到

$$\pi_\theta(\cdot \mid S_i)=\text{Softmax}[MLP(S_i)]$$

$$A_i^1, A_i^2, \cdots, A_i^N = \text{Multinomial}[\pi_\theta(\cdot \mid S_i), N] \tag{8-2}$$
$$A_i^j = [(x_i^j, y_i^j), area_i^j]$$

式中,N 是 Re-ID 网络的分支数量;Multinomial()函数以各个 Action 的概率挑选 N 个遮挡策略;(x_i^j, y_i^j)和 $area_i^j$ 分别指锚点坐标和所选 OA 策略的面积。

本节还将详细阐述如何在给定的采样动作中对图像进行 OA。遮挡 Patch 的选择大致可以分为两种方法:①传统的数据增强方法[25-27],以及一些 Re-ID 方法[9,10,12]使用 0 或随机像素来擦除图像的区域,这些方法被证明在训练神经网络上是有效的;②其他一些方法[11,13]将训练图像中的斑块裁剪为遮挡,并将其覆盖到目标区域。本书对这两种方法都进行了实验,以获得更好的性能。

遮挡增强的过程有以下步骤。

① 根据动作$\{A_i^1, A_i^2, \cdots, A_i^N\}$,可以得到图像 X_i 的 N 个锚点 $(x_i, y_i)=\{(x_i^1, y_i^1), (x_i^2, y_i^2), \cdots, (x_i^N, y_i^N)\}$ 和面积 $area_i=\{area_i^1, area_i^2, \cdots, area_i^N\}$。

在这一步,为 OA 操作生成遮挡 Patch。如果使用随机生成的遮挡补丁,将补丁的 R、G 和 B 通道分别设置为[0, 255]区间的随机值。否则,如果使用从训练集 X_{tr} 裁剪的遮挡补丁,按照 Chen 等[11]的设置,在 X_{tr} 中选择一个随机图像,在这个图像的任意四个角裁剪一个矩形遮挡补丁 p,该补丁的面积可以通过 $\text{area}'=\min(area_i)\times\xi$ 得到,其中 $\xi \sim U(0.02, 0.2)$。值得注意的是,输入不同 Re-ID 网络分支中的同一图像会选择相同的遮挡 Patch。

② 根据采样行为中定义的位置和面积,对获得的遮挡 Patch 进行重新缩放和放置。具体来说,遮挡 Patch 被放大到高度和宽度分别为 $p_h=\sqrt{area_i^j \times \varepsilon}$ 和 $p_w=\sqrt{area_i^j/\varepsilon}$,其中 $\varepsilon \sim U(0.8, 1.25)$,然后将其中心置于被增强图像的坐标处。同一图像的不同增强与不同的采样动作分别被送入不同的 Re-ID 骨干分支。

(3) 奖励。奖励函数对于指导 AOC 模块学习正确的遮挡增强分布至关重要。受 Zhang 等[22]的启发,在没有 OA 的图像上,由 Re-ID 网络更新的、带有某些动作的图像的交叉熵损失被用作这些动作对应的奖励。

训练集 X_{tr} 和验证集 X_{val} 的损失从不同方面评估了增强图像的有效性。一方面,训练集 X_{tr} 的损失评估 Re-ID 模型在增强图像上的收敛程度和速度。另一方面,验证集 X_{val} 的损失评估了用某些增强图像训练的 Re-ID 模型在其他样本上的泛化程度。因此,训练损失和验证损失都被用来作为训练 AOC 模块的奖励。具体来说,每 K 个批次从训练集中分离出一个数据批次,作为验证集来计算奖励。因此,奖励是 Re-ID 网络的训练和验证损失的加权平均数,参数 w_{e+1} 是由 w_e 用某种 Action 增强的图像更新后得到的。关于奖励的更多细节见 8.3.4 小节。

$$R_i^j = \text{Reward}(X_{tr}^i, w_e, A_i^j) + \alpha \text{Reward}(X_{val}^i, w_e, A_i^j)$$
$$\text{Reward}(X_i^j, w_e, A_i^j) = -\text{Norm}\left\{ l[\phi(X_i^j, w_{e+1}), y_i] - \frac{1}{N}\sum_{k=1}^{N} l[\phi(X_i^k, w_{e+1}), y_i] \right\} \tag{8-3}$$

$$w_{e+1} = w_e - \beta \nabla_w L_w(X_i^j, A_i^j)$$

式中，$l()$函数表示 softmax 损失函数；Norm()函数将不同分支计算的同一图像的 N 个奖励值归一化，以平衡 AOC 模块中每个图像样本的影响；L_w 是 Re-ID 网络的损失；Reward()函数计算每个动作的奖励值，并在 X_{tr} 和 X_{val} 中对原始图像进行相应的预测损失；α 是一个参数，可以自适应地平衡训练集和验证集对 AOC 模块的影响，其公式为

$$\alpha = \frac{\text{Avg}\{l[\phi(X_{val}, w_{e+1}), y_{val}]\}}{\text{Avg}\{l[\phi(X_{tr}, w_{e+1}), y_{tr}]\}} \tag{8-4}$$

式中，Avg()是一个平均函数。当 α 增加时，表明 Reward(X_{val})的数值较小，α 增加了 X_{val} 对 AOC 模块的影响。

8.3.4 在线训练策略

CAAO 网络训练流程见算法 8-1。

算法 8-1 CAAO 网络训练流程

Initialization: ReID network $\phi(\cdot, w)$, AOC module AOC$(\cdot, \theta)$, Replay Buffer RB
Input: Training image **I**, Ground-truth labels **y**, AOC update frequency **f**, Validation set fix frequency save_valid
for $l \leqslant e \leqslant epoches$ **do**
  if $batch\_id == save\_valid$ **then**
   Fix a batch of images ax $\mathbf{X}_{val}$ from **I**; Continue;
  end
  else
   Select a batch of images $\mathbf{X}_{tr}$ from **I**;
  end
  /* **Phase 1** */
  F ← $\phi(X_{tr}, w)$; $\pi_\theta)(\cdot|s)$ ← AOC(F);
  for i *in Num* ($\mathbf{X}_{tr}$) **do**
   $A_i^1, A_i^2 ... A_i^N$ ← Multinomial ($\pi_\theta(\cdot|S_i), N$);
   $\mathbf{X}_{tr_i'}^1, \mathbf{X}_{tr_i'}^2 ... \mathbf{X}_{tr_i'}^N$ ← OA($\mathbf{X}_{tr_i}, A_i^1, A_i^2 ... A_i^N$)
   RB ← $\pi_\theta(A_i^1|S_i), \pi_\theta(A_i^2|S_i) ... \pi_\theta(A_i^N|S_i)$
  end
  /* **Phase 2** */
  L_{id_total}, L_{kd} ← $\phi(\mathbf{X}_{tr'}^1, \mathbf{X}_{tr'}^2, ... \mathbf{X}_{tr'}^N, w)$;
  Optimize $\phi(\cdot)$ according to Eq. 11;
  /* **Phase 3** */
  for i *in Num* ($\mathbf{X}_{tr}$) **do**
   $L_i^1, L_i^2, ... L_i^N$ ← $\phi(\mathbf{X}_{tr_i}, X_{val_i}, w)$;
   $R_i^1, R_i^2, ... R_i^N$ ← $L_i^1, L_i^2, ... L_i^N$ via Eq. 3;
   RB ← $R_i^1, R_i^2, ... R_i^N$
  end
   Optimize AOC$(\cdot)$ via Eq. 12; Empty RB;
end
return $\phi(\cdot)$

为了在训练过程中不断微调增强的网络并降低计算成本，我们利用在线训练策略，联合优化 Re-ID 网络和 AOC 模块。算法 8-1 概述了在线训练策略。具体来说，在线训练过程包含以下三个阶段。

(1) 阶段 1(Phase 1)：为了得到遮挡增强图像，图像 X_{tr} 首先被送入 Re-ID 网络的前四层，得到深度特征图 F。然后，如第 8.3.1 小节所述，将 F 送入 AOC 网络得到的策略分布中，按概率抽取 N 个不同的 Action。最后，同一组训练数据 X_{tr} 被 N 个 Actions 增强，得到 N 个具有不同遮挡增强的训练批次，表示为 $X_{tr'}^{1}$，$X_{tr'}^{2}$，…，$X_{tr'}^{N}$。

(2) 阶段 2(Phase 2)：Re-ID 网络用获得的增强图像进行更新。N 个 batch 的增强图像 $X_{tr'}^{1}$，$X_{tr'}^{2}$，…，$X_{tr'}^{N}$ 被送入 Re-ID 网络的 N 个不同分支，输出 N 组预测值。识别损失 L_{id} 被应用于 Re-ID 网络的所有分支，公式为

$$L_{id}=\frac{1}{B}\sum_{i=1}^{B}L_{softmax}[\phi(X_i, w), y_i] \tag{8-5}$$

式中，B 为批次的数量；$L_{softmax}$ 为 Softmax 损失函数。同时，使用融合后的特征(即来自所有分支的 Re-ID 特征的串联)去计算一个额外的 Softmax 损失。这也是测试阶段使用的最终 Re-ID 特征。识别损失 L_{id_total} 的计算方法为

$$L_{id\_total}=\sum_{i=1}^{N}L_{id}^{i}+L_{id}^{fusion} \tag{8-6}$$

为了完成用不同的增强图像训练的 Re-ID 网络分支之间的知识共享，并进一步提高泛化能力，我们引入了一个蒸馏损失，以确保每个分支的识别性能没有显著差异。蒸馏损失 L_{kd} 的计算方式为

$$L_{kd}=\sum_{k=1}^{N}\sum_{j=1}^{N}\sum_{i=1}^{B}\mathrm{KL}\{[\phi(X_i^j, w)/T],[\phi(X_i^k, w)/T]\} \tag{8-7}$$

式中，KL()是 Kullback-Leibler 分歧函数；T 是用于软化预测标签的温度参数。在优化时，我们只计算 KL()函数中前项的梯度，而忽略后项的梯度。

(3) 阶段 3(Phase 3)：在更新 Re-ID 网络后，X_{tr} 和 X_{val} 被输入 Re-ID 网络，以获得式(8-3)中的奖励。然后，奖励、状态和行动被存储在缓冲区中。经过几次迭代后，数据被从缓冲区中取出，用于训练 AOC 模块。我们用 REINFORCE 算法训练控制器的参数 θ，具体为

$$\begin{aligned}\theta^{*}&=\operatorname{argmax}\sum_{i=1}^{B}\sum_{j=1}^{N}R_i^j\pi_\theta(A_i^j \mid S_i)\\ \nabla_\theta\sum_{i=1}^{B}\sum_{j=1}^{N}R_i^j\pi_\theta(A_i^j \mid S_i)&=\sum_{i=1}^{B}\sum_{j=1}^{N}R_i^j\ \nabla_\theta\log\pi_\theta(A_i^j \mid S_i)\\ \theta_{e+1}&=\theta_e+\eta\sum_{i=1}^{B}\sum_{j=1}^{N}R_i^j\ \nabla_\theta\log\pi_\theta(A_i^j \mid S_i)\end{aligned} \tag{8-8}$$

因此,AOC 模块的训练损失可以表示为

$$L_{\text{policy}}=\sum_{i=1}^{B}\sum_{j=1}^{N}-\log\pi_{\theta}(A_i^j \mid S_i)\times R_i^j \tag{8-9}$$

为了避免 AOC 模块在训练的初始阶段陷入局部最优,引入如下的平均熵损失

$$L_{\text{entropy}}=-\sum_{i=1}^{B}\log\pi_{\theta}(a \mid S_i)\pi_{\theta}(a \mid S_i) \tag{8-10}$$

AOC 模块的参数更新后,缓冲区将被清空。

8.3.5 总体目标函数

本小节分别总结了 Re-ID 网络和 AOC 模块的目标函数。Re-ID 网络的损失 L_w 可以写成

$$L_w=\lambda_1 L_{\text{id\_total}}+\lambda_2 L_{\text{kd}} \tag{8-11}$$

式中,λ_1 和 λ_2 是控制两个损失之间权衡的超参数。AOC 模块的损失函数可以写成

$$L_{\theta}=L_{\text{policy}}+\lambda_3 L_{\text{entropy}} \tag{8-12}$$

式中,超参数 λ_3 保证了早期训练阶段的充分探索,使 AOC 模块朝着正确的方向发展,同时保证了训练后期阶段的高性能,以充分利用学到的策略。

8.4 实验结果与分析

本节比较了现有的最先进的被遮挡 Re-ID 方法,并进行了广泛的消融研究,以分析每个组件的影响。

8.4.1 数据集及评价标准

在五个广泛使用的数据集上进行了充分的实验,数据集的详情如下。

(1) Occluded-Duke 是最近由 Miao 等[1]提出的。在这个数据集中,所有的查询图像都被各种各样的遮挡物所遮挡,而图库图像则同时包含了整体图像和遮挡图像。它包含 15 618 张训练图像、2 210 张被遮挡的查询图像和 17 661 张图库图像,是遮挡行人再识别问题中最大的数据集。

(2) P-DukeMTMC 是由 Zhuo 等[28]提出的。它是 DukeMTMC 数据集的另一个子集,包括 665 个身份的 12 927 张训练图像、634 个身份的 2 163 张查询图像,以及 9 053 张图库图像。它们包含了目标人物在公共场合被不同类型的遮挡物遮挡的图像,例如人、行李、汽车和挡板。

(3) Occluded-Re-ID[29]是由校园里的移动摄像头拍摄的，由 2 000 张属于 200 个身份的注释图像组成。在该数据集中，每个身份都有 5 张全身的人像和 5 张不同类型的遮挡的人像。

(4) Market1501[29]是一个大型数据集，包含 1 501 个身份。该数据集被分成两个固定部分：751 个身份的 12 936 张图片用于训练，751 个身份的 19 732 张图片用于测试。

(5) DukeMTMC-Re-ID[30,31]包含 36 411 张从八个不同角度拍摄的具有 1 812 个身份的图像。其中有 16 522 张具有 702 个身份的图像用于训练，17 661 张具有 1 110 个身份的图像用于测试，其他 2 228 张具有 702 个身份的图像用于查询。

使用 $Rank=1$ 和平均精度(mAP)来评估所提出的方法的性能。所有的实验都是在一个单一的查询环境下进行的。

8.4.2 实验设置

本书所提方法的实现基于 TorchRe-ID[32]，这是一个用 PyTorch 编写的框架，广泛用于 Re-ID 任务。实验细节列举如下。

(1) Re-ID 网络结构：在这项工作中，我们将分支数 N 设置为 3。为了提高 Re-ID 网络的判别能力，并为 AOC 模块提供更准确的特征图，删除了阶段 4 第一个残差中的下采样操作，并在 ResNet 网络的浅层中加入了 Soft Spatial-Channel Attention(SSCA，软空间-通道注意力机制)[33]模块。当使用 Vision Transformer(ViT)作为主干网络时，我们将 ViT 的最后三个块扩展为不同的分支，并保留在一些文献[13,34]所采用的其他实验设置中。当使用 ViT 作为骨干网络时，不使用滑动窗口的设置。

(2) AOC 模块结构：AOC 模块由一个 3 层 MLP 实现。具体来说，它以 2 240 维(2 048 个突出特征和 24 个 8 元的空间特征)状态作为输入，输出 30 维的策略分布。在每个线性层之后都会应用批量归一化和 ReLU 函数。

(3) 训练细节：在实验中，输入图像的大小被调整为 384×128，并通过随机翻转和颜色抖动进行增强。我们将批次大小和训练周期设置为 50 和 120。从训练集中抽出一批图像，并在每 160 次迭代中固定为 Xval。Re-ID 网络和 AOC 模块的学习率初始化为 3e−4，在第 25 个和 45 个 Epoch 中衰减到 0.1。我们为每个批次优化 Re-ID 网络，每 5 个批次使用存储在缓冲区的数据训练 AOC 模块。在 AOC 参数更新后，存储缓冲区将被清空。值得注意的是，式(8-7)中的温度参数 T 设定为 12。式(8-11)和式(8-12)中的 λ_1、λ_2 和 λ_3 分别设置为 1、1 和 1e−4。

8.4.3 实验结果

为了验证本书提出的方法在闭塞和整体的人物识别问题上的有效性，将本书提出的方法与几种最先进的方法进行了比较。

表 8-1 和表 8-2 所示为在两个大型遮挡 Re-ID 数据集 Occluded-Duke，

P-DukeMTMC 和一个小型遮挡 Re-ID 数据集 Occluded-Re-ID 上比较并总结的工作结果。表 8-3 显示了本书提出的方法与其他方法在两个整体数据集上的表现。将 CAAO 与以下四类 Re-ID 方法进行比较：整体 Re-ID 方法[34-36]、局部 Re-ID 方法[7,37,38]、将遮挡增强作为主要贡献的遮挡 Re-ID 方法[11-13,27,39]（简称遮挡 Re-ID 方法）和其他遮挡 Re-ID 方法（简称其他方法）。

表 8-1　在 Occluded-Duke 和 P-DukeMTMC 数据集上的性能对比(%)

算法	Occluded-Duke		P-DukeMTMC	
	***Rank*=1**	***mAP***	***Rank*=1**	***mAP***
PCB[36]	42.6	33.7	79.4	63.9
TransReID *[34]	64.2	55.7	—	—
Teacher-S[40]	—	—	51.4	—
PVPM[3]	47.0	37.7	85.1	69.9
PGFA[1]	51.4	37.3	85.7	72.4
HOReID[2]	55.1	43.8	72.3	62.9
RFCnet[5]	54.6	46.1	—	—
ISP[41]	62.8	52.3	—	—
PAT*[10]	64.5	53.6	—	—
Yang. et[6]	62.2	46.3	—	—
PGFL-KD[42]	63.0	54.1	—	—
QPM[43]	66.7	53.3	90.7	75.3
MoS[44]	66.6	55.1	—	—
Ad-Occluded[39]	44.5	32.2	—	—
OAMN[11]	62.6	46.1	—	—
IGOAS[12]	60.1	49.4	86.4	75.0
FED*[13]	68.1	56.4	—	—
基线 CAAO(本书提出的算法)	58.5 67.8	47.3 55.8	85.4 90.5	72.1 79.5
ViT 基线* CAAO*(本书提出的算法)	64.3 68.5	54.3 59.5	89.2 92.5	76.9 81.4

表 8-2　在 Occluded-Re-ID 数据集上的性能对比(%)

算法	Occluded-Re-ID	
	***Rank*=1**	***mAP***
PCB[36]	41.3	38.9

（续表）

算法	Occluded-Re-ID	
	Rank=1	*mAP*
TransReID* [34]	70.2	67.3
DSR[7]	72.8	62.8
PVPM[3]	70.4	61.2
HOReID[2]	80.3	70.2
PAT*[10]	81.6	72.1
Yang et[6]	81.0	71.0
PGFL-KD[42]	80.7	70.3
FED*[13]	86.3	79.3
基线 CAAO(本书提出的方法)	53.7 65.2	51.0 61.1
ViT 基线* CAAO*(本书提出的方法)	81.2 87.1	76.7 83.4

表 8-3　在整体数据集上的性能对比(%)

算法	Market1501		DukeMTMC-Re-ID	
	Rank=1	*mAP*	*Rank*=1	*mAP*
PCB[36]	92.3	77.4	81.8	66.1
MGN[45]	95.7	86.9	88.7	78.4
MHN-6[46]	95.1	85.0	89.1	77.2
TransReID*[34]	95.0	88.8	90.4	81.8
SPReID[47]	92.5	81.3	84.4	71.0
P^2 Net[48]	95.2	85.6	86.5	73.1
PGFA[1]	91.2	76.8	82.6	65.5
HOReID[2]	94.2	84.9	86.9	75.6
RFCnet[5]	94.5	85.7	87.7	76.6
FPR[4]	95.4	86.6	88.6	78.4
PAT*[10]	95.4	88.0	88.8	78.2
PGFL-KD[42]	95.3	87.2	89.6	79.5
MoS[44]	95.4	89.0	90.6	80.2
Ad-Occluded[39]	86.5	78.3	79.1	62.1
OAMN[11]	93.2	79.8	86.3	72.6

(续表)

算法	Market1501		DukeMTMC-Re-ID	
	Rank=1	**mAP**	**Rank=1**	**mAP**
IGOAS[12]	93.4	84.1	86.9	75.1
FED*[13]	95.0	86.3	89.4	78.0
基线 CAAO(本书提出的算法)	92.0 95.1	82.5 87.3	86.3 88.9	71.9 77.5
ViT 基线* CAAO*(本书提出的算法)	94.7 95.3	86.8 88.0	88.8 89.8	79.3 80.9

(1) 在 Occluded-Duke 和 P-DukeMTMC 数据集上的结果。CAAO 分别在两个大型遮挡数据集上实现了 67.8%、90.5%的 *Rank*=1 的准确率和 55.8%、79.5%的 *mAP* 值,超过了大多数先进的方法。

① 与整体 Re-ID 方法相比,CAAO 在 *Rank*=1 的准确率和 *mAP* 方面分别比这些工作高出 25.2%和 22.1%,在 P-DukeMTMC 数据集上则高出 11.1%和 15.6%,因为这些方法主要是针对整体 Re-ID 问题而设计的。遮挡造成的信息缺失导致了它们性能的明显下降。凭借 Transformer 强大的自注意力机制和对遮挡的鲁棒性,TransRe-ID[34]在 Occluded-Duke 上取得了良好的效果。当使用相同的骨干视觉变换器(ViT)时,本书提出的方法与 TransRe-ID 相比,有 4.3%,3.8%的(*Rank*=1)和 *mAP* 提升。

② 虽然局部 Re-ID 和遮挡 Re-ID 遇到的困难相似,但这些方法[7,37,38]不能很好地处理遮挡问题。CAAO 的 *Rank*=1 和 *mAP* 在 Occluded-Duke 数据集中分别提升高达 25.5%和 23.8%。不利用 OA 的遮挡 Re-ID 方法[1-3,5,6,42,44]主要使用额外的线索来补充网络学习。CAAO 没有引入任何外部模型或信息,在 Occluded-Duke 数据集中超过了最先进的 MoS 方法[44](*Rank*=1 1.2%, *mAP* 0.7%)。请注意,MoS 使用 ResNet-50-ibn 作为骨干网络,具有更强的特征提取能力。在 P-DukeMTMC 数据集上,我们的方法达到了与 QPM 相似的准确率(*Rank*=1),并且在 *mAP* 上得到了 4.2%的提升。

③ 与基于遮挡增强的方法相比,CAAO 在 *Rank*=1、*mAP* 上比第二好的方法 IGOAS[12]分别高出了 7.7%、6.4%。在使用 ViT 作为骨干网络的相同条件下,与目前基于 OA 的 SOTA 方法 FED[13] 相比,我们的方法得到 0.4%(*Rank*=1)和 3.1%(*mAP*)的提升。

(2) Occluded-Re-ID 数据集上的结果。由于 Occluded-Re-ID 没有相应的训练集,按照文献[2]中的设置,简单地采用在 Market1501 上训练的模型进行测试。由于自动数据扩增需要用源域数据寻找扩增策略,而 ResNet-50 在跨域性能上表现不佳。除此之外,带有额外姿势估计模型的方法可以缓解跨域问题造成的性能下降,但本书的方法没有使用任何预先训练的辅助模型。上述两个问题导致 CAAO 在使用 ResNet-50 作为骨干时没有明显的优势，但仍然明显优于基线 11.5%（*Rank*=1）、10.1%（*mAP*）。当使用具有更强大跨域性能的 ViT 作为骨干时，本书的方法取得了 83.4%（*mAP*）、87.1%（*Rank*=1）的性能，超过了目前的 SOTA 方法 FED[13]。

（3）完整数据集的结果。在 Re-ID 问题的现实场景中，图像是由整体图像和遮挡图像混合组成的，因此在整体数据集 Market1501 和 DukeMTMC-Re-ID 上评估了 CAAO 以验证其泛用性。我们在表 8-3 中与一些文献[37,39,46-47]中的完整 Re-ID 方法和遮挡 Re-ID 方法进行比较。可以看出，所提出的 CAAO 实现了与其他最先进的方法相当的性能。本书提出的方法仍然取得了与整体 Re-ID 方法和遮挡 Re-ID 方法相匹配的性能。当利用相同的骨架时，本书提出的方法 CAAO* 在 Market1501 和 DukeMTMC-Re-ID 数据集上比目前的 SOTA 方法 FED[13]分别有 0.3%（*Rank*=1）、1.7%（*mAP*）和 0.4%（*Rank*-1）、2.9%（*mAP*）的改进。

8.4.4　消融实验

本小节在两个遮挡数据集上进行了一些消融实验，以分析 CAAO 中不同模块的有效性。

（1）对每个组成模块的作用分析。如表 8-4 所示，我们将 CAAO 的骨干网络表示为 B，随机产生的遮挡锚点策略表示为 RP。表中的索引 4 和索引 6 分别代表基线和 CAAO。从索引 2 和索引 5 我们可以看到，随机遮挡增强可以为遮挡的 Re-ID 问题带来明显的性能改善。比较索引 5 和索引 6，我们可以看到，在 AOC 的遮挡增强搜索策略下，与随机遮挡相比，网络的性能又有了明显的提高，在 Occluded-Duke 和 P-DukeMTMC 数据集上分别达到了 5.2%（*Rank*=1）、2.6%（*mAP*）和 1.9%（*Rank*=1）、0.6%（*mAP*）的提升。因此，实验结果显示了 AOC 模块的有效性。

表 8-4　CAAO 各个组成部分的消融实验（%）

索引	Setting				Occluded-Duke		P-DukeMTMC	
	B	RP	AOC	SA	*Rank*=1	*mAP*	*Rank*=1	*mAP*
1	√				54.5	44.3	82.6	68.3
2	√	√			56.4	48.2	85.3	75.7
3	√		√		61.2	50.2	86.7	76.1
4	√			√	58.5	47.3	85.4	72.1
5	√	√		√	62.6	53.2	88.6	78.9
6	√		√	√	67.8	55.8	90.5	79.5

对比表 8-4 中的索引 1 和索引 3，AOC 模块帮助骨干网络在两个数据集上分别有 6.7%（*Rank*=1）、5.9%（*mAP*）和 4.1%（*Rank*=1）、7.8%（*mAP*）的改进。当我们将软空间通道注意力（SSCA）添加到骨干网络并将其作为我们的基线时，从索引 4 和索引

6 的改进上升到 9.3%($Rank=1$)、8.5%(mAP)和 5.1%($Rank=1$)、7.4%(mAP)。这些实验结果表明,SSCA 模块提高了 Re-ID 网络的性能,而 Re-ID 网络产生的更准确的特征图有助于 AOC 模块作出更准确的策略决定。因此,SSCA 在 CAAO 中起着非常重要的作用,而不仅仅是提高性能的一个技巧。

(2) 对不同 AOC 状态选择的分析。状态 S 在式(8-1)中定义为 AOC 模块的输入。表 8-5 通过 Re-ID 网络的最终表现评估了不同状态对 AOC 模块学习能力的影响。从表中可以看出,使用 Re-ID 网络第四层获得的特征作为状态比使用第三层的特征有更好的整体表现,这是因为第四层提取的特征具有更准确的行人语义信息,更有利于 AOC 模块作出准确判断。在 Occluded-Duke 数据集上,F_{space} 和 F_{salient} 结合作为 AOC 模块的输入,比单独使用其中任何一个,在 $Rank=1$、mAP 上均有改进。这些实验结果证明,它们可以补充由于池化操作造成的信息损失。

表 8-5 不同 AOC 状态选择的分析(%)

状态	Occluded-Duke		P-DukeMTMC	
	***Rank*=1**	***mAP***	***Rank*=1**	***mAP***
$F_{\text{space\_l3}}$	63.5	53.1	89.2	78.5
$F_{\text{salient\_l3}}$	65.2	53.5	89.0	79.0
$F_{\text{space\_l4}}$	64.1	53.6	89.0	78.3
$F_{\text{salient\_l4}}$	65.5	54.2	89.1	79.3
$F_{\text{space\_l3}}+F_{\text{salient\_l3}}$	65.4	54.1	89.6	79.1
$F_{\text{space\_l4}}+F_{\text{salient\_l4}}$	67.8	55.8	90.5	79.5

(3) 对不同 AOC 奖励函数的分析。AOC 模块的奖励函数包含两部分:$R(X_{\text{tr}})$和 $R(X_{\text{val}})$,由 X_{tr} 和 X_{val} 计算得出。表 8-6 显示了使用不同奖励函数时 AOC 对 Re-ID 网络造成的性能差异。与使用 $R(X_{\text{tr}})$和 $R(X_{\text{val}})$作为奖励相比,可以看出 $R(X_{\text{tr}})$可以更有效地提高 AOC 的搜索能力。造成这种现象的原因是,$R(X_{\text{tr}})$与 AOC 选择的动作是一一对应的,当任何一个分支的图像的奖励较高时,证明对于该图像,选择遮挡策略能更好地提高 Re-ID 网络的性能,从而提高该动作的概率。然而,X_{val} 是随机选择的,因此 $R(X_{\text{val}})$和所选动作会有错位。

表 8-6 不同 AOC 奖励函数选择的分析

序号	奖励函数	Occluded-Duke		P-DukeMTMC	
		***Rank*=1**	***mAP***	***Rank*=1**	***mAP***
1	$R(X_{\text{val}})$	62.7	53.0	86.2	77.5
2	$R(X_{\text{tr}})$	66.7	54.6	89.2	77.4

（续表）

序号	奖励函数	Occluded-Duke		P-DukeMTMC	
		Rank=1	*mAP*	*Rank*=1	*mAP*
3	$R(X_{tr})+R(X_{val})$	64.5	53.5	89.1	78.3
4	$R(X_{tr})+\alpha R(X_{val})$	67.8	55.8	90.5	79.5

从表 8-6 中的第 2、3 行来看，只用 $R(X_{tr})$作为奖励可能会导致过度拟合现象。因此，虽然 $R(X_{val})$不能明显提高 AOC 的学习能力，但它在奖励函数中仍然起着非常重要的作用。表 8-6 中的第 3、4 行证明了参数 α 可以在训练过程中动态调整 $R(X_{tr})$和 $R(X_{val})$之间的权重关系，以避免过度拟合和不收敛这两种极端现象。

8.4.5　超参数分析

(1) 遮挡 Patch 种类的影响。表 8-7 列表中评估了两种遮挡 Patch 的影响。按照 OAMN[11]将 X_{tr} 的四个边缘的 Patch 裁剪为遮挡补丁，然后与随机像素的遮挡补丁进行比较。从表中可以看出，随机像素遮挡补丁的性能略好，但它们之间的差异并不明显。这种现象可能是由于行人的身体部分被裁剪成斑块，从而干扰了网络的学习。因此，为了减少误差和闭塞增强操作的执行时间，在其他实验中利用随机像素作为遮挡斑块。

表 8-7　不同遮挡 Patch 种类的影响(%)

遮挡块	Occluded-Duke		P-DukeMTMC	
	Rank-1	*mAP*	*Rank*-1	*mAP*
X_{tr} 切片	67.6	55.0	89.5	78.9
随机像素	67.8	55.8	90.5	79.5

(2) 不同分支数 N 造成的影响。在表 8-8 中可以看到，网络在 $N=3$ 时可以达到最佳性能。当 $N=2$ 时，每幅图像选择两个遮挡折线，当只用两个损失值来计算图像奖励时，可能会造成偏差，这将影响 AOC 模块的学习能力。当 N 大于 3 时，将采用过多的次优遮挡折线，从而降低 Re-ID 网络的性能。

表 8-8　不同分支数 N 造成的影响(%)

N	Occluded-Duke		P-DukeMTMC	
	Rank-1	*mAP*	*Rank*-1	*mAP*
2	66.8	55.2	89.3	78.3
3	67.8	55.8	90.5	79.5

(续表)

N	Occluded-Duke		P-DukeMTMC	
	Rank-1	*mAP*	*Rank*-1	*mAP*
4	67.2	54.9	88.7	78.4
5	62.8	51.0	86.5	76.7

(3) 不同 AOC 搜索空间的影响。在表 8-9 中我们列出了几种不同搜索空间对 Re-ID 网络性能的影响。根据实验结果,最佳设置是在垂直方向上安排 5 个锚点(V=5),将人体大致分为头、胸、腰、腿、脚;在水平方向上每行安排 3 个锚点(H=3),将图像分为左、中、右三个区域;遮挡区域的最佳选择是每个锚点对应的 2 个区域(S=2),过多的区域选择会导致搜索空间的大幅增加,不利于 AOC 模块的收敛。

表 8-9 不同 AOC 搜索空间的影响(%)

$V\times H\times S$	Occluded-Duke		
	Rank-1	*Rank*-5	*mAP*
4×3×2(1/8,1/4)	65.5	78.9	53.2
5×2×2(1/8,1/4)	63.0	73.8	53.5
5×3×2(1/8,1/4)	67.8	81.2	55.8
6×3×2(1/8,1/4)	65.8	79.2	53.7
5×3×3(1/12,1/8,1/4)	65.4	79.7	54.0
5×3×3(1/8,1/4,1/2)	65.7	76.5	54.9

8.4.6 可视化分析

本小节对 Re-ID 网络和 AOC 模块进行了大量的可视化实验以分析 CAAO 的有效性。

(1) Re-ID 网络的可视化。在图 8-4 中可视化了在无遮挡、随机遮挡和 CAAO 遮挡下训练的 Re-ID 网络的 Stage-4 注意力热图。与用随机遮挡策略训练的 CAAO 网络得到的热图相比,可以看出 CAAO 有以下优点:①与随机擦除相比,CAAO 可以进一步扩大网络的注意范围,同时对鉴别性区域给予更大的关注;②它解决了随机擦除导致注意力偏移或过度拟合现象的缺陷。

图 8-5 显示了 CAAO、无内容自适应设计的 CAAO、随机策略和基线在不同 Epoch 中的性能比较。值得注意的是,在第 30 个 Epoch 中性能的迅速提高是由学习率的变化引起的。在前 5 个 Epoch 中,AOC 模块处于学习期,因此 Re-ID 网络的性能与随机选择的 OA 策略的性能相近。5 个 Epoch 后,CAAO 的表现开始超过随机策略,而且它们之间的差距随着训练时间的增加而增加。35 个 Epoch 后,基线和随机策略训练的网络

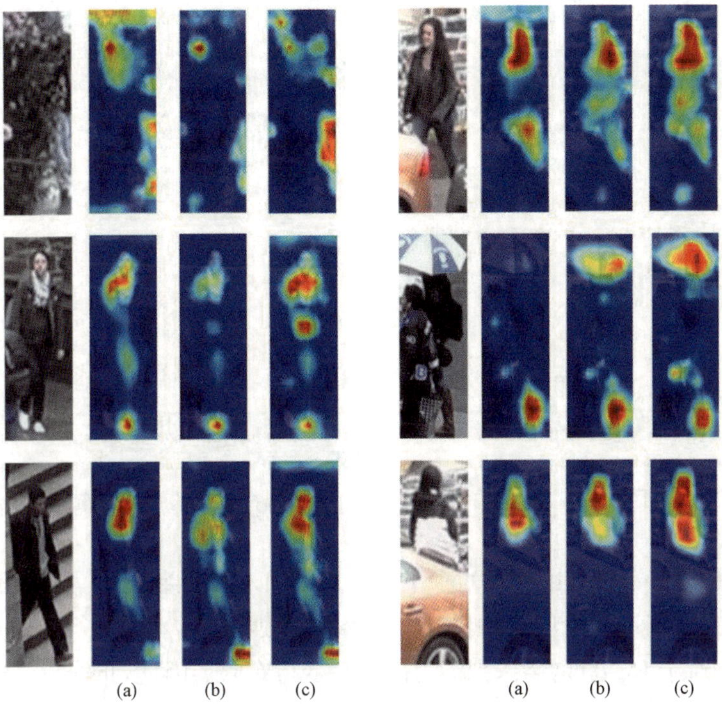

图 8-4 注意力热图可视化结果的比较

注:(a) 无遮挡(基线);(b) 随机遮挡;(c) CAAO 遮挡

达到收敛,在随后的 Epoch 中,mAP 和 $Rank=1$ 的准确性没有明显的变化。然而,CAAO 网络不断调整 OA 策略以不断提高性能,并在第 60 个 Epoch 中达到最高。

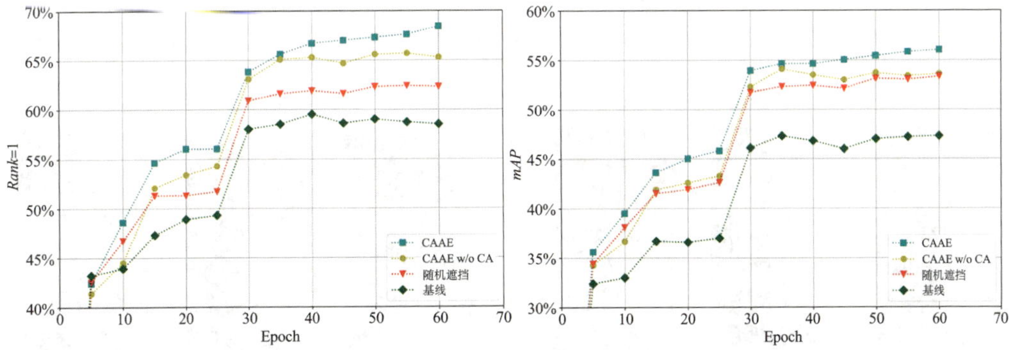

图 8-5 CAAO、CAAO w/o CA、随机遮挡和基线的不同训练 Epoch 的最佳表现

(2) AOC 模块的可视化。图 8-6 统计了每个训练 Epoch 中选择的 OA 位置的平均分布。从图中可以得出以下结论:①在前 30 个 Epoch 中,折线 4~5 的选择比例不断增加,而折线 1~3 的比例不断减少,二者在第 30~40 个 Epoch 中达到稳定。这一趋势证

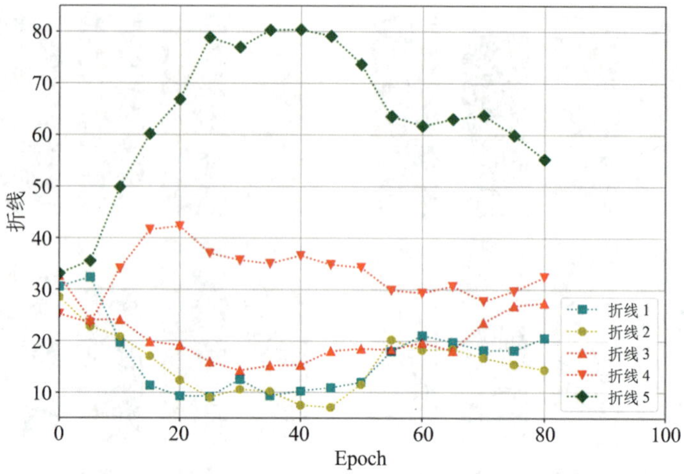

图 8-6　在不同的训练 Epoch 上 OA 选择位置的平均分布

明，遮挡图像的下半部分，让 Re-ID 网络主要关注行人的上半部分，可以捕捉到更多的鉴别信息，这在早期训练阶段是一种比较有效的增强策略。②40 个 Epoch 后，下半部分区域的遮挡对于 Re-ID 网络识别能力的提高变得有限。因此，折线 4～5 的比率开始下降，而折线 1～3 的比率则回升。这表明，在训练后期，对可识别区域的适当遮挡可以进一步提高 Re-ID 网络的性能。

在图 8-5 中，CAAO w/o CA 和 RP 之间的性能差异表明，在线训练策略可以根据当前训练阶段和网络的学习能力调整学习策略。对比 CAAO 和 CAAO w/o CA 的性能，说明内容自适应特性可以根据图像内容应用 OA，进一步提高网络性能。例如，当某一图像中的行人的一些重要的鉴别特征位于图像的下半部分时，在训练的早期阶段，下半身遮挡增强的图像会损害 Re-ID 网络的识别能力。我们在图 8-7 中用一些样本图像

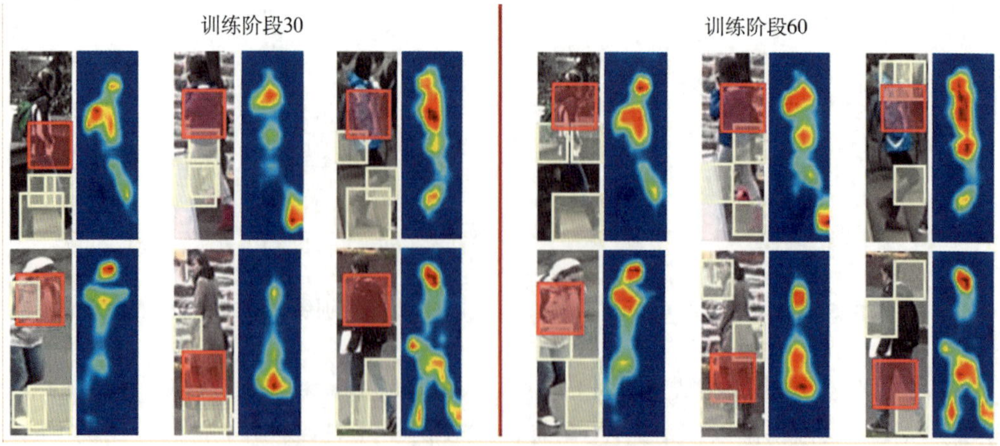

图 8-7　在不同阶段产生的 OA 策略可视化

来证明 AOC 模块的内容自适应能力。图中，概率最高的三个候选框用白框表示，最低的候选框用红框表示。在训练的早期阶段，遮挡图像的下半部分区域可以迅速提高网络的识别能力，在模型基本收敛的后期，AOC 模块开始遮挡图像的一些识别区域以扩大 Re-ID 网络的注意范围。最后，AOC 模块在训练的任何阶段都不会选择完全遮挡最重要的语义区域。

8.5 本章小结

本章提出一个新的 Re-ID 框架——CAAO，用于遮挡 Re-ID 任务，旨在寻找一个适当的内容适应性遮挡增强策略，以提高网络对遮挡图像的识别能力。CAAO 包含一个 Re-ID 网络和一个 AOC 模块。AOC 模块根据从 Re-ID 网络获得的语义特征，为每个训练图像生成独立的遮挡策略。在用这些增强的图像训练 Re-ID 网络后，我们计算所选策略的奖励，并通过在线强化学习方法对 AOC 模块进行优化。奖励函数是经过详细设计的，以平衡遮挡增强的难度和网络性能。在遮挡和整体的 Re-ID 数据集上进行的大量实验显示了我们提出的框架的有效性，并验证了 CAAO 相较于各种最先进的方法的优越性。

参考文献

[1] MIAO J，WU Y，LIU P，et al. Pose-guided feature alignment for occluded person re-identification[C]//Proceedings of the IEEE/CVF international conference on computer vision. 2019：542-551.

[2] WANG G，YANG S，LIU H，et al. High-order information matters：Learning relation and topology for occluded person re-identification[C]//Proceedings of the IEEE/CVF conference on computer vision and pattern recognition. 2020：6449-6458.

[3] GAO S，WANG J，LU H，et al. Pose-guided visible part matching for occluded person reid[C]//Proceedings of the IEEE/CVF conference on computer vision and pattern recognition. 2020：11744-11752.

[4] GE Y，LI Z，ZHAO H，et al. Fd-gan：Pose-guided feature distilling gan for robust person re-identification[J]. Advances in neural information processing systems，2018，31.

[5] HOU R，MA B，CHANG H，et al. Feature completion for occluded person re-identification[J]. IEEE Transactions on Pattern Analysis and Machine Intelligence，2021，44(9)：4894-4912.

[6] YANG J，ZHANG J，YU F，et al. Learning to know where to see：A visibility-aware approach for occluded person re-identification[C]//Proceedings of the IEEE/CVF international conference on computer vision. 2021：11885-11894.

[7] HE L，LIANG J，LI H，et al. Deep spatial feature reconstruction for partial person re-identification：Alignment-free approach[C]//Proceedings of the IEEE conference on computer

vision and pattern recognition. 2018: 7073-7082.

[8] SUN Y, XU Q, LI Y, et al. Perceive where to focus: Learning visibility-aware part-level features for partial person re-identification[C]//Proceedings of the IEEE/CVF conference on computer vision and pattern recognition. 2019: 393-402.

[9] YAN C, PANG G, JIAO J, et al. Occluded person re-identification with single-scale global representations[C]//Proceedings of the IEEE/CVF international conference on computer vision. 2021: 11875-11884.

[10] LI Y, HE J, ZHANG T, et al. Diverse part discovery: Occluded person re-identification with part-aware transformer[C]//Proceedings of the IEEE/CVF conference on computer vision and pattern recognition. 2021: 2898-2907.

[11] CHEN P, LIU W, DAI P, et al. Occlude them all: Occlusion-aware attention network for occluded person re-id[C]//Proceedings of the IEEE/CVF international conference on computer vision. 2021: 11833-11842.

[12] ZHAO C, LV X, DOU S, et al. Incremental generative occlusion adversarial suppression network for person ReID[J]. IEEE Transactions on Image Processing, 2021, 30: 4212-4224.

[13] WANG Z, ZHU F, TANG S, et al. Feature erasing and diffusion network for occluded person re-identification[C]//Proceedings of the IEEE/CVF conference on computer vision and pattern recognition. 2022: 4754-4763.

[14] CUBUK E D, ZOPH B, MANE D, et al. Autoaugment: Learning augmentation strategies from data[C]//Proceedings of the IEEE/CVF conference on computer vision and pattern recognition. 2019: 113-123.

[15] HATAYA R, ZDENEK J, YOSHIZOE K, et al. Faster autoaugment: Learning augmentation strategies using backpropagation[C]//Computer Vision-ECCV 2020: 16th European Conference, Glasgow, UK, August 23 - 28, 2020, Proceedings, Part XXV 16. Springer International Publishing, 2020: 1-16.

[16] LI Y, HU G, WANG Y, et al. Differentiable automatic data augmentation[C]//Computer Vision-ECCV 2020: 16th European Conference, Glasgow, UK, August 23 - 28, 2020, Proceedings, Part XXII 16. Springer International Publishing, 2020: 580-595.

[17] LIM S, KIM I, KIM T, et al. Fast autoaugment[J]. Advances in neural information processing systems, 2019, 32.

[18] CUBUK E D, ZOPH B, Shlens J, et al. Randaugment: Practical automated data augmentation with a reduced search space[C]//Proceedings of the IEEE/CVF conference on computer vision and pattern recognition workshops. 2020: 702-703.

[19] MÜLLER S G, HUTTER F. Trivialaugment: Tuning-free yet state-of-the-art data augmentation [C]//Proceedings of the IEEE/CVF international conference on computer vision. 2021: 774 - 782.

[20] TANG Z, GAO Y, KARLINSKY L, et al. OnlineAugment: Online data augmentation with less domain knowledge[C]//Computer Vision-ECCV 2020: 16th European Conference, Glasgow,

UK, August 23-28, 2020, Proceedings, Part VII 16. Springer International Publishing, 2020: 313-329.

[21] LI R, LI X, HENG P A, et al. Pointaugment: an auto-augmentation framework for point cloud classification[C]//Proceedings of the IEEE/CVF conference on computer vision and pattern recognition. 2020: 6378-6387.

[22] ZHANG X, WANG Q, ZHANG J, et al. Adversarial autoaugment[J]. arXiv preprint arXiv: 1912. 11188, 2019.

[23] MNIH V, BADIA A P, MIRZA M, et al. Asynchronous methods for deep reinforcement learning[C]//International conference on machine learning. PMLR, 2016: 1928-1937.

[24] PUTERMAN M L. MARKOV DECISION processes: discrete stochastic dynamic programming [M]. John Wiley & Sons, 2014.

[25] KRIZHEVSKY A, SUTSKEVER I, HINTON G E. Imagenet classification with deep convolutional neural networks[J]. Advances in neural information processing systems, 2012, 25.

[26] DEVRIES T, TAYLOR G W. Improved regularization of convolutional neural networks with cutout[J]. arXiv preprint arXiv: 1708. 04552, 2017.

[27] ZHONG Z, ZHENG L, KANG G, et al. Random erasing data augmentation[C]//Proceedings of the AAAI conference on artificial intelligence. 2020, 34(07): 13001-13008.

[28] ZHUO J, CHEN Z, LAI J, et al. Occluded person re-identification[C]//2018 IEEE international conference on multimedia and expo (ICME). IEEE, 2018: 1-6.

[29] ZHENG L, SHEN L, TIAN L, et al. Scalable person re-identification: A benchmark[C]// Proceedings of the IEEE international conference on computer vision. 2015: 1116-1124.

[30] RISTANI E, SOLERA F, ZOU R, et al. Performance measures and a data set for multi-target, multi-camera tracking [C]//European conference on computer vision. Cham: Springer International Publishing, 2016: 17-35.

[31] ZHENG Z, ZHENG L, YANG Y. Unlabeled samples generated by gan improve the person re-identification baseline in vitro[C]//Proceedings of the IEEE international conference on computer vision. 2017: 3754-3762.

[32] ZHOU K, XIANG T. Torchreid: A library for deep learning person re-identification in pytorch [J]. arXiv preprint arXiv: 1910. 10093, 2019.

[33] LI W, ZHU X, GONG S. Harmonious attention network for person re-identification[C]// Proceedings of the IEEE conference on computer vision and pattern recognition. 2018: 2285-2294.

[34] HE S, LUO H, WANG P, et al. Transreid: Transformer-based object re-identification[C]// Proceedings of the IEEE/CVF international conference on computer vision. 2021: 15013-15022.

[35] ZHAO L, LI X, ZHUANG Y, et al. Deeply-learned part-aligned representations for person re-identification[C]//Proceedings of the IEEE international conference on computer vision. 2017: 3219-3228.

[36] SUN Y, ZHENG L, YANG Y, et al. Beyond part models: Person retrieval with refined part

pooling (and a strong convolutional baseline)[C]//Proceedings of the European conference on computer vision (ECCV). 2018: 480-496.

[37] HE L, SUN Z, ZHU Y, et al. Recognizing partial biometric patterns[J]. arXiv preprint arXiv: 1810. 07399, 2018.

[38] ZHENG W S, LI X, XIANG T, et al. Partial person re-identification[C]//Proceedings of the IEEE international conference on computer vision. 2015: 4678-4686.

[39] HUANG H, LI D, ZHANG Z, et al. Adversarially occluded samples for person re-identification [C]//Proceedings of the IEEE conference on computer vision and pattern recognition. 2018: 5098-5107.

[40] ZHUO J, LAI J, CHEN P. A novel teacher-student learning framework for occluded person re-identification[J]. arXiv preprint arXiv: 1907. 03253, 2019.

[41] HE L, WANG Y, LIU W, et al. Foreground-aware pyramid reconstruction for alignment-free occluded person re-identification[C]//Proceedings of the IEEE/CVF international conference on computer vision. 2019: 8450-8459.

[42] ZHENG K, LAN C, ZENG W, et al. Pose-guided feature learning with knowledge distillation for occluded person re-identification[C]//Proceedings of the 29th ACM international conference on multimedia. 2021: 4537-4545.

[43] WANG P, DING C, SHAO Z, et al. Quality-aware part models for occluded person re-identification[J]. IEEE Transactions on Multimedia, 2022, 25: 3154-3165.

[44] JIA M, CHENG X, ZHAI Y, et al. Matching on sets: Conquer occluded person re-identification without alignment[C]//Proceedings of the AAAI conference on artificial intelligence. 2021, 35(2): 1673-1681.

[45] WANG G, YUAN Y, CHEN X, et al. Learning discriminative features with multiple granularities for person re-identification [C]//Proceedings of the 26th ACM international conference on Multimedia. 2018: 274-282.

[46] CHEN B, DENG W, HU J. Mixed high-order attention network for person re-identification [C]//Proceedings of the IEEE/CVF international conference on computer vision. 2019: 371-381.

[47] KALAYEH M M, BASARAN E, GÖKMEN M, et al. Human semantic parsing for person re-identification [C]//Proceedings of the IEEE conference on computer vision and pattern recognition. 2018: 1062-1071.

[48] GUO J, YUAN Y, HUANG L, et al. Beyond human parts: Dual part-aligned representations for person re-identification [C]//Proceedings of the IEEE/CVF international conference on computer vision. 2019: 3642-3651.

听完了阿济教授对于遮挡场景下的行人再识别方法介绍，老福给阿济教授准备了一壶热水和两个茶杯，打算一起品尝君山银针。阿济教授将茶叶装入茶杯中，然后用热水冲泡。他们把茶倒进杯子里，阿济先闻了闻茶香，然后尝了尝茶汤。他觉得茶香醇厚，滋味顺滑。老福也尝了尝，表示很满意。阿济教授说："这是一款非常优质的君山银针。它的茶叶细而长，呈银白色，像银针一样，茶香醇厚，滋味顺滑。它是用清洗、蒸煮、干燥、分级、挑选、拣除杂质等工序制作而成的。我喜欢它的香气清新，回味悠长。"阿济教授和老福一起聊着茶的香味和口感，都对君山银针非常满意。

喝完茶后，老福若有所思："一般的行人再识别技术通常根据已有的图像作为检索查询，这在实际应用中并不总是可行的。在我们进行刑事侦查的时候，有时并不提供犯罪嫌疑人的图像，这种情况下能不能借助其他线索来辅助追踪呢？"

阿济教授想了想回答道："不如尝试结合多模态的信息？或许能派上大用场。"

教授的提示点醒了老福："你说的多模态信息是指借助文本模态的信息，比如目击者对于犯罪嫌疑人的口头描述？"

阿济教授回答道："你说得没错，当缺少图像数据时，文本描述作为检索查询更灵活且更容易获取，这种检索方法在没有目标图像的情况下有很大的潜在价值。"

"可是文本和图像数据怎么才能联系到一起呢？"老福皱起了眉头，又陷入了一阵沉思。

阿济教授笑着拍了拍老福的肩膀说道："不用担心！现在有很多工作已经能把文本特征和视觉特征结合得很好了，这就是所谓的文本-图像行人再识别。"

CHAPTER
9

第 9 章

多模态行人再识别

9.1 引言

本章将从两个问题出发,研究在不同尺度下行人图像和描述文本的特征提取与匹配方法:一个是如何使图像和文本在所有尺度上以粗到细的方式学习表征;另一个则是如何让模型去探索自适应的多尺度匹配方式,从而将不同尺度的特征一一对齐。一种合适的方法需要以更合理的结构在有效提取局部特征的前提下保留区域内的全局信息,从而学习到更具判别性的表征,同时促进跨模态的多尺度特征匹配。

本章提出了一种基于多尺度自注意力的跨模态行人再识别方法。首先,本章介绍了一种双路径的特征提取框架,用于同步学习视觉与文本表征。在每个尺度分支中,文本表征自适应地学习匹配相应的视觉表征。此外,本章设计了一种多尺度的跨模态匹配策略,借助跨模态投影匹配(Cross-Modal Projection Matching, CMPM)函数优化文本与图像的表征,从不同尺度分别对齐视觉表征和文本表征,从而逐步缩小模态间的差异,同时也进一步增强了表征的判别性。大量实验结果表明,该方法在文本-图像行人再识别数据集 CUHK-PEDES 上取得了优异的效果,进一步分析证明了在模型中引入 Transformer 架构[1]能够利于模型通过自注意力机制从两种模态同时提取良好的语义信息,并基于不同的尺度融合最大程度提升视觉与文本特征的判别性,丰富表征的表达能力。

9.2 相关技术

9.2.1 采用预训练视觉语言模型的特征提取

现有的基于文本的行人再识别技术通常利用预训练的语言模型以进行文本特征提取,这些模型大多基于 Transformer 架构,Transformer 所使用的注意力机制的核心思想是计算一句话中的每个词对于这句话中所有词的相互关系,然后认为这些词与词之间的相互关系在一定程度上反映了这句话中不同词之间的关联性以及重要程度。因此,再利用这些相互关系来调整每个词的重要性(权重)就可以获得每个词新的表征。这个新的表征不但蕴含了该词本身,还蕴含了其他词与这个词的关系,因此和单纯的词向量相比,是一个更加全局的表达。其中使用最广泛的模型为 BERT(Bidirectional Encoder Representations from Transformers)[2],该模型采用了双向 Transformer 编码器的结构,对比 OpenAI 的 GPT-3[3],BERT 是双向的 Transformer 块连接,从而有效捕捉文本的上下文信息。BERT 的训练包括两部分:预训练和微调。在预训练阶段,模型会在没有标注数据且不同预训练任务上训练模型;在微调阶段,BERT 会根据预训练模型的参数初始化,然后在下游任务的标注数据中进行微调。

在行人再识别任务中,由于 BERT 模型仅作为一种特征提取器,用于提取文本描述中所包含的与视觉相关的信息，所以模型在整个过程中冻结了参数。对于一个基于BERT的文本特征提取模型，所有词语所对应的隐藏变量具有相同的全局感知场。每个词语可以关注整个输入语境中的任何词语，从而通过联系上下文信息将文本中所包含的与行人外观相关的语义信息进行提取，实现更准确的跨模态匹配。这样能够帮助模型捕捉到更加细致的行人特征，并提升在行人再识别任务中的表现。

9.2.2　跨模态特征匹配方法

大多数现有的基于深度学习的图像和文本匹配方法可以大致分为两类：①联合嵌入学习[4-8]；②成对相似性学习[5,7,9-11]。联合嵌入学习的目的是找到一个联合的潜在空间，在这个空间下，图像和文本的嵌入可以直接比较。这类方法通常将两种模态的特征与相关度损失[6]以及双向排序损失[4,7-8]联系起来。深度典型相关分析(Deep Canonial Correlations Analysis, DCCA)[6]旨在通过深度网络学习两个数据视图的非线性变换，使产生的表征具有高度的线性相关性，而DCCA主要研究的问题是每个小批量数据中不稳定的协方差估计带来的特征值问题[7]。双向排序损失扩展了三元组损失[12]，它要求在图像到文本和文本到图像的排序中，匹配样本之间的距离要比不匹配的样本小。同时，双向排序损失继承了三元组损失中选择负样本和边际的缺点。成对相似性学习的重点是设计一个相似性网络，预测图像-文本对的匹配分数。除了测量图像和文本之间的全局相似性外，许多研究工作[5,9-11]试图最大化图像区域和文本片段之间的对齐度。然而，这种策略可能缺乏效率，因为要准备所有的图像-文本对来预测测试阶段的匹配分数。对于带有身份级别注释的图像-文本匹配，Reed等[13]提出学习带有类别标签指示的判别性图像-文本联合嵌入，并收集了两个细粒度视觉描述的数据集，而Li等[14]试图在身份分类的帮助下用语言描述搜索人物。作为一种改进，Li等[15]为文本-视觉匹配开发了具有两个阶段的学习策略：第一阶段在身份标签的监督下用跨模态交叉熵(CMCE)损失对网络进行预训练；第二阶段在成对标签的监督下用潜在的共同注意力限制对网络进行再训练。

最近的一些工作[16]提出了跨模态投影匹配(CMPM)损失和跨模态投影分类(Cross-Modal Projection Classification, CMPC)损失，引入了跨模态图像文本嵌入学习的跨模态特征投影操作。CMPM损失试图最小化投影相容性分布和归一化匹配分布之间的KL散度，以增加不匹配样本之间的方差和匹配样本之间的关联。CMPM损失函数不需要选择特定的三元组或调整阈值，在不同批量大小下表现出很强的稳定性。对于带有标识标签的辅助分类任务，CMPC损失试图将特征从一种模态上的向量投影分类到另一种模态上的匹配特征，而不是分别对原始特征进行独立分类。

9.2.3　深度度量学习

深度度量学习在一些分类环境中很有用，比如细粒度识别[17-21]。其目的是训练网络将语义相关的图像映射到附近的位置,将不相关的图像映射到嵌入空间的远处。有许多损失函数被提出来解决深度度量学习问题。三元损失函数[21,22]及其变体,如 circle 损失[23],形成一个包含锚、正和负样本的三元组,其中锚和正样本共享相同的标签,而锚和负样本共享不同的标签。对比损失[24]、二项式偏差损失[25]、解除结构损失[17]和多重相似性损失[26]等对等损失函数,当一对具有相同标签的样本之间的距离较大,而一对具有不同标签的样本之间的距离较小时,就会进行惩罚。所有这些损失函数都鼓励正样本图像对的距离要小于负样本图像对的距离。

9.3 基于双路径的特征提取框架

该部分所介绍的模型主体为一种文本-视觉双路径特征提取框架,用于学习具有判别性的文本与视觉表征,整体结构如图 9-1 所示。该部分定义一个小批次的数据由若干组文本-图像对组成,其中每组文本-图像对包含一张行人图像和一条对应的文本描述。在视觉部分,模型将行人图像作为 ResNet[27]模型的输入,并提取其输出作为视觉初级特征图。由于需要从不同尺度的图像区域提取语义信息,模型从局部尺度、中等尺度、全局尺度这三种尺度分别设计了独立分支以处理经过不同切分操作后得到的图像区域,每个分支由 Bottleneck Transformer[28]对相应尺度的特征图集合进行语义特征提取,并通过两个不同的池化层将同一分支内计算得到的特征集合进行融合,以得到相应尺度的表征,它们分别代表了局部尺度、中等尺度和全局尺度的判别性信息。在文本部分,模型将文本描述经过一系列预处理后作为预训练 BERT[2]模型的输入以学习蕴含

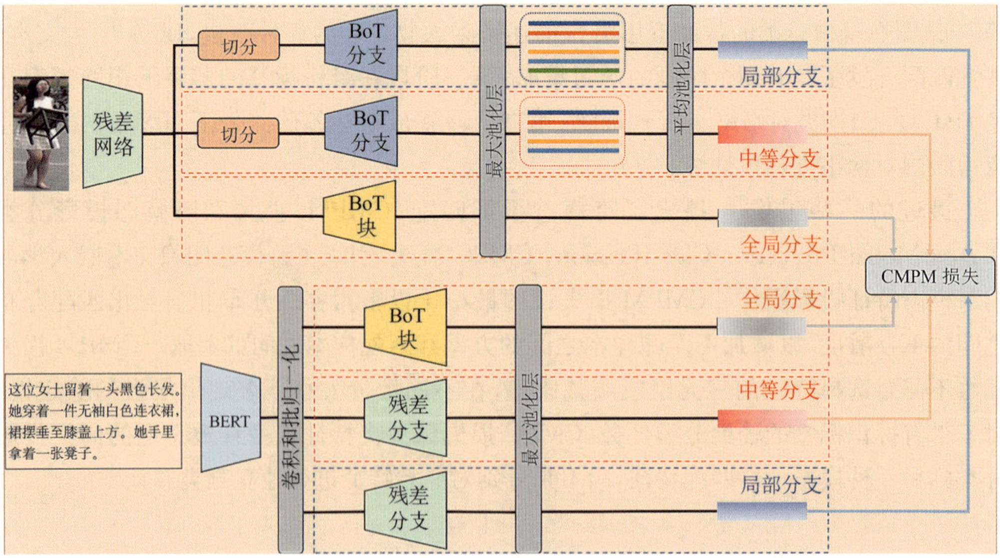

图 9-1 文本-视觉双路径特征提取框架

注:BoT 代表 Bottleneck Transformer。

了上下文关系的词嵌入序列，并通过具有混合分支的网络以学习不同尺度的表征，这些分支由不同类型的 Bottleneck 组成，分别用于捕捉局部短语级别与全局描述级别的信息。在每个分支中，文本表征自适应地从词嵌入序列中捕捉文本信息以匹配相应尺度的视觉表征。通过双路径分支所得到的表征将被用于多尺度跨模态匹配，模型通过借助 CMPM 函数[16]从不同尺度同时优化文本与图像的表征，通过增大不匹配样本之间的差异性和匹配样本之间的相似性，从而在语义层面消除两种模态间的差异。

9.3.1　多尺度视觉表征学习

在视觉表征学习部分，模型首先将图像 I 作为残差网络的输入，提取其第四层残差块后计算得到的特征 $f_I \in R^{H\times W\times C}$ 作为该图像的初级特征图，其中 H，W 和 C 分别代表特征图的高度、宽度和通道数。该特征图在一定程度上具备了良好的语义，因此模型基于该特征图进行多尺度视觉表征学习。多尺度视觉表征学习模块的结构如图 9-2 所示，分为局部分支、中等分支以及全局分支三种。

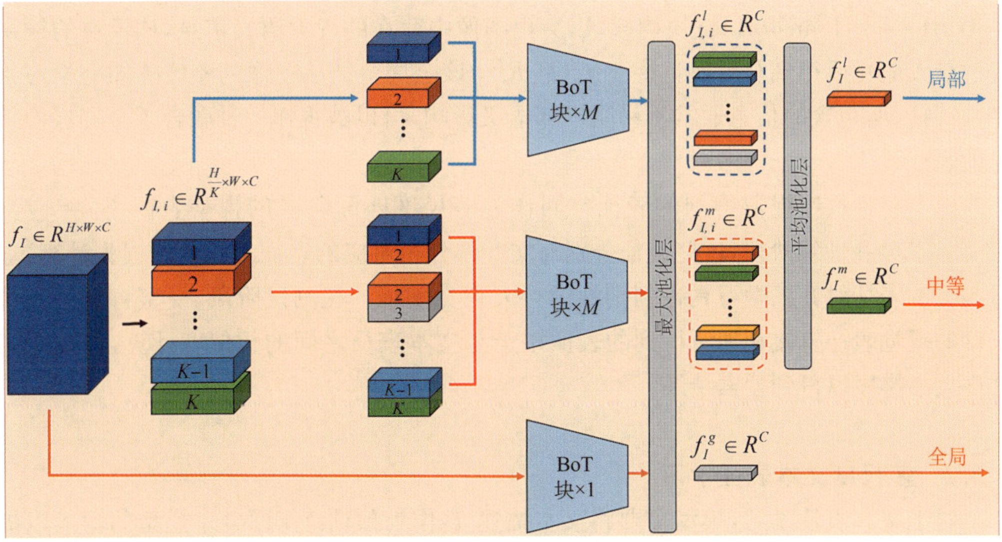

图 9-2　多尺度视觉表征学习模块结构

注：BoT 代表 Bottleneck Transformer。

对于局部分支和中等分支，模型首先采用 PCB[29]模型的策略将初级特征图 f_I 水平切分为 K 个局部区域特征图 $\{f_{I,1},\ f_{I,2},\ \cdots,\ f_{I,K}\}$，其中 $f_{I,i} \in R^{\frac{H}{K}\times W\times C}$，$i=1,\ \cdots,\ K$。在局部分支中，模型将每个局部特征图直接作为 Bottleneck Transformer 的输入以获得区域内自注意力加权后的特征图，再经过最大池化后得到 K 个局部特征 $\{f_{I,1}^l,\ f_{I,2}^l,\ \cdots,\ f_{I,K}^l\}$，其中 $f_{I,i}^l \in R^C$，$i=1,\ \cdots,\ K$，这些局部特征通常包含了细粒度层面的语义，对模型学习图像的判别性特征起到至关重要的作用；而对于中等分支,考虑到水平切分得到的局部区域间的语义联系容易被破坏,模型将每两个相邻局部区域特征图以纵向的方式拼接在一起,从而生成中等尺度特征图集合,将其作为 Bottleneck Transformer 的输入获得拼接区域内自注意力加权的特征图,再经过最大池化后得到 $K-1$ 个中等特征 $\{f_{I,1}^{m}, f_{I,2}^{m}, \cdots, f_{I,K-1}^{m}\}$,其中 $f_{I,i}^{m} \in R^{C}$, $i=1, \cdots, K-1$,这些特征与从局部提取的特征相比产生了尺度上的变化,从而能够提取另一种层面的语义,并且由于组合了若干局部区域中的语义信息,保留了因图像切分而破坏的信息,使不同区域间的语义关联在一起。对于以上两个分支,模型采用的架构由 M 个 Bottleneck Transformer 块构成,通过利用该模块来处理和汇聚卷积所捕获的特征图中包含的语义,使模型更好地提取空间层面的长距离信息,从而学习到语义丰富的相关特征。通过以上两种分支得到的特征集合分别在相应尺度内再次进行池化操作以汇聚信息,从而为每种尺度生成最终表征,分别表示为局部视觉表征 $f_{I}^{l} \in R^{C}$ 和中等视觉表征 $f_{I}^{m} \in R^{C}$。

在全局分支中,模型直接将初级特征图 f_I 作为 Bottleneck Transformer 的输入。由于该特征图在全局层面已经包含了较好的语义信息,所以该分支对应的模块仅由单个 Bottleneck Transformer 块构成,以突出图像中存在的视觉语义信息,该模块的输出经过最大池化后得到全局视觉特征 $f_{I}^{g} \in R^{C}$,该全局特征从图像的整体感知上学习判别性特征,所包含的信息通常不易受局部语义影响,可以被视作一种融合了全局层面信息的表征。

以上三种尺度提取得到的表征共同作为多尺度匹配阶段的视觉表征 $F_I=\{f_{I}^{l}, f_{I}^{m}, f_{I}^{g}\}$。在训练阶段,这些表征分别与文本部分相对应的表征进行匹配损失计算,通过与文本表征对齐以学习具备判别性的行人视觉表征。在测试阶段,模型将以上三种尺度的视觉表征直接相加所得到的表征用于与文本表征之间的相似度计算,并按照相似度大小排序以得到搜索结果。

9.3.2 多尺度文本表征学习

对于文本表征学习,模型需要将文本描述 T 作为预训练 BERT[2] 模型的输入以提取具有良好判别性的词嵌入。具体来说,模型将文本描述按特定规则分解为词语序列后,通过预训练标记器进行处理以得到标记序列,并在开头与结尾分别插入[CLS]与[SEP]标记用作类别标记与分割标记,然后按照设定的最大长度 L 将标记序列进行截断或填充,从而使每段文本描述所生成的标记序列长度一致,最终将其送入固定参数的 BERT 模型以生成词嵌入 $f_w \in R^{L \times D}$,其中 D 表示输出词嵌入的维度。由于 BERT 模型基于 Transformer 架构利用大规模语料进行了充分的预训练,所以在提取良好语言表征方面具有强大的能力,这种双向 Transformer 架构擅长捕捉词语上下文之间的语义联系,因此更加侧重对语言上下文内容的理解,从而使生成的词嵌入序列包含较好的语义信息。

在初步提取了文本特征后，模型基于该特征图进行多尺度文本表征学习。该模块与视觉部分的模块类似，同样由三个分支构成，分别代表局部尺度分支、中等尺度分支以及全局尺度分支，如图 9-3 所示。每个分支用于自适应对应尺度的视觉表征。在将词嵌入特征输入到各个分支前，由于需要匹配分支网络的输入形状，首先需要对特征维度进行调整，将特征添加一个维度。此外，由于需要将词嵌入的维度 D 与视觉部分的通道数 C 相匹配，所以需要将特征通过 1×1 卷积网络调整通道数，并通过 Batch Norm 层得到文本特征 $f_t \in R^{1\times L\times C}$。

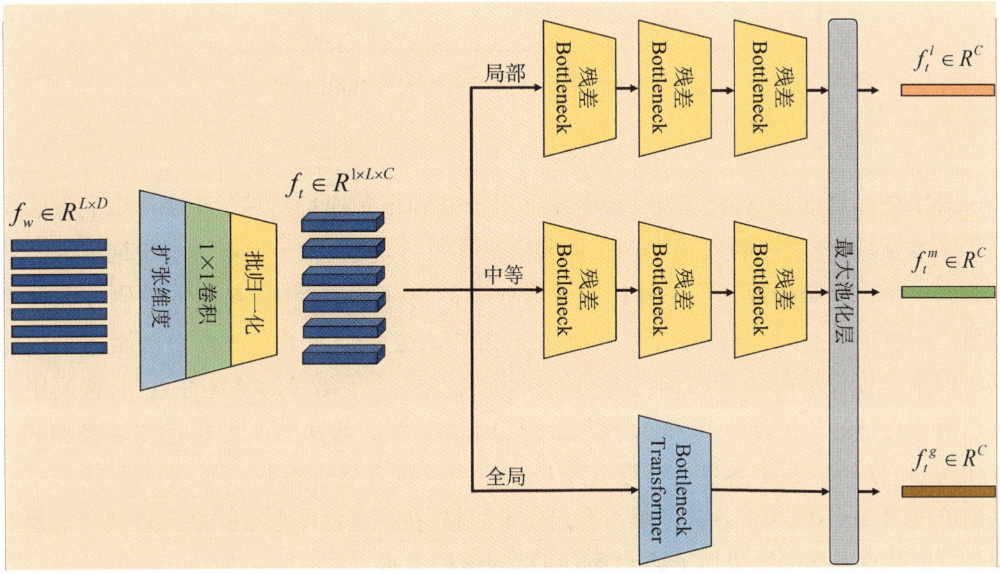

图 9-3 多尺度文本表征学习模块结构

对于前两个分支，模型参考 Chen 等[30]介绍的深度文本卷积网络，将一种类似传统的 ResNet 模型所采用的残差 Bottleneck 进行堆叠作为表征学习网络，结构如图 9-4 所示。每个 Bottleneck 的结构由两个 1×1 卷积层和夹在它们之间的 1×3 卷积层构成，每个卷积层之后都添加了批归一化层以及 ReLU 激活函数，并添加了跳层连接以抑制网络退化并加速模型。其中，1×1 卷积层的作用同传统残差模型类似，都是通过对特征图降维的方式由原通道数 C 降低至 C'，从而减少卷积过程中的计算量，并在一定程度上尽可能保留特征中的信息。其与传统 ResNet 模型所采用的残差 Bottleneck 的不同之处在于，该结构在中间的卷积层针对文本序列特性设计的 1×3 卷积核能够充分学习短语级别的语义特征，这种基于局部特性的卷积方式能够有效捕捉相邻词语间的上下文语义关联，从而探索与视觉部分相匹配的语义主体，之后的 1×1 卷积层则将特征图的通道数还原成了 C。由于该 Bottleneck 结构保证了输入与输出通道数的一致性，故在跳层连接中无需对输入进行额外映射，直接将其与卷积模块的输出相加即可。对于局部尺度分支与中等尺度分支,每个分支分别由 3 个 Bottleneck Transformer 块堆叠而成,每个分支的末端分别添加了最大池化操作,从而分别为这两个分支生成相应的局部文本表征 $f_t^l \in R_C$ 与中等文本表征 $f_t^m \in R^C$。

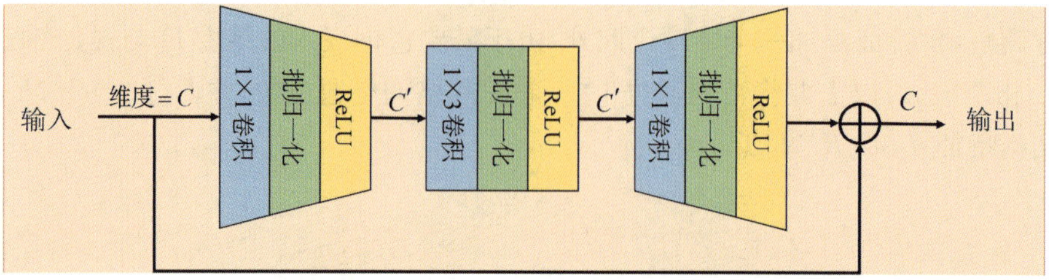

图 9-4　深度文本卷积网络所采用的残差 Bottleneck 结构

对于全局尺度分支,模型将 Bottleneck Transformer 通过与视觉识别类似的方法应用于文本领域,与前述的残差 Bottleneck 恰恰相反,该模块用于学习文本中词嵌入间的长距离关系。该结构设计了一种针对一维序列的自注意力模块,在位置编码方面仅考虑单个维度的信息,而自注意力机制则大致相同。这种引入了自注意力机制的结构能够将信息不仅仅局限于相邻词之间的关联,而是更关注于语义的整体性,这与普遍用于自然语言理解的传统 Transformer 模型的思想基本一致。与其他分支不同,由于叠加多层 Bottleneck Transformer 容易使计算量过大,且效果并没有显著提升,所以全局尺度分支仅采用单层的 Transformer 块用于学习全局文本信息,在一定程度上也抑制了过拟合现象的出现。该分支末端同样添加了最大池化以得到全局文本表征 $f_t^g \in R^C$。

在训练阶段,这些不同尺度的表征已经具备了适应相关视觉表征能力,因此在进行匹配损失计算时能够尽可能缩小模态间的差异,从而学习得到高度融合视觉语义的文本表征。在测试阶段,与视觉部分类似,模型将不同尺度的表征直接求和以得到融合了多尺度信息的文本表征,并用于与视觉表征进行相似度计算,从而排序得到搜索结果。

9.4　基于自注意力的表征学习网络

9.4.1　自注意力主干网络

本章采用了 Bottleneck Transformer[28] 作为表征学习网络,如图 9-5 所示。Bottleneck Transformer 的本质是将多头自注意力机制引入传统的残差 Bottleneck 架构。具体来说,模型把具有残差连接的 Bottleneck 结构中的 3×3 卷积层替换为多头自注意力层(MHSA),因此该架构可以被视为具备了 Bottleneck 结构的 Transformer。传统的 CNN 模型由于卷积模块的特性,往往聚焦于局部信息而难以兼顾对于整体信息的把据，因此模型有必要考虑引入擅长捕获全局信息的自注意力模块，从而在参数量更少的情况下达到更优的性能。

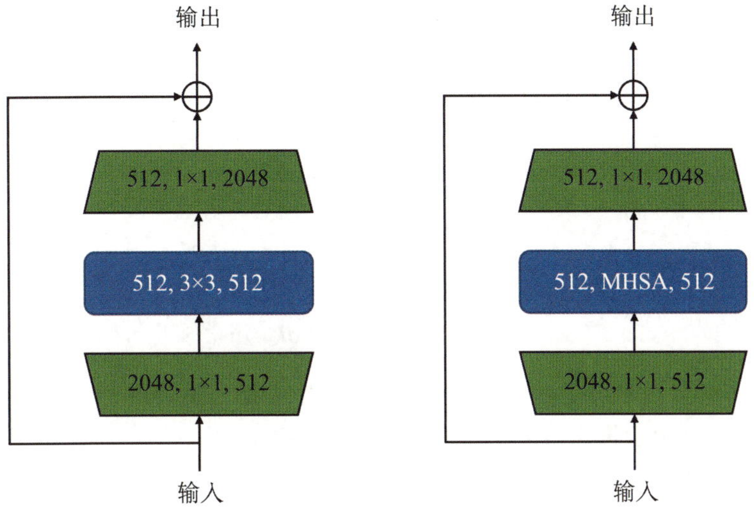

图 9-5　Bottleneck Transformer

注：左图为 ResNet 中的 Bottleneck 结构，右图为 Bottleneck Transformer 中的 Bottleneck 结构，MHSA 表示多头自注意力机制。

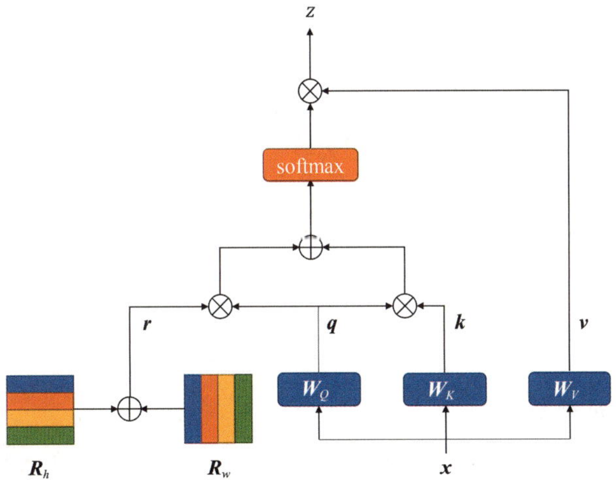

图 9-6　Bottleneck Transformer 采用的多头自注意力模块结构

Bottleneck Transformer 的多头自注意力模块结构如图 9-6 所示，该模块与传统 Transformer 中的自注意力模块存在部分差异。考虑到视觉信息以二维的形式存在，Bottleneck Transformer 为两种维度分别设计了位置编码以学习特征的位置信息。具体而言，模型学习了两种参数向量 $\boldsymbol{R}_h$ 和 $\boldsymbol{R}_w$ 分别编码特征所处的横向与纵向的位置，然后将这两种向量通过广播机制相加得到二维位置编码 r。

$$r = R_h \oplus R_w \tag{9-1}$$

式中,⊕表示按照广播机制求和。与传统的一维位置编码相比,这种编码方式能够充分利用水平与垂直方向的相对信息,从而进一步探寻特征间的交互关系。此外,与直接和原始输入相加的方法不同,这种位置编码方式与自注意力模块的计算融为一体,模型将其与查询向量相乘,从而将位置信息纳入自注意力学习中。该过程由输入得到输出的公式表达为

$$\begin{aligned} q &= W_q x \\ k &= W_k x \\ v &= W_v x \end{aligned} \tag{9-2}$$

$$z = \text{softmax}(qr^{\mathrm{T}} + qk^{\mathrm{T}})v \tag{9-3}$$

式中,x 和 z 分别代表输入与输出;q,k,v 分别代表注意力机制中的查询、键和值;W_q,W_k,W_v 分别表示将输入 x 映射为查询、键和值的矩阵。

本章在视觉学习部分的所有分支均采用了 Bottleneck Transformer 结构,使图像更关注于区域内的语义信息,每种尺度的多个局部区域共享同一模型。对于局部尺度与中等尺度的特征,模型采用多层 Transformer 块堆叠的模式,以提取相应区域内的相关语义;对于全局分支,由于特征图较大且语义信息较为复杂,因此仅采用单层 Transformer 提取特征。

此外,本章考虑为文本端的全局尺度分支设计类似 Bottleneck Transformer 的结构,并与传统的卷积网络结合,用于在得到局部特征的基础上捕获文本中词嵌入间的长距离关系。由于文本并不具有类似图像的 2D 结构,因此模型设计了针对一维序列的自注意力结构,在位置编码方面仅考虑单个维度的位置信息,而自注意力机制则大致相同。与在文本端卷积网络普遍采用的基于 1×3 卷积核的结构相比,这种引入了自注意力机制的结构能够将信息不仅仅局限于相邻词语之间的关联,而更关注于文本语义的整体性,间隔较远的词语间的语义联系同样也能被这种机制捕获。

9.4.2 多尺度特征匹配

在多尺度特征匹配阶段,模型采用跨模态投影匹配损失[16]作为损失函数。该损失用于最小化投影相容性分布和归一化匹配分布之间的 KL 散度,以增加不匹配样本之间的差异和匹配样本之间的关联。由于损失函数不需要选择样本以构成特定的三元组,也不需要调整边缘参数,所以它在不同的批次大小下表现出较好的稳定性。通过从局部尺度、中等尺度、全局尺度这三种尺度对双路径生成的表征进行计算,消除文本与视觉模态之间的差异。

具体来说,在给定的大小为 N 的小批次内,视觉表征集合可以被定义为 $\{(x_i^I, y_i^I)\}_{i=1}^N$,$x_i^I$ 表示第 i 张图像的表征,y_i^I 表示第 i 张图像对应的身份标签;文本表征集合

可以被定义为$\{(x_i^T, y_i^T)\}_{i=1}^N$，$x_i^T$表示第$i$条文本的表征，$y_i^T$表示第$i$条文本对应的身份标签。对于视觉表征$x_i^I$，将该批次内的文本表征集合与其构成图像-文本表征对集合$\{(x_i^I, x_j^T), y_{i,j}\}_{j=1}^N$，其中，当$y_i^I = y_j^T$，即文本与图像对应身份标签相同时，$y_{i,j}=1$，否则$y_{i,j}=0$。对于每个图像-文本表征对，可以通过式(9-4)得到它们之间的匹配概率。

$$p_{i,j} = \frac{\exp(x_i^{I^{\mathrm{T}}} \bar{x}_j^T)}{\sum_{k=1}^{N} \exp(x_i^{I^{\mathrm{T}}} \bar{x}_k^T)} \quad \text{s.t.} \quad \bar{x}_j^T = \frac{x_j^T}{\| x_j^T \|} \tag{9-4}$$

式中，$\bar{x}_j^T$表示正则化后的文本表征。该表达式所求得的$p_{i,j}$可看作x_i^I与x_j^T之间的相似度占x_i^I与整个批次中所有文本表征$\{x_i^T\}_{i=1}^N$的相似度之和的比例。对于x_i^I与x_j^T之间的真实匹配概率，考虑到同一批次中有可能出现多个样本同时匹配的情况，模型采用归一化后的标签分布$q_{i,j}$作为真实分布，计算表达式为

$$q_{i,j} = \frac{y_{i,j}}{\sum_{k=1}^{N} y_{i,k}} \tag{9-5}$$

将x_i^I与文本表征计算的匹配损失表达为

$$L_i = \sum_{j=1}^{N} p_{i,j} \log \frac{p_{i,j}}{q_{i,j} + \varepsilon} \tag{9-6}$$

式中，ε是一个很小的值，用于避免出现数值问题。该表达式可视作分布p_i对于分布q_i之间的KL散度，通过最小化该KL散度可以使模型对于预测分布p_i更接近真实分布q_i，从而使概率预测更准确。实际上，在计算该KL散度的过程中，所有样本已经考虑了与其相关的正样本与负样本，从而省略了构造正负样本对的过程。

将小批次内的视觉表征依次计算该损失后求和以得到图像对于文本的单向匹配损失

$$L_{i2t} = \sum_{i=1}^{N} L_i \tag{9-7}$$

在基于该损失的学习下，模型倾向于拉近图像与相匹配的描述之间的距离，并通过抑制预测概率的方式减小不匹配图像-文本对之间的相似度。从文本的角度来看，模型可以采用类似的方式对每个文本表征分别计算与小批次内的所有视觉表征的相似度，并按照上述的损失计算方式得到文本对于图像的单向匹配损失L_{t2i}。将以上两种方向上的匹配损失求和，即可得到最终的损失L。

$$L = L_{i2t} + L_{t2i} \tag{9-8}$$

考虑到模型的特征提取部分由多个分支构成，每个分支分别生成不同尺度的表征，

因此模型为每个分支生成的表征同时采用 CMPM 损失以缩小模态间的距离。在局部尺度层面，模型着重于从图像中找寻细微而又关键的视觉线索，并在文本中抽取与其相关的语义信息，通过该损失能够为两种模态的细节对齐提供较好监督，从而在细粒度层面提升模型的判别性；在中等尺度层面，模型通常发掘那些无法从较小尺度提取得到的语义信息，这些信息在文本部分大多有着明显的对应描述，因此该损失有助于巩固这些语义层面较为相关的视觉与文本主体之间的联系；而在全局尺度层面，视觉与文本部分提取的特征通常能够蕴含一些整体层面的信息，这些信息通常代表了相应模态内最为显著的一些特征，通过采用该损失对全局尺度的表征进行匹配，可以对齐那些各自模态内在语义层面最为重要的主体。

通过对多尺度特征进行 CMPM 损失计算，模型可以从不同层面同时对齐模态间的语义信息，从而在模型生成良好判别性特征的基础上进一步缩小模态间的特征差异，从而使最终特征具有更好的模态兼容性。最终的损失函数 L_{multi} 由不同尺度的特征匹配损失求和得到，表示为

$$L_{\text{multi}} = L_l + L_m + L_g \tag{9-9}$$

式中，L_l，L_m，L_g 分别代表局部尺度、中等尺度、全局尺度表征计算得到的 CMPM 损失。

9.5 实验结果与分析

本节主要对本章提出的模型在 CUHK-PEDES 数据集上进行实验，包括与其他工作的对比与消融实验，从而讨论不同模块对于实验效果的影响，并通过样例分析辅助证明了本章模型对于该任务的有效性。CUHK-PEDES 数据集[14]是文本-图像行人再识别任务的主流基准，它包含了 13 003 个不同身份行人的 40 206 张图片，其中每张图片都有两条由不同标注人员注释的描述性句子。该数据集被分成由 11 003 个行人的 34 054 张图片组成的训练集、1 000 个行人的 3 074 张图片组成的测试集以及 1 000 个行人的 3 078 张图片组成的验证集。所有句子都包含至少 23 个单词，整个数据集的词汇量为 9 408。实验结果由 $Top\text{-}K$（$K=1, 5, 10$）指标来衡量。给定一个文本查询，根据相似度对所有图像进行排序，$Top\text{-}K$ 指示每次搜索在前 K 个结果中至少正确检索到一个目标行人的占比，即如果相应的行人在前 K 个结果内，就认为它是一个成功的搜索；反之，则是失败的搜索。$Top\text{-}K$ 可以反映模型在前 K 个检索结果上的准确性。

9.5.1 与其他算法的比较

将本章所提出的算法与之前其他工作相比较，结果如表 9-1 所示。这些方法大体上可以分为全局尺度方法与局部尺度方法，其中全局尺度方法包括早期提出的方法，例

如 GNA-RNN[14]，IATV[15]，Dual Path[31]，CMPM + CMPC[16]等，而在全局尺度上结合局部尺度的方法则在近些年成为了该领域的主流，包括了 MIA[32]，PMA[33]，ViTAA[34]，NAFS[35]，LapsCore[36]，MGEL[37]，SSAN[38]，AXM-Net[39] 和 TIPCB[20]，等等。相比于全局尺度的方法，这些方法更倾向于从局部区域获取判别性的特征，并与文本描述中短语级别的语义相对齐，从而提升两种表征的匹配结果。

表 9-1　本章算法与其他算法在 CUHK-PEDES 数据集上的对比结果(%)

算法	类型	*Top* -1	*Top* -5	*Top* -10
GNA-RNN	全局	19.05	—	53.64
IATV	全局	25.94	—	60.48
PWM + ATH	局部	27.14	49.45	61.02
Dual Path	全局	44.40	66.26	75.07
CMPM + CMPC	全局	49.37	—	79.27
MIA	全局+局部	53.10	75.00	82.90
PMA	全局+局部	53.81	73.54	81.23
ViTAA	全局+局部	55.97	75.84	83.52
NAFS	全局+局部	59.94	79.86	86.70
MGEL	全局+局部	60.27	80.01	86.74
SSAN	全局+局部	61.37	80.15	86.73
AXM-Net	全局+局部	61.90	79.41	85.75
LapsCore	全局+局部	63.40	—	87.80
TIPCB	全局+局部	63.63	82.82	89.01
本章的方法	全局+局部	63.84	83.10	89.08

注：包括 *Top* -1、*Top* -5 与 *Top* -10 的准确率。

从实验结果可以看出，结合了全局尺度表征学习与局部尺度表征学习的模型普遍优于局限于单个尺度特征的模型。对比其他工作与本章工作的结果，可以看出本章所提出模型的效果优于绝大部分工作，在 *Top* -1、*Top* -5 与 *Top* -10 的准确率指标上都达到了最高水平，这也进一步说明模型采用的多尺度模型对于特征判别性的学习至关重要。

9.5.2　不同表征学习分支下的性能比较

由于模型在训练时采用了多尺度融合的策略，所以该部分考虑对每种尺度的分支分别进行实验，以分析不同尺度的分支对于最终匹配结果的重要程度。表 9-2 展示了模型选取各种分支加入训练时在 CUHK-PEDES 数据集上的实验结果。以“局部尺度分支＋中等尺度分支”为例，模型中仅训练了局部尺度分支与中等尺度分支，测试阶段将两个分支生成的表征求和以作为计算相似度的表征。

表 9-2 模型选择不同分支训练时在 CUHK-PEDES 数据集上的实验结果(%)

实验编号	方法	*Top*-1	*Top*-5	*Top*-10
1	局部尺度分支	59.62	81.06	87.93
2	中等尺度分支	60.76	81.59	87.98
3	全局尺度分支	60.05	81.04	88.06
4	局部尺度分支＋中等尺度分支	62.12	81.95	88.48
5	局部尺度分支＋全局尺度分支	62.29	82.37	88.56
6	中等尺度分支＋全局尺度分支	63.10	82.67	88.64
7	局部尺度＋中等尺度＋全局尺度分支	63.84	83.10	89.08

注：包括 *Top* -1、*Top* -5 与 *Top* -10 的准确率。

从实验 1、2、3 的结果可以看出，在仅对单个分支进行训练的情况下，中等尺度分支的结果最好，这也证明了文本所提出的保留局部区域间的关联十分关键。而其他工作中普遍采用的基于切分的局部表征学习在准确率上最差，这是由于仅采用局部区域提取特征而未考虑全局层面的整体信息并不利于图像和文本之间的语义匹配。此外，结合实验 2 和 4 的结果也可以看出，中等表征所包含的信息与局部表征在一定程度上重复了，这也导致同时采用这两个分支的匹配准确率不如仅采用全局表征高。从实验 2 和 6 可以看出，虽然仅采用中等尺度分支所提取的特征已经能够达到较好的结果，但与全局信息相结合之后能够使准确率的提升更为明显，且这种效果显著优于其他任意两种尺度分支的组合效果，这也进一步说明，结合中等尺度与全局尺度能够在保留较好局部特征基础上进一步捕捉图像中的整体语义信息。对比实验 7 与其他实验的结果，可以看出本章所采用的多尺度表征学习架构能够从多个不同粒度最大程度上提升视觉与文本特征的判别性，从而使模型在对齐模态间语义信息的基础上对模态内的特征加以融合以提升匹配准确率。

9.5.3 不同表征学习模块采用 Transformer 下的性能比较

本章所提出的另一部分工作就是采用 Bottleneck Transformer 作为表征学习网络对不同尺度的特征图信息进行自注意力计算。为了展示该结构对于提取良好语义特征的重要性，模型通过进行以下实验分别分析视觉与文本分支上所采用的 Transformer 结构对实验结果的影响。对于视觉表征学习模块，模型直接去除各尺度分支上的 Transformer 结构，考虑在每个分支对 ResNet 输出的初级特征图经过相应切分操作后直接进行池化以提取对应特征；而在文本表征学习模块，由于直接去除模型全局尺度分支的 Transformer 会导致该分支无法自适应学习与视觉部分相关联的表征，所以考虑将该模块替代为与另外两个分支相同的残差 Bottleneck 结构，其余分支保持不变，通过这种设定验证 Transformer 在文本端表征学习模块的效果改善。该部分的实验结果如表 9-3 所示。

表 9-3　不同表征学习模块采用 Transformer 结构时在 CUHK-PEDES 数据集上的实验结果(%)

实验编号	文本表征学习	视觉表征学习	*Top* -1	*Top* -5	*Top* -10
1	×	×	61.05	81.25	87.92
2	×	√	61.63	82.57	88.74
3	√	×	62.31	82.70	88.89
4	√	√	63.84	83.10	88.08

注：包括 *Top* -1、*Top* -5 与 *Top* -10 的准确率。

分别对比实验 1 与实验 2 的结果，以及实验 1 与实验 3 的结果可以看出，模型在文本和视觉表征学习中采用 Transformer 作为表征学习网络都在一定程度上提升了模型的匹配准确率，这也证明了引入自注意力机制有助于捕捉语义的整体性，从而使模态间的语义主体产生关联。其中，在文本表征学习模块引入 Transformer 对结果的影响更大，这也与 Transformer 可用于提取词嵌入间长距离关系的特性有关，而全局尺度分支可以基于该特性学习与视觉全局特征相匹配的文本主体，并使对应词嵌入产生较高响应以达到跨模态对齐的目的。对比实验 4 与其他实验的结果，可以看出本章所采用的基于 Transformer 的架构能够利于模型从两种模态同时提取较为良好的语义信息，从而在多尺度表征匹配阶段使模型的准确率达到一个较高的水平。

9.5.4　不同匹配表征选择下的性能比较

由于多尺度特征提取框架为每种模态生成了多种尺度的表征，因此需要对表征进行选取与组合以确定在测试阶段用于匹配的表征。为了探索表征选取对于实验结果的影响，模型针对不同尺度表征的选取方式进行了实验，结果如表 9-4 所示。

表 9-4　模型选取不同表征作为最终用于匹配的表征时在 CUHK-PEDES 数据集上的实验结果(%)

实验编号	选取的表征	*Top* -1	*Top* -5	*Top* -10
1	局部尺度表征	60.98	82.49	88.67
2	中等尺度表征	61.11	82.43	88.57
3	全局尺度表征	59.75	80.82	86.95
4	局部尺度表征＋中等尺度表征	62.45	82.80	88.79
5	局部尺度＋中等尺度＋全局尺度表征	63.84	83.10	89.08

注：包括 *Top* -1、*Top* -5 与 *Top* -10 的准确率。

对比实验1、2、3的结果可以看出，相比于其他两种尺度，模型采用中等尺度表征进行匹配时具有更好的准确率，从而推断该表征所蕴含的语义表达最为丰富。此外，从实验4、5的结果来看，当最终表征由越多尺度的表征组合而成时，其匹配准确率越高，这也从侧面反映了采用多尺度匹配的方式可以丰富表征在不同层次的表达能力。

9.5.5 不同分块数量下的性能比较

在提取局部特征时，划分区域的数量往往是影响实验结果的一个重要因素。当分块数量较少时，模型无法提取细粒度的判别性特征；而当分块数量过多时，模型无法识别较小区域内的实际语义。因此，适当控制局部分块的数量是提取具有良好判别性表征的关键。对于该模型而言，考虑到特征图的尺寸，实验将初级特征图分别切分为4、6、8块局部区域，并分别计算在相应设定下的匹配准确率，实验结果如表9-5所示。

表9-5 不同局部区域个数在CUHK-PEDES数据集上的实验结果(%)

分块数量	*Top*-1	*Top*-5	*Top*-10
4	63.23	82.82	88.73
6	63.84	83.10	88.08
8	63.15	82.79	88.86

注：包括*Top*-1、*Top*-5与*Top*-10的准确率。

由表9-5可知，分块数量对于实验结果的影响并不显著，当图像被划分为6个区域时的准确率比其他情况下要略高一些，这也与之前一些工作[18,19]的结论相符。如图9-7所示，当图像被划分为较大的区域时($K=4$)，由于区域中通常包含了1个以上

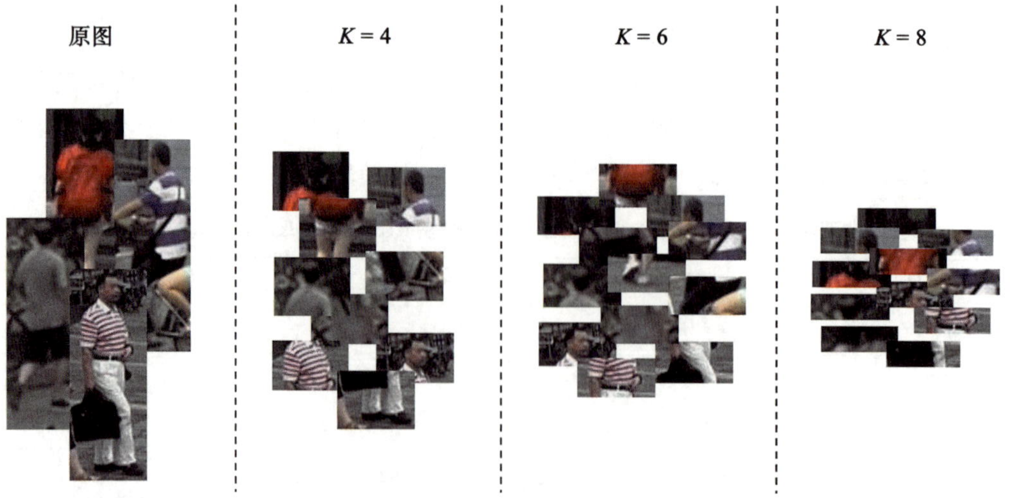

图9-7 将原图像水平分割为不同数量图像区域时的分割结果

注：K代表分割区域的数量。

的语义主体，信息较为复杂且冗余，依照这种尺度得到的局部特征通常不能良好表达该区域内的一些细节，从而不足以作为细粒度判别性特征用于后续匹配。当图像被划分为较小的区域时（$K=8$），部分图像区域容易仅包含背景信息，从而为模型学习引入噪声；此外，一些显著的语义被切分后无法被识别，在与文本特征对齐时缺少了关键信息，从而降低匹配准确率。

9.5.6 样例分析

为了判断模型对于图像的实际检索性能，该部分通过基于文本描述检索得到的图像结果进行采样，从而分析模型的检索偏好，探索模型是否能根据文本描述找到相关的视觉语义模式。这些检索结果包括了正确的检索结果与失败的检索结果。具体来说，给定一段文本描述，模型从图像集合中得到相似度最高的若干张图像作为检索结果，并根据与描述对应的身份标签进行对照，以得到检索结果的好坏。成功检索结果如图 9-8 所示，失败检索结果如图 9-9 所示。

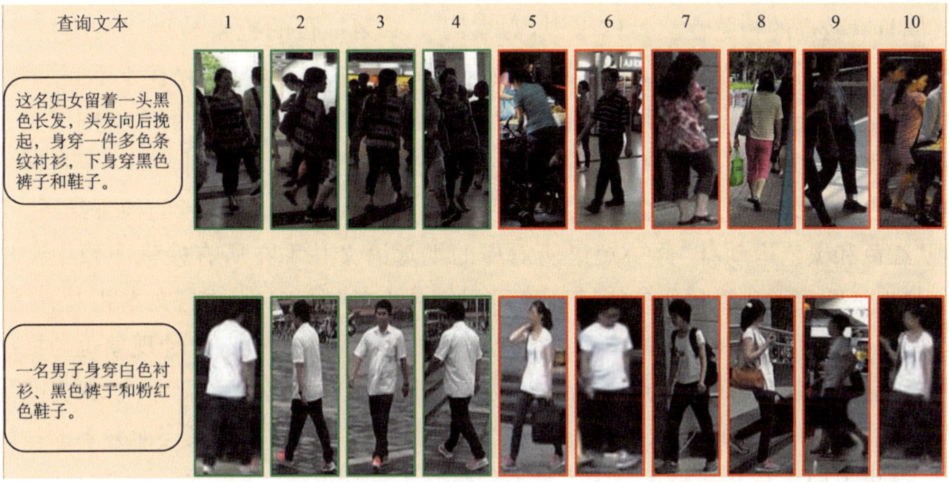

图 9-8　本章模型在 CUHK-PEDES 数据集上成功检索的结果可视化

对于图 9-8 的正确查询结果，可以看出模型准确地找到了文本查询中所描述的最为显著的视觉特征。观察图 9-8 中第一行的检索结果，文本描述中的“条纹”一词所对应的视觉模式被模型较好地捕捉了，通过在这一特征的基础上进一步挖掘其他细粒度特征，即可在所有图像中筛选得到最符合文本描述中语义条件的图像。除了检索成功的图像，模型对于文本特征所对应视觉模式的捕捉也可以从其余图像中观察得到，例如图 9-8 第二行的检索结果，与文本描述中“粉红色鞋子”相对应的视觉模式在所有检索得到的图像中都能找到，这也说明本章模型能够较好地对齐显著视觉模式与文本描述之间的语义，从而有效改善匹配准确率。

在图 9-9 的失败检索结果中，对照检索得到的不匹配图像以及查询文本，可以观察

图 9-9　本章模型在 CUHK-PEDES 数据集上失败检索的结果可视化

到文本描述中出现的关键短语所对应的视觉语义都出现在错误检索结果之中，因此它们之间具有较高的相关性。具体来说，观察图 9-9 第一行的检索结果，“条纹衬衫”与“黑色裤子”所对应的视觉语义都出现在检索结果中，并且二者分别存在于不同尺度中，这也证明模型能够从自适应尺度层面提取并得到判别性语义信息。而真实图像由于光线过暗，无法被模型准确地识别其中的信息，这也反映了模型易受到光照等干扰因素的影响，在鲁棒性方面仍有较大提升空间。一方面，观察图 9-9 第二行的检索结果，可以发现“红色和黑色运动鞋”这一短语所对应的视觉语义几乎在所有检索图像中都出现了。这也证明模型在视觉部分能够准确学习细粒度的视觉特征并与文本相对齐，从而从每张图像中提取得到与文本中细粒度短语相关的判别性特征。这种现象也与模型通过损失函数将模型表征学习到一个统一的嵌入空间有关。另一方面，由于真实图像视觉判别性特征并不显著，且文本描述中包含的信息较少，二者在语义层面并不能很好地对齐，这也说明了在文本描述较为模糊或信息缺失的情况下，在视觉学习部分挖掘图像中的判别性特征尤为关键。

综合以上两种检索结果考虑，可以认为本章的模型已经能够较好地分辨仅在细粒度层面上存在差异的图像，从而结合其他尺度的特征从多个不同粒度最大程度上提升视觉与文本特征的判别性，最终能够使模型在对齐模态间语义信息的基础上对模态内的特征加以融合以提升匹配准确率。

9.6　本章小结

通过调研文本-图像行人再识别的现状并分析其存在的问题，本章从多个角度探索了改进策略，并提出了一种新颖的方法用于解决目前普遍遇到的困难，并通过在公开数据集上进行实验，对该方法的性能进行分析与比较。首先，本章提出了一种基于双路径的特征提取框架，以 Transformer 作为表征学习网络进行多尺度特征提取与匹配；其次，本章着重介绍了基于自注意力的表征学习网络，从而有效捕获全局层面的语义信息。和其他工作的对比结果表明，该方法在文本-图像行人再识别任务的 CUHK-PEDES 数据集上取得了优异的效果，不同的消融实验也证实了该方法的有效性。

虽然本章所提出的模型在跨模态行人再识别任务上取得了一定的成效，但仍存在一些需要解决的问题。虽然从多尺度的角度考虑文本-图像行人再识别任务，但实际图像中的主体往往并非以一种固定的尺度存在。因此，找寻一种自适应的尺度调整方法尤为重要。此外，由于注意力机制不仅可以用于模态内的自注意力，也可以应用于跨模态的互注意力，所以后续工作可以对不同模态间的注意力进行研究，学习一种模态下的语义与另一种模态之间的注意力，从而在相关查询出现时获得更高的响应。此外，其他跨模态预训练模型也可以应用于该任务，将文本与图像共同作为输入以自动计算相互的注意力，从而生成高度语义相关的表征。

参考文献

[1] VASWANI A, SHAZEER N, PARMAR N, et al. Attention is all you need[J]. Advances in neural information processing systems, 2017, 30.

[2] DEVLIN J, CHANG M W, LEE K, et al. Bert: Pre-training of deep bidirectional transformers for language understanding[J]. arXiv preprint arXiv: 1810. 04805, 2018.

[3] BROWN T, MANN B, RYDER N, et al. Language models are few-shot learners[J]. Advances in neural information processing systems, 2020, 33: 1877-1901.

[4] WANG L, LI Y, LAZEBNIK S. Learning deep structure-preserving image-text embeddings [C]//Proceedings of the IEEE conference on computer vision and pattern recognition. 2016: 5005-5013.

[5] LI S, XIAO T, LI H, et al. Identity-aware textual-visual matching with latent co-attention[C]// Proceedings of the IEEE International Conference on Computer Vision. 2017: 1890-1899.

[6] YAN F, MIKOLAJCZYK K. Deep correlation for matching images and text[C]//Proceedings of the IEEE conference on computer vision and pattern recognition. 2015: 3441-3450.

[7] WANG L, LI Y, HUANG J, et al. Learning two-branch neural networks for image-text matching tasks[J]. IEEE Transactions on Pattern Analysis and Machine Intelligence, 2018, 41(2): 394-407.

[8] LIU Y, GUO Y, BAKKER E M, et al. Learning a recurrent residual fusion network for multimodal matching[C]//Proceedings of the IEEE international conference on computer vision. 2017: 4107-4116.

[9] REED S, AKATA Z, LEE H, et al. Learning deep representations of fine-grained visual descriptions [C]//Proceedings of the IEEE conference on computer vision and pattern recognition. 2016: 49-58.

[10] MA L, LU Z, SHANG L, et al. Multimodal convolutional neural networks for matching image

and sentence[C]//Proceedings of the IEEE international conference on computer vision. 2015: 2623-2631.

[11] HUANG Y, WANG W, WANG L. Instance-aware image and sentence matching with selective multimodal lstm[C]//Proceedings of the IEEE Conference on Computer Vision and Pattern Recognition. 2017: 2310-2318.

[12] SCHROFF F, KALENICHENKO D, PHILBIN J. Facenet: A unified embedding for face recognition and clustering[C]//Proceedings of the IEEE conference on computer vision and pattern recognition. 2015: 815-823.

[13] REED S, AKATA Z, LEE H, et al. Learning deep representations of fine-grained visual descriptions[C]//Proceedings of the IEEE conference on computer vision and pattern recognition. 2016: 49-58.

[14] LI S, XIAO T, LI H, et al. Person search with natural language description[C]//Proceedings of the IEEE Conference on Computer Vision and Pattern Recognition. 2017: 1970-1979.

[15] LI S, XIAO T, LI H, et al. Identity-aware textual-visual matching with latent co-attention[C]//Proceedings of the IEEE International Conference on Computer Vision. 2017: 1890-1899.

[16] ZHANG Y, LU H. Deep cross-modal projection learning for image-text matching[C]//Proceedings of the European conference on computer vision (ECCV). 2018: 686-701.

[17] OH SONG H, XIANG Y, JEGELKA S, et al. Deep metric learning via lifted structured feature embedding[C]//Proceedings of the IEEE conference on computer vision and pattern recognition. 2016: 4004-4012.

[18] LIU Z, LUO P, QIU S, et al. Deepfashion: Powering robust clothes recognition and retrieval with rich annotations[C]//Proceedings of the IEEE conference on computer vision and pattern recognition. 2016: 1096-1104.

[19] WELINDER P, BRANSON S, WAH C, et al. Caltech-UCSD birds 200[J]. California Institute of Technology, 2010.

[20] KRAUSE J, STARK M, DENG J, et al. 3d object representations for fine-grained categorization [C]//Proceedings of the IEEE international conference on computer vision workshops. 2013: 554-561.

[21] SCHROFF F, KALENICHENKO D, PHILBIN J. Facenet: A unified embedding for face recognition and clustering[C]//Proceedings of the IEEE conference on computer vision and pattern recognition. 2015: 815-823.

[22] HOFFER E, AILON N. Deep metric learning using triplet network[C]//International workshop on similarity-based pattern recognition. Springer, Cham, 2015: 84-92.

[23] SUN Y, CHENG C, ZHANG Y, et al. Circle loss: A unified perspective of pair similarity optimization[C]//Proceedings of the IEEE/CVF Conference on Computer Vision and Pattern Recognition. 2020: 6398-6407.

[24] HADSELL R, CHOPRA S, LECUN Y. Dimensionality reduction by learning an invariant mapping[C]//2006 IEEE Computer Society Conference on Computer Vision and Pattern

Recognition (CVPR'06). IEEE, 2006, 2: 1735-1742.
[25] YI D, LEI Z, LIAO S, et al. Deep metric learning for person Re-IDentification[C]//2014 22nd international conference on pattern recognition. IEEE, 2014: 34-39.
[26] WANG X, HAN X, HUANG W, et al. Multi-similarity loss with general pair weighting for deep metric learning[C]//Proceedings of the IEEE/CVF Conference on Computer Vision and Pattern Recognition. 2019: 5022-5030.
[27] HE K, ZHANG X, REN S, et al. Deep residual learning for image recognition[C]//Proceedings of the IEEE conference on computer vision and pattern recognition. 2016: 770-778.
[28] SRINIVAS A, LIN T Y, PARMAR N, et al. Bottleneck Transformers for visual recognition [C]//Proceedings of the IEEE/CVF conference on computer vision and pattern recognition. 2021: 16519-16529.
[29] SUN Y, ZHENG L, YANG Y, et al. Beyond part models: Person retrieval with refined part pooling (and a strong convolutional baseline)[C]//Proceedings of the European conference on computer vision (ECCV). 2018: 480-496.
[30] CHEN Y, ZHANG G, LU Y, et al. TIPCB: A Simple but Effective Part-based Convolutional Baseline for Text-based Person Search[J]. Neurocomputing, 2021: 171-181.
[31] ZHENG Z, ZHENG L, GARRETT M, et al. Dual-path convolutional image-text embeddings with instance loss[J]. ACM Transactions on Multimedia Computing, Communications, and Applications (TOMM), 2020, 16(2): 1-23.
[32] NIU K, HUANG Y, OUYANG W, et al. Improving description-based person Re-IDentification by multi-granularity image-text alignments[J]. IEEE Transactions on Image Processing, 2020, 29: 5542-5556.
[33] JING Y, SI C, WANG J, et al. Pose-guided multi-granularity attention network for text-based person search[C]//Proceedings of the AAAI Conference on Artificial Intelligence. 2020, 34(07): 11189-11196.
[34] WANG Z, FANG Z, WANG J, et al. Vitaa: Visual-textual attributes alignment in person search by natural language[C]//European Conference on Computer Vision. Springer, Cham, 2020: 402-420.
[35] GAO C, CAI G, JIANG X, et al. Contextual non-local alignment over full-scale representation for text-based person search[J]. arXiv preprint arXiv: 2101. 03036, 2021.
[36] WU Y, YAN Z, HAN X, et al. LapsCore: Language-Guided Person Search via Color Reasoning [C]//Proceedings of the IEEE/CVF International Conference on Computer Vision. 2021: 1624-1633.
[37] WANG C, LUO Z, LIN Y, et al. Text-based person search via multi-granularity embedding learning[C]. IJCAI, 2021.
[38] DING Z, DING C, SHAO Z, et al. Semantically Self-Aligned Network for Text-to-Image Part-aware Person Re-IDentification[J]. arXiv preprint arXiv: 2107. 12666, 2021.
[39] FAROOQ A, AWAIS M, KITTLER J, et al. AXM-Net: cross-modal context sharing attention network for person Re-ID[J]. arXiv preprint arXiv: 2101. 08238, 2021.

雪芽芳香都匀生，不亚龙井碧螺春。饮罢浮花清鲜味，心旷神怡公关灵。乍暖还寒时，泡一杯都匀毛尖，暖香冉冉升起，轻端茶汤，品上一口，阿济教授和老福尽情领略茶韵之余，开始谈论行人再识别的相关技术，感慨领域内科技发展之迅速。

在听完对多模态行人再识别技术的详细介绍之后，老福拍桌而起，恍然大悟，说道："原来文本和图片还能这样一起用啊，这个领域的设计方法框架可真是精妙啊，通过利用多个模态的信息，也让模型的精度有了进一步提升。"

阿济教授回应道："是啊，通过设计复杂的结构并结构化地融合多种信息，现在的行人再识别技术也进一步向着实用场景大步迈进了。"

老福思索了一下，说道："行人再识别在实际场景里面可是需要实时处理海量数据集的，那么设计这么复杂的结构要怎么做到对图像数据的实时处理呢？"他思考了一会儿又说："另外，这么复杂的架构产生的特征想必也是很高维的吧，在匹配的时候应该相当耗时。这要是在实际场景里面，等找到嫌疑人的图像，黄花菜都凉了呀。"

阿济教授回道："这就和后面要为你介绍的快速行人再识别技术有关了。"老福回道："原来如此，行人再识别是怎么做到快速识别的呢？实值特征计算距离是很慢的吧。"

阿济教授回道："对，但是我们不一定要用实值特征啊？"

老福疑惑地问："不用实值特征，难道用二值特征吗？"

阿济教授点头道："对，现在应用二值化特征在深度学习领域已经相当成熟了。二值化特征通过异或操作计算距离快的特点，可以让现在的行人再识别方法实现实时匹配。本章就从这里入手，讲述如何把高维的实值特征变成二值化的特征，来做到实时的嫌疑人定位。"

CHAPTER

10

第 10 章
基于哈希的快速行人再识别

10.1 引言

本章将从现有的哈希方法入手,介绍传统图像检索领域所使用的哈希方法如何把实值特征作二值化。同时,介绍行人再识别领域所特有的哈希方法以及这些方法考虑了行人再识别任务的哪些特点,并对现有的这些方法作大致分析,研究这些方法目前无法进一步应用于实际的原因,以及要如何从这些现存问题入手,去设计判别信息最小化且具有较强结构灵活性的针对行人再识别任务的深度哈希方法。

本章首先介绍了现有的哈希方法在图像检索和行人再识别任务中的应用。传统的哈希方法通过将实值特征进行二值化来提高检索效率,而行人再识别领域中的特定哈希方法则进一步考虑了行人再识别任务的独特需求。然而,尽管这些方法在效率上有所提升,但与实值方法相比,准确率仍存在明显差距。本章将分析现有方法无法广泛应用于实际场景的原因,并从这些问题出发,提出一种新的深度哈希方法——显著性引导的重复非对等哈希(Salience-Guided Iterative Asymmetric Mutual Hashing, SIAMH)。该方法通过引入显著性引导的自蒸馏分支(Salience-Guided Self-distillation Branch, SSB)来减少哈希编码中的冗余,同时增强判别力。此外,本章还提出了一种新颖的重复非对等相互学习策略(Iterative Asymmetric Mutual Training, IAMT),以克服传统互学习中的不足,从而进一步优化模型的判别区域,并充分利用教师模型与学生模型的互补效应。实验结果表明,SIAMH 方法在多个数据集上的效率和准确性均优于现有的最先进的哈希和实值方法。

10.2 相关技术

本节首先对现有的哈希方法以及相关背景知识作介绍,并对目前已有的深度哈希方法与行人再识别结合的几个相关工作进行分析,包括基于深度哈希的图像检索和基于深度哈希的行人再识别。

10.2.1 基于深度哈希的图像检索

基于哈希的图像检索是指将图像的高维特征映射到二值空间,生成低维的二进制编码特征,极大降低了特征维数,避免了“维数灾难”问题,通过二进制模式匹配或汉明距离测量实现图像编码特征的快速搜索,大幅提高了检索效率。基于深度哈希的图像检索主要包含无监督和监督两类,本小节只对监督哈希方法进行介绍。深度哈希中的监督信息通常以成对或三元组的形式给出,按监督信息的不同,基于深度哈希的图像检索方法分为基于成对监督信息的深度哈希方法和基于三元组监督信息的深度哈希方法。深度哈希方法通过损失函数保留图像间的相似性,在生成二进制哈希码时,首先学习连续的图像表示，再通过分离的二进制化步骤将连续的图像表示量化为离散的二进制码，该过程会产生量化损失。设计损失函数并控制量化误差是深度哈希中的重要一环，按损失函数的不同，可对监督深度哈希方法进行更细致的分类。

1. 基于成对监督信息的深度哈希方法

基于成对监督信息的深度哈希方法通过包含相似信息的标签对生成相似性矩阵，并以此描述图像对之间的相似性信息，利用相似性信息学习哈希函数[1]，主要使用平方损失函数和交叉熵损失函数。按损失函数的不同，基于成对监督信息的深度哈希方法分为使用平方损失函数、使用交叉熵损失函数、设计新损失函数的深度哈希方法。

(1) 使用平方损失函数的深度哈希方法。Xia 等[2]提出了 CNNH(Convolution Neural Network Hashing)算法(图 10-1)，通过两阶段法将 CNN 与哈希编码融合：第 1 阶段学习哈希编码；第 2 阶段通过训练 CNN 以输出连续的哈希码。CNNH 算法通过 CNN 自动学习图像特征和一组哈希函数，对二进制代码进行拟合，检索性能取得了显著提升。但该框架输入除了原始图像数据外，还包括第 1 阶段学习到的哈希码，不是端到端的方法，不能完全发挥 CNN 的学习能力。除 CNNH 算法外，Cao 等[3]提出的 DQN、Chen 等[4]提出的差异最小化模型 DMDH 通过将二元离散哈希码松弛为连续变量，适应基于梯度的哈希函数学习。

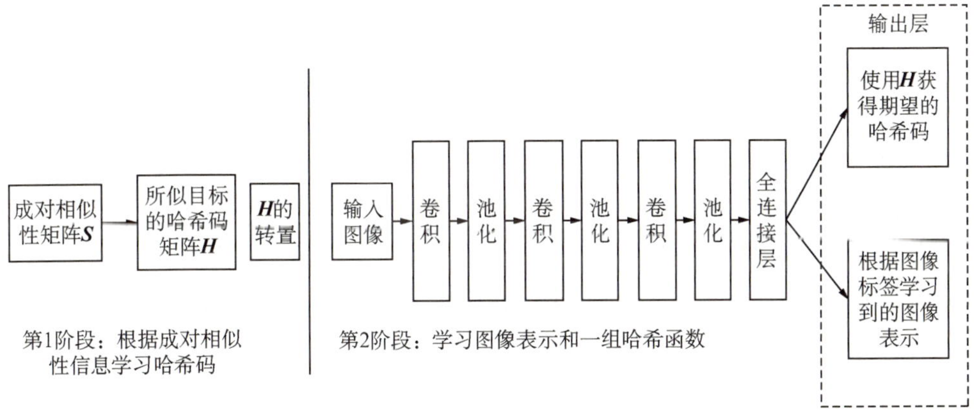

图 10-1　CNNH 算法结构

(2) 使用交叉熵损失函数的深度哈希方法中，DPSH(Deep Pairwise Supervised Hashing)算法是 Li 等[5]提出的一种新的深度哈希算法，由顶部 CNN-F 和底部 CNN-F 组成，两个 CNN-F 具有相同的结构和权重，并以一对图像作为模型的输入。CNN-F 由 5 个卷积层和 2 个全连接层组成，用于对成对图像数据同时进行特征学习和哈希码学习。DPSH 包含三个关键组件：①深度神经网络，用于学习图像精确表示；②哈希函数，用于将学习到的图像标签映射到哈希码；③损失函数，用于衡量基于成对标签引导的哈希码质量,同时引入正则化项减小量化误差。DPSH 算法以端到端的方式将图像从像素映射到成对标签,且不同的组件可以在 DPSH 中相互提供反馈,使得检索性能得到显著提升。算法结构如图 10-2 所示。

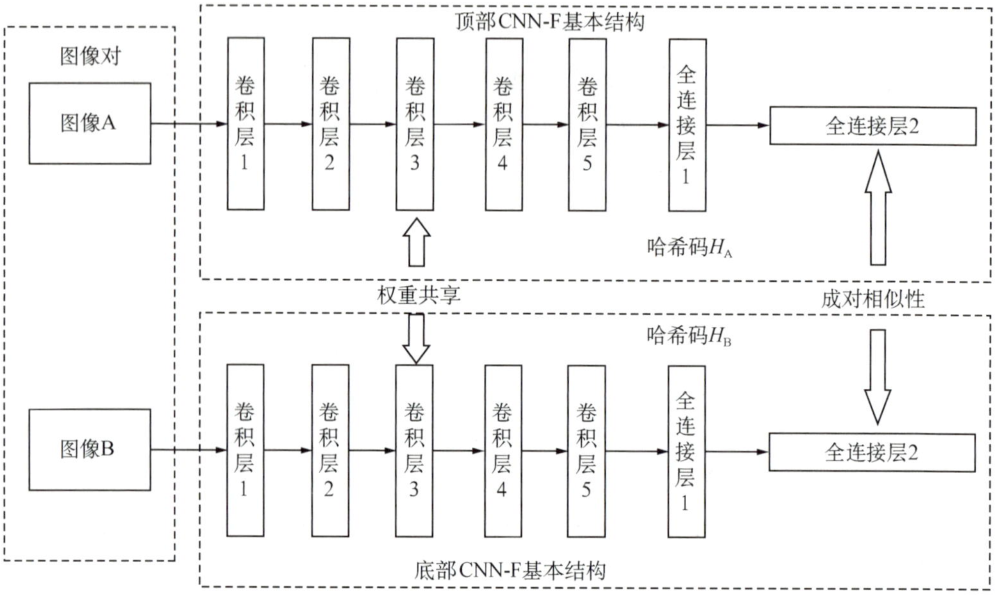

图 10-2 DPSH 算法结构

DSDH(Deep Supervised Discrete Hashing)算法[6]将学习到的二进制码用于图像分类,结构与 DPSH 类似,以 CNN-F 作为基本结构,并在同一框架下同时使用成对标签信息。不同的是,DSDH 生成的哈希码可用于分类。实验证明,该算法学习到的二进制编码既能保持图像之间的相似关系,又能和标签信息保持一致;此外,为了减少量化误差,算法保留了哈希编码的离散化,并使用离散循环坐标下降法优化哈希函数。大多数深度哈希方法在生成哈希码时,首先学习连续的图像表示,然后通过一个分离的二进制化步骤产生二进制哈希码,会导致潜在的检索质量损失。

Cao 等[7]提出 HashNet 算法框架,通过收敛的连续方法直接进行哈希码学习,从连续的相似数据中学习到准确的二进制码。此外,为了保持图像间的相似性,HashNet 基于交叉熵损失函数设计了加权成对交叉熵损失函数。实验证明,HashNet 可以准确生成二进制哈希码,提升了检索性能。算法结构如图 10-3 所示。

除上述三种算法外,Zhu 等[8]提出 DHN 算法,实现了同时控制量化误差和优化损失函数;Cao 等[9]提出 DCH 架构,通过联合优化柯西交叉熵损失和柯西量化损失生成紧凑且集中的二进制哈希码,实现了高效的汉明空间检索。由此可见,基于成对监督信息的深度哈希方法大部分通过交叉熵损失函数或对交叉熵损失函数进行改进保留图像的相似性。

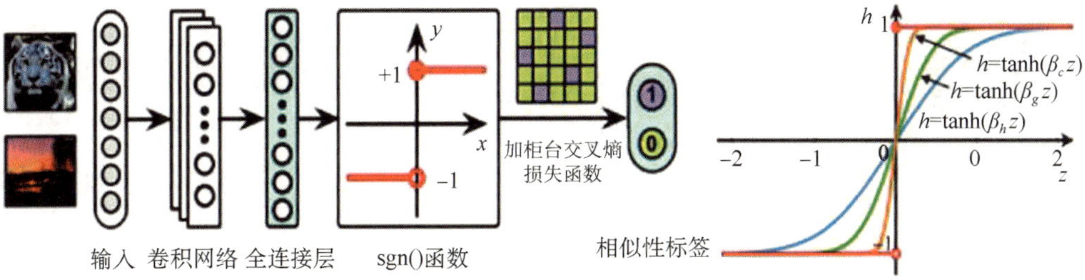

图 10-3　HashNet 算法结构

(3) 设计新损失函数的深度哈希方法。除了使用平方损失函数和交叉熵损失函数，还有一些算法通过设计新的损失函数获得高质量的哈希码。Liu 等[10]在 DSH 算法框架中根据汉明距离设计了一种新的损失函数，对来自输入图像对的监督信息进行编码，对实值输出进行正则化，使连续的图像表示更逼近离散值(＋1/－1)，最大化哈希码的可区分性，使得不相似的图像间的哈希码差异更大。Cao 等[11]首次将深度学习从图像监督信息和常规文本域提取的语义信息中量化出来，提出了 DVSQ 深度哈希框架，通过设计网络结构和新的自适应边距铰链损失函数，同时学习图像特征并提取文本域中的语义信息，最后将图像和文本域中提取的语义信息进行匹配。DVSQ 模型通过在混合深度网络上优化自适应余量损失和视觉语义量化损失学习紧凑的二进制代码，能够更有效地进行图像检索。

2. 基于三元组监督信息的深度哈希方法

基于三元组监督信息的深度哈希方法使用图像三元组对 CNN 进行训练，图像三元组由 3 幅图像构成，前 2 幅相似度较高，第 1 幅与第 3 幅相似度较低[12]。通过对 3 幅图像进行特征提取和哈希编码，使相似的图像具有相似的哈希码。由于基于三元组监督信息的深度哈希方法需要进行大量的图像预处理工作，所以研究成果较少。本书按使用损失函数的不同，将其分为以下两类。

(1) 使用三元组损失函数[13]的深度哈希方法。

三元组损失函数实际上是由铰链损失函数改进而来。Lai 等[14]对 CNNH 算法进行改进，提出 NINH(Network in Network Hashing)算法，将三元组图像作为网络输入，对两个子网络同时训练，通过三元组损失函数使三元组中相似的图像具有相似的哈希码，不相似的图像具有差异较大的哈希码，实现特征提取和哈希编码的同时优化。算法结构如图 10-4 所示。

hang 等[15]提出的 DRSCH(Deep Regularized Similarity Comparison Hashing)算法将训练图像数据按三元组样本分组，训练模型时可以最大化不相似对之间的汉明距离，在测试阶段引入正则化项确保相似图像具有相似的二进制代码，保证图像对与三元组监督信息之间的确定关系，用加权汉明距离代替标准汉明距离，通过截断无意义的位

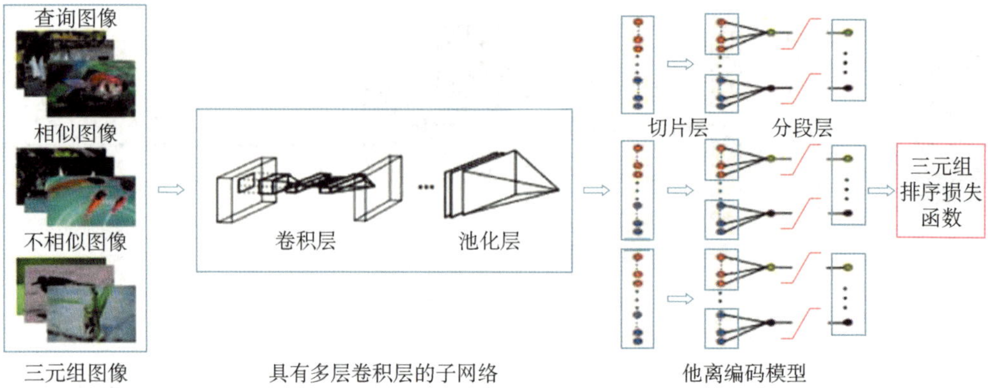

图 10-4　NINH 算法结构

控制代码长度，生成紧凑的哈希码，并通过去除拉普拉斯正则化项得到 DRSCH 框架的简化变体——DSCH。为了实现更有效的三元组训练，Liu 等[16]设计 DTQ（Deep Triplet Quantization）算法框架，提出一种新的三元组选择方法 Group Hard，在每个图像组中随机选择三元组。DTQ 和 DQN（Deep Quantization Network）、DVSQ（Deep Visual-Semanic Quantization）相似，也是对深度学习量化进行研究。DQN 通过成对的余弦损失和乘积量化损失学习图像表示，生成紧凑的二进制代码。DVSQ 设计了一种探索类标签，逐点自适应边距铰链损失函数和视觉语义量化损失。DTQ 为了生成紧凑的二进制代码，在三重态训练期间进一步应用具有弱正交性的三重态量化，量化损失减少了哈希码冗余，并通过反向传播增强了三元组中相似图像对的哈希码相似性，增大了不相似图像对的哈希码差异。DTQ 算法结构如图 10-5 所示。

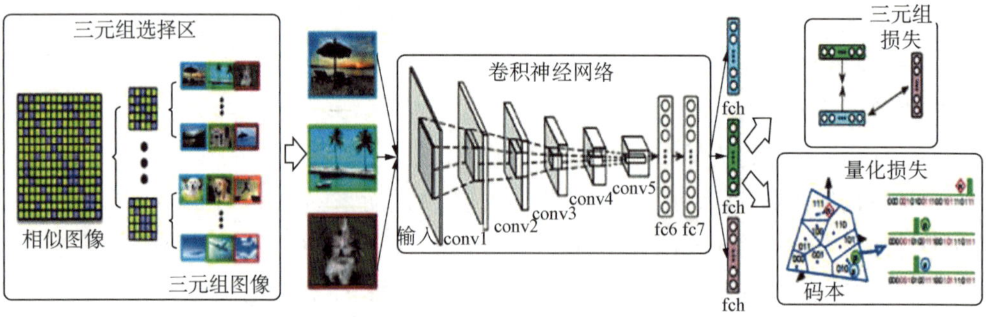

图 10-5　DTQ 算法结构

（2）使用三元组交叉熵损失函数的深度哈希方法。

Wang 等[17]以 DPSH 算法为基础，提出 DTSH（Deep Triplet Supervised Hashing）算法。与 DPSH 不同，DTSH 以三元组标签作为监督信息，同时进行特征和哈希码学习，并基于 DPSH 使用的成对交叉熵损失函数，提出了基于三元组的交叉熵损失函数。与 DPSH 相似，DTSH 也通过正则化项优化哈希码。

10.2.2　基于哈希的行人再识别

近期，哈希在大规模图像检索领域被广泛应用，通过将高维实值特征映射为简短的二值编码，可以在低维的汉明空间中快速检索。Lin 等[18]提出一种无监督哈希网络，可以同时保证编码的均匀分布以及量化损失的最小化；而 Lai 等[19]则设计了一个可以同时进行特征学习和哈希编码的框架，用于最大程度保持映射过程中的相似度，称为 PDH 算法，如图 10-6 所示。受这些方法启发，近期多种基于监督哈希的行人再识别方法被提出，并且这些方法的实验结果证明，结合哈希方法可以较大程度改善现有行人再识别系统的效率。现有的基于哈希的行人再识别方法可以大致分为基于传统哈希和基于深度哈希的行人再识别方法两类。

1. 基于传统哈希的行人再识别

基于传统哈希的行人再识别方法[20,21]旨在学习一个子空间映射方法和二进制编码策略，从而通过多个映射矩阵将高维手工实值特征映射到汉明空间中。这些方法大多把每个相机下捕捉到的图像视为单个模态，从而利用不同表征之间的关联解决行人再识别中的跨视角问题。由 Zheng 等[21]提出的跨视角二值身份方法(Cross-view Binary Identities，CBI) 通过最小化同一行人类内的汉明距离，同时最大化协方差值，构建两个用于不同视角的由哈希函数组成的集合；由 Chen 等[20]提出的跨相机语义二值化策略(Cross-camera Semantic Binary Transformation，CSBT)意图从缓解内在的跨相机变化入手提升特征的判别力。

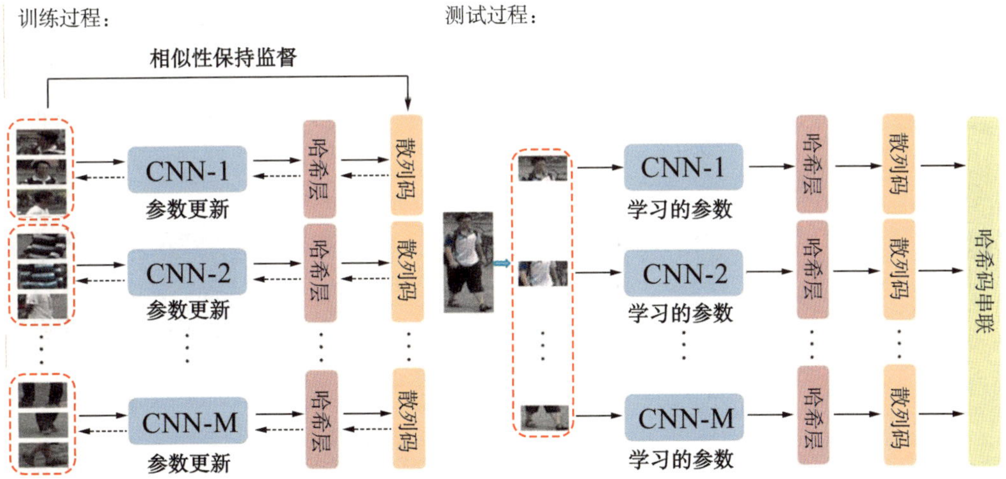

图 10-6　PDH 算法结构

2. 基于深度哈希的行人再识别

基于深度哈希的行人再识别方法大多通过在网络的末端插入哈希层以生成近似二

值化编码,所使用的哈希层一般是使用 tanh 作为激活函数的全连接层。其中,Zhang 等[22]提出的比特扩展深度哈希(Deep Regularized Similarity Comparison Hashing, DRSCH)设计了一种基于相对相似度比较的三元组模型,用于生成比特可扩展的哈希编码。随后 Zhu 等[23]将分块模型融入深度哈希网络框架中以增强特征在视觉匹配阶段的判别力。然而这些方法都是使用显式的二值化策略。Liu 等[24]认为这样的策略难以消除输出维度之间的关联,同时它们需要采用诸如欧氏度量损失这类较强约束的损失函数以约束输出特征的形式,因此难以生成高质量的哈希码。针对这些问题,Liu 等提出一种基于对抗学习的二进制转换策略(Adversarial Binary Coding, ABC,图 10-7),通过将生成对抗网络的目标设置为标准二值分布形式,隐式地将特征转化为哈希编码,可以较大程度上保证特征二值化过程中的潜在相似度信息。为了进一步提升匹配阶段的效率,Wang 等[25]提出一种由粗到细的搜索策略(图 10-8),同时通过自蒸馏训练的方式改善编码的质量,可以取得较大的性能提升。

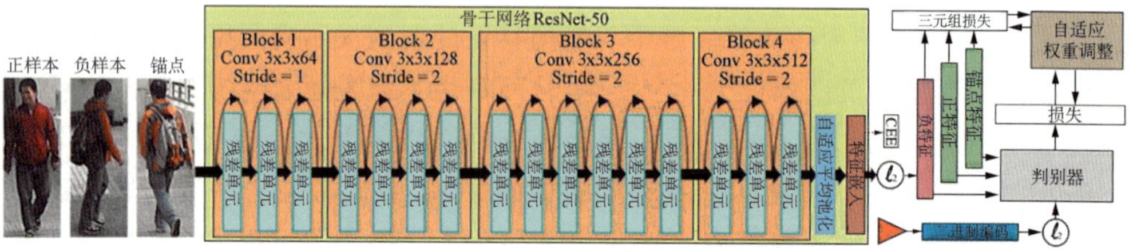

图 10-7　基于对抗学习的二进制转换框架

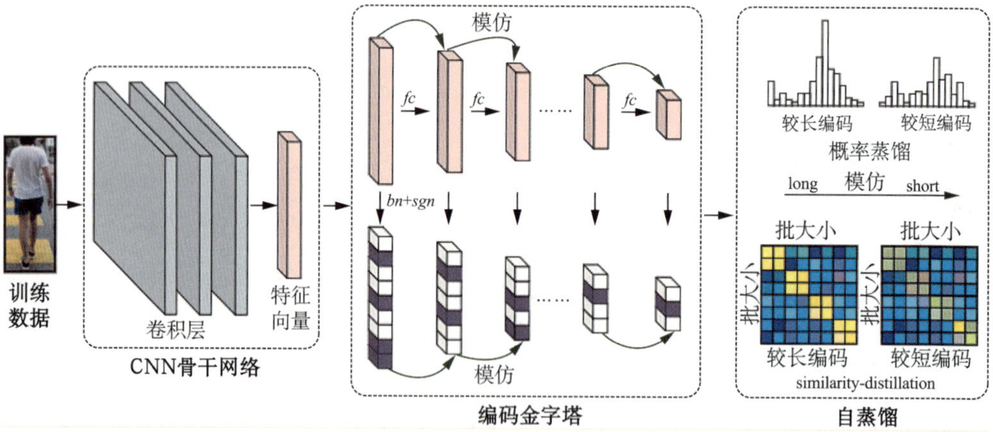

图 10-8　由粗到细的搜索策略

近年来,人们提出了许多大规模的行人识别数据集来模拟真实场景,但大多数基于高维实值的行人识别方法显著增加了行人识别系统的存储和时间成本,因此很难在实际监控事件中使用这些方法。通过将高维实值映射为二进制代码,它可以在低维二值化空间中快速完成召回。值得注意的是，尽管基于哈希的行人再识别方法可以显著提高匹配阶段的效率，但它们当前的性能仍落后于现有最优的基于实值转换函数的方法。

10.3 重复非对等相互学习深度哈希框架

在线蒸馏的最新进展已证明其优于离线蒸馏。受在线蒸馏方法的启发，本书尝试将相互学习策略整合到所提出的在线蒸馏框架中。然而，直接结合相互学习可能会导致不理想的结果，主要有两个因素：①由于两个模型的学习能力不同，相等地施加约束以缩小它们的差距将损害大模型的性能，导致结果恶化。②共同的相互学习不能充分利用这两种模式的不同优势。例如，大型模型在训练集上表现出色，更具辨别力；而轻型模型在泛化任务上表现出色。因此，简单地结合相互学习将平等对待两种模型，从而减少互补效应。为了解决这些问题，本书提出了一种显著性引导的重复非对等相互学习策略，该策略可以通过迭代交互充分提高两个模型的性能。具体而言，如图 10-9 所示，所提出的 SIAMH 在单个模型中采用了深度哈希方法的通用流程。具体地说，广泛使用的卷积网络被用作生成特征图的主干。图中，ResNeSt-50 和 ResNet-50 分别用于教师和学生模型；接着是一个池层，以产生高质量但冗余的实值特性；最后，它被依次输入全连接层中，以与二进制码保持维数一致，然后转换为离散哈希码。由于 sign 的逆梯度问题，哈希层通常是具有类 tanh 激活的全连接层，导致在测试阶段产生次优近似离散码和额外的量化过程。与它们不同的是，上述哈希层在 SIAMH 中被贪婪的哈希层取代，以直接生成完全离散的结果。与现有的哈希行人再识别方法不同，SIAMH 从两个不同的角度形成二进制代码优化：①单个模型内的量化损失最小化；②模型间的冗余减少。对于第①个角度，采用了分频分割模块和自蒸馏量化损失。前者侧重于生成高度近似的离散实值特征。此外，它可以显式地建立最终哈希码和多粒度视觉细节之间的连接。自蒸馏量化损失旨在缩小哈希码和实值特征之间的相似性结构差距。上述组件协同工作可在单个模型中实现量化损失最小化，从而提高代码质量。对于第②个角度，设计了一种突出度感知的重复非对等相互学习策略。首先，提出了一个突出度指导的自蒸馏分支(SSB)，以在相互学习过程中保持突出度区域一致性，这使得学生模型能够生成基于突出度的特征，并因此减少信息冗余。此外，SIAMH 的训练是在一种新的重复非对等相互学习模式中进行的，这可以缓解共同相互学习的滞后。具体而言，两个模型协作学习并可传递正则化的暗知识。

多样划分模块(Diverse Partition Module, DPM)：先前的工作证明了高质量的实值特征导致较小的量化损失。因此，为了解决这个问题，在教师模型中设计了一个不同的分割模块，该模块可以提高特征的多样性，同时减轻未对准和遮挡的影响。如图 10-10 所示，DPM 由全局分支、局部分支两个分支组成。在全局分支中，采用两种不同的汇集策略来获得全局表征。首先，通过 GAP 和 GMP 将初始的 2 048×24×8 张量

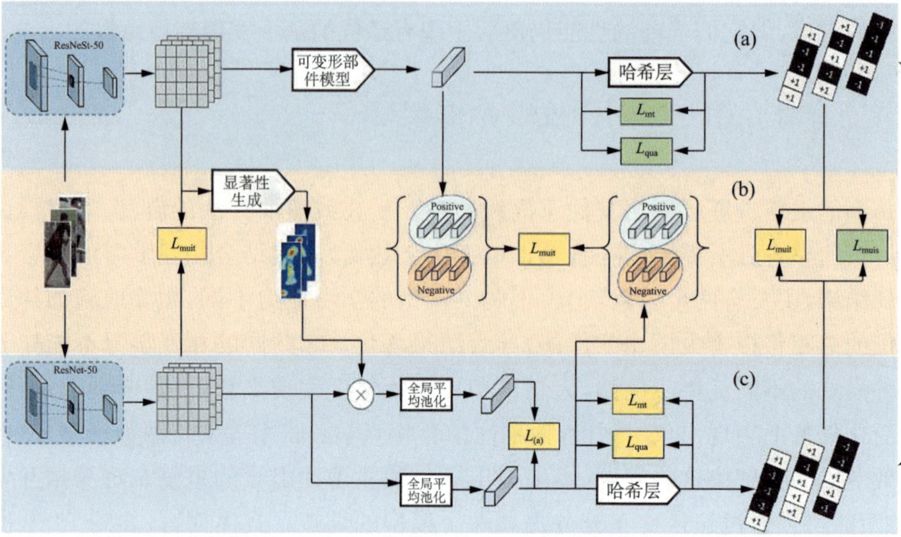

图 10-9　SIAMH 结构图

分别转换为两个 2 048 维向量。随后，为了优化来自不同空间的嵌入，该分支由分类层和批归一化层组成。对于局部分支，它也由两个分支组成。首先，初始 2 048×24×8 张量被水平和垂直分成三个部分，重点学习不同区域的子特征，并明确编码局部视觉线索。因此，总共获得 5 个 2 048 维子特征。最后，这些子特征作为局部分支的最终输出连接到单个向量中。然后，这些全局和局部特征被输入除法和编码模块，该模块旨在保证哈希码的比特独立性，从而减少量化损失。具体地说，特征被划分为等长的 q 片，其中 q 表示哈希码的长度。然后使用完全连接层将每个切片映射到一维向量。然后，这些一维向量被连接起来作为不同分区模块的最终输出。

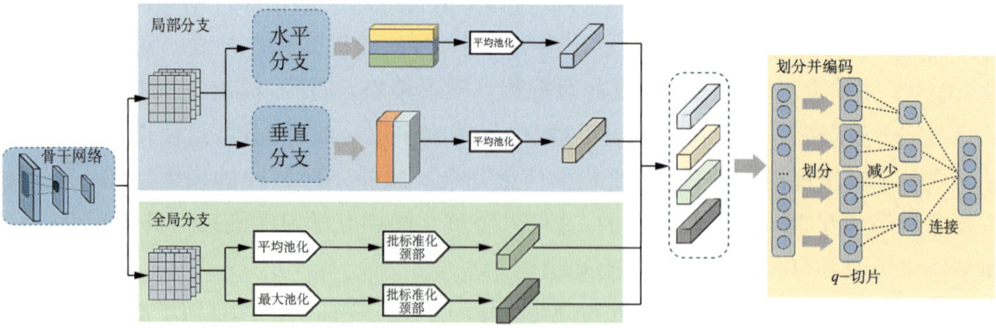

图 10-10　多样划分模块结构图

突出度引导的重复非对等相互学习框架旨在同时增强哈希码的辨别能力并减少模型之间的信息冗余。具体来说，它有两个关键组件：突出度引导自提取分支和重复非对等相互学习策略。前者侧重于使轻量级学生模型能够基于显著区域生成代码，从而减少代码之间的冗余；而后者执行迭代非对等相互学习，其中两个模型提供彼此不同的输出作为暗知识，以缓解共同点。了解彼此的缺点，同时充分利用两个模型的互补优势。

(1) 突出度引导自提取分支。

大多数哈希方法通常忽略哈希码之间的信息冗余，并基于整个图像执行特征提取。因此，与最终检索无关的视觉线索(例如杂乱的背景)也被包括在哈希码之间，导致严重的冗余。由于二进制码的弱信息能力，这种特征提取过程可能会损害性能，特别是对于短码。为了解决这个问题，在我们的模型中提出了一个突出度引导的自提取分支。具体而言，首先添加并平均了教师模型的两个分支的特征图。之后，将结果输入突出度生成块，以生成类激活图。然后，通过 Softmax 函数将获得的映射转换为概率映射。当图中的值低于预定义阈值时，将其设置为零，否则保持不变。然后，这些加权图被调整大小，并与学生模型的特征图相乘，以滤除背景干扰。In(*)和 R(*)是插值和重塑操作，用于将激活贴图转换为与特征贴图相同的大小。随后使用全局均值池化层将前一个结果展平并获得单个向量。最后，利用 SSB 的分类分数作为伪标签来明确指导全局均值池化层分支的训练，该分支用于哈希码的最终生成。通过这种方式，全局均值池化层分支可以减轻非信息问题的负面影响，并基于突出度区域生成哈希码，从而显式地减少冗余。最后，在预测阶段，学生模型不依赖于教师模型的激活图。因此，它不会带来额外的时间成本。

(2) 重复非对等相互学习。

一方面，由于快速特征提取的限制，学生模型的结构应该是轻量级的。然而，它限制了单个模型中性能的进一步提升。另一方面，由于两种模型之间的学习能力差距，直接整合相互学习无法充分利用它们的互补效应，甚至可能损害它们的性能。因此，为了解决这些问题，提出了一种重复非对等相互学习策略。首先，为了充分利用教师模型的强大学习能力，基于教师模型的多层次输出，包括特征图、实值特征、哈希码，从多个角度训练学生模型。第一个观点主要集中于在收到类似输入时，尽量减少教师和学生模型的激活模式差异。如图 10-11 所示，来自 SSB 的权重图可以提高来自学生模型的哈希码的性能，从而使其能够生成更好的分类结果。同时，这些结果将对教师模型施加更强的正则化效应。通过梯度反向传播，可以获得更具辨别力的特征图，从而使 SSB 生成更精细的加权图。因此，通过这种方式，可以在正循环迭代模式中训练 SSB，在该模式中，可以连续挖掘和定义突出度区域，以进一步提高最终结果的辨别能力。

(3) 训练和测试。

训练过程概括为整个框架以重复非对等相互学习模式进行训练。在预测阶段，可以通过轻量级学生模型的全局均值池化分支直接获得样本外图像的最终哈希码，而无需额外的二值化操作。最后，使用汉明距离度量检索目标图像。

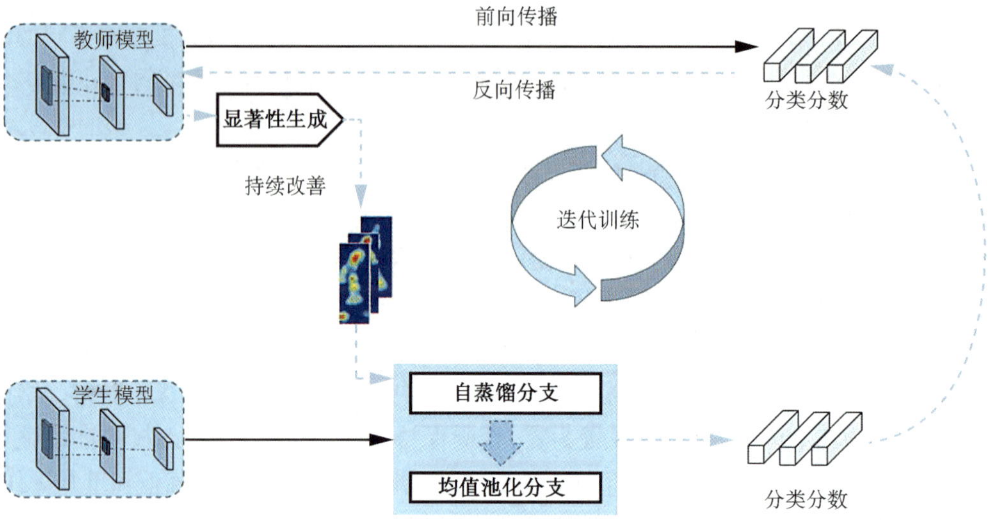

图 10-11　重复细化训练过程

10.4 实验结果与分析

10.4.1 与哈希方法的比较

表 10-1 和表 10-2 分别为在 Market1501 和 DukeMTMC-Re-ID 数据集上的对比和在 MSMT17 数据集上的对比。

表 10-1　在 Market1501 和 DukeMTMC-Re-ID 数据集上的对比(%)

算法	编码长度	Market1501		DukeMTMC-Re-ID	
		Rank=1	*mAP*	*Rank*=1	*mAP*
DRSCH	512	17.1	11.5	19.3	13.6
DSRH[26]	512	27.1	17.7	25.6	18.6
HashNet	512	29.2	19.1	40.8	28.6
DeepSSH[27]	512	46.5	24.1	—	—
ABC	2 048	81.4	64.7	82.5	61.2
CPDH[28]	2 048	89.5	77.1	81.6	66.4
CtF	128	88.9	71.0	78.6	59.4
	512	92.8	82.2	85.4	71.6
	2 048	93.7	85.4	87.7	75.7

（续表）

算法	编码长度	Market1501		DukeMTMC-Re-ID	
		Rank＝1	**mAP**	**Rank＝1**	**mAP**
DLBC[29]	128	89.7	72.8	80.5	62.2
	512	92.1	81.2	84.5	68.8
	2 048	94.6	87.4	88.7	78.5
SIAMH	64	83.0	65.6	72.5	53.3
	128	90.6	78.4	81.2	64.6
	512	94.8	86.7	88.7	77.3
	2 048	95.4	88.8	90.1	79.4

表 10-2　在 MSMT17 数据集上的对比(%)

算法	编码长度	MSMT17	
		Rank＝1	**mAP**
CtF	32	33.0	14.7
	128	64.2	37.9
	512	73.2	49.0
	2 048	76.7	52.5
DLBC	2 048	78.2	55.6
SIAMH	32	33.4	15.1
	64	54.2	29.8
	128	69.2	42.5
	512	78.7	54.5
	2 048	83.2	62.5

从表 10-1 和表 10-2 可以看到，由于二进制码的信息容量有限，实值方法和哈希方法之间仍有差距，尤其是短码。例如，DLBC 和 CtF 在使用 2 048 维特征时实现了相对较高的性能。但是，当使用小于 512 位的代码时，其准确率会迅速下降，与实值方法存在较大差距，这主要是因为它们的代码之间存在严重的信息冗余。相比之下，SIAMH 由于其独特的特征提取，对于长哈希码可以实现更高的性能。在遇到更具挑战性的数据集时，例如 DukeMTMC-Re-ID 和 MSMT17，SIAMH 表现出比 DLBC 更大的优势。就其他哈希方法而言，即使代码较长，SIAMH 也可以实现比大多数哈希方法更好的性能。例如 ABC 在 Market1501 上使用 2048 维码的 *Rank*＝1 和 *mAP* 分别为 81.4%和 64.7%，而 SIAMH 的 128 位分别为 90.6%和 78.4%，较前者增加了 9.2%和 13.7%。

最后，与现有方法相比，SIAMH 通过集成重复非对等相互学习显示出极大的模型灵活性，这将在以下实验中得到验证。除了 mAP 和 $Rank=1$，我们将这些方法与 CMC-50 曲线中的 SIAMH 进行比较，这是一种更直观的形式。SIAMH 在所有坐标中都优于二元和实值方法，这进一步证明了 SIAMH 的优越性，如图 10-12 所示。

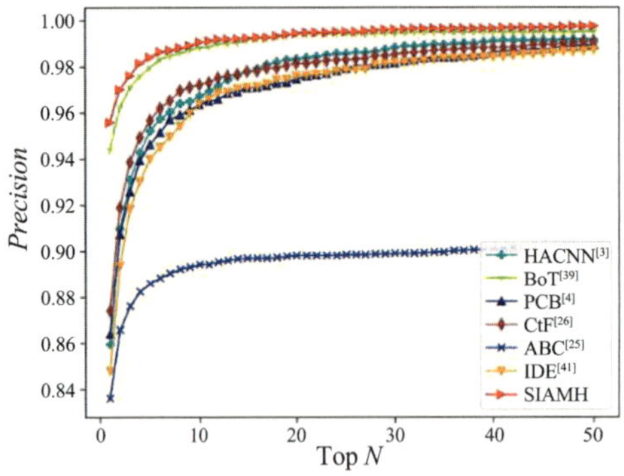

(a) CMC-50 在 Market1501数据集上

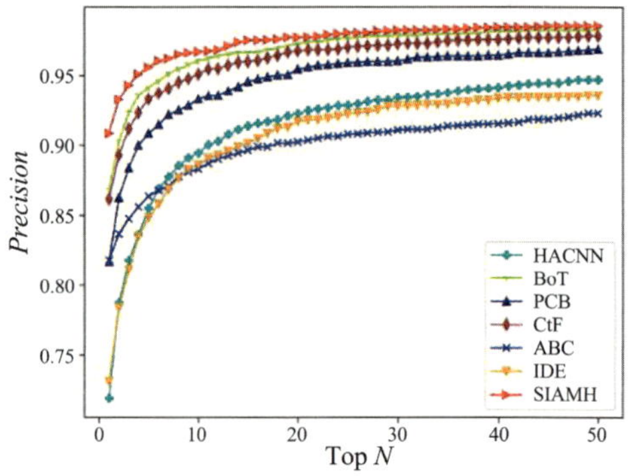

(b) CMC-50 在 DukeMTMC-Re-ID数据集上

图 10-12　CMC 曲线

10.4.2　与实值方法的比较

如表 10-3 所示，将本书的方法与最先进的实值方法进行比较，这些方法通常使用高维实值特征来获得更好的性能。结果表明，SIAMH 优于大多数实值方法，大大提高了匹配效率。具体来说，与流行的方法 BoT 相比，SIAMH 在两个数据集上的 $Rank=1$ 分别提高了 3.05%和 3.01%。在某些情况下，SIAMH 甚至比大多数实值方法得到更好的结果。此外，特征越长的方法通常性能越好，但匹配效率较低。然而，使用超过 1 024 维特征的方法通常 $Rank=1$ 达到 92%以上的性能。另外，使用较长特征的方法通常需要较长时间才能完成单个查询。以 PCB 为例，它使用 12 288 维特征，两个数据集的单个查询时间需要 6.9 s 和 6.3 s。最后，从表中可以看出，SIAMH 二进制码可以达到与最先进的实值法几乎相同的性能，但大大降低了查询时间成本。当应用于更大的图集，如 MSMT17 和 LaST 时，SIAMH 在精度上表现出更突出的优势。具体来说，在 Market1501 数据集上，SIAMH 比 Osnet 的 $Rank=1$ 和 mAP 分别提高了 0.6%和 3.9%。

表 10-3　实值方法比较结果(%)

算法	特征长度	Market1501			DukeMTMC-Re-ID		
		$Rank=1$	mAP	查询时间(s)	$Rank=1$	mAP	查询时间(s)
PN-GAN[30]	1 024	89.4	72.6	—	73.6	53.2	—
BoT[31]	2 048	94.1	85.7	2.2	86.4	76.4	2.0

（续表）

算法	特征长度	Market1501			DukeMTMC-Re-ID		
		Rank＝1	*mAP*	查询时间(s)	*Rank*＝1	*mAP*	查询时间(s)
PCB[32]	12 288	93.8	81.6	6.9	83.3	69.2	6.3
SCSN[33]	1 536	95.7	88.5	—	90.1	79.0	—
SONA[34]	1 536	95.7	88.8	—	89.6	78.3	—
Osnet[35]	512	94.8	84.9	1.8	86.6	73.5	1.5
SIAMH	2 048	95.4	88.8	0.28	90.1	79.4	0.2

最后，对方法的结果作进一步可视化来证明本书方法的可解释性方向的有效性。如图 10-13 和图 10-14 所示，本书所提方法和正常的相互学习策略的结果对比时，表现出更明显的优势，而与现有的哈希方法和实值方法的检索结果对比，也可以看到本节方法能够得到更加准确的列表。

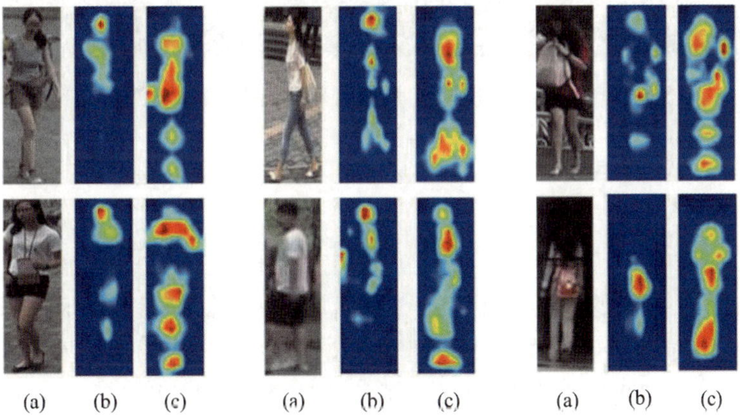

图 10-13　激活可视化结果

注：(a) 原始输入；(b) 相互学习常规策略结果；(c) IAMT 激活可视化结果

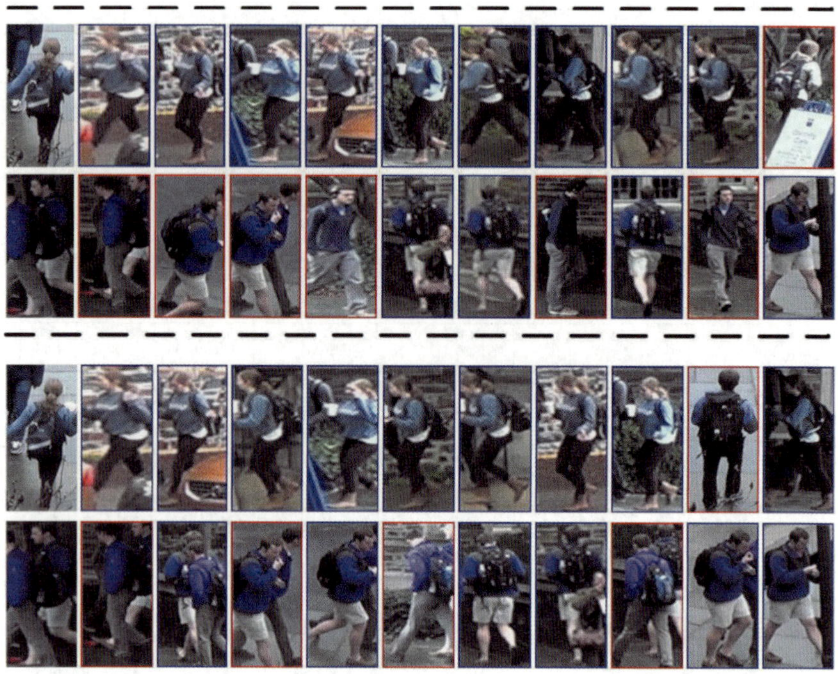

图 10-14 检索列表可视化

10.5 本章小结

本章提出了一种新的深度哈希方法 SIAMH 用于快速识别行人，SIAMH 不同于现有的方法，它通过提出一种新的诱导自提取分支的注意力来解决信息重复问题，并开发了一种重复非对等相互学习策略，这缓解了相互学习的缺点，并充分利用了两种模型的互补效应。其中，反复训练可不断细化教师模式的突出领域，提供了积极的循环效应。广泛的实验和基准测试表明，SIAMH 显著降低了哈希码的冗余度，进一步降低了实值方法和哈希方法之间的准确性差异，还降低了内存成本和响应时间，检索时间大大缩短。

参考文献

[1] LIN K, YANG H, HSIAO J. Deep learning of binary hash codes for fast image retrieval[C]// IEEE Conference on Computer Vision and Pattern Recognition Workshops (CVPRW), 2015: 27-35.

[2] XIA R, PAN Y, LAI H, et al. Supervised hashing for image retrieval via image representation learning[C]. Proc. AAAI, 2014, 2156-2162.

[3] CAO Y D, LIU Y Y, XU J, et al. Image spam filtering with improved lsh algorithm[J].

Application Research of Computers，2016，33(6)：1693-1696.

[4] YAN F H，LIN K，CHEN S C. Supervised learning of semantics-preserving hash via deep convolutional neural networks [J]. IEEE Transactions on Pattern Analysis & Machine Intelligence，2018，40(2)：437-451.

[5] LI J W，WANG S，KANG C W，et al. Feature learning based deep supervised hashing with pairwise labels[C]//Proceedings of the International Joint Conference on Artificial Intelligence，2016：3270-3278.

[6] LI Q，SUN Z，HE R，et al. Deep supervised discrete hashing[J]. Advances in neural information processing systems，2017，30.

[7] CAO Z，LONG M，WANG J，et al. Hashnet：Deep learning to hash by continuation[C]//Proceedings of the IEEE international conference on computer vision. 2017：5608-5617.

[8] ZHU H，LONG M，WANG J，et al. Deep hashing network for efficient similarity retrieval[C]//Proceedings of the AAAI conference on Artificial Intelligence. 2016，30(1).

[9] CAO Y，LONG M，LIU B，et al. Deep cauchy hashing for hamming space retrieval[C]//Proceedings of the IEEE conference on computer vision and pattern recognition. 2018：1229-1237.

[10] LIU L，SHAO L，SHEN F，et al. Discretely coding semantic rank orders for image hashing[C]. Proc. CVPR，2017，1425-1434.

[11] CAO Y，LONG M，WANG J，et al. Deep visual-semantic quantization for efficient image retrieval[C]//Proceedings of the IEEE Conference on Computer Vision and Pattern Recognition. 2017：1328-1337.

[12] WANG X，SHI Y，KITANI K M. Deep supervised hashing with triplet labels[C]//Computer Vision-ACCV 2016：13th Asian Conference on Computer Vision，Taipei，Taiwan，November 20-24，2016，Revised Selected Papers，Part I 13. Springer International Publishing，2017：70-84.

[13] NOROUZI M，BLEI D M. Minimal loss hashing for compact binary codes[C]. Proc. ICML，2011，353-360.

[14] LAI J H，PAN Y，LIU Y，et al. Simultaneous feature learning and hash coding with deep neural networks[C]//IEEE，2015：3270-3278.

[15] ZHANG R，LIN L，ZHANG R，et al. Bit-scalable deep hashing with regularized similarity learning for image retrieval and person re-identification [J]. IEEE Transactions on Image Processing，2015，24(12)：4766-4779.

[16] LIU B，CAO Y，LONG M，et al. Deep triplet quantization[C]//Proceedings of the 26th ACM international conference on Multimedia. 2018：755-763.

[17] LI Y，PEI W，VAN GEMERT J. Push for quantization：Deep fisher hashing[J]. arXiv preprint arXiv：1909. 00206，2019.

[18] LIN K，LU J，CHEN C S，et al. Unsupervised deep learning of compact binary descriptors[J]. IEEE transactions on pattern analysis and machine intelligence，2018，41(6)：1501-1514.

[19] LAI H，PAN Y，LIU Y，et al. Simultaneous feature learning and hash coding with deep neural

networks[C]//Proceedings of the IEEE conference on computer vision and pattern recognition. 2015：3270-3278.

[20] CHEN J, WANG Y, QIN J, et al. Fast person re-identification via cross-camera semantic binary transformation[C]//Proceedings of the IEEE Conference on Computer Vision and Pattern Recognition. 2017：3873-3882.

[21] ZHENG F, SHAO L. Learning cross-view binary identities for fast person re-identification[C]//IJCAI. 2016, 16：2399-2406.

[22] ZHANG R, LIN L, ZHANG R, et al. Bit-scalable deep hashing with regularized similarity learning for image retrieval and person re-identification[J]. IEEE Transactions on Image Processing, 2015, 24(12)：4766-4779.

[23] ZHU F, KONG X, ZHENG L, et al. Part-based deep hashing for large-scale person re-identification[J]. IEEE Transactions on Image Processing, 2017, 26(10)：4806-4817.

[24] LIU Z, QIN J, LI A, et al. Adversarial binary coding for efficient person re-identification[C]//2019 IEEE International Conference on Multimedia and Expo (ICME). IEEE, 2019：700-705.

[25] WANG G, GONG S, CHENG J, et al. Faster person re-identification[C]//European conference on computer vision. Cham：Springer International Publishing, 2020：275-292.

[26] ZHAO F, HUANG Y, WANG L, et al. Deep semantic ranking based hashing for multi-label image retrieval[C]//Proceedings of the IEEE conference on computer vision and pattern recognition. 2015：1556-1564.

[27] ZHAO Y, LUO S, YANG Y, et al. Deepssh：Deep semantic structured hashing for explainable person re-identification[C]//2018 25th IEEE International Conference on Image Processing (ICIP). IEEE, 2018：1653-1657.

[28] LI D, GONG Y, CHENG D, et al. Consistency-Preserving deep hashing for fast person re-identification[J]. Pattern Recognition, 2019, 94：207-217.

[29] CHEN J, QIN J, YAN Y, et al. Deep local binary coding for person re-identification by delving into the details[C]//Proceedings of the 28th ACM International Conference on Multimedia. 2020：3034-3043.

[30] QIAN X, FU Y, XIANG T, et al. Pose-normalized image generation for person re-identification[C]//Proceedings of the European conference on computer vision (ECCV). 2018：650-667.

[31] LUO H, GU Y, LIAO X, et al. Bag of tricks and a strong baseline for deep person re-identification[C]//Proceedings of the IEEE/CVF conference on computer vision and pattern recognition workshops. 2019：0-0.

[32] SUN Y, ZHENG L, YANG Y, et al. Beyond part models：Person retrieval with refined part pooling (and a strong convolutional baseline)[C]//Proceedings of the European conference on computer vision (ECCV). 2018：480-496.

[33] CHEN X, FU C, ZHAO Y, et al. Salience-guided cascaded suppression network for person re-identification[C]//Proceedings of the IEEE/CVF conference on computer vision and pattern recognition. 2020：3300-3310.

[34] XIA B N, GONG Y, ZHANG Y, et al. Second-order non-local attention networks for person re-identification[C]//Proceedings of the IEEE/CVF international conference on computer vision. 2019: 3760-3769.

[35] ZHOU K, YANG Y, CAVALLARO A, et al. Omni-scale feature learning for person re-identification[C]//Proceedings of the IEEE/CVF international conference on computer vision. 2019: 3702-3712.

听完阿济教授对行人再识别技术定义、难点以及应对策略的讲解，老福顿感收获满满，对于行人再识别技术的理解加深了许多：“行人再识别技术经过多年的发展，已经取得了较强的识别能力。但是行人图片需要输入并裁切，直接运用到监控系统中存在困难，毕竟我们可调用的大多是包含行人的场景图片或视频。”

阿济教授笑着点头：“老福，这正是我接下来想讲的。在第 10 章介绍了一般行人再识别问题后，接下来自然是引申至行人搜索任务，为的就是在开放场景中检测行人再进行识别。”

“对！这次识别系统捕获了逃犯在演唱会门口、室内走廊等多个场景的身影，实现了跨摄像头的行人搜索，这也正是再识别系统能够投入使用的关键所在。”老福谈到智能监控识别系统的成就，兴奋之色溢于言表，说着从背包中取出了一袋荷包，轻轻打开后静置眼前的是一饼叶形扁平光滑、挺直尖削、嫩绿带糙米色的西湖龙井。其属于绿茶，产于杭州市西湖周围群山，以“色绿、香郁、味醇、形美”四绝著称于世。老福取过壶盏冲泡，汤色嫩绿，清澈明亮，香如嫩栗，二人于茶香之中再次开展新一章的探讨。

CHAPTER

11

第 11 章
基于行人外观信息的行人搜索

11.1 引言

在行人搜索数据集中,不同场景下拍摄的不同行人存在较大的个体差异。行人在场景中出现的尺寸和行人朝向各不相同,同一行人在不同姿态、不同摄像头视角下,其几何形状可能会有很大区别。针对如何学习行人空间不变性特征问题,本章提出了基于空间学习的端到端行人搜索方法。该方法让网络模型学习和挖掘行人几何变化的空间信息并进行建模,通过引入可变形卷积,解决行人刚性变换下的特征提取问题,用较小的代价学习行人空间不变性特征;其次引入空间注意力机制,在不增加额外监督的情况下,增强场景图像中行人区域特征,弱化背景噪声的干扰,从而帮助行人搜索网络,提取更具鲁棒性和判别性的细粒度行人特征。

在行人空间不变性特征学习的研究基础上,为了强化网络模型的特征提取能力,优化特征空间实例特征分布,本章提出了基于增强实例判别性和特征紧致性的端到端行人搜索网络。该方法设计了一种新型的行人搜索特征紧凑性损失(Feature Compactness Loss, FC Loss),FC Loss 通过设置间隔变量,有效地改善了行人嵌入特征的分布,在不增加网络复杂度的前提下,通过损失监督提升行人类间特征的差异,从而得到紧凑的行人类内特征分布。此外,提出了一个行人注意力模块(Pedestrian Attention Module, PAM),优化行人鲁棒性特征提取能力,利用三个共享权重的空洞卷积进行采样特征间的空间关系,生成空间注意力图,让检测器更多地关注行人信息的同时,也能够抑制无关的背景信息。

11.2 相关技术

本节首先阐述行人搜索任务的定义,介绍该任务中的一些细分工作与难点,包括两阶段的行人搜索方法和端到端的行人搜索方法。

11.2.1 行人搜索任务

图像检索任务是计算机视觉领域的一项基本任务,其在近几年获得了很大的关注。行人搜索任务也是一项基于图片的检索任务,包含两个子任务:行人检测和行人再识别。行人搜索任务是给定目标行人图片并在场景图片中定位(行人检测)和检索到该特定的行人(行人再识别)。通常,行人搜索任务的第一步是从场景图片中定位到行人的位置,第二步是在定位的行人基础上对目标图片进行匹配检索。行人搜索也是行人再识别任务的扩展,相比于行人再识别任务,行人搜索任务更贴近现实应用场景。但在真实场景中,摄像头的视角、行人姿态差异、光线的差异、遮挡、图片的低分辨率、多尺度、错误探测等给行人搜索带来巨大的挑战。行人检测是要求提取人的共性特征,而行人再识别则更关注行人之间的差异性特征。如何高效联合行人检测和行人再识别，成为目前端到端的行人搜索方法中常面临和待解决的问题。针对行人搜索任务中以不同的视角解决行人搜索问题，提出了两阶段和端到端的解决方法。

11.2.2　两阶段的行人搜索方法

两阶段的行人搜索方法是将行人检测和行人再识别分成两个单独的模型进行训练，其过程可视为一个串联化的过程，首先进行行人检测任务的模型训练，然后将行人检测的结果送入行人再识别中进行训练，得到行人再识别模型。通过两个任务模型的配合完成行人搜索任务。

两阶段的行人搜索方法研究者 Chen[1] 认为，行人检测关注的是人的共性问题，而行人再识别关注的是人的个性问题，放在端到端网络是存在一定冲突的。因此，将两个任务分成两个单独的子任务更有利于行人搜索任务的解决。其提出了两阶段的行人搜索网络 MGTS(Mask-Guided Two-Stream)，其在行人再识别网络中加入了一个分割遮罩，用于分离前景行人和背景噪声，同时对前景行人和原始图像块单独提取特征，并从两个独立的 CNN 模块中融合获取丰富特征信息，该方法在行人搜索数据集上有一定的提升效果。

Lan 等[2] 提出了一个跨尺度匹配(CLSA)方法，通过多尺度特征学习来进行行人检测和再识别。该方法引入了跨层次的语义对齐策略，以更好地学习行人的特征表示，提高了行人搜索的准确性。CLSA 方法不仅在多尺度信息的捕获上表现出色，还有效地处理了行人搜索中不同视角和姿态的问题，为两阶段行人搜索提供了一种新的解决思路。

为了缓解行人检测和行人再识别子任务之间的冲突性，Han[3] 提出两阶段的行人搜索方法 RDLR(Re-ID Driven Localization Refinement)，该方法是基于行人再识别驱动的定位细化框架，为行人搜索提供了更加细化的行人检测框。其通过可区分的 ROI 转换层，有效地转化了原始图像中的边界框，也使得检测得到的边界框更加精准地送入行人再识别网络；此外，还通过仿射变换对行人进行变换，通过二者的配合，训练了一个性能较优的行人搜索模型。

在以往的工作中，行人搜索系统的训练和推理高时间消耗阻碍了行人搜索在实践中的发展。为了解决行人搜索的进一步落地，解决时间效率问题，Li 等[4] 分析了行人搜索的时间瓶颈，为了实现实时的行人搜索，提出了更高效的行人搜索通道(Fast Person Search Pipeline, FPSP)方法。该方法通过 one stage 的检测器 SSD 来实现检测任务，使模型的推理速度提升了 10 倍左右。为了解决行人检测和行人再识别两个子任务阶段的一致性问题，Wang[5] 提出了任务一致性的两阶段行人搜索网络，其包含了一个身份引导的查询检测 IDGQ 和一个结果适应的行人再识别模型 DRA，通过这两个模块提升行人搜索的性能。

两阶段的行人搜索方法极大促进了行人搜索领域的发展。但是，由于该方法不太贴近现实应用场景,且训练较为复杂,模型参数存在冗余等问题,现有的行人搜索主流方式还是采用端到端的行人搜索方法。

11.2.3 端到端的行人搜索方法

随着深度学习的发展和深入,越来越多的图像工作也开始采用深度学习来完成相应的视觉任务,针对行人搜索不能简单将行人检测和行人再识别结合的问题,Xiao[6]提出了将行人检测和行人再识别融合的端到端(End-to-End)的深度学习模型用于行人搜索,并提出了一个基于搜索场景的行人搜索数据集 CUHK-SYSU,用于深度学习训练和验证模型的有效性。端到端的行人搜索方法将行人检测和行人再识别任务在一个模型中进行训练和优化,从而减少模型的冗余参数。

在 2019 年前,现有的很多工作大多侧重于学习个体的外观特征嵌入,模型难以处理光照不同、姿态变化、遮挡等困难。因此,Yan 等[7]提出使用上下文信息来进行行人搜索,使用相对注意力模块来搜索和过滤场景中的上下文信息,通过建立一个图卷积学习框架,有效地使用上下文对以更新目标的相似度。

端到端的行人搜索方法主要是基于 Faster R-CNN。早期的工作只是将一个辅助线性层连接到 Faster R-CNN 的顶部卷积层,以生成 Re-ID 嵌入。整个模型是在标准的 Faster R-CNN 损失、(Online Instance Matching,在线实例匹配)OIM[8]损失或 Center 损失[9]的监督下联合训练的。Liu 等[10]提出递归地缩小搜索区域,检测器可以直接在全景图像上进行匹配,而不是在图像上生成大量的候选框。Yan 等[11]也采用了类似的想法,利用上下文信息构建了一个图学习网络。Chang 等[12]通过训练情境关系感知代理来减少冗余的候选框和计算开销。Munjal 等[13]将查询信息合并到一个连环网络中,以指导特征学习、候选框生成和相似度计算。尽管上述端到端方法取得了相当的性能,但它们对行人特征分布的关注不够。Xiao 等[14]提出用中心损失和 softmax 损失共同监督模型的训练,这在一定程度上改善了类内特征的紧凑性,但没有考虑类间的离散性。端到端人员搜索受批量大小和数据分布的影响,无法找到合适的正类样本对,因此传统的三倍损失不能直接应用于端到端的行人搜索。

以上端到端的行人搜索方法都在不同领域一定程度地解决了行人搜索问题,但是主要聚焦于如何高效地组合好行人检测和行人再识别任务,没有过多关注行人特征的分布和提取。本章将从如何改善行人特征分布和增强行人实例特征出发,提出基于空间、基于增强实例判别性和特征紧致性的端到端的行人搜索方法。

11.2.4 行人搜索任务的难点

行人搜索任务近年来取得了愈来愈多的成果,但在实际场景中,其与行人再识别面临的挑战相似,比如监控图像分辨率低、光照条件差异大、摄像头视角变化、遮挡、视觉性模糊、多尺度等问题也同样存在于行人搜索任务中,而且行人搜索任务还需解决多任务参数冲突、运行效率。端到端学习、联合两个任务如何高效提取行人特征等问题，这无疑是行人搜索亟待解决的问题，以下详细说明行人搜索任务的难点。

(1) 场景图像分辨率较低问题。如图 11-1(a)所示，由于采集摄像头自身物理因素限制以及行人与摄像头距离变化等，拍摄的图像质量分辨率较低，且存在不同程度的尺度差异性。

(a) 低分辨率　(b) 遮挡　(c) 姿态变化　(d) 光线变化　(e) 视觉性模糊

图 11-1　行人搜索任务的部分难点

(2) 遮挡问题。如图 11-1(b)所示，在现实场景中，拍摄的行人经常受到其他行人或物体的遮挡，尤其在拥挤场景中，局部的遮挡造成摄像头无法获取行人完整的表征信息。

(3) 视角和姿势问题。如图 11-1(c)所示，监控摄像头拍摄的同一行人在不同的监控视角下存在差异，且由于人是半钢体，在行人的不同姿态情况下，采集的行人图片数据也存在较大的区别。

(4) 光线变化问题。如图 11-1(d)所示，监控场景复杂多变，不同的时域下的行人会受到光线的不同而造成采集图片的不一致性。

(5) 视觉模糊性问题。如图 11-1(e)所示，行人搜索通过行人外表信息，如衣服颜色和纹理信息等检索行人。而在现实场景中，经常会有不同的行人穿着相似或相同的衣服且个体之间的差异较小。如何区分这类行人，无疑给行人搜索任务带来了挑战。

(6) 海量数据的采集与标记困难。基于深度学习的方法训练模型中，越大的数据集往往训练模型效果越好。但在复杂多变的现实场景中，对行人数据进行标注是较为困难的，尤其在身份类别数据较多的情况下，往往需要耗费大量的人力进行手动标注。当下行人隐私安全愈来愈受重视，标注规模如此庞大的行人数据集，采集行人数据的难度和成本都是巨大的。此外，如何在海量视频数据中高效分析和处理行人数据也存在一定的难度和挑战性。

(7) 数据集之间的差异问题。由于不同数据集的采集、标注等信息的不对称，很多针对 CUHK-SYSU 数据集鲁棒的模型，针对 PRW 数据集可能出现不鲁棒的效果，需要针对数据集重新训练。并且，在数据集中，针对同一个身份类别的行人样本过少，分类识别网络难以学习到很强的辨别特征。如图 11-2 和图 11-3 所示，在 CUHK-SYSU 数据集上，大多数行人的身份类别只存在 2～5 个标注框，即每个类别的样本数量在 2～5 个之间；在 PRW 数据集上，每个身份的标注非常不均匀，有的大多数身份行人有 10～

30 个标注。从图 11-2 可以看出,在 CHUHK-SYSU、PRW 行人数据集上存在很大样本差异,这些差异会影响模型的训练。

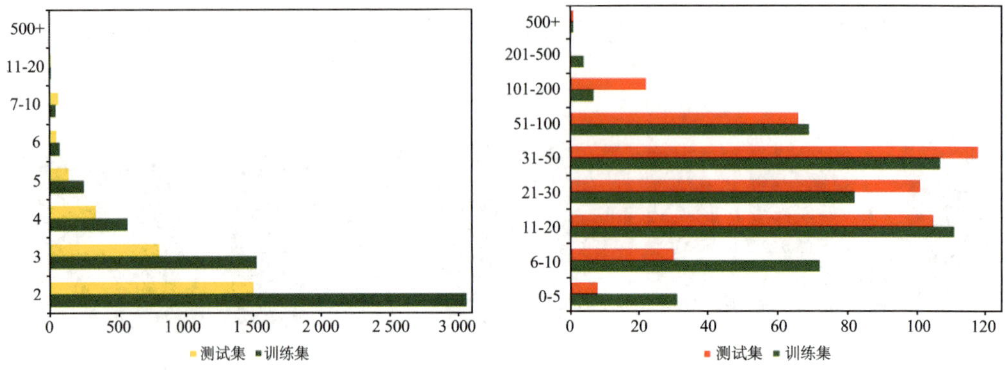

(a) CUHK-SYSU数据集每个身份标注框数量统计　　(b) PRW数据集每个身份标注框数量统计

图 11-2　两个数据集上每个身份标注框数量统计

(8) 多尺度问题[15]。如图 11-3 所示,在同一摄像头的拍摄下,由于摄像头的视角是相对固定的,但是与拍摄行人之间存在一定的远近关系,导致在成像过程中出现不同尺度的行人,两个数据集都存在不同程度的尺度差异变化,这给行人的匹配识别任务带来了很大的挑战。

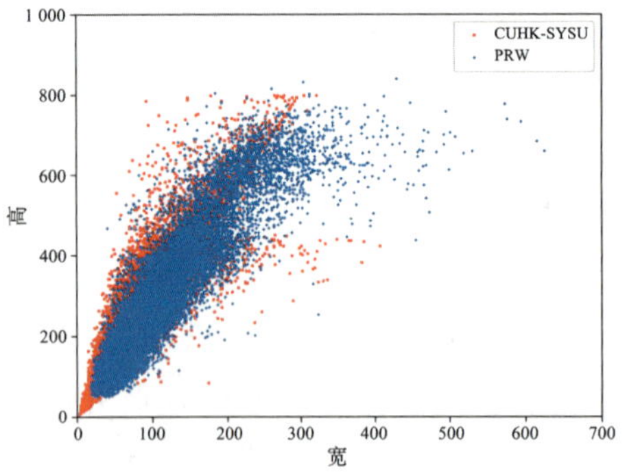

图 11-3　CUHK-SYSU、PRW 数据集样本的宽高坐标散点图

(9) 端到端问题。与传统的行人再识别相比,行人搜索任务可以更细致地拆分成两个子任务(检测和识别),如何端到端地解决这两个子任务,已经是行人搜索中一个主流的方向和手段。

(10) 效率问题[16]。考虑到不同的实现方法和实际的生产生活需求,也有部分人开始关注模型的速度问题。由于很多模型是一个多任务的模型,联合检测和识别的网络模型会造成一定程度的网络复杂化,从而影响总体的搜索效率。

11.3　基于空间学习的端到端行人搜索

为了强化端到端行人搜索网络对行人鲁棒性特征提取能力,深化对行人关键信息的学习能力,本节提出,通过引入可变形卷积和空间注意力机制,在不增加额外的监督情况下,用较小的代价,学习行人空间几何形变特征,即学习行人的空间不变性特征。同时,空间注意力也能够辅助网络对行人关键信息学习,从而帮助行人搜索网络提取更具鲁棒和判别性的细粒度行人特征。

11.3.1 网络框架

基于空间学习的端到端行人搜索网络(Spatial Learning for End-to-End Person Search, SLPS)框架如图 11-4 所示,该网络采用 Faster RCNN 作为检测器,主要包含两个主要部分,前置的 ResNet50 的骨干网络用于提取行人特征并产生行人候选框,后置的 Re-ID 网络用于识别和检索不同的行人。前置网络提取特征后会经过 RPN 网络用于提取行人候选框,此后经过 RoI 池化操作生成行人特征图,最后通过空间注意力,对原特征图进行加权处理后送入 Re-ID 网络,产生的候选框特征送入 Re-ID 网络后处理成 L2-265 维标准化的特征用于相似度的计算。在训练阶段,通过 OIM 损失来监督网络对行人特征的学习。

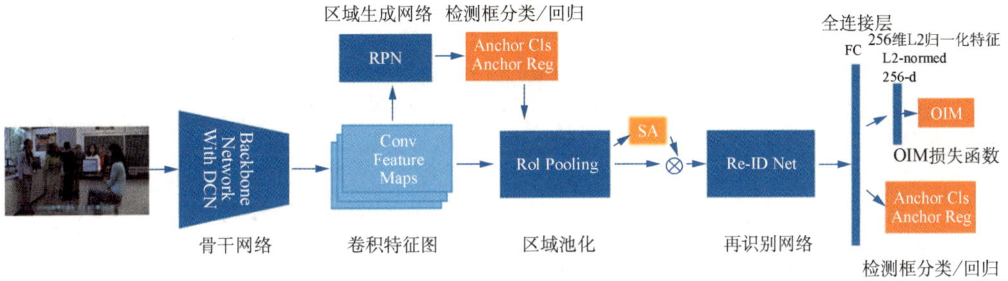

图 11-4　基于空间学习的端到端行人搜索网络框架

11.3.2 基于可变形卷积的网络架构设计

卷积神经网络受到其构建模块中固定的几何形状的影响,对几何变换的建模存在一定的差距或限制,而且在传统的神经网络中,同一个卷积神经网络层中所有的激活单元的感受野大小是相同的,即拥有相同的普通卷积,这对于空间位置进行编码高层的卷积神经网络层来说是不友好的,不能较好地学习不同物体的几何空间关系。因此,可变形卷积[17]是在普通卷积的基础上(图 11-5)给每一个卷积核的参数都添加一个方向的

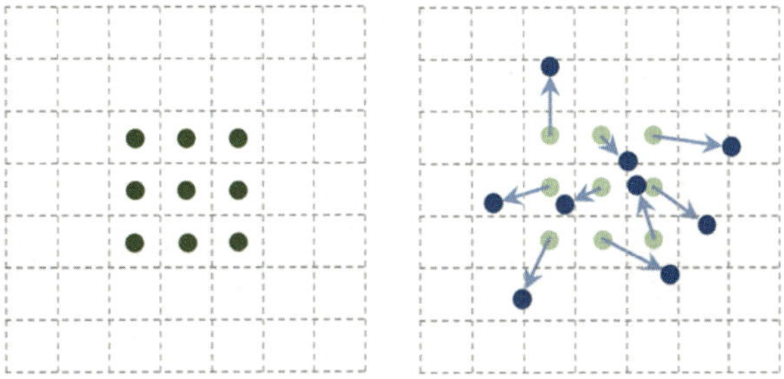

图 11-5　标准 3×3 卷积和 3×3 可变形卷积采样位置示意

偏移量,从而使卷积核在进行卷积操作的感受野可以不受固定形状的限制,来增强卷积神经网络对不规则目标的建模能力。在不需要多余监督的情况下,通过增加额外的偏移量来扩大模块中的空间采样位置。

普通卷积的运行过程大致如下:首先在一个规则的网格上从输入的特征图中取样,然后通过使用卷积核的加权求和来聚合取样的特征。在该过程中,普通卷积操作输出的特征图计算公式为

$$y(p_0)=\sum_{p_n} w(p_n)\cdot x(p_0+p_n) \tag{11-1}$$

式中,$x()$表示输入特征图,$y()$表示输出特征图,$w()$指的是卷积核的权重参数,p_0 指的是卷积的中心点位置,p_n 表示的是卷积的采样点。

与传统卷积不同,可变形卷积通过引入一组可以学习的偏移量 Δp_n 来增强图像采样的过程,Δp_n 可以由一个轻量级的 CNN 组成,通过该额外的卷积层从前馈的特征图中学习不同的偏移量,自适应地对输入特征进行轻微的、局部的调整(图 11-6),使用偏移量的可变形卷积操作输出的特征图过程可以写成

$$y(p_0)=\sum_{p_n} w(p_n)\cdot x(p_0+p_n+\Delta p_n) \tag{11-2}$$

式中,$x()$表示输入特征图;$y()$表示输出特征图;$w()$指的是卷积核的权重参数;p_0 指的是卷积的中心点位置;p_n 表示的是卷积的采样点;Δp_n 表示的是采样点的偏移量。

通过设置偏移量来实现网络的自适应采样。由于偏移量 Δp_n 是一个浮点值,不适合现实场景中进行网格采样,故特别引入双线性插值解决这一问题,双线性插值的表述为

$$x(p)=\sum_{q} G(q,\ p)\cdot x(q) \tag{11-3}$$

$$xG(q,\ p)=\max(0,\ 1-|q_x-p_x|)\cdot \max(0,\ 1-|q_y-p_y|) \tag{11-4}$$

式(11-3)中,q 表示采样点偏移后的位置信息;p 为规则网格点的位置;$G(q,\ p)$为双线性插值操作。

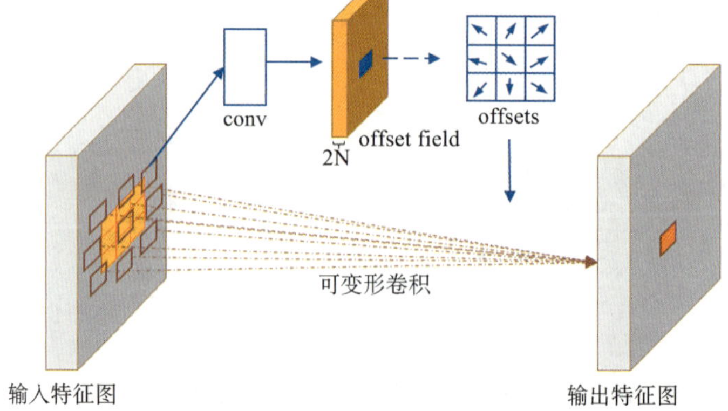

图 11-6　3×3 可变形卷积示意

11.3.3 基于空间注意力的空间特征学习

在人类自然生活场景中，往往能够在复杂的场景中找到突出且易于区分的行人信息以区分不同的行人，基于这一设想，注意力机制被引入计算机视觉当中。空间注意力机制可以视为一种自适应的空间区域选择机制，注意力机制本质可以被看作是对一个基于输入图像特征的动态权重调整过程。

空间注意力(Spatial Attention, SA)[18]机制的原理是通过计算生成特征图的权重掩码，将图像中具有关键标识性的特征或者重要特征进行增加权重处理，对无关区域特征进行降权处理，其后，通过生成的权重图与特征图相乘处理，保留原特征图中较为重要且关键的空间信息，从而让网络更加注重对细粒度信息的学习，提取更鲁棒的特征用于行人检索，其过程可定义为

$$F' = M_{sa}(F) \otimes F \tag{11-5}$$

$$\begin{aligned} M_{sa}(F) &= \delta(f^{7\times7}\{[AvgPool(F);\ MaxPool(F)]\}) \\ &= \delta(f^{7\times7}[F^s_{avg};\ F^s_{max}]) \end{aligned} \tag{11-6}$$

式中，F 表示某个卷积神经网络层中的特征图；F' 表示通过空间注意力输出的特征图；$M_{sa}()$ 表示空间注意力机制，本质是在原来的特征图参数上进行加权处理；$AvgPool()$ 和 $MaxPool()$ 分别表示轴向通道上的平均池化和最大池化操作；$\delta()$ 表示 ReLU 和 Sigmoid 激活函数；$f^{7\times7}()$ 表示核大小为 7×7 的卷积操作。

本节提出的空间注意力的大体过程如图 11-7 所示。首先，将输入特征图在轴向通道上进行平均池化和最大池化操作，平均池化可以保留该特征图中行人前景区域信息，最大池化操作可以保留特征图中行人较关键区域信息，通过通道方向上的组合可以最大程度保留有用的行人信息，过滤无关的背景信息；其次，通过卷积操作和激活函数得到最终的特征权重图。

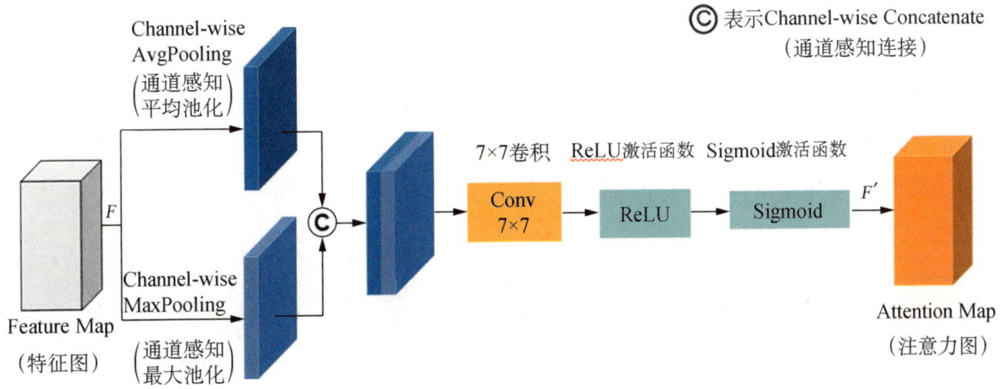

图 11-7　空间注意力示意

11.3.4 损失函数设计

(1) 在线实例匹配损失(Online Instance Matching Loss, OIM Loss)。

传统的行人再识别工作进行特征学习主要采用成对损失或者三元组损失函数,然后这种每次只比较几个数据样本的方式在行人搜索中并不高效,同样采用 Softmax Loss 对行人特征进行分类也存在一定的问题,随着图库大小和行人类别的增加,检索不同行人变得愈加困难而且越来越慢,难以收敛,因此采用 OIM Loss 来监督特征进行分类学习。

在基于空间学习的端到端行人搜索网络中会产生三种不同类型的候选框,分别为有身份标签的行人候选框、未标记的行人候选框以及背景。为了能够较好地利用未标记的行人更好地学习行人特征,使用了两个辅助结构进行动态存储有身份标签的行人和未标记的行人,分别为 LUT(Look up Table)和 CQ(Circular Queue),利用全部有标签的行人特征组成 LUT 并在小批量输入样本内进行距离度量,而没有身份标签的行人样本则作为负样本,存储在 CQ 中,无标签身份的样本给有标签的行人样本提供了更多有差别性的特征,有利于后续的度量检索。这一过程的损失函数可以表述为

$$\mathcal{L}_{\text{OIM}}=-\frac{1}{N}\sum_{i=1}^{N}\log\frac{e^{v_t^{\mathrm{T}}x_i/\tau}}{\sum_{j=1}^{L}e^{v_t^{\mathrm{T}}x_i/\tau}+\sum_{k=1}^{Q}e^{u_t^{\mathrm{T}}x_i/\tau}} \tag{11-7}$$

式中,N 表示有身份标签的行人数量;x_i 表示第 i 个归一化后 256 维产生的特征;t 表示当前身份标签的编号,每次训练批次迭代后,会调整 LUT 表和 CQ 队列,当有新的有身份的行人 x 加入 LUT 中时,会动态更新 LUT,其过程可表述为

$$v_t=\gamma v_t+(1-\gamma)x \tag{11-8}$$

式中,γ 为固定的常数;x 为归一化后 256 维的候选框行人特征。

(2) 基于空间学习的行人搜索架构总的损失。

基于空间学习的端到端行人搜索网络主要分为两个部分:检测网络和 Re-ID 识别网络。检测网络主要基于 Faster RCNN,因此包含了 RPN 部分候选框的分类损失和边界框的回归损失,以及 RCNN 部分候选框的精修回归损失和分类损失。Re-ID 识别网络中主要包含了 OIM 损失,总的损失可定义为

$$\mathcal{L}_{\text{all}}=\mathcal{L}_{\text{rpn\_cls}}+\mathcal{L}_{\text{rpn\_reg}}+\mathcal{L}_{\text{rcnn\_cls}}+\mathcal{L}_{\text{rcnn\_reg}}+\mathcal{L}_{\text{OIM}} \tag{11-9}$$

式中,$\mathcal{L}_{\text{rpn\_cls}}$ 为 RPN 的分类损失,其采用是一个交叉熵损失;$\mathcal{L}_{\text{rpn\_reg}}$ 表示 RRN 中的回归损失,其采用的是 L1 损失;$\mathcal{L}_{\text{rcnn\_cls}}$ 表示 RCNN 的分类损失,其采用的是交叉熵损失;$\mathcal{L}_{\text{rcnn\_reg}}$ 表示 RCNN 的回归损失,其采用的是 L1 损失。

11.3.5　实验结果与分析

本节提出的基于空间学习的端到端行人搜索方法基于 PyTorch 完成代码实现，在开源框架 MMDetection 的基础上复现了 OIM 方法，总体的检测器基于 Faster RCNN 实现。本模型利用 ImageNet 预训练的 ResNet50 进行参数的初始化，该模型由一张 NVIDIA GeForce RTX 3090 GPU 完成总体的训练，模型的输入训练图像的大小被调整为短边最大 900 像素，长边最大 1 500 像素，批量输入图像的大小为 8，在 CUHK-SYSU、PRW 上分别训练迭代 20 次，取得最优结果。式(11-7)中，温度系数 τ 的取值为 0.1，CQ 大小设置为 5 000。在推理阶段，基于空间学习的端到端行人搜索网络会对生产好的人物特征和目标人物的特征进行余弦距离度量，根据人物相似度距离进行排序，用 $Rank=k$ 指标检验模型的性能。

(1) 在 CUHK-SYSU 和 PRW 数据集上的评估。

在本章中，OIM 算法用 PyTorch 框架复现构成了 SLPS 的基准算法。如表 11-1 所示，在 CUHK-SYSU 数据集上，$Rank=1$ 和 mAP 分别为 85.97%和 86.19%。在 PRW 数据集上，$Rank=1$ 和 mAP 分别为 72.10%和 32.51%。相较于基线 OIM 算法，本书提出的 SLPS 算法在行人搜索数据集 CUHK-SYSU 上 $Rank=1$ 和 mAP 分别提升 4.37%和 3.64%，在行人搜索数据集 PRW 上 $Rank=1$ 和 mAP 分别提升 2.47%和 1.78%。SLPS 算法在两个行人搜索数据集上都有不同程度的提升，进一步说明提出基于空间注意力的学习方法的有效性和合理性。

表 11-1　改进后的算法和基线算法在行人搜索数据集 CUHK-SYSU 和 PRW 上的性能表现(%)

算法		CUHK-SYSU		PRW	
		***Rank*=1**	***mAP***	***Rank*=1**	***mAP***
两阶段的行人搜索方法	MGTS[19]	83.70	83.00	72.10	32.60
	CLSA[2]	88.50	87.20	65.00	38.70
端到端的行人搜索方法	OIM[8]	78.70	75.50	49.90	21.30
	NPSM[20]	81.20	77.90	53.10	24.20
	RCAA[21]	81.30	79.30	—	—
	QEEPS[22]	89.10	88.90	76.70	37.10
	GCN[23]	86.50	84.10	73.60	33.40
	APNet[8]	89.30	88.90	81.40	41.90
	OIM(基线)	85.97	86.19	72.10	32.51
	SLPS(本书提出的算法)	90.34	89.83	74.57	34.29

(2) 在 CUHK-SYSU 数据集不同图库大小下的评估。

为了验证 SLPS 算法的鲁棒性，本节在 CUHK-SYSU 数据集上进行了验证，分别在不同图库大小(图库大小=50,100,500,1 000,2 000,4 000)下进行验证,其结果如图 11-8 和图 11-9 所示。

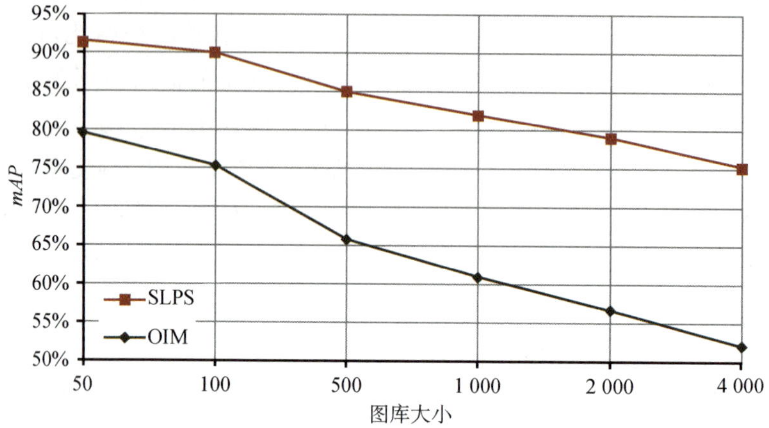

图 11-8　改进后的算法和 OIM 算法在 CUHK-SYSU 数据集中不同图库的大小

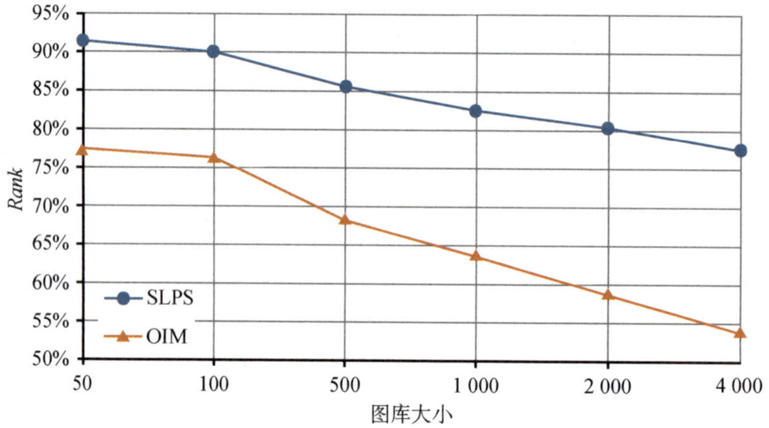

图 11-9　改进后的算法和 OIM 算法在 CUHK-SYSU 数据集中不同图库的大小

由图 11-8 可知,SLPS 算法在不同的图库大小下,*mAP* 值的表现都远远优于 OIM 算法,且随着图库大小不断增大的情况下,其精度还能保持较高的水平,表明 SLPS 算法在不同图库大小下的检索能力较为鲁棒。

由图 11-9 可知,相对于 OIM 算法,SLPS 算法在不同图库大小下的 *Rank*=1 都取得了较为优异的表现。随着图库的增大,SLPS 算法衰减率远小于 OIM,表明其在不同图库大小下的 *Rank*=1 表现较为稳定。

通过二者的测量,可以表明 SLPS 算法在行人搜索数据集中表现稳定且有较好的鲁棒性。

为了验证 SLPS 算法引入的两个模块——可变形卷积和空间注意力机制对空间学习

的有效性，并能够有效提取行人不变性的特征，在行人搜索数据集 CUHK-SYSU 和 PRW 上进行了模块化的消融实验，其实验结果如表 11-2 所示。引入可变形卷积的结果为序号 2，该模块相对于基线算法 OIM 来说，在 CUHK-SYSU 数据集上 $Rank=1$ 和 mAP 分别提升了 3.65%和 2.96%，在 PRW 数据集上 $Rank=1$ 和 mAP 分别提升了 1.21%和 1.11%。引入空间注意力机制模块的结果为序号 3，其在 CUHK-SYSU 数据集上 $Rank=1$ 和 mAP 分别提升了 3.55%和 2.9%，在 PRW 数据集上 $Rank=1$ 和 mAP 分别提升了 1.89%和 0.8%。将两个模块共同引入算法 OIM 中的结果为序号 4，相较于 OIM 算法，在 CUHK-SYSU 和 PRW 数据集上 $Rank=1$、mAP 分别提升了 4.37%、3.64%和 2.47%、1.78%。

表 11-2　不同模块在行人搜索数据集 CUHK-SYSU 和 PRW 上的性能表现(%)

序号	算法	CUHK-SYSU		PRW	
		***Rank*-1**	***mAP***	***Rank*-1**	***mAP***
1	OIM(基线)	85.97	86.19	72.10	32.51
2	OIM+DCN	89.62	89.15	73.31	33.62
3	OIM+SA	89.52	89.09	73.99	33.31
4	OIM+DCN+SA(SLPS)	90.34	89.83	74.57	34.29

该消融实验验证了 SLPS 算法引入可变形卷积和空间注意力机制能够有效改善行人搜索网络的搜索性能，且可变形卷积和空间注意力机制对行人搜索网络都有不同程度的作用，也较好地说明了提出的可变形卷积网络和空间注意力模块能较好辅助行人搜索网络提取行人鲁棒性的特征表示用于检索，从而使得行人搜索网络模型具有更好的检索性能。

CUHK-SYSU 和 PRW 数据集上的部分 $Rank=1$ 检索结果如图 11-10 所示，相较于 OIM 算法，SLPS 算法检索结果更加准确。

图 11-10　在 CUHK-SYSU 和 PRW 数据集上的 *Rank*＝1 检索结果可视化

注:前两行为 CUHK-SYSU 数据集的检索结果,后两行为 PRW 数据集上的检索结果示例。其中,第一列是待查询的行人图像,第二列表示被查询行人的 gt 图像,第三列表示基线算法 OIM 查询结果,第四列表示 SLPS 算法查询结果。

11.4　基于增强实例判别性和特征紧致性的端到端行人搜索

本节设计了一种新型的行人搜索特征紧凑性损失(Feature Compactness Loss, FC Loss),FC 损失能够有效地提高行人特征嵌入的类间判别性和类内紧凑性,而不需要像三元组损失一样构建正负样本对。此外,本节还提出了一个行人注意力模块(Pedestrian Attention Module, PAM),利用特征间的空间关系,生成空间注意力图,帮助行人搜索网络学习更多行人判别性的特性信息,让检测器更多地关注行人信息的同时,也能够抑制无关的背景信息。

11.4.1　网络框架

本节提出基于增强实例判别性和特征紧致性的端到端行人搜索(Improved Instance Discrimination and Feature Compactness for End-to-end Person Search, IIDFC)网络框架,如图 11-11 所示。该框架基于 Faster RCNN 检测器,主要由骨干网络、区域提议网络和 Re-ID 网络三部分组成。骨干网络由 Res2Net[19] 的前四个模块组成,用于特征提取;区域提议网络用于生成行人候选提议框;Re-ID 网络用于行人再识别检索目标行人,Re-ID 网络包含 Res2Net[24] 的最后一个模块和一个行人注意力模块,用于提取判别性的行人特征。为了学习更具判别力的行人表征特征,本框架首先设计了行人注意力模块,该模块用三个共享权重的卷积层对行人特征进行采样,并采用 Squeeze-and-Excitation(SE)模块使网络自适应地选择最佳接受野。因此,可以学习更多的行人细粒度特征表征,并抑制与行人无关特性的学习。其次,本框架通过设计 FC 损失改善行人特征的空间分布,使类内特征更加紧凑,类间特征更具判别力。

在训练阶段,骨干网络从输入图像中提取图像级别的特征。在图像级特征的基础

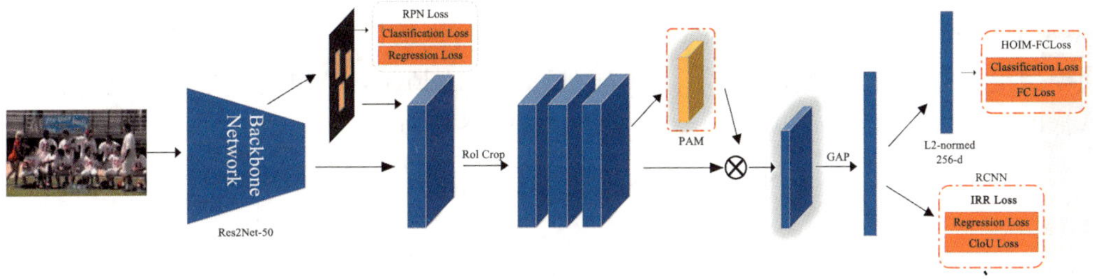

图 11-11　基于增强实例判别性和特征紧致性的端到端行人搜索网络框架

上，RPN 网络生成行人建议框，然后通过 RoI 池化对提议区域进行汇集，汇集后的特征被送入 Re-ID 网络进行识别。在 Re-ID 网络中，输入的特征首先被归一化为单位长度，并用 FC 损失进行优化。在 RCNN 模块中，为了使边界盒回归更加准确，引入了 CIoU[24] 损失和原始的 SmoothL1 损失作为 RCNN 部分边界框的回归监督。改进后的 RCNN 边界框的回归损失（Improved RCNN Regression Loss, IRR Loss）定义为

$$\mathcal{L}_{\text{irr\_reg}} = \gamma \mathcal{L}_{\text{smooth}_{l1}} + \beta \mathcal{L}_{\text{CIoU}} \tag{11-10}$$

式中，CIoU 损失不仅可以让网络处理边界盒的重叠面积和中心点距离的问题，还可以考虑边界框的长宽比的问题；γ 和 β 是可调整的超参数。

$$\mathcal{L}_{\text{CIoU}} = 1 - IoU + \frac{\rho^2(b, b^{gt})}{c^2} + \alpha\nu \tag{11-11}$$

$$\alpha = \frac{\nu}{(1 - IoU) + \nu} \tag{11-12}$$

$$\nu = \frac{4}{\pi^2}\left(\arctan\frac{\omega^{gt}}{h^{gt}} - \arctan\frac{\omega}{h}\right)^2 \tag{11-13}$$

式中，α 是正数的权衡系数；ν 是衡量长宽比的一致性；b 和 b^{gt} 表示预测框和真实标注框的中心点；$\rho()$是欧氏距离；c 是覆盖两个框的最小包围框的对角线长度；ω 和 h 分别表示预测框的宽度和高度。

通过对 $\mathcal{L}_{\text{irr\_reg}}$ 损失的优化，上游的行人检测任务可以产生更准确的行人建议框，而下游的 Re-ID 模型由于得到了更精确的行人位置信息的边界框，可以生成更有辨识度的特征嵌入。在推理阶段，该网络会从输出的场景图片中产生多个行人边界框并随之生成相应的行人特征图，检索阶段会根据生成的行人特征图与目标人物的特征图之间的余弦距离对图库中的任务进行排序，重排序后和目标人物的 gt 对比，从而判断是否查找到对的目标行人。

11.4.2　行人注意力模块的设计

本小节提出一个参数经济且高效的模块，即 PAM。PAM 在不增加额外开销的情

况下,通过空洞卷积[25]增大其关注的感受野,其后通过 SE 对不同卷积通道作自适应选择,最后让网络主要关注重要特征的位置,增强了行人的信息,抑制了无关信息的学习,使模型更加关注行人的信息部分。PAM 如图 11-12 所示,PAM 的一般过程是,首先对特征图分别进行平均池化和最大池化操作,然后分别通过三个共享权重的空洞卷积进行采样,然后让网络通过 SE[22] 自适应地学习不同卷积的效果,最后输出到注意力图。

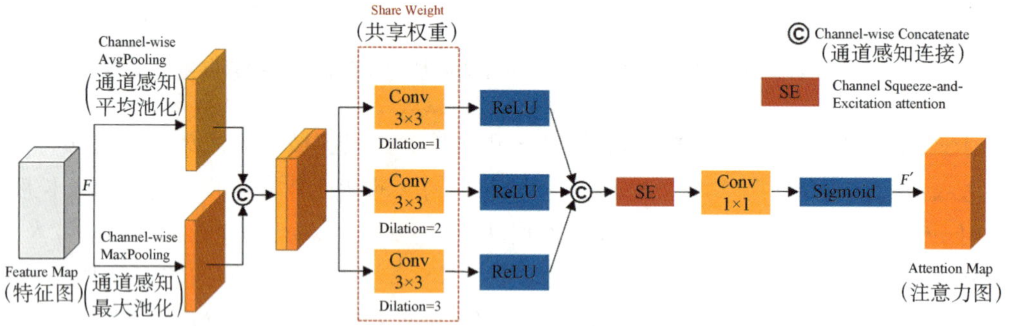

图 11-12　行人注意力模块的网络结构

早期的实验[23]表明,在通道轴上应用平均池化和最大池化操作可以有效地突出前景区域的信息。同样,在 PAM 模块中,首先,对通道轴进行平均池化和最大池化操作,平均池化可以保留该特征图中的行人前景区域信息,最大池化操作可以保留特征图中行人较为关键的区域信息,通过通道方向上的组合可以最大程度保留最多有用的行人信息,并将它们串联起来,生成一个有效的特征描述符。其次,将三个共享权重的扩张卷积层以 ReLU 作为激活函数应用于串联的特征描述符。然后,利用通道 Squeeze-and-Excitation(SE)[26]来自适应地学习不同扩张率的特征图的重要性。最后,PAM 生成一个行人注意力图 $M_p(F)\in R^{H\times W}$。值得注意的是,三个平行的扩张卷积共享权重,三个卷积的扩张率分别为 1,2,3。扩张卷积扩大了卷积核的大小,即增加了感受野,但通过共享权重并没有增加参数和计算的数量。具体来说,扩张的 3×3 卷积的感受野可以通过 $3+2(d_s-1)$计算,其中 d_s 是扩张率。PAM 的详细操作可以表示为

$$F'=M_p(F)\otimes F \tag{11-14}$$

$$M_p(F)=\delta\{f^{1\times1}[S([C_1;\ C_2;\ C_3])]\} \tag{11-15}$$

$$C_i=\sigma[f^{3\times3}_{d_s=i}([F^p_{\text{avg}};\ F^p_{\text{max}}])] \tag{11-16}$$

式中,$M_p(F)$表示 PAM;δ 表示 Sigmoid 函数;σ 代表 ReLU 激活函数;$f^{1\times1}$ 表示核大小为 1×1 的卷积操作;$S()$表示信道注意 SE 操作;F^p_{avg} 和 F^p_{max} 分别表示平均池化和最大池化后的特征图;C_i 表示用不同扩张率 d_s 和固定大小 3×3 的卷积采样的特征图,并由 ReLU 函数激活。

11.4.3　实验结果与分析

本小节在 CUHK-SYSU 和 PRW 数据集上对 IIDFC 进行测试，其性能如表 11-3 所示。

表 11-3　IIDFC 算法与其他行人搜索算法在 CUHK-SYSU 和 PRW 数据集上的性能比较(%)

算法		CUHK-SYSU		PRW	
		Rank=1	*mAP*	*Rank*=1	*mAP*
两阶段行人搜索方法	MGTS[19]	83.70	83.00	72.10	32.60
	CLSA[27]	88.50	87.20	65.00	38.70
	RDLR[28]	94.20	93.00	70.20	42.90
	TCTS[29]	95.10	93.90	87.50	46.80
	OR[20]	93.83	93.23	71.51	52.30
端到端行人搜索方法	OIM[8]	78.70	75.50	49.90	21.30
	NPSM[20]	81.20	77.90	53.10	24.20
	RCAA[21]	81.30	79.30	—	—
	QEEPS[26]	89.10	88.90	76.70	37.10
	GCN[23]	86.50	84.10	73.60	33.40
	APNet[30]	89.30	88.90	81.40	41.90
	BINet[31]	90.70	90.00	81.70	45.30
	IGPN[32]	91.40	90.30	87.00	47.20
	BPNet[33]	90.50	88.40	87.90	48.50
	NAE+[34]	92.90	92.10	81.10	44.00
	HOIM[35]	90.83	89.74	80.36	39.77
	OIM(本书提出的算法)	85.97	86.19	72.10	32.51
	OIM+PAM+FC	88.10	87.24	78.71	38.88
	HOIM(基线)	91.59	90.60	78.90	37.88
	IIDFC(本书提出的算法)	93.34	91.96	83.37	43.43

从表 11-3 可以看出，IIDFC 算法的 *Rank*=1 和 *mAP* 准确率分别为 93.34%和 91.96%，这优于大多数的端到端行人搜索方法。与 HOIM 算法相比，IIDFC 的 *Rank*=1 和 *mAP* 准确率比它高出 2.51%和 2.22%。我们重新实现了 OIM 方法，并在 OIM 中加入了我们提出的 PAM 和 FC 模块。实验表明，本节提出的 PAM 和 FC 损失在两个行人搜索数据集上都有不同程度的改善，进一步验证了 IIDFC 算法的有效性。

(1) 在 PRW 数据集上的评估

在表 11-3 的端到端行人搜索方法中,IIDFC 在 *mAP* 和 *Rank*=1 准确率方面都富有竞争力。IIDFC 的 *Rank*=1 和 *mAP* 分别为 83.37%、43.43%,与 HOIM 的 *Rank*=1 和 *mAP* 相比,提升分别为 3.01%和 3.66%。在 PRW 数据集上,端到端行人搜索方法 IGPN 和 BPNet 网络的性能优于 IIDFC,因为这两种方法都引入了额外的信息,而 IIDFC 网络在设计时没有引入额外的信息,只有全局信息用于度量,没有额外的信息用于对齐,所以 IIDFC 网络的性能提高是有限的。

(2) 在 CUHK-SYSU 数据集上对不同的图库大小进行评估

图 11-13 所示比较了各种端到端行人搜索方法在不同图库大小下的 *mAP*。IIDFC 在不同的图库大小下显示出更好的鲁棒性,并以很大的优势超过了最先进的算法 HOIM。图 11-14 所示还评估了不同图库大小下的 *Rank*=1 性能。同样地,与同类型的行人搜索算法相比,IIDFC 算法具有更好的鲁棒性,且 *Rank*=1 准确率表现更优。总的来说,IIDFC 算法产生了具有辨别力的特征表示,并且在不同的图库大小下的表现更具稳定性和泛化性。与基线算法 HOIM 相比,IIDFC 提高了不同图库大小下的 *Rank*=1 性能,这证实了 IIDFC 算法的有效性和鲁棒性。

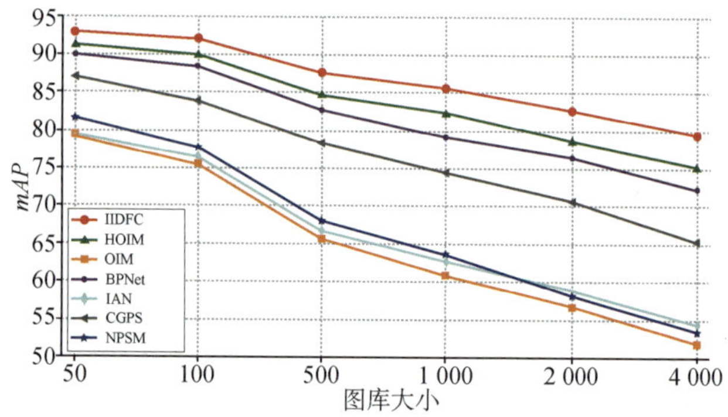

图 11-13 IIDFC 算法和其他行人搜索算法在不同图库大小下的表现

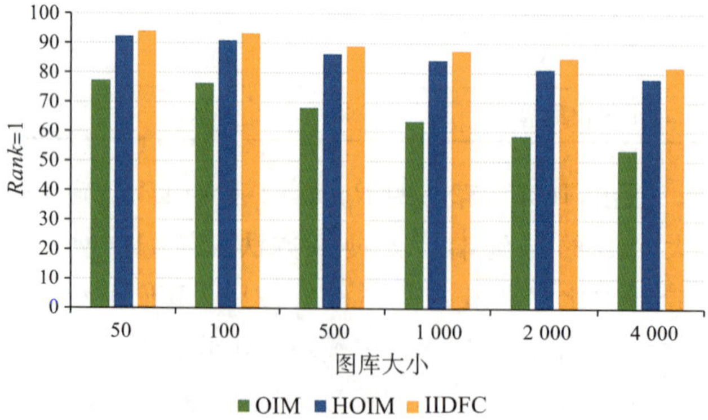

图 11-14 IIDFC 算法和其他行人搜索算法在不同图库大小下的表现

11.5 本章小结

本章提出基于空间学习的端到端行人搜索网络，通过引入可变形卷积和空间注意力机制，在不增加额外监督的情况下，用较小的代价，学习行人空间几何形变特征，从而帮助行人搜索网络提取更具鲁棒和判别性的细粒度行人特征。然后，进一步提出了基于增强实例判别性和特征紧致性的端到端行人搜索网络，设计了一种行人搜索特征紧凑性损失，通过设置间隔变量改善了行人嵌入特征的分布，在不增加网络复杂度的前提下通过损失监督提升行人类间特征的差异，从而得到紧凑的行人类内特征分布。此外，本章还提出了一个行人注意力模块，利用特征间的空间关系，生成空间注意力图，帮助行人搜索网络学习更多行人判别性的特性信息，让检测器更多地关注行人信息，同时也能够抑制无关的背景信息。

参考文献

[1] CHEN D, ZHANG S, OUYANG W, et al. Person search via a mask-guided two-stream cnn model[C]//Proceedings of the European conference on computer vision (ECCV). 2018: 734-750.

[2] LAN X, ZHU X, GONG S, et al. Person search by multi-scale matching[C]//European conference on computer vision, 2018: 553-569.

[3] HAN C, YE J, ZHONG Y, et al. Re-ID driven localization refinement for person search[C]//International conference on computer vision, 2019: 9814-9823.

[4] LI J, LIANG F, LI Y, et al. Fast person search pipeline[C]//International conference on multimedia and expo, 2019: 1114-1119.

[5] WANG C, MA B, CHANG H, et al. TCTS: a task-consistent two stage framework for person search[C]//IEEE/CVF CVPR, 2020: 11952-11961.

[6] XIAO T, LI S, WANG B, et al. Joint detection and identification feature learning for person search[C]//IEEE/CVF CVPR, 2017: 3376-3385.

[7] YAN Y, ZHANG Q, NI B, et al. Learning context graph for person search[C]//IEEE/CVF CVPR, 2019: 2158-2167.

[8] ZHONG Y, WANG X, ZHANG S. Robust partial matching for person search in the wild[C]//IEEE/CVF CVPR, 2020.

[9] WEN Y, ZHANG K, LI Z, et al. A discriminative feature learning approach for deep face recognition[C]//European conference on computer vision. Springer, Cham, 2016: 499-515.

[10] LIU H, FENG J, JIE Z, et al. Neural person search machines[C]//IEEE/CVF ICCV, 2017: 493-501.

[11] REN S, HE K, GIRSHICK R, et al. Faster R-CNN: towards real-time object detection with region proposal networks[J]. IEEE Transactions on Pattern Analysis & Machine Intelligence,

2017，39(6)：1137-1149.

[12] CHANG X, HUANG P Y, SHEN Y D, et al. Rcaa: relational context-aware agents for person search[C]//Proceedings of the European Conference on Computer Vision (ECCV). 2018: 84-100.

[13] MUNJAL B, AMIN S, TOMBARI F, et al. Query-guided end-to-end person search[C]//arXiv: Computer Vision and Pattern Recognition, 2019.

[14] XIAO J, XIE Y, TILLO T, et al. IAN: the individual aggregation network for person search [J]. Pattern Recognition, 2019, 87: 332-340.

[15] HONG Z, LIU B, LU Y, et al. Scale voting with pyramidal feature fusion network for person search[J]. IEEE Access, 2019, 7: 139692-139702.

[16] REDMON J, FARHADI A. YOLO9000: better, faster, stronger[C]//Proceedings of the IEEE conference on computer vision and pattern recognition. 2017: 7263-7271.

[17] DAI J, QI H, XIONG Y, et al. Deformable convolutional networks[C]//Proceedings of the IEEE international conference on computer vision. 2017: 764-773.

[18] WOO S, PARK J, LEE J Y, et al. Cbam: convolutional block attention module [C]// Proceedings of the European conference on computer vision (ECCV). 2018: 3-19.

[19] GAO S, CHENG M M, ZHAO K, et al. Res2net: a new multi-scale backbone architecture[J]. IEEE transactions on pattern analysis and machine intelligence, 2019.

[20] YAO H, XU C. Joint person objectness and repulsion for person search[J]. arXiv preprint arXiv: 2006. 00155, 2020.

[21] ZHENG Z, WANG P, LIU W, et al. Distance-IoU loss: faster and better learning for bounding box regression[C]//AAAI. 2020: 12993-13000.

[22] REDMON J, DIVVALA S, GIRSHICK R, and FARHADI. You only look once: unified, real time object detection[C]//CVPR. Las Vegas, USA: IEEE Press, 2016: 779-788.

[23] SUN Y, ZHENG L, YANG Y, et al. Beyond part models: person retrieval with refined part pooling (and a strong convolutional baseline)[C]//Proceedings of the European Conference on Computer Vision (ECCV). 2018: 480-496.

[24] LIU H, XIAO Z, FAN B, et al. PrGCN: probability prediction with graph convolutional network for person Re-IDentification[J]. Neurocomputing, 2021, 423: 57-70.

[25] YU F, KOLTUN V, FUNKHOUSER T. Dilated residual networks[C]//Proceedings of the IEEE conference on computer vision and pattern recognition. 2017: 472-480.

[26] WANG G, YUAN Y, CHEN X, et al. Learning discriminative features with multiple granularities for person Re-IDentification [C]//Proceedings of the 26th ACM international conference on Multimedia. 2018: 274-282.

[27] HU J, SHEN L, SUN G. Squeeze-and-excitation networks [C]//Proceedings of the IEEE conference on computer vision and pattern recognition. 2018: 7132-7141.

[28] WANG X, XIAO T, JIANG Y, et al. Repulsion loss: detecting pedestrians in a crowd[C]// Proceedings of the IEEE Conference on Computer Vision and Pattern Recognition. 2018:

7774-7783.

[29] LIN C, LU J, WANG G, et al. Graininess-aware deep feature learning for robust pedestrian detection[J]. IEEE transactions on image processing, 2020, 29: 3820-3834.

[30] PANG Y, XIE J, KHAN M H, et al. Mask-guided attention network for occluded pedestrian detection[C]//Proceedings of the IEEE International Conference on Computer Vision. 2019: 4967-4975.

[31] DONG W, ZHANG Z, SONG C, et al. Bi-Directional interaction network for person search [C]//Proceedings of the IEEE/CVF Conference on Computer Vision and Pattern Recognition. 2020: 2839-2848.

[32] DONG W, ZHANG Z, SONG C, et al. Instance guided proposal network for person search [C]//Proceedings of the IEEE/CVF Conference on Computer Vision and Pattern Recognition. 2020: 2585-2594.

[33] TIAN K, HUANG H, YE Y, et al. End-to-end thorough body perception for person search [C]//Proceedings of the AAAI Conference on Artificial Intelligence. 2020, 34(07): 12079-12086.

[34] CHEN D, ZHANG S, YANG J, et al. Norm-aware embedding for efficient person search[C]//Proceedings of the IEEE/CVF Conference on Computer Vision and Pattern Recognition. 2020: 12615-12624.

[35] CHEN D, ZHANG S, OUYANG W, et al. Hierarchical online instance matching for person search[C]//National conference on artificial intelligence, 2020.

老福会后回到办公室，见阿济教授坐在茶几边，而茶几上已然热气腾腾，其间摆着一正红铁盒，“滇红”二字跃然其上，便是那产自云南澜沧江、怒江两大水系之间的云贵高原上，以云南大叶种类型的茶为原料制成的云南滇红，开盖的盒中茶叶金毫显露，条形如针；再看茶盏中央，汤色红艳，蜜香浓郁，不禁赞道：“好茶！”

阿济教授抿着茶水感叹道：“快坐下来品品这云南滇红。警察真是一个令人尊敬的职业，需要时刻准备应对突发状况。趁你开会的空档，我再次梳理了行人搜索的一些最新进展。”说着便拿起一张三两个学生结伴而行的照片，并用蓝笔精准地框出了其中一名学生，用红笔框出另一个学生，抬头看向老福：“老福你看看这红框和蓝框，如果分别是未经充分训练和训练有素的检测头产生的检测框，哪个更能分辨学生身份？”

“那自然是蓝框，你的意思是检测头的准确程度制约了再识别的性能？”老福回答。

“正是如此，端到端的行人搜索框架存在一大弊端，因为采用了并行结构，导致检测头产生的行人检测框质量低下，对于再识别网络来说，自然是‘巧妇难为无米之炊’。”阿济教授回答道。

老福若有所思，指了指照片中一名大半个身子被自行车遮挡的学生：“话虽如此，即便是再出色的检测头，对于这种情况也很难处理吧。”

阿济教授点了点头：“没错，检测并不是性能的瓶颈，识别才是。另外，你看看这位学生周围的同学。”说着拿出了另一个角度拍摄的照片，“几分钟后，在其他摄像头下，这几位学生仍然结伴而行，那么如果单人‘点对点’的匹配失败了，不妨考虑多人匹配，这也是开放场景下行人搜索上下文信息的利用。”

CHAPTER
12

第 12 章

基于图结构与序列化设计的行人搜索

12.1 引言

针对 Faster R-CNN[1]的并行结构导致再识别分支无法提取高质量特征的问题,本书提出了一种序列化的单阶段网络(SeqNet)。在 SeqNet 中,检测和再识别被视为一个序列化的过程,二者依次处理。首先用标准的 Faster R-CNN Head 检测行人的准确边框,然后将结果送入基线 Head 提取高质量的细粒度特征。在测试阶段,用 NMS 移除冗余边框从而大幅度加速网络推理。此外,针对训练和测试阶段输入基线 Head 的边框的 IoU 不一致问题,在推理时采用 Faster R-CNN Head 的更可靠分类结果作为输出。实验结果表明,再识别分支的特征经过优化以后,单阶段模型取得了和双阶段模型相媲美的精度,在广泛使用的数据集 CUHK-SYSU 上达到了 93.8%的 mAP。

针对传统的行人搜索算法没有很好地利用上下文信息来辅助行人匹配的问题,结合图神经网络,将往往被其他方法所忽略的场景信息以场景分块这一富有创新性的方式编入图节点,并进行了大量实验来为每个不同的场景选定最优分块策略。该方法通过挖掘处于同一或相近场景分块的行人检测框间的关系,修正了劣质的行人检测框,提升了行人检测模型的准确率。在已构建的图结构基础上,进一步利用了其中存在的时序信息和上下文信息,提出了一种新颖的包含了时序信息的上下文图,以提升行人搜索中的身份识别性能。该方法通过将待匹配行人的周围行人以及相邻帧行人纳入考虑,丰富了行人相似度的计算方式,系统性地设计了相关算法,有效改善了复杂场景下行人身份识别的准确性。

12.2 相关技术

12.2.1 Faster R-CNN

Faster R-CNN 提出了替代 Selective Search 算法的 RPN(Region Proposal Network)网络,该网络将局部裁剪任务建模为二分类问题(即判断某一区域是否为物体),从而令目标检测任务可以实现由神经网络端到端地完成工作,这一网络也被目前许多行人搜索方法采用。

图 12-1 中展示了 Faster R-CNN 的网络架构。网络架构中与前文 R-CNN 相同的部分不再赘述,此处阐明 RPN 网络的具体工作原理。首先,在图像的特征图中的一个滑动窗口(Sliding Window)上生成长宽比例和大小各不相同的锚框(Anchor Box)(图 12-1 的右边部分);随后,设定 IoU 的阈值并按照 Ground Truth 为这些锚框标定正负(是否有物体的二分类标签)。这样一来,传入 RPN 网络的图像特征数据则被整理为锚框坐标和二分类标签,每个样本即得到了如下映射:四个反映锚框位置的坐标值,以及一个反映该锚框含有物体概率的概率值。最后,统一坐标回归的损失和二分类的损失,

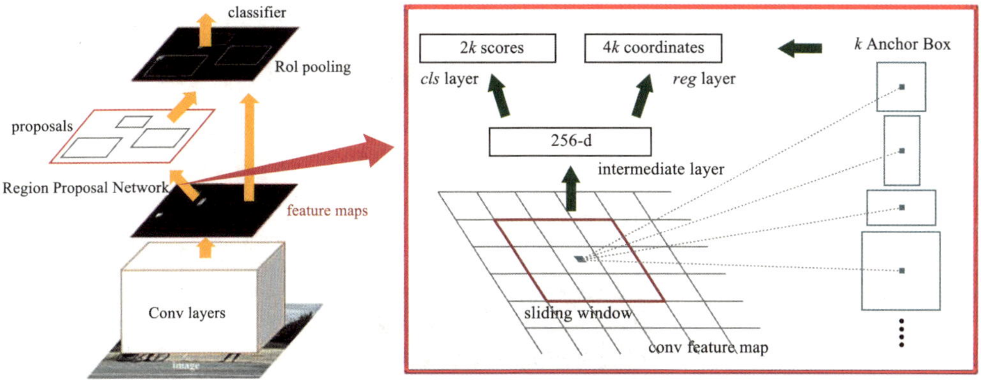

图 12-1　Faster R-CNN 的网络架构

作为 RPN 网络的训练目标。由 RPN 网络得到的局部裁剪区域在被传入 R-CNN 子网络后，将会进行多分类和坐标回归。

综上所述，Faster R-CNN 可以看作是 Fast R-CNN 和 RPN 网络的结合，这项工作中采用滑动窗口生成锚框的思想影响深远，奠定了两阶段行人搜索方法的元结构，被广泛地运用在行人搜索任务中。

12.2.2　行人搜索深度学习模型

解决行人搜索任务的标准方法是使用两步走策略，即级联行人检测器和分别训练过的 Re-ID 特征提取器[2-5]。根据行人检测器的检测结果，从图库图像中裁剪出所有候选人员，随后再将其输入行人再识别模型中。与之相反的是，另一解决问题的策略是在行人检测器和行人再识别模块之间共享骨干网络[6-10]。在这一策略下，给定一个未裁剪的图像，模型将为其中所有人员输出边界框坐标(Bounding Box Coordinates)和相对应的 L2 归一化身份嵌入(L2 Normalized Identity Embeddings)。这一策略通过堆叠一个额外的全连接层来扩展 Faster R-CNN，用以生成 L2 归一化身份嵌入，并结合标准检测损失和身份分类损失来训练整个模型，从而得到更快的 R-CNN[11]。这一将行人检测和行人再识别融合在一个框架中实现的方法被称为端到端的行人搜索方法。

端到端的行人搜索方法需要将行人检测子任务和行人再识别子任务相结合，而考虑到单阶段方法直接回归得到了目标位置以及目标类别。因此，当尝试将单阶段目标检测模型与行人再识别模型相结合时，需要再次抽取行人候选框中的特征传入行人再识别网络，这就导致在端到端的行人搜索网络结构中出现了冗余部分。同时，行人再识别所预测的结果也不能反向传播到目标检测的特征提取和行人候选框回归之中，这导致参数优化的复杂度大大提高。反观两阶段的行人搜索方法，特征提取和线性回归的过程相分离的做法使行人再识别网络的嵌入成为可能。

2017年,Xiao等[12]提出了聚焦于场景图象的端到端行人搜索方法,首次将行人检测任务和行人再识别任务整合到端到端框架中联合训练。该方法的核心在于提出了在线实例匹配机制(OIM)以实现端到端的行人搜索网络结构,如图12-2所示。

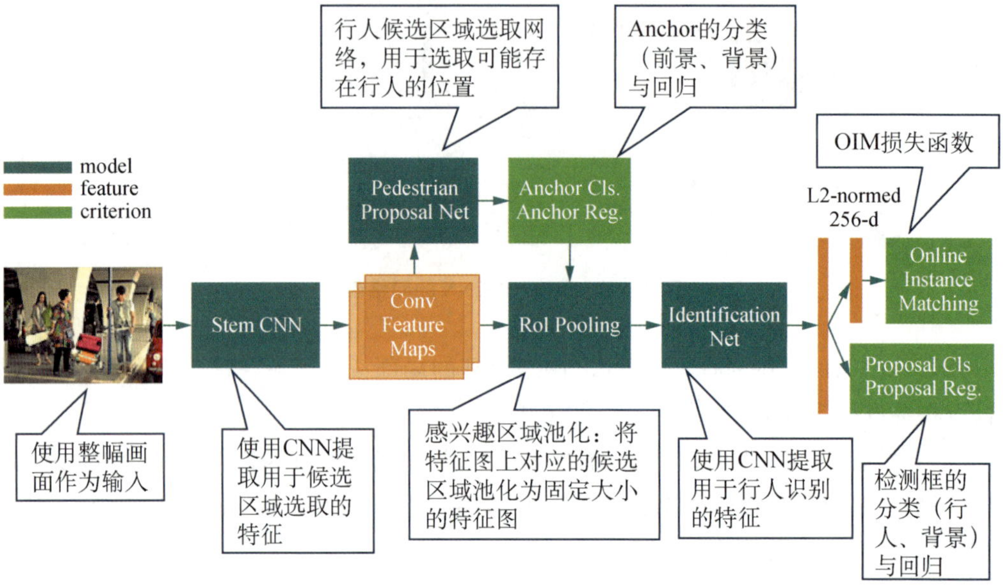

图12-2 基于在线实例匹配机制的端到端的行人搜索网络结构

该网络的工作流程为:第一步,以场景图象作为输入,通过卷积特征提取网络抽取出图像的嵌入特征(Embedding Feature);第二步,使用行人候选网络(Pedestrain Proposal Net)来生成行人候选框(Bounding Boxes),该网络包含了Faster R-CNN中的RPN网络;第三步,上一步中产生的行人候选框经过区域响应池化(RoI Pooling)后提取其中行人的特征向量,随后传入行人再识别子网络(Identification Net)中进行行人的身份识别,同时在在线实例损失函数(OIM Loss)的指导下,对行人候选网络生成的行人候选框位置进行修正。

接下来阐明在线实例匹配机制的工作原理。首先引入查询表(Lookup Table, LUT)和循环队列(Circular Queue, CQ)两大存储结构,在场景图像中检测到的行人若有标签,则打上其所属标签后将其特征向量存入查询表对应位置;若无标签,则将其特征向量存入循环队列。如此便将与目标行人相匹配的行人候选框以及并非目标行人的其他行人候选框均纳入考虑。随后,在训练过程中,前向传播时,带有标签的行人特征向量与所有存储在查询表中的特征进行匹配,即计算它们之间的余弦相似度;反向传播时,根据标签更新查询表,将无标签的特征向量压入循环队列中,同时抛弃已过时的特征向量。

在线实例损失函数的目的是尽可能提高具有相同标签的行人特征向量的相似度,

同时尽可能减小具有不同标签的行人特征向量之间的相似度。该损失函数采用最大似然估计来进行分类概率的计算，其梯度本质上由两个交叉熵损失函数构成，特别之处在于对带有标签和没有标签的行人分别执行了不同的更新计算方式。

综上所述，基于在线实例匹配的端到端的行人搜索方法作为该研究方向的开山之作，将行人搜索转化为有标签/无标签的分类问题。尽管存在许多尚未解决的问题，如出现在行人类别多、行人样本少情况下的过拟合问题、查询表的设置和循环队列的初始化问题等，该方法仍然起到奠基性的作用。在这一工作的启发下，随后衍生出许多在其基础上的改进工作。例如，OIAM[13]引入了两个独立的 CNN 块，第一块与非局部层相连以生成图像特征，第二块将特征向量发送到全连接层以生成候选提案分类和回归；FMT[14]通过添加 Anchor Re-IDs 扩展区域提案网络(Region Proposal Network)；Lu 等[15]通过层次特征融合的方法来学习低特征并创建具有卷积和全连接层的浅层网络权重，其中每个权重将转发到特征融合网络以进行分类；Han 等[16]提出了一个更完善的网络，利用负责从图像中裁剪出候选区域的 POI 层，可以为行人搜索网络产生更精确的边界框；Zheng 等[17]提出了 SMG 网络以减少负面结果的影响，并重点关注行人图片中的背景垃圾部分，整个网络从头到尾的训练方式都考虑了行人检测、行人再识别和行人分割之间的必要关系，保留了其他工作中未曾注意到的特征来检测行人，有效地改善了行人搜索网络的性能；2019 年，在保持 OIM 损失的基础上，Bharti Munjal 等[18]提出了 QSSE-Net，QRPN 和 QSim-Net 三种子网络以实现利用队列辅助搜索的想法，尽管网络结构变得愈加复杂，仍在行人搜索准确率上得到了不小的提升；同年，为了解决行人检测得到的检测框存在误差这一问题，Han 等[19]提出了一个基于行人再识别的定位修正框架，它能够在端到端网络使用再识别损失来优化行人检测产生的检测框，使其更加准确，更好地服务于行人搜索任务，但存在运行速度较慢的问题；针对 OIM 损失仅处理人的 feature 而使背景成为另一个交叉熵损失的问题，2020 年，Chen 等[20]提出了 HOIM 损失，旨在将行人检测和行人 Re-ID 的层次结构明确地集成到 OIM 损失中，以便更好地将行人和背景分类出来；同年，Chen 等[21]结合嵌入规范(Embedding Norms)方面的工作，提出了用于行人搜索的规范感知嵌入方法 NAE 和以像素为单位的扩展方法 NAE+，以解决端到端行人搜索的不对齐问题。

针对复杂场景中的遮挡问题，国内外的研究者也提出了许多应对方案，可以简单地归纳为以下几类。

(1) 通过离线检测器学习行人检测区域的局部特征，将人体分割成若干区域[22]或若干条带[23]。

(2) 利用额外的属性标注学习鲁棒特征[24]。

(3) 通过注意力机制增强特征的判别能力[25]。

(4) 用损失函数对特征空间施加约束，如验证损失(Verification Loss)[26]和三元组损失(Triplet Loss)[27]。例如，PCB(Part-based Convolutional Baseline)[28]及其变体占

据了最先进的性能。PCB将特征图统一分割成条带,并对其进行监督,以保证其判别能力。然而,错位会导致条纹的空间对应关系被破坏,PCB需要对输入图像进行严格的对齐。因此,当存在错位时,PCB的性能会大幅下降。在2018年,He等[29]提出DSR通过整体图像重建部分图像,并利用重建误差作为相似度。在2019年,Miao等[30]提出PGFA,应用部分匹配方案与对齐的输入图像进行匹配,其遮挡部分由离线关键点检测器处理;同年,Sun等[31]提出了一种VPM,在提取局部特征的同时,还能同时知道每个身体部位的可见性。然而,VPM没有考虑DSR中提到的变形。更进一步的研究是2020年Zhong等[32]提出的APNet,该网络可以提取和对齐有区别的零件特征,对齐的零件特征自然会将Re-ID公式化为部分特征匹配过程。其中,选择有效的零件特征进行相似度计算,而将被遮挡或嘈杂区域上的零件特征丢弃,并得到较好的结果。

综上所述,目前针对遮挡问题较为出色的解决方式聚焦于对人体局部特征的提取,这些方法取得了不错的效果,但面对实际场景时仍具有很大的提升空间。行人周围物体或所在场景等信息往往用作背景而被忽略,而这类与行人存在联系的信息有时有助于复杂场景下的行人检测。卷积神经网络无法便利地处理这些关系数据,而图神经网络擅长于此。

12.2.3 图神经网络

图神经网络可追溯至1997年Sperduti等[33]首次将神经网络应用于有向无环图;而在2005年,Gori等[34]最初概述了图神经网络的概念;随后,直到2010年Gallicchio等[35]进一步阐述了这一概念。这些早期的研究属于循环图神经网络(RecGNNs)的范畴,通过聚合邻接节点信息并迭代至稳定态的方式,学习并补充目标节点的特征表示,而这一方式的缺陷在于其计算成本非常高。在之后提出的ConvGNNs主要分为两大流,即基于频谱的方法和基于空间的方法。最早对基于频谱的ConvGNNs进行突出研究的是Bruna等(2013年)[36],他们基于频谱图理论开发了一种图卷积。此后,人们对基于谱图的ConvGNNs进行了越来越多的改进,例如Cayleynets[37]等。基于空间的ConvGNNs的研究比基于频谱的ConvGNNs开始得更早。2009年,Micheli等[38]在继承RecGNNs的消息传递思想的同时,首次通过架构上的复合非递归层来解决图的相互依赖性问题。

除了RecGNNs和ConvGNNs之外,过去几年还发展了许多替代GNNs,包括图自动编码器(GAEs)[39]和时空图神经网络(STGNNs)[40]。其中,图自动编码器作为一种图嵌入方法,它的节点嵌入通过多层感知机来获得,其目的是将图的顶点在神经网络中表示为低维向量。而时空图神经网络则同时利用节点中的时间相关性和空间相关性来预测未来时间戳上的节点特征。时空图具有全局图结构,每个节点的输入随时间变化。

图形神经网络的最大应用领域之一是计算机视觉，包括场景图生成、点云分类和动作识别等。此外，GNNs 在计算机视觉中的适用方向还在不断增加，包括人与物体的交互[41]、语义分割[42]、视觉推理[43]等。

12.3　序列化的端到端行人搜索网络

现有的行人搜索工作将该任务分解成行人检测和行人再识别两个子任务。它们要么使用两个独立的模型各自解决问题（两阶段），要么使用多任务模型联合解决问题（端对端）。对于端对端的行人搜索方法，研究者设计了一个基于 Faster R-CNN 的多任务框架。首先用 RPN 生成区域提案，然后将这些区域提案送入后续的卷积层提取高级语义特征，最后进入两个彼此并行的检测和再识别分支。然而，网络提取的特征来自低质量的区域提案，而不是检测到的准确的边框。尽管这些较差的特征对粗粒度的分类任务影响不大，但它们将显著地降低细粒度的行人再识别任务的性能。这个问题是由 Faster R-CNN 的并行结构引起的：由于检测和再识别任务是同时处理的，所以在提取再识别特征之前无法获得准确的行人边界框。对于两阶段的行人搜索方法，则不存在这样的问题，因为检测和再识别是通过两个单独的模型依次处理的。然而，两阶段的行人搜索方法既耗时又耗费资源。因此，本节提出一个序列化的端到端行人搜索网络（Sequential End-to-end Network，SeqNet），通过优化边框的准确性来优化再识别分支提取特征的质量。该网络将传统的单阶段行人搜索模型的结构设计从并行改成了串行（即序列化），即先检测，然后再识别（图 12-3）。

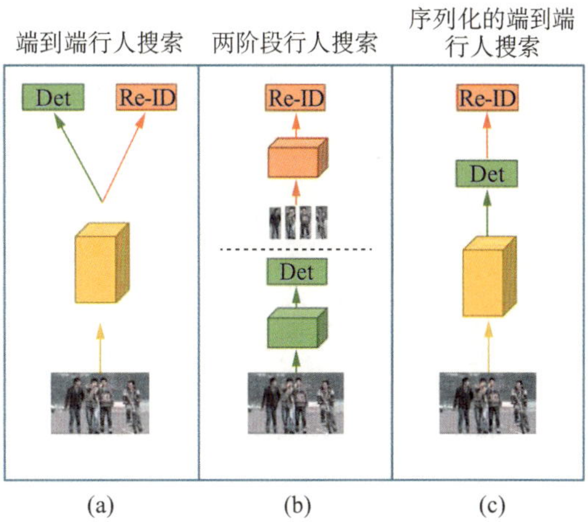

图 12-3　三种行人搜索算法的对比

12.3.1　特征质量对搜索性能的影响

如 12.2 节所述，我们选择的基线模型具有较差的再识别特征，为了评估其造成的具体影响，对基线模型进行训练，并在表 12-1 中的两种评估设置下报告结果，其中，并行化表示原始设置。在序列化的设置中，网络将迭代两次，以依次解决检测和再识别的问题。第一次迭代将输出检测到的行人边界框。然后，利用 RoI Align 为每个边界框提取一个固定空间大小的特征表示，并将它们输入 conv5 中以提取细粒度的再识别特征。通过这种方式，可以在再识别阶段之前获得更好的行人边界框，从而可以提取高质量的特征。表 12-1 显示,在 CUHK-SYSU 数据集上,并行化的 mAP 增加了 0.8%,在 PRW 数据集上增加了 1.1%。这表明网络的身份识别能力受到劣质特征的极大限制。我们还注意到检测性能略有下降。这是由训练和测试阶段之间的不一致造成的,即网络由 RPN 生成的低质量区域提案进行训练,但由检测到的高质量行人边界框进行测试。因此,有必要在模型训练中引入序列化,而不仅仅是在测试阶段。

表 12-1 劣质的再识别特征对 CUHK-SYSU 和 PRW 数据集性能的影响

方法	Detection		Re-ID	
	Recall	AP	*mAP*	*Top*-1
CUHK-SYSU				
并行化	92.6	86.6	91.7	92.8
序列化	90.9	85.7	92.5	93.7
PRW				
并行化	93.8	88.7	43.6	80.0
序列化	93.7	89.4	44.7	80.8

12.3.2 序列化的网络设计

本书提出了一个序列化的端到端行人搜索网络,具体结构如图 12-4 所示。它由两个 Head 网络组成,分别解决行人检测和行人再识别的问题。第一个 Faster R-CNN Head 用于生成精确的行人边框。第二个未修改过的 Beseline Head 部分用于进一步微调这些边界框并提取其判别性的特征。在 SeqNet 中,检测和再识别是依次进行的。其主要思想是利用 Faster R-CNN 作为更强的 RPN,以提供更少但更准确的候选边界框。这些高质量的边界框导致再识别网络可以提取到更具辨别力的行人特征。在训练阶段,用 0.5 的 IoU 阈值对这两个 Head 网络进行训练,以区分正样本和负样本。

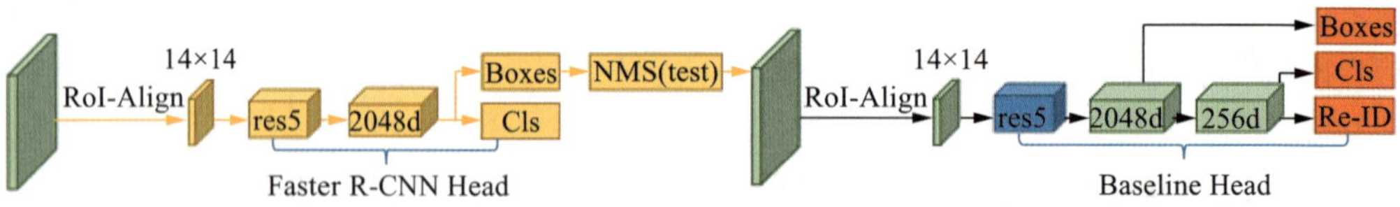

图 12-4 SeqNet 结构

第一次分类精度(First Classification Score, FCS)如图 12-5 所示。在测试阶段,有许多检测到的行人的边界框和 GT 的 IoU 大于 0.8。然而在训练过程中,我们为第二个 Beseline Head 选择的是 0.5IoU 阈值。因此,它可能无法正确分类这些高 IoU 的样本。故将第一个 Faster R-CNN Head 预测的更可靠的分类分数作为输出。

SeqNet 与之前的一些工作如(Cascade R-CNN, Iterative-BBox)具有相似的结构，但本书所提的 SeqNet 在以下方面与之前的工作有显著差异。

(1) 先前的多阶段 Faster R-CNN 的工作是为了实现更好的检测性能。然而本书的方法旨在通过一个联合优化的网络依次解决检测和识别问题，以提取更具判别性的特征。

(2) 在效率方面，SeqNet 在测试阶段拥有一次额外的 NMS 操作，从而确保了推理的速度。相反，其网络中的每个 Head 子网络都需要处理所有的边界框，这显著增加了计算代价，在具有实时性要求的行人搜索场景中是不可忽视的问题。

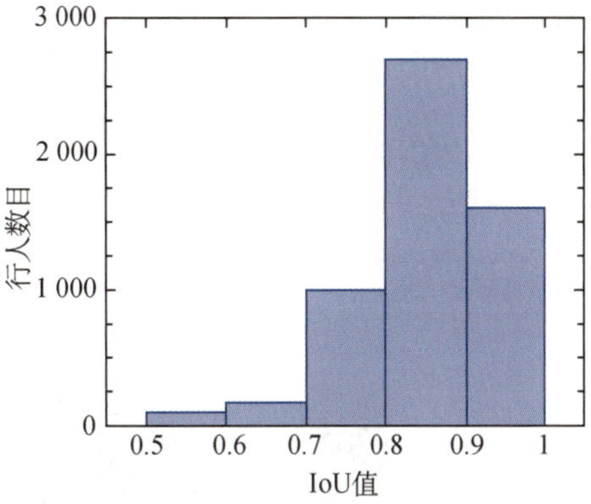

图 12-5 在测试阶段，第一个 Faster R-CNN Head 检测出的已标记行人的 IoU 统计

12.4 结合时序信息的上下文匹配图

本节提出一种新颖的包含了时序信息的上下文图(Timing and Contextual Information Graph, TCIG)的匹配算法，将上下文信息整合到匹配过程中。传统的行人搜索任务可以被看作是一种单点匹配策略，它将图库集图像中与查询者最相似的人作为搜索结果，但当图库图像中存在多个外表非常相似的人或目标人物被遮挡时，它可能会失败。

本节提出的 TCIG 算法将扩展为多点匹配策略。一方面，以图 12-6 为例，该策略

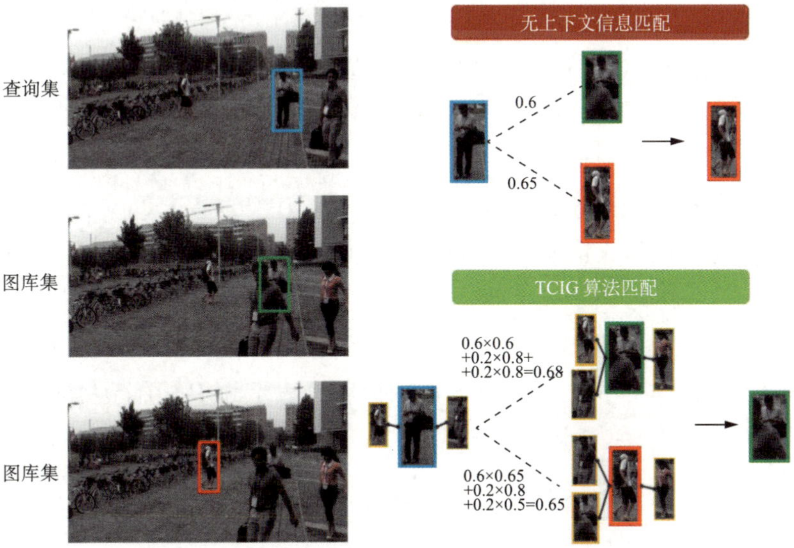

图 12-6 周围行人上下文信息修正行人匹配效果示意

将查询集图像及其周围的人与图库图像中所有检测到的行人进行匹配。这样，当单点匹配策略失败时，只要周围的人能够正确匹配，查询者仍然可以被识别。

另一方面，以图 12-7 为例，该策略结合时序信息，考虑到在相邻两帧图片中，行人的位移距离往往是有限的，因此当某一候选匹配行人与查询者存在时序上的相邻却在距离上相距甚远时，适当降低该候选匹配行人的分数，以尽可能排除多个外表非常相似的人所带来的行人再识别误判。

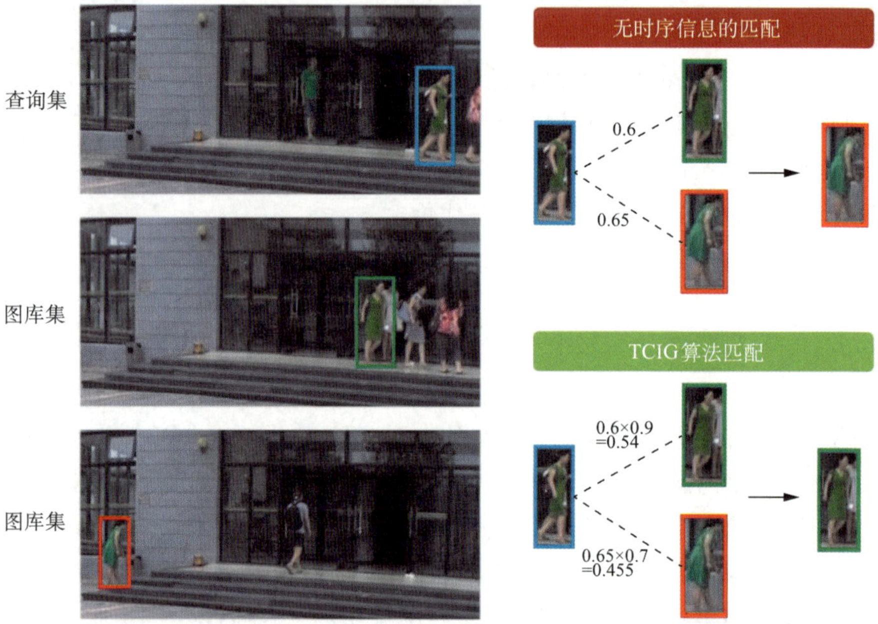

图 12-7　时序信息修正行人匹配效果示意

为了进一步阐述 TCIG 算法的工作原理，在此定义以下符号。

Q：查询集图像(Query Image)。

G：图库集图像(Gallery Image)。

q：在 Q 中的待查询行人。

P：所有图像中的行人构成的集合(P_Q 表示查询集图像中的行人，P_G 表示图库集图像中的行人)。

$sim(p_1, p_2)$：行人 p_1 和行人 p_2 间的余弦相似度(由提取的特征计算)。

$SIM(q, G)$：q 与 G 间的相似度。该相似度可表示为 P_G 中行人与 q 的最大相似度，即

$$SIM(q, G) = \max_{p \in P_G} sim(q, p) \tag{12-1}$$

$M(V, E)$：匹配图，其中 V 和 E 分别为第 3 章中所构建的图中的节点集和边集的

子集，用以描述待查询的行人与图库集中行人存在的时序关系和上下文信息。

$W_t(v_i, v_j)$：存在时序相邻关系的行人节点 v_i 和 v_j 间的空间位移置信权重，计算方式为

$$W_t(v_i, v_j) = \lambda_t \frac{\max[shift(v_i), shift(v_j)]}{distance(v_i, v_j)} \tag{12-2}$$

式中，$v_i, v_j \in V_p$；$shift(v_i)$表示行人节点 v_i 与相邻且行人身份一致的节点间产生的行人检测框最大位移；$distance(v_i, v_j)$表示行人节点 v_i 与行人节点 v_j 间的行人检测框位移；λ_t 为参数。

$W_c(v_i, v_j)$：行人节点 v_i 和 v_j 间的上下文信息的权重，$v_i, v_j \in V_p$，其计算方式为

$$W_c(v_i, v_j) = \sum_{\substack{(v_i, v_l) \in E, \\ (v_j, v_k) \in E, \\ (v_l, v_k) \in E}} sim(p_l, p_k) \tag{12-3}$$

$Score(M)$：匹配图总得分，计算方式为

$$Score(M) = \max_{v_i \in V}[\lambda_1 W_t(q, v_i) \cdot sim(q, v_i) + \lambda_2 W_c(q, v_i)] \tag{12-4}$$

式中，λ_1 和 λ_2 为参数。

算法 12-1 具体描述了 TCIG 算法。

算法 12-1　TCIG 算法

Input:
Query image, Q
Query person, $q \in P_Q$
Gallery images, $S = \{G_1, G_2, \cdots\}$
Number of processed gallery images, k_1
Maximum context, k_2
Output:
Most similar person in each gallery image
Similarities between q and these most similar people
1 *Rank* S in descending order by $SIM(q, G)$
2 Remain *Top*-k_1 gallery images,

$$S = \{G_1, G_2, \cdots, G_{k_1}\}$$

3 *Rank* P_Q in descending order by detection confidence
4 Remain *Top*-k_2 people, $P_Q = \{q_1, q_2, \cdots, q_{k_2}\}$
5 Set *people*, *sims* to empty list
6 **for** each $G \in S$ **do**
7 　　Based on P_Q and P_G, get its matching graph $M(V, E)$

（续表）

```
    for each vertices v_i of M do
      if v_i = q then
        Insert all v_j that satisfy(v_i, v_j) ∈ E into people
        Insert Score(M) into sims
        break
      end if
    end for
end for
return people, sims
```

TCIG 算法按照 $SIM(q, G)$对所有的图库图像进行降序排列，并保留 $Top\text{-}k_1$ 进行处理，这样一来，大部分没有出现 q 的图库图像都可以被删除。此外，过多的背景信息可能会带来噪声。因此，只将查询图像中具有 $Top\text{-}k_2$ 检测置信度的人视为背景信息。在找到最佳匹配的 M 后，$Score(M)$被认为是 q 和其匹配的人之间的相似度。k_1 与 k_2 具体如何取值将在 12.6 节的实验中介绍。

12.5 结合场景信息的图神经网络

本节将根据场景信息的可利用性，阐述如何基于图神经网络来利用这些信息。该方法的难点在于，首先，需要合理定义图中的节点和边；其次，确定图中信息传播和特征更新的方式，因为不同的传播和更新策略会影响模型的性能和效果。接下来，将介绍图的构建过程以及节点特征的聚合方式。

（1）图的构建

为了针对场景信息进行图特征学习，首先需要构建图 $G(V, E)$。为了表述场景信息与行人检测框之间的关系，定义 $V=\{V_p, V_s\}$，其中 V_p 代表行人检测框组成的节点集合，V_s 代表纯净场景图像(包含行人数量尽可能少)组成的节点集合。

对于 V_p，定义 $V_p=\{v_{p_1}^1, \cdots, v_{p_1}^{n_1}, \cdots, v_{p_i}^1, \cdots, v_{p_i}^{n_i}\}$，其中 i 表示行人的 ID，n_i 表示第 i 个行人的检测框个数，$v_{p_i}^{n_i}$ 即表示第 i 个行人的第 n_i 个行人检测框所构成的节点，该节点将包含该行人检测框的特征向量、该行人检测框与目标行人的 IoU、所对应的行人身份 ID、该行人检测框的最新修正操作以及所对应的时序信息。图 12-8 展示了节点集 V_p 的定义。

对于 V_s，考虑到如果将一整张纯净场景图像作为一个节点，将难以细致地描述和学习行人搜索中的场景信息。基于以上思考，将每张由固定角度的摄像机拍摄到的场景图片参考滑动窗口的思想分块，每个分块构成一个节点，定义为

$$V_s=\{v_{s_1}^1, \cdots, v_{s_1}^k, \cdots, v_{s_j}^1, \cdots, v_{s_j}^k\}, v_{s_j}^k \in \mathbb{R}^{W\times H}$$

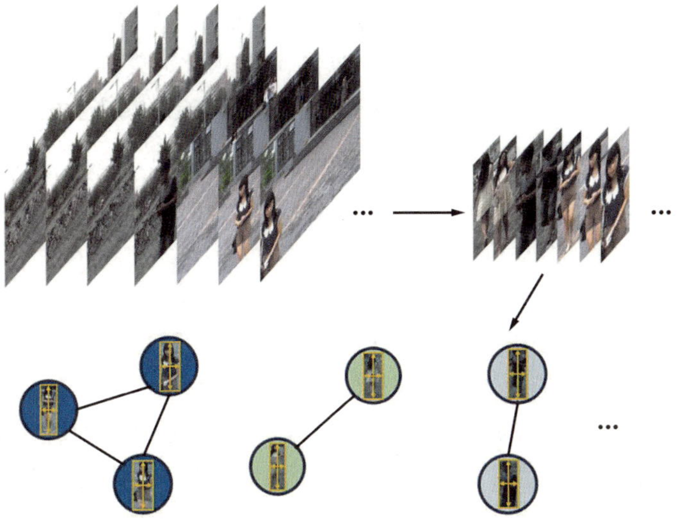

图 12-8　节点集 V_p 示意

式中，j 表示场景的 ID；k 表示场景分块的个数；$v_{s_j}^k$ 表示第 j 个场景的第 k 个分块所构成的节点，该节点将包含该分块所在位置以及该位置的行人检测框置信权重（用以衡量中心点出现在该区域的行人检测框是否合理）。设第 j 个场景的第 k 个分块节点的行人检测框置信权重为 W_j^k，考虑到设置该权重的目的是过滤出现在不合理位置的行人候选框，同时需要保留未出现过行人的分块存在合理行人检测框的概率，因此通过 softmax 函数归一化。

另外，分块的高 H 和宽 W 的确定将在实验中介绍。图 12-9 展示了节点集 V_s 的定义。

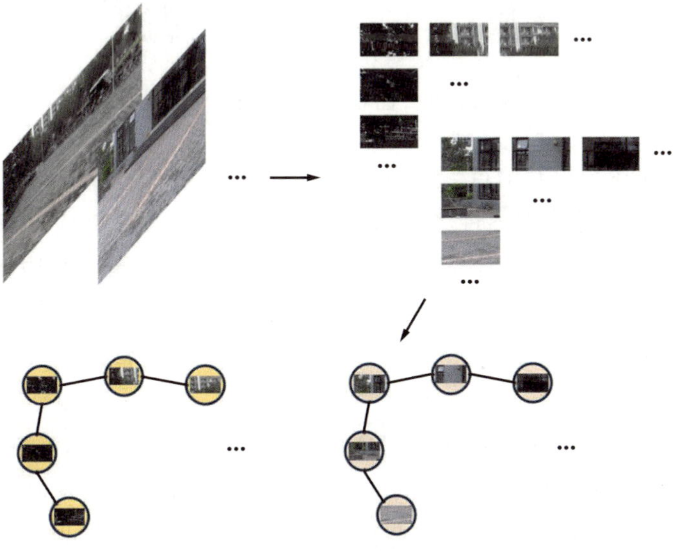

图 12-9　节点集 V_s 示意

完成了节点的定义后,接下来阐述边集合 E 的定义。考虑到节点集 $V=\{V_p, V_s\}$,其中包含行人检测框和场景分块所构成的两类节点,因此边集合 E 将包括三类边,定义 $E=\{E_{ps}, E_{pp}, E_{ss}\}$。其中,$E_{ps}$ 由来自 V_p 和 V_s 的节点之间产生的边构成,即行人检测框节点-场景分块节点的边集合,$e_{ps}=\langle v_{p_i}^{n_i}, v_{s_j}^{k}\rangle$,$e_{ps}\in E_{ps}$,$e_{ps}$ 表示第 i 个行人的第 n_i 个行人检测框的中心点位于第 j 个场景的第 k 个分块内,e_{ps} 的权重值则为该行人检测框与该场景分块之间的重合面积,并且 e_{ps} 为无向边;E_{pp} 由均来自 V_p 的节点之间产生的边构成,即行人检测框节点之间的边集合 $e_{pp}=\langle v_{p_i}^{n}, v_{p_j}^{m}\rangle$,$e_{pp}\in E_{pp}$,$e_{pp}$ 表示第 i 个行人的第 n 个行人检测框与第 j 个行人的第 m 个行人检测框所对应的行人身份,ID 一致即 $i=j$,e_{pp} 的权重值为二者间的相似度,若无则为-1,并且 e_{pp} 为无向边;E_{ss} 由均来自 V_s 的节点之间产生的边构成,即场景分块节点-场景分块节点的边集合,对于 $e_{ss}=\langle v_{s_a}^{c}, v_{s_b}^{d}\rangle$,$e_{ss}\in E_{ss}$,$e_{ss}$ 表示第 a 个场景的第 c 个分块和第 b 个场景的第 d 个分块来自同一场景,即 $a=b$,且它们之间存在重叠部分,e_{ss} 无权重值并且 e_{ss} 为无向边。

综上所述,图 $G(V, E)$的定义已阐明完毕。图 12-10 展示了图 $G(V, E)$的结构。

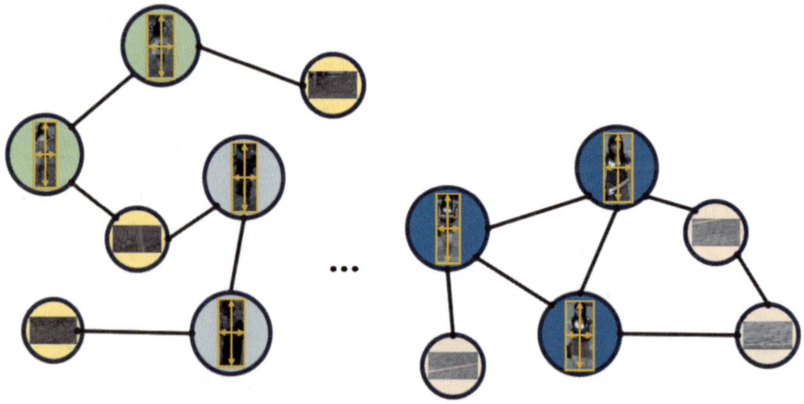

图 12-10 图 $G(V, E)$的结构示意

(2) 节点特征聚合以及信息传递方式

本节的关键思想是使用图神经网络来模拟行人和行人以及行人和场景之间的关系,以利用场景信息来改进行人检测的效果。为此,需要通过聚合与边连接的邻接节点的特征来迭代更新节点的特征。通过这种方式,信息可以在图中传播,并且允许节点与节点之间进行互动。因此,如何进行节点特征的聚合以尽可能利用好场景信息是主要的问题。

目前,最新的主流图神经网络模型包括 GraphConv[1]、AGNNConv[12]、EdgeConv[13]等,每一种图神经网络模型都有不同的节点聚合规则。为了探索不同的图神经网络如何影响场景信息的利用程度,我们尝试了三种流行的图神经网络,并通过消融实验对比了它们的性能。

最终我们选择使用性能最佳的 GraphConv，该图神经网络的节点特征更新策略为

$$h_l^i = \rho_1(h_{l-1}^i) + \sum_{j \in \mathcal{N}(i)} \rho_2(h_{l-1}^j) \tag{12-5}$$

式中，h_l^i 代表节点 i 在图神经网络第 l 层的特征；$\mathcal{N}(i)$ 定义节点 i 的邻域；ρ_1，ρ_2 是线性层。需要注意的是，对于那些与任何行人检测框均无重叠的场景分块节点，该节点特征更新策略公式中的第二项记为零。另外，由于本书使用多层图神经网络，节点中的信息可以来回传播，从而使同一区域场景分块中出现的行人检测框的修正操作可以相互借鉴，并且实现空间-时间行人关系建模，用以挖掘上下文信息来辅助行人再识别任务。

综上所述，本节提出了结合图神经网络的行人检测模型，该模型可以利用场景信息来改善行人检测性能，在此将该方法命名为场景信息图（Scene Information Graph，SIG）。

12.6 实验结果与分析

12.6.1 场景分块尺寸的确定

PRW 数据集中共有 6 个摄像机镜头下拍摄到的 6 种场景，为了在不同场景下有针对性地达到最优效果，需要分别测试得到每个场景下不同分块尺寸的实验结果，并为每个场景确定其最佳分块尺寸。PRW 数据集中不同场景参数及其中行人检测框 Ground Truth（真值）最大最小尺寸等数据如表 12-2 所示。

表 12-2 PRW 数据集中各场景数据

场景编号	场景尺寸（$W_s \times H_s$）	$W_{pmin} \times H_{pmin}$	$W_{pmax} \times H_{pmax}$
1	1 920×1 080	25×58	615×786
2	1 920×1 080	30×67	247×460
3	1 920×1 080	21×58	321×623
4	1 920×1 080	37×79	531×717
5	1 920×1 080	31×81	393×704
6	720×576	23×71	233×461

注：W_s，H_s 分别表示场景的宽和高；W_{pmin}，H_{pmin} 分别表示最小行人检测框的宽和高；W_{pmax}，H_{pmax} 分别表示最大行人检测框的宽和高。

根据表 12-2，可得到适配各场景的 h 和 w（分别表示场景分块尺寸的高和宽）以及 n_H 和 n_W（分别表示场景分块尺寸 w 和 h 在不同场景中可取的缩放倍数）的具体取值范围，如表 12-3 所示。

表 12-3 PRW 数据集中各场景 h, w, n_H, n_W 的取值范围

场景编号	$w \times h$	n_W	n_H
1	30×60	{1, 2, 4, 8, 16}	{1, 2, 3, 6, 9}
2	30×72	{1, 2, 4, 8}	{1, 3, 5}
3	24×60	{1, 2, 4, 8, 10}	{1, 2, 3, 6, 9}
4	40×90	{1, 2, 4, 6, 8, 12}	{1, 2, 3, 4, 6}
5	32×90	{1, 2, 3, 4, 6, 10}	{1, 2, 3, 4, 6}
6	24×72	{1, 2, 3, 5, 6}	{1, 2, 4}

对于各场景最优 n_H 和 n_W 的取值，以 GraphConv 为图神经网络模型(取层数为 3)，以端到端行人搜索模型 NAE 为基线，在数据集 PRW 上对不同取值的 n_H 和 n_W 进行测试。由于测试数据量较大，此处展示最终确定的各场景最优 n_H 和 n_W，见表 12-4。

表 12-4 数据集 PRW 中各场景的最优 n_H 和 n_W

场景编号	最优 n_W	最优 n_H
1	2	1
2	4	3
3	1	3
4	2	2
5	3	3
6	2	1

在各场景最优 n_H 和 n_W 下，利用场景信息图的检测模型与基线的实验结果见表 12-5。

表 12-5 不同检测模型在数据集 PRW 上的效果(%)

检测头	Recall	AP
NAE[21](基线)	94.1	92.2
SIG	95.8	93.6

12.6.2 图神经网络的选择

本研究尝试了三种主流图神经网络模型，包括 GraphConv、AGNNConv 和 EdgeConv，在运用各场景最优 n_H 和 n_W 并采用图神经网络层数为 3 的情况下，以上三种图神经网络在数据集 PRW 上的实验效果如表 12-6 所示。

表 12-6　三种图神经网络在数据集 PRW 上的效果(%)

检测头	Recall	AP
NAE	94.1	92.2
GraphConv	95.8	93.6
AGNNConv	95.7	92.8
EdgeConv	94.6	92.6
GT	100	100

可见 GraphConv 的实测效果最佳,其节点特征聚合策略相较于另外两个网络更加适用于场景信息的利用。

12.6.3　图神经网络层数的确定

确定了各场景最优 n_H 和 n_W 以及最优图神经网络模型后,需要探究图神经网络层数对检测效果的影响。直观地说,一方面,增加图神经网络的层数可以使每个节点和边进一步聚合邻近对象的特征,也就是丰富其所包含的上下文信息;另一方面,盲目地增加图神经网络的层数会带来昂贵的内存开销,同时可能导致节点特征变得过于驳杂而起到适得其反的效果。在前两种实验中,根据其他将图神经网络运用至检测任务工作的先验知识,图神经网络的层数被设置为 3,以达到消融实验的目的。本节的实验通过训练具有不同层数的 GraphConv 来确定最优图神经网络层数,具体实验结果见表 12-7 以及图 12-11。

表 12-7　不同层数的 GraphConv 在 PRW 数据集上的表现(%)

方法	Recall	AP
不使用 GNNs(NAE)	94.1	92.2
1 层 GNNs	94.7	92.8
2 层 GNNs	95.5	93.3
3 层 GNNs	95.8	93.6
4 层 GNNs	95.6	93.7
5 层 GNNs	95.7	93.6
6 层 GNNs	95.5	93.6

可以观察到,随着图神经网络层数的增加,Recall 和 AP 都有明显的上升趋势。此外,这两个指标在图神经网络层数从 0 到 2 时快速上升,这表明当从图中的对偶特征转换到高维特征时,检测效果会获得最大的改善。另外,上升趋势在层数为 4 后停滞不前,在层数为 6 时指标甚至有所下降。限于内存原因,本书并未尝试大于 6 的层数。综

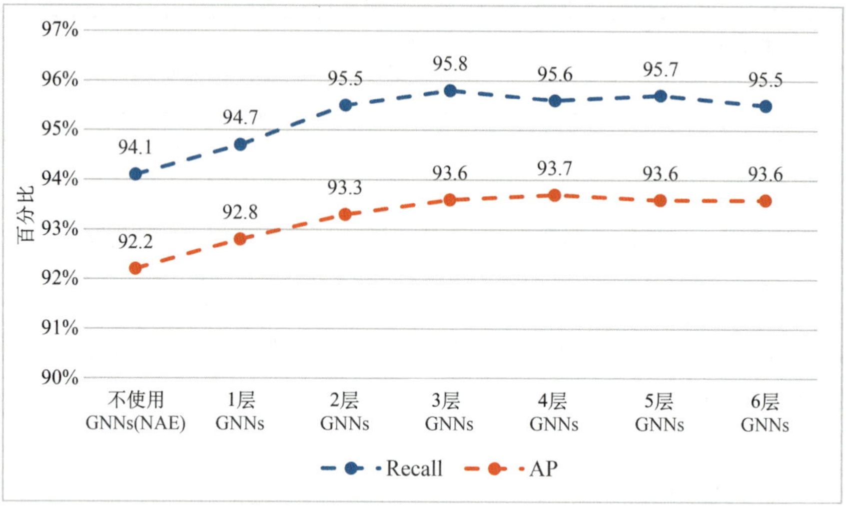

图 12-11　不同层数的 GraphConv 在 PRW 数据集上的表现

上所述,权衡能效之下,在最后的配置中选择图神经网络层数为 3。

12.6.4　行人检测模型性能评估

经过以上实验,确定了最优的各场景 n_H 和 n_W、图神经网络的种类以及图神经网络的层数后,本节对所提出的结合了图神经网络的行人检测模型进行性能评估。行人检测模型生成行人检测框后,检测框被送入行人再识别模型,并最终服务于行人搜索任务。因此,本节实验采用同样的行人再识别模型对不同的行人检测模型得到的行人检测框进行再识别,从而探索 SIG 带来的改进是否为行人再识别模型提供了更好的检测框或更多的辨别特征。具体而言,本实验采用 NAE 作为 Baseline,当使用 NAE 中的行人再识别模型时,删去其 RPN 模块,并将 proposal 手动设置为由指定的检测器(例如 SIG)检测的行人候选框。在 PRW 数据集上的实验结果见表 12-8。

表 12-8　SIG 在 PRW 数据集上的表现

Detector	Recall	AP	识别头(Re-IDentifier)	*mAP*	*Top* -1
NAE	94.1	92.2	NAE	43.3	80.9
SIG	95.2	93.2	NAE	44.5	82.1
GT	100	100	NAE	46.9	84.8

从表 12-8 中可以观察到,SIG 总体上比 NAE 取得了更好的检测效果,当使用 SIG 检测器时,行人再识别模型能够获得更好的检测特征,从而改善最终的行人搜索性能。另外,值得关注的是,SIG 在 *Top* -1 指标上的提升有限,同时,当使用 Ground Truth 作为检测结果时,行人再识别模型的性能相较于 SIG 作为检测器时并未得到巨大提升,这

表明行人再识别模型从更好的检测结果中获得的收益达到了瓶颈，下一步的研究也许应聚焦于如何实现更好的行人再识别。在第 14 章中，将介绍如何将图神经网络运用于行人再识别，以进一步改善行人搜索模型。

12.6.5　最优 k_1 与 k_2 的确定

根据算法 12-1 中所阐述的 TCIG 算法原理，不同的 k_1 与 k_2 会对模型的性能产生影响。因此，本小节在 PRW 数据集上，对不同的 k_1 与 k_2 下的模型性能举行了评估。另外，此处实验的设置参考了 Chen 等[21]的工作。具体实验结果见表 12-9 和表 12-10。

表 12-9　具有不同 k_1，k_2 的 TCIG 算法在 PRW 数据集上的表现（*mAP*）

k_2	k_1				
	10	**20**	**30**	**40**	**50**
2	44.8	45.3	45.4	45.5	45.3
3	45.2	45.7	45.5	45.4	45.3
4	45.4	45.6	45.5	45.4	45.3
5	45.5	45.6	45.6	45.3	45.1
6	45.5	45.6	45.6	45.4	45.0

表 12-10　具有不同 k_1，k_2 的 TCIG 算法在 PRW 数据集上的表现（*Top*-1）

k_2	k_1				
	10	**20**	**30**	**40**	**50**
2	82.4	83.0	83.1	82.9	82.9
3	82.8	83.2	83.2	83.1	82.9
4	82.9	83.3	83.2	83.0	82.9
5	83.0	83.2	83.1	83.1	82.7
6	83.0	83.1	83.2	82.9	82.8

表 12-9 和表 12-10 中，当 $k_1=20$，$k_2=3$ 和 4 时，达到了 *mAP* 和 *Top*-1 指标上的最优值，考虑到 TCIG 算法基于层数为 3 的图神经网络，过高的 k_2 可能带来噪声并导致模型复杂度的提升，因此选择 $k_1=20$，$k_2=3$ 作为最优取值。

12.6.6　数据集大小对性能的影响

本节将通过设置不同的图库集大小来评估模型在更大搜索范围内的性能，在 PRW 数据集上的具体实验结果如图 12-12 所示。

由图 12-12 可以看到，所有方法的 *mAP* 都随着图库集大小的增加而单调减少。这

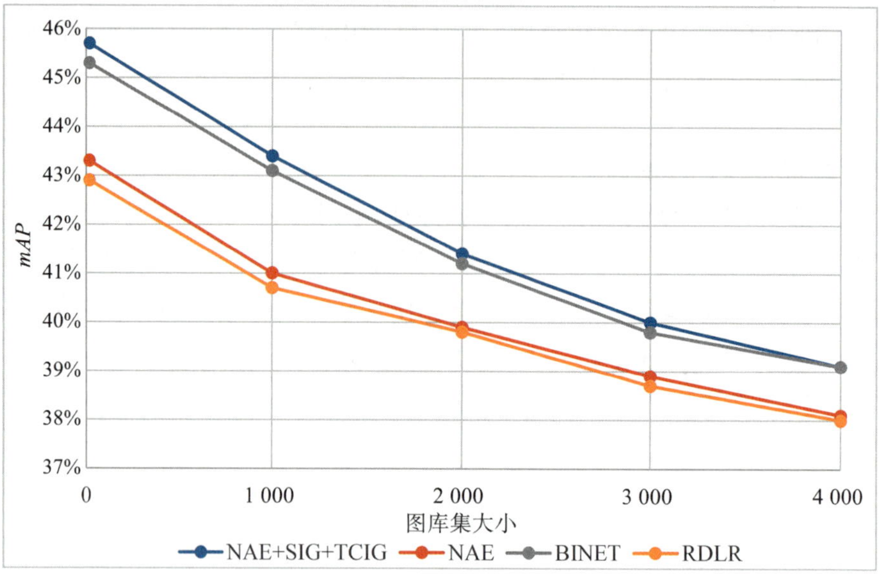

图 12-12 PRW 数据集上不同模型在不同图库大小下的性能比较

一现象表明,在更大的范围内匹配一个人更加困难,这是现实世界应用中的一个典型挑战。比较的四类方法中,其中 NAE+SIG+TCIG、NAE 和 BINET 为端到端的行人搜索方法,RDLR 为两阶段的行人搜索方法,可以观察到本研究所提出的方法在所有图库集大小下保持了较强竞争力,但仍具有一定的提升空间。

12.6.7 行人搜索算法性能比较

本小节将本章所提出的算法与当前已开源的优秀模型在 CUHK-SYSU 以及 PRW 数据集上进行对比。对于 CUHK-SYSU 数据集,由于其包含较少的时序信息,因此在 TCIG 模块中屏蔽对时序信息的利用。具体的性能对比如表 12-11 所示。

表 12-11 在 CUHK-SYSU 与 PRW 数据集上本章提出的算法与其他模型性能对比(%)

算法		CUHK-SYSU		PRW	
		mAP	***Top*-1**	***mAP***	***Top*-1**
两阶段行人搜索方法	DPM(2015)	—	—	20.5	48.3
	MGTS(2018)	83.0	83.7	32.6	72.1
	CLSA(2018)	87.2	88.5	38.7	65.0
	RDLR(2019)	93.0	94.2	42.9	70.2
	IGPN(2020)	90.3	91.4	47.2	87.0
	TCTS(2020)	93.9	95.1	46.8	87.5

（续表）

算法		CUHK-SYSU		PRW	
		mAP	*Top -1*	*mAP*	*Top -1*
端到端行人搜索方法	OIM(CVPR 2017)	75.5	78.7	21.3	49.9
	IAN(PR 2019)	76.3	80.1	23.0	61.9
	NPSM(ICCV 2017)	77.9	81.2	24.2	53.1
	RCAA(ECCV 2018)	79.3	81.3	—	—
	CTXGraph(ICCV 2019)	84.1	86.5	33.4	73.6
	QEEPS(ICCV 2019)	88.9	89.1	37.1	76.7
	HOIM(CVPR 2020)	89.7	90.8	39.8	80.4
	BINet(CVPR 2020)	90.0	90.7	45.3	81.7
	APNet(CVPR 2020)	88.9	89.3	41.9	81.4
	NAE(CVPR 2020)	91.5	92.4	43.3	80.9
	NAE+(CVPR 2020)	92.1	92.9	44.0	81.1
	NAE+SIG（本章提出的算法）	91.7	91.9	44.5	82.1
	NAE+SIG+TCIG（本章提出的算法）	91.9	92.5	45.7	83.2

12.7　本章小结

针对 Faster R-CNN 的并行结构导致再识别分支无法提取高质量特征的问题，提出了 SeqNet。为了防止过拟合，本书不对 Faster R-CNN Head 的输出执行 NMS 操作，从而为基线 Head 提供更多的训练样本。设计了一个偏移感知模块用来描述当前边框和 GT 边框的差异程度。此外，引入通道空间混合注意力以及可变形卷积，提出了一个特征校准模块。当边框与 GT 的重叠度很小的时候，允许网络捕捉更多的边框外特征以实现准确定位和再识别。当重叠度很大的时候，利用注意力机制根据图片内容自适应地舍弃掉框外的特征，并通过可变形卷积让网络关注到特定语义的空间位置。

提出了结合图神经网络的行人检测模型，来有效利用场景信息。进一步利用了所构建的图神经网络中存在的时序信息和上下文信息，提出了 TCIG 算法，系统性地阐述了如何利用以上两个信息。在实验方面，本章在不同参数下测试了该方法在两大公开大型行人搜索数据集(PRW, CUHK-SYSU)上的实验结果，并与目前已开源的优秀模型进行了性能对比，验证了本算法的有效性。

参考文献

[1] REN S, HE K, GIRSHICK R, et al. Faster r-cnn: Towards real-time object detection with region proposal networks[J]. Advances in neural information processing systems, 2015, 28.

[2] ZHENG L, ZHANG H, SUN S, et al. Person re-identification in the wild[C]//Proceedings of the IEEE conference on computer vision and pattern recognition. 2017: 1367-1376.

[3] CHEN D, ZHANG S, OUYANG W, et al. Person search via a mask-guided two-stream cnn model[C]//Proceedings of the european conference on computer vision (ECCV). 2018: 734-750.

[4] LAN X, ZHU X, GONG S. Person search by multi-scale matching[C]//Proceedings of the European conference on computer vision (ECCV). 2018: 536-552.

[5] HAN C, YE J, ZHONG Y, et al. Re-id driven localization refinement for person search[C]//Proceedings of the IEEE/CVF International Conference on Computer Vision. 2019: 9814-9823.

[6] XIAO J, XIE Y, TILLO T, et al. IAN: the individual aggregation network for person search [J]. Pattern Recognition, 2019, 87: 332-340.

[7] YAN Y, ZHANG Q, NI B, et al. Learning context graph for person search[C]//Proceedings of the IEEE/CVF conference on computer vision and pattern recognition. 2019: 2158-2167.

[8] MUNJAL B, AMIN S, TOMBARI F, et al. Query-guided end-to-end person search[C]//Proceedings of the IEEE/CVF Conference on Computer Vision and Pattern Recognition. 2019: 811-820.

[9] LIU H, FENG J, JIE Z, et al. Neural person search machines[C]//Proceedings of the IEEE International Conference on Computer Vision. 2017: 493-501.

[10] CHANG X, HUANG P Y, SHEN Y D, et al. Rcaa: Relational context-aware agents for person search[C]//Proceedings of the European Conference on Computer Vision (ECCV). 2018: 84-100.

[11] REN S, HE K, GIRSHICK R, et al. Faster r-cnn: Towards real-time object detection with region proposal networks[J]. Advances in neural information processing systems, 2015, 28.

[12] XIAO T, LI S, WANG B, et al. Joint detection and identification feature learning for person search[C]//Proceedings of the IEEE conference on computer vision and pattern recognition. 2017: 3415-3424.

[13] GAO C, YAO R, ZHAO J, et al. Structure-aware person search with self-attention and online instance aggregation matching[J]. Neurocomputing, 2019, 369: 29-38.

[14] ZHAI S, LIU S, WANG X, et al. FMT: fusing multi-task convolutional neural network for person search[J]. Multimedia Tools and Applications, 2019, 78: 31605-31616.

[15] LU Y, HONG Z, LIU B, et al. Dhff: Robust multi-scale person search by dynamic hierarchical feature fusion[C]//2019 IEEE International Conference on Image Processing (ICIP). IEEE, 2019: 3935-3939.

[16] HAN C, YE J, ZHONG Y, et al. Re-id driven localization refinement for person search[C]//Proceedings of the IEEE/CVF International Conference on Computer Vision. 2019: 9814-9823.

[17] ZHENG D, XIAO J, HUANG K, et al. Segmentation mask guided end-to-end person search[J]. Signal Processing: Image Communication, 2020, 86: 115876.

[18] MUNJAL B, AMIN S, TOMBARI F, et al. Query-guided end-to-end person search[C]//Proceedings of the IEEE/CVF Conference on Computer Vision and Pattern Recognition. 2019: 811-820.

[19] HAN C, YE J, ZHONG Y, et al. Re-id driven localization refinement for person search[C]//Proceedings of the IEEE/CVF International Conference on Computer Vision. 2019: 9814-9823.

[20] CHEN, D., ZHANG, S., OUYANG, W., YANG, J., & SCHIELE, B. (2020). Hierarchical Online Instance Matching for Person Search. Proceedings of the AAAI Conference on Artificial Intelligence, 34(07), 10518-10525.

[21] CHEN D, ZHANG S, YANG J, et al. Norm-aware embedding for efficient person search[C]//Proceedings of the IEEE/CVF conference on computer vision and pattern recognition. 2020: 12615-12624.

[22] WEI L, ZHANG S, YAO H, et al. Glad: Global-local-alignment descriptor for pedestrian retrieval[C]//Proceedings of the 25th ACM international conference on Multimedia. 2017: 420-428.

[23] SUN Y, ZHENG L, YANG Y, et al. Beyond part models: Person retrieval with refined part pooling (and a strong convolutional baseline)[C]//Proceedings of the European conference on computer vision (ECCV). 2018: 480-496.

[24] TAY C P, ROY S, YAP K H. Aanet: Attribute attention network for person re-identifications [C]//Proceedings of the IEEE/CVF conference on computer vision and pattern recognition. 2019: 7134-7143.

[25] HOU R, MA B, CHANG H, et al. Interaction-and-aggregation network for person re-identification[C]//Proceedings of the IEEE/CVF conference on computer vision and pattern recognition. 2019: 9317-9326.

[26] ZHENG Z, ZHENG L, YANG Y. A discriminatively learned cnn embedding for person reidentification [J]. ACM transactions on multimedia computing, communications, and applications (TOMM), 2017, 14(1): 1-20.

[27] HERMANS A, BEYER L, LEIBE B. In defense of the triplet loss for person re-identification [J]. arXiv preprint arXiv: 1703. 07737, 2017.

[28] THEKUMPARAMPIL K K, WANG C, OH S, et al. Attention-based graph neural network for semi-supervised learning[J]. arXiv preprint arXiv: 1803. 03735, 2018.

[29] HE L, LIANG J, LI H, et al. Deep spatial feature reconstruction for partial person re-identification: Alignment-free approach[C]//Proceedings of the IEEE conference on computer vision and pattern recognition. 2018: 7073-7082.

[30] MIAO J, WU Y, LIU P, et al. Pose-guided feature alignment for occluded person re-identification[C]//Proceedings of the IEEE/CVF international conference on computer vision. 2019: 542-551.

[31] SUN Y, XU Q, LI Y, et al. Perceive where to focus: Learning visibility-aware part-level features for partial person re-identification[C]//Proceedings of the IEEE/CVF conference on computer vision and pattern recognition. 2019: 393-402.

[32] ZHONG Y, WANG X, ZHANG S. Robust partial matching for person search in the wild[C]//Proceedings of the IEEE/CVF conference on computer vision and pattern recognition. 2020: 6827-6835.

[33] SPERDUTI A, STARITA A. Supervised neural networks for the classification of structures[J]. IEEE transactions on neural networks, 1997, 8(3): 714-735.

[34] GORI M, MONFARDINI G, SCARSELLI F. A new model for learning in graph domains[C]//Proceedings. 2005 IEEE international joint conference on neural networks, 2005. IEEE, 2005, 2: 729-734.

[35] GALLICCHIO C, MICHELI A. Graph echo state networks[C]//The 2010 international joint conference on neural networks (IJCNN). IEEE, 2010: 1-8.

[36] BRUNA J, ZAREMBA W, SZLAM A, et al. Spectral networks and locally connected networks on graphs[J]. arXiv preprint arXiv: 1312. 6203, 2013.

[37] LEVIE R, MONTI F, BRESSON X, et al. Cayleynets: Graph convolutional neural networks with complex rational spectral filters[J]. IEEE Transactions on Signal Processing, 2018, 67(1): 97-109.

[38] MICHELI A. Neural network for graphs: A contextual constructive approach[J]. IEEE Transactions on Neural Networks, 2009, 20(3): 498-511.

[39] WANG D, CUI P, ZHU W. Structural deep network embedding[C]//Proceedings of the 22nd ACM SIGKDD international conference on Knowledge discovery and data mining. 2016: 1225-1234.

[40] GUO S, LIN Y, FENG N, et al. Attention based spatial-temporal graph convolutional networks for traffic flow forecasting[C]//Proceedings of the AAAI conference on artificial intelligence. 2019, 33(01): 922-929.

[41] QI S, WANG W, JIA B, et al. Learning human-object interactions by graph parsing neural networks[C]//Proceedings of the European conference on computer vision (ECCV). 2018: 401-417.

[42] QI X, LIAO R, JIA J, et al. 3d graph neural networks for rgbd semantic segmentation[C]//Proceedings of the IEEE international conference on computer vision. 2017: 5199-5208.

[43] CHEN X, LI L J, FEI-FEI L, et al. Iterative visual reasoning beyond convolutions[C]//Proceedings of the IEEE conference on computer vision and pattern recognition. 2018: 7239-7248.

一位警员同事皱眉看着演唱会的现场照片陷入沉思，老福问道：“怎么了，有什么新发现吗？”

“老福，这次能在演唱会抓获在逃已久的犯罪人员，智能视频分析的技术帮了大忙。可是看这演唱会现场人流熙熙攘攘、光污染严重，即便我已然了解逃犯的形貌，想要迅速从照片视频中揪出他也很吃力，实在难以想象这是如何通过技术实现的。”同事感叹道。

老福摸了摸下巴，若有所思：“科技的进步确实令人感叹，你说的应该是行人检测识别的遮挡和光照问题，不过那时阿济教授讲的是裁切后的行人再识别，不知对于开放场景的遮挡和光照问题是否会有其他方案。罢了罢了，让我再向阿济教授请教一番。”说着便拨通了阿济教授的手机表达了疑惑。

阿济教授的声音传来：“你想问的应该是行人搜索中的噪声怎么处理吧？和行人再识别类似，需要在行人特征提取上做足功夫。另外，则是有针对地对行人搜索中的噪声做处理。我建议把这一块内容也记录下来，好好说道说道。”

老福回应道：“特征的处理真是学无止尽啊。对了阿济，我这儿还有包信阳毛尖，也是绿茶，河南信阳大别山旅游时带来的，作为河南有名的土特产，它可是被唐朝茶圣陆羽早早地列为茶中上品。这信阳毛尖泡好后，色泽青绿，香味醇正，饮一口，滋味鲜爽，余味回甘，苏东坡品后都称其‘淮南茶信阳第一’，下回给你捎上，咱俩好好品味品味茶香，再好好聊聊你说的特征提取。”

CHAPTER
13

第 13 章
基于增强特征提取的行人搜索

13.1 引言

本章将从基于先验知识引导的行人特征提取以及上下文信息利用和噪声抑制两个方面入手,研究如何实现增强特征提取,以更好地服务于行人搜索任务。在基于先验知识引导的行人特征提取方面,基于行人上下半身通常具有显著的差异这一先验知识,将特征分块处理的思路引入行人搜索,通过将行人的特征图拆分成多个区域,分别进行特征的提取,从而引导行人搜索网络关注行人中具有鉴别力的局部特征。同时,为了使得网络同时关注于行人中的细节特征,提出了一个多层特征融合模块以增强行人特征对于纹理细节的鉴别性。

在上下文信息利用和噪声抑制方面,为了获得更具鉴别力且尽量不受遮挡和拥挤影响的行人特征表示,本书利用场景图像的上下文信息构造对比对,进行候选区域、对应标注区域,以及画面中其他行人区域之间特征的比对。引导网络关注目标行人的特征,同时减小候选区域不准确、拥挤、遮挡带来的影响。为了减少错误标注带来的负面影响,通过对不同行人身份的特征进行比对,分析出潜在标注错误的标签,并在训练过程中进行抑制。此外,本书利用数据不确定性学习对行人的特征进行建模,进一步减小数据噪声对于训练的影响,使模型对于噪声更为鲁棒。

13.2 相关技术

13.2.1 行人特征提取

使用预训练的模型在现实数据上进行测试的结果表明,一些从人的角度看是相当不同的样本,会由于光照、姿势变化等原因,在特征表示上有更近的距离,相关样例如图 13-1 所示。现有的方法大多使用卷积神经网络提取高层的语义特征。而行人辨识这项任务同时需要关注纹理等细节和低层的特征。现有相关工作中的全局平均池化可能会使有鉴别力的局部显著特征变得模糊,导致最终提取到的行人特征的表达能力受到一定的限制。一些行人再识别研究将图像分成几个部分分别进行处理,以帮助网络学习更鲁棒的特征。

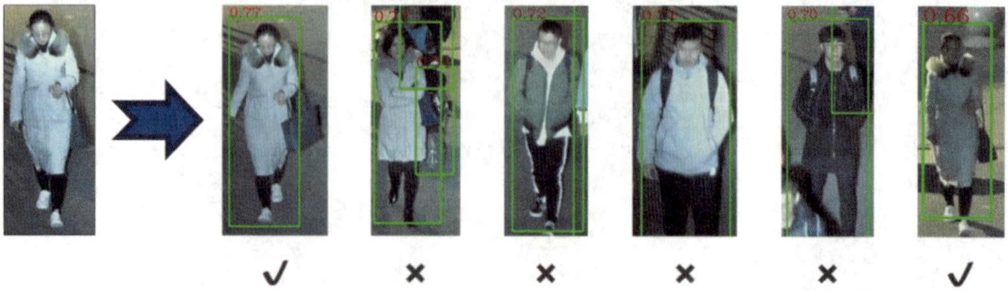

图 13-1 现有工作行人搜索模型的检索结果

13.2.2 行人搜索中的噪声

现如今，行人搜索这一方向已经经过了较深入的研究。然而，只有少数研究思考过这样一个现象：现有的端到端或两阶段的行人搜索方法，和针对这项任务优化的行人检测-行人再识别算法级联流程没有本质的不同。大多数现有的行人搜索方法都使用相同的方式对场景中的每个行人进行处理，而忽略了行人的空间位置和场景图像中潜在的环境信息。仅有少数的现有工作对上下文信息进行了利用。有些工作[1]将具有上下文信息的特征聚合起来，最终获得信息更丰富的特征。有些工作[2,3]假设待查找行人同行的人是相对稳定的，将上下文信息作为检索过程中的辅助，通过同行的人进行交叉验证。由于现有行人搜索数据集的限制，数据集中的同一行人由位于相同或邻近地理位置、不同视角的摄像头采集。因此，同一行人周围的人必然是相对一致的，上述假设也确实成立。但是，它们在更现实的情况下的表现尚不明晰。

场景固有的噪声来自拥挤、遮挡、光照变化等，而人为引入的噪声来自标注过程中的错误标注。图 13-2 展示了部分数据噪声的样本。图 13-2(a)中的每一对图像展示了不同图像中同一个行人被标注不同身份标签的情况。图像下方的“ *.jpg”表示数据集中对应图像的文件名。每个边界框左上角的红色“p *”表示每个行人在数据集中标注的身份标签。图 13-2(b)中的每张图片展示了行人高度重叠的情况。行人搜索的目的是获得不同身份之间具有鉴别性的特征表示。拥挤和遮挡导致不同行人标注边界之间出现模糊的重叠区域。训练集中错误标记的行人可能会迫使行人搜索网络区分本属于

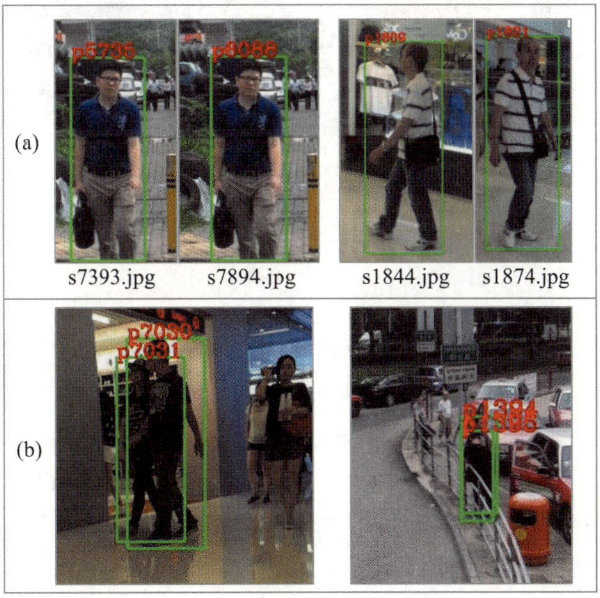

图 13-2　数据集中的噪声样本

同一身份的行人样本。以上情况会使网络更加关注能有效鉴别这些样本的行人无关特征(如光照、视角和背景差异等)。导致不同身份样本对应特征的相似性和同一身份样本对应特征的差异性,使得行人搜索模型的性能受到影响。

13.3 基于先验知识引导的行人特征提取

基于先验知识引导的行人特征提取是一种特征分区聚合方法,通过将行人的特征图横向拆分成多个水平特征条块分别进行处理,引导行人搜索网络关注行人身上具有鉴别力的局部特征。

13.3.1 总体框架

基于先验知识引导的行人特征提取如图 13-3 所示。神经网络使用整个场景图像作为输入,主干网络基于场景图像提取场景特征图。候选区域提取网络(Region Proposal Network, RPN)使用场景特征图预测可能存在行人的候选区域。感兴趣区域池化(RoI Pooling)对场景特征图中的候选区域特征进行提取,得到行人特征图,随后送入识别网络,得到最终的行人特征表示。本节工作对识别网络进行了修改,插入用于提取中低层特征的辅助网络,以更好地实现对场景中行人特征提取。

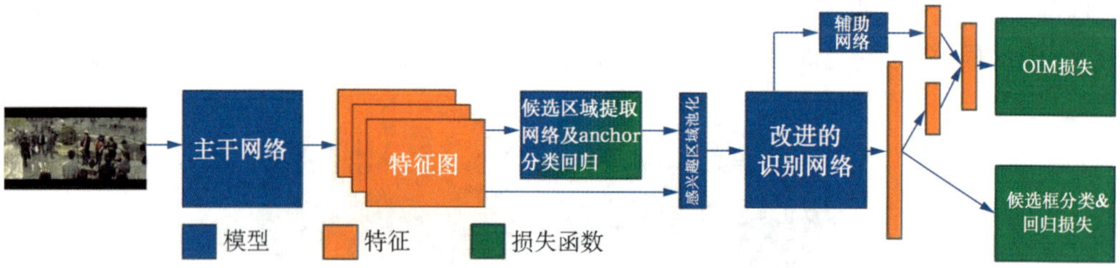

图 13-3 基于先验知识引导的行人特征提取框架

13.3.2 网络结构

基于先验知识引导的行人特征提取使用 ResNet-50 作为基础模型。ResNet-50 由最开始的 7×7 的卷积层(layer0)和之后的四个模块(layer1～layer4)组成。四个模块分别有 3、4、6、3 个残差单元。将 layer0～layer3.3 用作主干网络,该网络使用场景图像作为输入,输出用于 RPN 和 RoI Pooling 的场景特征图。该特征图有 1 024 个通道,分辨率比原始图像小 16 倍。

RPN 使用主干网络得到的场景图像特征图作为输入,通过一个 512×3×3 的卷积层提取用于候选区域预测的特征。对于候选区域的每一个空间位置,预设三种不同宽高比、三种不同尺寸的一共 9 种候选区域先验目标边界。使用一个 18×1×1 的卷积层和一个 Softmax 交叉熵损失函数对每一个先验框的前景/背景进行预测和监督。使用一个 36×1×1 卷积层和 Smooth－L_1 损失函数对先验目标边界到真实边界的变换参数进行回归和监督。对 RPN 预测的候选区域进行采样，选取固定比例的正负样本，使用 RoI Pooling 对场景图像特征图中候选区域的特征进行池化，得到固定尺寸的对应特征，送入由 ResNet-50 的其余部分(layer3. 4～layer4)所组成的识别网络。最后，使用在线实例匹配(OIM)[4]损失函数对行人辨识分支的特征进行监督，分别使用 Softmax 交叉熵损失函数及 Smooth－L_1 损失函数对候选区域的特征进行第二次分类和回归，得到更加准确的行人检测结果。

13.3.3　特征分区聚合

使用 ResNet-50 的剩余部分(layer3. 4～layer4)作为该行人搜索工作的识别网络，网络保持原有结构。ResNet 中的全局池化可能会使特征图中局部的显著特征变得模糊。因此在网络的最后一层，将网络输出的特征图分区域进行处理，来获得更鲁棒的特征表示。

在 ResNet-50 中，分类器和损失函数之间的全局平均池化将 7×7 的特征图汇集成一个单一的值。在数学上可以表示为

$$output(N_i, C_j)=\frac{\sum_{m=0}^{H-1}\sum_{n=0}^{W-1}input(N_i, C_j, m, n)}{H\times W} \tag{13-1}$$

式中，池化操作的输入和输出的张量按照批次大小(Batch Size)、通道数量、图像高度和图像宽度顺序表示；N、C、H、W 分别表示批次大小、通道数量、高度和宽度；i 和 j 表示一个批次中的第 i 个输入特征图的第 j 个通道。

ResNet 中所使用的全局池化可能会使特征图上局部的显著性区域变得模糊，从而降低特征的辨别能力。因此，我们提出将识别网络提取到的特征图(layer4. 3)划分为垂直方向的 P 部分和水平方向的 Q 部分，对特征图分区域进行处理。行人在候选区域中的位置并非是完全对齐的，使得特征图中的特征存在一定的偏移。我们在每个区域之间设置了一个 1 像素的重叠，图 13-4 所示为 $P=2$, $Q=1$ 的样例。本小节使用的分区平均池化可以表示为

$$\begin{aligned}&output(N_i, C_j, p, q)\\&=\frac{\sum_{m=0}^{H_k-1}\sum_{n=0}^{W_k-1}input(N_i, C_j, (H_k-1)\times p+m, (W_k-1)\times q+n)}{H_k\times W_k}\end{aligned} \tag{13-2}$$

式中，H_k 和 W_k 表示每个分区的大小；p 和 q 表示特征图中的输出位置(p, q)。对于每一个分区，使用平均池化进行特征聚合。对于每一个样本，最后将得到一个形状为

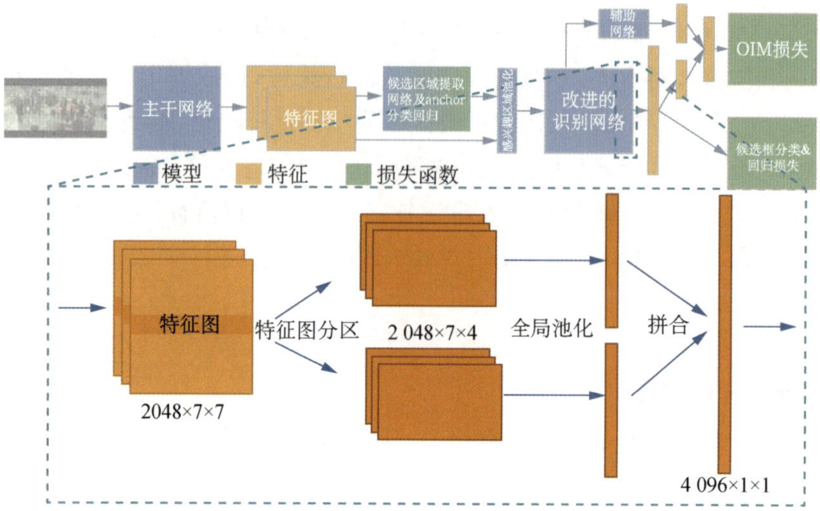

图 13-4　分区域池化示意图

$C\times P\times Q$ 的张量作为最终的特征表示。将上述张量拉伸成一个长度为 $C\times P\times Q$ 的向量，送入后续部分，用于监督行人再识别子任务的 OIM 损失和用于监督检测子任务的第二次分类和回归。通过对特征图进行分区处理，可以引导网络关注于显著的局部特征并保留更多的信息。通常，行人的上半身衣服和下半身裤子具有较明显的差异，因此按照经验将 P 设置为 2，Q 设置为 1。后续的实验也进一步验证了 $P=2$，$Q=1$ 能够达到最佳的性能。

13.3.4　多层信息融合

行人搜索任务包含行人检测和行人再识别两个子任务。行人检测子任务的目标是对行人的共性进行建模，需要关注相对高层的语义特征。行人再识别子任务的目标是对行人的差异进行建模，在需要高层语义特征的同时，还需要关注行人身上的细节差异。只使用单一的高层语义特征可能会遗漏行人身上的细节差异。因此，本节工作提出了一个多层特征融合模块缓解上述问题。具体地，本节采用一个辅助网络帮助提取网络中低层级的特征，并与高层语义特征进行拼合，作为最终的特征表示。上述融合后的特征仅作为行人再识别子任务的输入，行人检测子任务仍然使用全局特征作为输入。

多层信息融合结构如图 13-5 所示。辅助网络的结构如表 13-1 所示。使用平均池化以及核大小为 1×1 卷积层减小中层特征图的空间尺寸及通道数。随后使用批归一化(Batch Normalizaiton，BN)、线性整流(ReLU)激活函数和全连接层将特征减小到适当的尺寸。最后，将中层特征和高层特征进行拼合，作为最终的行人特征表示，在网络的训练阶段使用 OIM 损失对上述特征进行优化。

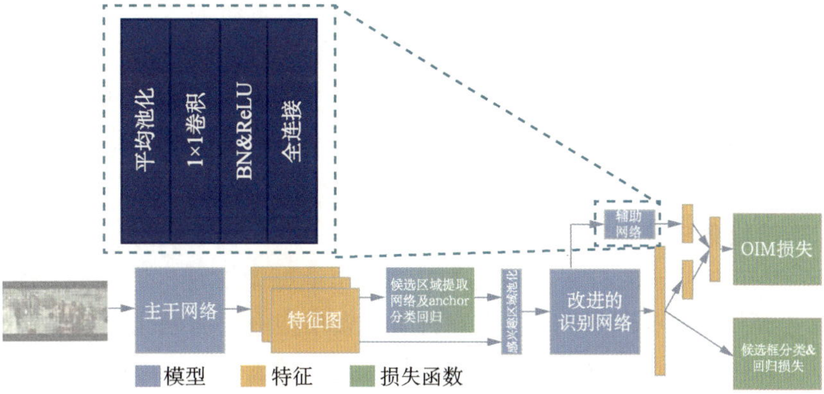

图 13-5　多层信息融合结构示意

表 13-1　辅助网络的结构

名称	核大小/步长	输出大小
输入	—	1 024×14×14
平均池化	5/3	1 024×4×4
卷积	1/1	128×4×4
BN	—	128×4×4
ReLU	—	128×4×4
全连接	—	256

13.3.5　网络优化

本书使用 Faster R-CNN 中原有的损失函数对行人检测子任务进行监督和优化。对于行人再识别子任务，有些研究[5]提出 OIM 损失函数对相应的部分进行优化。OIM 损失函数包含一个查找表(LUT) $V \in R^{D \times L}$ 和一个循环队列(CQ) $U \in R^{D \times Q}$，其中 D 是特征向量的长度，L 和 Q 分别表示 LUT 和 CQ 的大小。LUT 存储所有具有身份标签的行人特征，CQ 存储最近不具有身份标签的行人特征。不同于全连接层中的权重，作为神经网络的参数通过反向传播的方式进行更新。OIM 中的 LUT 和 CQ 都作为外部缓冲(External Buffer)，其中 LUT 使用动量的方式进行更新，CQ 使用先进先出的队列方式进行更新。一个输入 x 被识别为身份 i 的概率可以表示为

$$p_i = \frac{\exp(v_i^{\mathrm{T}} x / \tau)}{\sum_{j=1}^{L} \exp(v_j^{\mathrm{T}} x / \tau) + \sum_{k=1}^{Q} \exp(u_k^{\mathrm{T}} x / \tau)} \tag{13-3}$$

式中，v_i 和 u_k 分别表示 LUT 中身份 i 的特征和 CQ 中第 k 个样本的特征。在反向传

播过程中,LUT 更新过程为

$$v_t \leftarrow \gamma v_{t-1} + (1-\gamma)x \tag{13-4}$$

式中,v_{t-1} 为更新前的 LUT 权重;v_t 为更新后的 LUT 权重;γ 为动量,是一个超参数。在每次更新后,v_t 被缩放为具有单位 L_2 模长的向量。OIM 的目标是最小化 $-E_x[\log p_t]$。

13.3.6 实验结果与分析

基于先验知识引导的行人特征提取依靠 Caffe 框架实现。训练开始之前,使用 ImageNet 上预训练的 ResNet-50 权重对行人搜索模型进行初始化。为了保留预训练的 ImagetNet 中提取低层特征的卷积参数,行人搜索模型的训练冻结了 layer0 层对应参数的学习。使用带有动量的随机梯度下降优化器对模型进行优化,优化器的动量设置为 0.9,基础学习率设置为 0.001,并在 40 000 次和 65 000 次迭代后分别下降为 0.2 倍。由于相比其他工作[6]有更多的参数需要学习,本节工作将迭代次数从 50 000 次增加到 70 000 次。模型使用单个 GeForce GTX1080Ti GPU 进行训练。如没有特殊说明,使用 100 作为测试集检索图像库的大小。

表 13-2 本节所提方法与同期其他方法的性能对比

方法	*mAP*(%)	*Top*-1(%)
E2E_PS[7]	69.69	72.97
JDI[6]	77.93	78.62
IPSN[8]	79.78	79.90
JDI+ELF16[9]	77.80	80.60
IAN[10]	77.23	80.45
JDI+IEL[11]	79.43	79.66
NPSM[12]	77.90	81.20
本节所提方法	80.88	81.55

本节所提方法与同期类似方法对比结果见表 13-2。本节所提出的方法与同期大多数端到端的行人搜索方法相比,有较为明显的优势。同时,本节所提的方法在复杂程度上低得多,并且取得了更好的结果。本节所提的方法与 MGTS 和 CLSA[13]等同期两阶段的行人搜索方法相比,仍有一些差距。然而,两阶段的行人搜索方法通常在结构上更加复杂,并且有更多的参数和计算量,端到端和两阶段的行人搜索方法无法直接进行对比。

为了评估本节所提的方法在不同大小的检索图像库上的表现,本小节进行了相关的实验。实验所测试的图像库的大小包括 50、100、500、1 000、2 000 和 4 000。在图像库中,每张图片平均有 5.3 个行人。也就是说,对于大小为 100 的图像库,行人搜索模型需要从 530 人中被区分待查找的行人。本节所提的方法与基准方法的对比结果如图

13-6 所示。*mAP* 和 *Top*-1 均随着图像库大小的增大而减少，表明行人搜索任务的难度将随检索图像库大小的增大而变得更加困难。相比基准方法，本节方法在所有图像库大小的设定下，均取得了更优的精度。

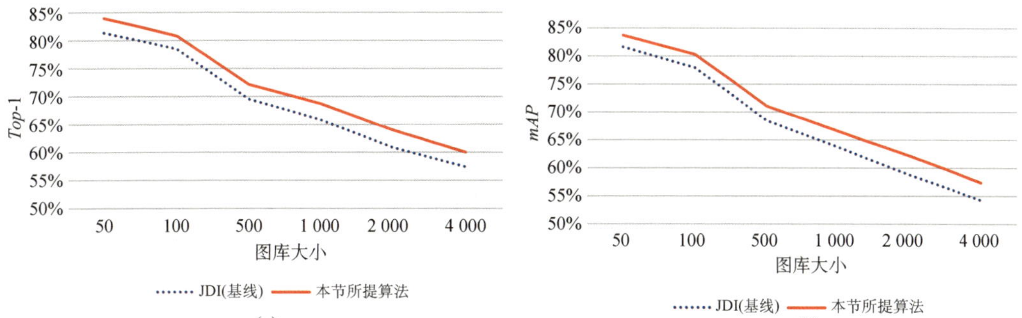

(a)　(b)

图 13-6　关于检索图库大小与检索精度之间的实验结果

消融实验的结果如表 13-3 所示，所提出的特征分区聚合方法能够帮助行人搜索模型取得较为显著的性能提升。与一些研究[6]的结论相反，本节发现基于复现的设置，使用如 512 维这样稍大的特征向量长度能够带来更好的性能。当把分区池化和稍大的特征维度结合在一起时，只取得了稍好的 *Top*-1 和几乎相同的 *mAP*。本小节还尝试使用 1 024 维的特征向量和分区池化，结果在 *Top*-1 性能相同的情况下取得了更低的 *mAP*。分区池化能够帮助模型学习到足够好的特征表示，更大的特征长度可能因此并不能带来进一步的性能提升。另外，本小节尝试在每个分区中使用最大池化替代平均池化，结果在 *mAP* 和 *Top*-1 上精度均下降了。推测该现象的原因是 ImageNet 上预训练的 ResNet-50 使用了全局平均池化，在下游的任务中使用全局最大池化可能会损害 ImageNet 上预训练得到的特征。所提出的多层特征融合进一步提升了 *mAP* 和 *Top* 1，取得了最佳的精度。

表 13-3　消融实验结果

配置	*mAP*(%)	*Top*-1(%)
JDI(基线)	77.93	78.62
JDI+512 维特征	79.17	79.45
JDI+分区平均池化	80.60	80.62
JDI+分区平均池化+512 维特征	80.54	81.10
JDI+分区平均池化+1024 维特征	80.34	81.10
JDI+分区最大池化+512 维特征	78.99	79.19
本节所提算法	80.88	81.55

为了评估本节所提出的算法对检测子任务和识别子任务的有效性,本小节进行了相关的实验以及对比分析。检测子任务的实验对比结果如表 13-4 所示。本节提出的算法可以帮助行人检测子任务取得更好的性能。在对数据集中所有行人的检测中,本节所提算法在 AP 上取得了 0.99%的提升,在 Recall 上取得了 1.04%的提升。对于含有身份标签行人的检测,由于含有身份标签的人相对更容易识别,小目标和困难样本相对较少,因此在最终结果的数值上提升相对较小。

表 13-4 行人检测子任务的评测结果(%)

算法	所有行人的目标		有身份标签的行人 Recall
	AP	Recall	
JDI(基线)	74.15	77.96	97.67
本节所提方法	75.14	79.00	97.93

为了评估本节所提算法对行人再识别子任务的影响,使用画面中行人的标注边界位置进行评测,结果如表 13-5 所示。相比基准算法,本节所提算法在 mAP 上取得了 2.04%的性能提升,在 Top-1 上取得了 2.24%的性能提升。本节所提方法使用标注行人边界进行评测的结果也超过了同期的端到端行人搜索方法。

表 13-5 行人识别子任务的评测结果

算法	***mAP*(%)**	***Top*-1(%)**
JDI+ELF16+GT[14]	80.20	82.80
JDI+GT[6]	80.46	80.59
JDI+IEL+GT[6]	81.61	81.48
本节所提算法+GT	82.50	82.83

为了找到适用于分区池化最佳的 P 和 Q,本小节对 P 和 Q 进行了网格搜索,实验采用 512 维的特征向量,并移除了多层信息融合模块。结果如表 13-6 所示,最优结果以加粗的形式表示。当 $P=2$, $Q=1$ 时,mAP 和 Top-1 都取得了最佳精度。一个人的上半身衣服和下半身裤子通常具有较为明显的差异,对于一个典型的行人,每个部分的比例是大致相同的。因此,使用 $P=2$, $Q=1$ 会最终取得最佳的性能。

表 13-6 行人搜索任务中分区数量的消融实验结果(*mAP*/*Top*-1,%)

P	$Q=1$	$Q=2$	$Q=3$
1	79.17/79.45	78.86/78.93	78.28/78.31
2	80.54/81.10	79.15/79.28	79.03/79.14
3	79.64/79.62	78.81/78.72	77.48/77.38

为了进一步评估所提出的分区池化方法的有效性，本小节还将其应用于行人再识别任务中，并在 Market1501 数据集上对改进后的模型性能进行评估。实验结果如表 13-7 所示，最优的结果以加粗的形式展示。实验结果显示，本节所提出的分区池化对于一般的行人再识别任务也同样有效。

表 13-7　行人再识别任务中分区数量的消融实验结果（*mAP*/*Top*-1，%）

P	$Q=1$	$Q=2$	$Q=3$
1	71.62/87.94	71.76/88.42	71.74/88.27
2	73.07/88.95	72.74/88.74	71.53/88.42
3	71.69/88.30	72.49/88.89	72.30/88.74

本节的实验表明本节算法在检测和重识别子任务上均能带来性能提升，证明了本节算法的有效性。本节同样对检索结果进行了可视化，图 13-7 显示了基线算法和本节算法在相同查询下的检索结果对比。在每一行中，图片按相似度降序排列，绿色方框和橙色方框分别表示正确匹配和不正确匹配。

图 13-7　检索结果可视化及对比

13.4　基于上下文信息和噪声抑制的行人特征提取

本节提出了一种上下文感知的噪声鲁棒特征提取方法，称为上下文感知噪声鲁棒性（Context-Aware Noise-Robust，CANR）对比损失，用于提取在噪声环境下依然稳定的特征（图 13-8）。受对比学习思想的启发，采用对比学习的形式对场景图像中的不同行人进行比较，以确保不同身份特征的相互鉴别性以及同一行人身份特征之间的一致性。因此，网络可以学习在拥挤和遮挡的情况下区分行人。通过进一步给每一个没有身份标签的行人一个批次（Batch）内的标签，可以将这一部分的行人纳入对比学习的约束中。因此，本节方法可以充分利用场景图像中的上下文信息，对有身份标签的行人和没有身份标签的行人进行区分。

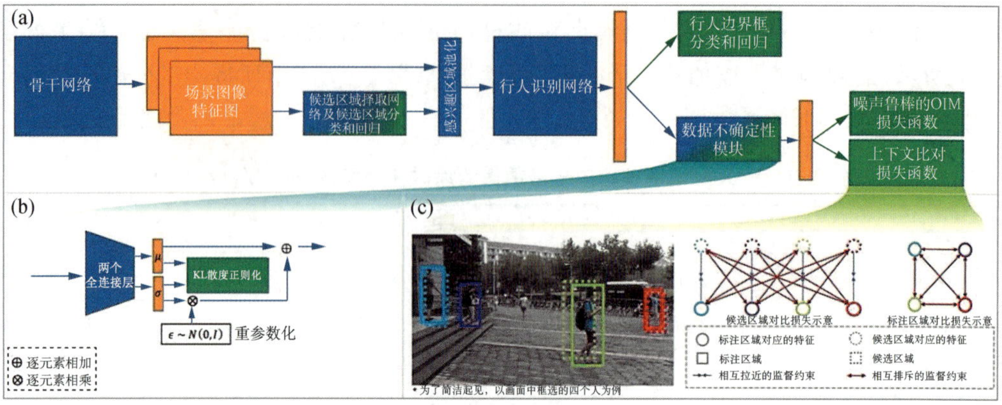

图 13-8　本节方法的网络结构

13.4.1　上下文对比损失

为了在充分利用场景图像信息的同时,学习对拥挤和遮挡鲁棒的特征,我们提出了一个受对比学习启发、用于行人搜索的上下文对比损失。它包含两个子损失:候选区域特征的上下文对比损失以及真实标注区域特征的上下文对比损失。

候选区域特征的上下文对比损失将候选区域的特征与真实标注边界区域的特征进行比较。为了获得真实标注边界区域的特征,在候选区域采样过程中加入真实标注边界。真实标注区域的特征用于保证每个候选区域和分配给它的真实标注区域之间的特征一致性。同时,该损失函数也保证了每个候选区域与其他真实标注区域之间特征的鉴别性。如果在一个批次中的图像存在相同的身份行人,则相同身份的真实标注边界区域特征将被加总并归一为单位长度的特征向量。

计算来自候选区域的特征与来自真实标注区域的特征之间的余弦距离。对于一给定的候选区域正样本的特征 $\boldsymbol{x}$,候选区域特征的上下文对比损失可以通过式(13-5)获得。

$$L_{\mathrm{p\_cc}} = -\log \frac{\exp(\boldsymbol{g}_i^{\mathrm{T}} \boldsymbol{x} s_p)}{\sum_{j=1}^{G} \exp(\boldsymbol{g}_j^{\mathrm{T}} \boldsymbol{x} s_p)} \tag{13-5}$$

式中,$\boldsymbol{x}$ 表示分配给第 i 个真实标注边界的候选区域特征;$\boldsymbol{g}_j$ 表示第 j 个真实标注边界的特征;s_p 是候选区域特征的缩放系数。$\boldsymbol{g}_i$ 和 $\boldsymbol{x}$ 都是单位长度特征向量。直观上,该损失可以看作是一个 L_2 约束的无偏置(Bias-Free)Softmax 交叉熵损失,其中真实标注边界对应的特征为权重,而候选区域的特征被分类到不同的行人身份中。

为了增加候选区域的数量以促进对比损失的效果,本节基于上下文信息和噪声抑制的行人特征提取方法对真实标注边界随机地进行抖动,从而生成更多的候选区域。(x_{gt_1}, y_{gt_1})和(x_{gt_2}, y_{gt_2})表示真实标注边界框的左上和右下坐标。(x_{j_1}, y_{j_1})和$(x_{j_2},$

y_{j_2})表示抖动生成边界的左上和右下坐标。抖动后的边界坐标通过下列式获得。

$$x_{j_i}=x_{gt_i}+N\{0,[\lambda_s(x_{gt_2}-x_{gt_1})]^2\} \tag{13-6}$$

$$y_{j_i}=y_{gt_i}+N\{0,[\lambda_s(y_{gt_2}-y_{gt_1})]^2\} \tag{13-7}$$

式中,$N()$表示正态分布,其中 0 为平均值,$[\lambda_s(x_{gt_2}-x_{gt_1})]^2$ 为标准差;λ_s 是一个超参数,用于对抖动的强度进行调整。

为了避免候选区域的噪声特征与真实标注区域的特征发生干扰。本节设计了一个梯度放缩器 $f(\boldsymbol{x},\ s_{\text{scaler}})$,将来自真实标注边界特征的梯度缩放为 s_{scaler} 倍,$f(\boldsymbol{x},\ s_{\text{scaler}})$的特性可以表示为

$$f(\boldsymbol{x},\ s_{\text{scaler}})=\boldsymbol{x} \tag{13-8}$$

$$\frac{\mathrm{d}f(\boldsymbol{x},\ s_{\text{scaler}})}{\mathrm{d}\boldsymbol{x}}=s_{\text{scaler}}\mathrm{d}f(\boldsymbol{x},\ s_{\text{scaler}}) \tag{13-9}$$

式中,$\boldsymbol{x}$ 为输入。在前向传播过程中,梯度缩放器按照原样输出传入的特征。在反向传播期间,梯度按照 s_{scaler} 的比例进行缩放。

真实标注区域的上下文对比损失见图 13-8(c)右半部分。该损失函数约束了来自不同标注区域特征之间的鉴别性。与候选区域特征的上下文对比损失类似,来自真实标注区域的每个特征将与来自其他真实标注区域的特征进行比较,计算来自不同真实标注区域特征之间的余弦距离。对于一真实标注区域特征 $\boldsymbol{g}_i$,其对比损失由式(13-10)计算。

$$L_{\text{gtc\_c}}=-\log\frac{\exp(\boldsymbol{g}_i^{\mathrm{T}}\boldsymbol{g}_i s_g)}{\sum_{j=1}^{G}\exp(\boldsymbol{g}_j^{\mathrm{T}}\boldsymbol{g}_i s_g)} \tag{13-10}$$

式中,s_g 是标注区域特征的缩放系数;其余符号的定义与公式(13-5)相同。

通过本节提出的上下文对比损失,有身份标签和没有身份标签的行人都可以用来训练行人搜索网络,从而引导网络学习对于拥挤鲁棒的特征。此外,通过上下文对比损失,行人搜索模型还可以更直接、更直观地学习区分同一图像中的行人。现有的行人搜索数据集都是在一个相对较长的时间范围内收集的,每一个没有标签的行人在一个批次中是近乎唯一的,因此可以给他们每个人分配一个批次内的身份标签。这样,上下文对比损失可以进一步拓展到批次层面,在训练过程中可以更好地利用上下文信息和未标记的人。

为了更好地学习拥挤鲁棒的行人特征并帮助网络更好地对相邻行人进行区分,本节工作在识别网络中插入了一个空间注意模块

$$F_{att}=f_\sigma[f_{7\times7}([\mathrm{AvgPool}(F);\ \mathrm{MaxPool}(F)])]\odot F \tag{13-11}$$

式中,F_{att},f_σ,$f_{7\times7}$ 和 F 分别表示经过空间注意力加权的特征图,Sigmoid 激活函数,

核大小为 7×7 的卷积和注意力模块的输入特征图；⊙表示元素相乘。与常规的空间注意力模块的学习方式不同，本节的上下文对比损失可以作为对空间注意力更强的监督约束。空间注意模块可以因此更好地学习强调含有行人的区域，并抑制邻近行人和背景的干扰。

13.4.2 数据不确定性模块

为了进一步减少数据中固有噪声的负面影响，学习对于噪声鲁棒的特征，我们将数据不确定性学习（Data Uncertainty Learning）引入行人搜索中。数据不确定性学习通过同时对特征和不确定性进行建模，捕捉数据中的固有噪声。具体地，一个给定的行人样本特征被建模为多元高斯分布，该分布的均值 μ 和方差 σ 分别由两个独立的分支进行预测。

$$\mu_i = f_{\theta_\mu}(z_i) \tag{13-12}$$

$$\sigma_i = f_{\theta_\sigma}(z_i) \tag{13-13}$$

式中，z_i 是识别网络中第 i 个样本的特征嵌入；μ_i 和 σ_i 分别为所预测特征概率分布的均值和标准差；θ_μ 和 θ_σ 是特征预测分支的参数。这样，对于一个给定的行人样本，可以将其建模成一个多元高斯分布，而非通常的一个确定特征向量。在训练过程中，损失函数输入的特征从预测的分布中采样，使用重新参数化技巧[15]以确保其在反向传播过程中可导的性质。在推理过程中，仅使用 μ_i 用于相似度度量。在训练过程中，用于行人再识别相关损失函数计算的特征通过式(13-14)获得。

$$x_i = \mu_i + \in \sigma_i \tag{13-14}$$

式中，$\in \sim N(0, I)$；x_i 表示用于行人再识别的第 i 个样本的特征。

为了防止 σ_i 的预测坍缩为零，使基于概率分布的特征建模退化为确定特征向量，本节方法利用 KL 散度将 $N(\mu_i, \sigma_i^2)$ 约束到一个正态分布

$$L_{KL} = \frac{1}{2}\sum_{j=1}^{D}[\sigma_{i_j}^2 + \mu_{i_j}^2 - 1 - \ln(\sigma_{i_j}^2)] \tag{13-15}$$

式中，σ_{i_j}，μ_{i_j}，D 分别表示 σ_i 的第 j 维，μ_i 的第 j 维和特征向量的长度。

13.4.3 数据噪声发现和抑制

为了在训练阶段将错误标签行人的影响降到最低，本节提出噪声发现和抑制的训练过程，用于发现和抑制训练集中带有错误标签的行人。它包括两个独立的训练阶段：第一个阶段发现错误标签的行人；第二个阶段切断错误标签的行人反向传播的梯度。其简化过程示意如图 13-9 所示。

在图 13-9(a)中，第一个阶段使用 OIM 损失函数训练一个普通的行人搜索网络。

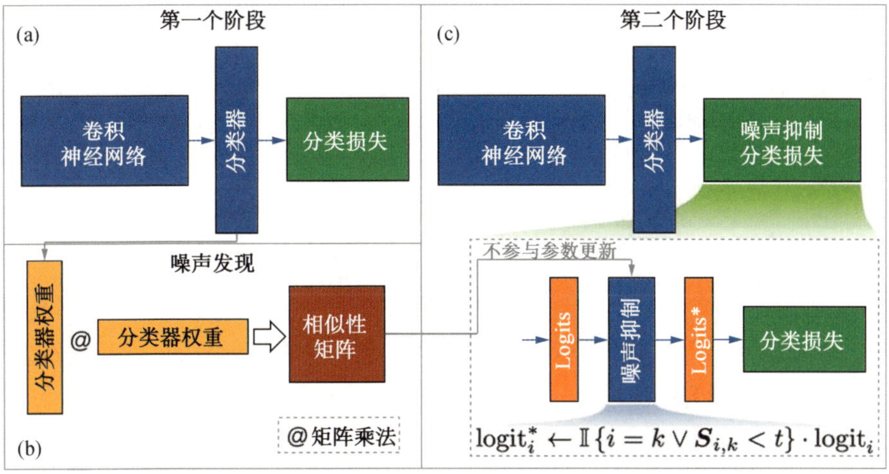

图 13-9　噪声发现和抑制的过程示意

在完成第一个阶段后，使用的训练得到的行人搜索模型获得每个行人的特征中心，进行相似性比较并对训练集中的噪声进行分析。由于 OIM 损失中查找表(Look Up Table, LUT)的动量更新的特性，LUT 中的每个行人身份的权重都可以被视为每个行人的特征中心。因此，只需将 OIM 损失中 LUT 的权重 $V \in R^{L\times D}$ 作为特征中心，其中 L 表示行人身份的数量，D 表示特征的长度。训练集中不同行人身份标签对应的特征之间的相似性矩阵 $\boldsymbol{S} \in R^{L\times L}$ 可以通过 $\boldsymbol{S}=VV^{\mathrm{T}}$ 获得。相似性矩阵 $\boldsymbol{S}$ 衡量训练集中不同行人身份的相似性。上述过程如图 13-9 (b)所示。图 13-9 展示了第二个阶段过程中的噪声抑制，根据相似性矩阵 $\boldsymbol{S}$，在 OIM 损失函数中动态地截断模型预测的概率分布

$$p_i=\frac{\exp(I\{i=k \vee \boldsymbol{S}_{i,k}<t\}\boldsymbol{v}_i^{\mathrm{T}}\boldsymbol{x}/\tau)}{\sum_{j=1}^{L}\exp(I\{j=k \vee \boldsymbol{S}_{j,k}<t\}\boldsymbol{v}_j^{\mathrm{T}}\boldsymbol{x}/\tau)+\sum_{m=1}^{Q}\exp(\boldsymbol{u}_m^{\mathrm{T}}\boldsymbol{x}/\tau)} \tag{13-16}$$

式中，p_i 表示 x 被预测为第 i 个身份的概率；$I\{\cdot\}$表示指示函数；k 表示 x 的目标标签；$S_{i,k}$ 表示相似性矩阵 $\boldsymbol{S}$ 中第 i 个行人身份和第 j 个行人身份之间的相似度；τ 是 OIM 损失的温度系数；t 是相似阈值的超参数；v_j 表示 LUT 中下标为 j 的特征；u_m 表示在循环队列(Circular Queue, CQ)中的第 m 个特征；L 表示 LUT 的大小；Q 表示 CQ 的长度；t 是将两个行人身份标签看作是同一人的阈值。

接下来本小节将从求导的角度阐述噪声抑制损失的作用。为了便于说明，本小节讨论一个简化的分类情况。类别 c 的分数由 $s_c=I\{\cdot\}w_c x$ 得到，其中 x 表示输入，其对应的标签为 y，w_c 表示分类器中类别 c 对应的权重，$I\{\cdot\}$表示公式(13-16)中使用的指示函数。关于 w_c 和 x 的导数可以通过以下公式获得。

$$\frac{\partial L_{cls}}{\partial w_c}=\begin{cases}\dfrac{\exp(s_c)}{\sum\limits_k \exp(s_k)}xI\{\cdot\} & (\text{当 } y\neq c \text{ 时}) \\ -x+\dfrac{\exp(s_c)}{\sum\limits_k \exp(s_k)}x & (\text{当 } y=c \text{ 时})\end{cases} \tag{13-17}$$

$$\frac{\partial L_{cls}}{\partial x}=-w_y+\sum_c \frac{\exp(s_c)w_c I\{\cdot\}}{\sum\limits_l \exp(s_l)} \tag{13-18}$$

通过上述方式,网络可以缓解噪声标签对应的梯度干扰其他参数的学习,从而缓解错误标签的行人对训练过程的影响。

13.4.4 训练技巧及损失函数

(1) 自适应池化。最大池化和平均池化各自都有缺点[16]。为了克服这一问题,本节工作提出了自适应池化融合,将最大池化和平均池化的特征进行融合。最终的特征表示为

$$z=\lambda_w z_{\text{avg}}+(1-\lambda_w)z_{\max} \tag{13-19}$$

式中,z_{avg} 和 $z_{\max}$ 分别表示通过平均池化和最大池化两种方式提取的来自识别网络的特征。λ_w 是一个加权因子,用于平衡来自不同池化方法的特征,通过 $\lambda_w=\text{sigmoid}(p)$ 获得。p 是一个可学习的参数,通过反向传播进行更新。

(2) 可变形池化。在 Faster R-CNN 中来自 RPN 的候选区域往往不包括目标行人的所有身体部位。这对于像是行人再识别这样的细粒度任务来说不是最优的。本节工作引入可变形的感兴趣区域池化,通过对输出特征图上的每个位置学习一个采样点的偏移,从而缓解上述问题。本节工作中的上下文对比损失也可以作为训练过程中对偏移预测的监督。通过上述方式,本节提出的行人搜索网络将学习关注目标行人,并对低质量的候选区域更加鲁棒。

(3) 损失函数。本节的端到端行人搜索网络的总损失为

$$L=L_{\text{det}}+L_{\text{OIM}}+L_{\text{pc\_c}}+L_{\text{gtc\_c}}+\lambda_{\text{KL}}L_{\text{KL}} \tag{13-20}$$

式中,L_{det} 代表 Faster R-CNN 的损失;λ_{KL} 是 L_{KL} 的加权因子;L_{OIM} 代表在线实例匹配损失。

13.4.5 对比与分析

(1) 关于三元组损失以及上下文对比损失的讨论。

三元组损失在正样本对和负样本对的相似性之间约束了一个差值(Margin)。三元组损失要求在训练过程中的每一个批次中,对数据进行采样,得到 p 个行人身份、每个行人

身份 k 个图像样本。三元组损失函数中的采样过程忽略了场景图像中的上下文信息。相比之下，本节方法对于场景图像的上下文信息进行利用，通过对于同一个场景相互拥挤和遮挡的行人进行特征对比，帮助网络对拥挤和遮挡场景学习更加鲁棒的行人特征。虽然本节工作采用 Softmax 交叉熵的形式约束同一场景下行人的特征判别性，但是三元组损失函数的形式也可以用于达到类似的目的。此外，上下文对比损失可以与大多数损失函数并行使用。

（2）关于困难样本和噪声标签的讨论。

在噪声发现和噪声抑制过程的第一个训练阶段所得到的模型应该对困难样本具有足够的判别性。对于普通训练过程难以有效区分的极端困难样本，在训练中包含这些困难样本则可能无法在训练过程中起到期望的作用。本书发现，绝大多数被误标的行人都有两个标签。因此，基于一个给定的样本，在实际的实践中只有满足 $I\{i \neq k \wedge S_{i,k} > t\}$ 的最大 logit 才会乘以 0。根据经验，$t=0.75$ 是一个较为理想的余弦距离阈值，可以将两个数据集上的标签噪声和严重重叠的行人（参考图 13-2）从困难样本中区分出来。对于严重重叠的行人，由于他们总是在同一个场景图像中，上下文对比损失将更适合处理这种情况。

（3）关于数据不确定性学习的有效性讨论。

为了简化讨论，将行人搜索的行人再识别子任务视为一个独立的任务。其中包括 L_{ReID}（对应 L_{OIM}、$L_{\mathrm{p\_cc}}$ 和 $L_{\mathrm{gt\_cc}}$）以及 L_{KL}。L_{ReID} 的目标是监督网络对每个样本预测有鉴别力的行人再识别特征。L_{KL} 的目标是约束 μ_i 为零的同时，限制 σ_i 既不坍缩到 0，也不过大。约束 μ_i 的均值为零，可以帮助特征更均匀地分布在超球面上。对于干净的样本，预测相对较小的 σ_i 能够更有利于降低 L_{ReID} 并使得总体的损失最小。噪声样本会导致较大的 L_{ReID}，对于这类样本预测较大的 σ_i 会得到更小的总体损失。此外，从含有相对较大 σ_i 的多元高斯分布中采样的特征，将会在训练过程的多次迭代中相互抵消。因此，从较小 σ_i 的多元高斯分布中采样的特征对训练的影响更小。从另一个角度来看，数据不确定性学习也可以看作是一种正则化，对于一个给定的行人特征，约束其在经过一定的扰动之后，仍然具有足够的辨别力来区分对应的行人身份。

13.4.6　实验结果

为了评估 CANR 的性能，本小节在 CUHK-SYSU 和 PRW 数据集上将 CANR 与同期最先进的算法进行了比较（表 13-8）。所对比的算法分为两阶段行人搜索方法和端到端行人搜索方法。一些算法依赖于外部信息，如关键点、蒙版、来自外部网络的知识蒸馏和检测置信度，为了使方法之间的比较更为公平，对比结果中展示所对比的算法所需的额外信息。关键点和蒙版指在训练期间需要关键点或蒙版的额外标注数据。知识蒸馏指利用外部网络进行特征级监督，检测置信度指在检索过程中使用检测置信度对行人的相似性进行加权。

表 13-8 中,对于 CUHK-SYSU 数据集,CANR 在 *mAP* 上达到 92.39%,在 *Top*-1 上达到 93.21%;CNAR+在 *mAP* 上达到 93.86%,在 *Top*-1 上达到 94.52%。对于 PRW 数据集,CANR 在 *mAP* 上达到 43.41%,在 *Top*-1 上达到 83.81%,CANR+在 *mAP* 上达到 44.78%,*Top*-1 上达到 83.86%。在不需要额外信息的情况下,CANR 和 CANR+在 CUHK-SYSU 数据集上的表现超过了同期相关端到端的行人搜索工作,并在 PRW 数据集上取得具有竞争力的性能。为了分析本方法在 PRW 数据集上带来的性能提升相较 CUHK-SYSU 数据集更不显著这一现象,本文分析了两个数据集的统计信息。对每个图像中重叠的行人边界二元组和行人的数量进行统计,统计结果可以间接反应数据集中场景图像的拥挤程度。图像中行人数量的统计结果如图 13-10(a)所示,数据集中相互重叠的行人二元组统计结果如图 13-10(b)所示。与 PRW 数据集相比,CUHK-SYSU 数据集的行人间遮挡和拥挤情况更严重。值得注意的是,本节方法的动机之一就是关注来自拥挤和遮挡场景的噪声。因此,CANR 和 CANR+(CANR 的加强版)在拥挤的场景下会有更好的表现,这是本节算法在 CUHK-SYSU 数据集上与其他算法相比表现出色的原因。虽然本节方法在 PRW 数据集上带来的提升不如 CUHK-SYSU 数据集那样显著,但 CANR 和 CANR+也在基线算法的基础上带来了明显的提升,并取得了有竞争力的性能。

表 13-8　本节算法与现有算法的性能对比结果(%)

算法		外部信息	CUHK-SYSU		PRW	
			mAP	***Top*-1**	***mAP***	***Top*-1**
两阶段行人搜索方法	MGTS[17]	蒙版	83.00	83.70	32.60	72.10
	CLSA[18]	无	87.20	88.50	38.70	65.00
	RDLR[19]	无	93.00	94.20	42.90	70.20
	TCTS[20]	无	93.90	95.10	46.80	87.50
	OR[21]	无	92.93	93.69	43.10	65.87
端到端行人搜索方法	OIM[6]	无	75.50	78.70	21.30	49.90
	NPSM[22]	无	77.90	81.20	24.20	53.10
	QEEPS[23]	无	88.90	89.10	37.10	76.70
	GRAPH[42]	无	84.10	86.50	33.40	73.60
	BPNet[24]	关键点 & 蒙版	88.40	90.50	48.50	87.90
	HOIM[25]	无	89.74	90.83	39.77	80.36
	APNet[26]	关键点	88.90	89.30	41.90	81.40
	BINet[27]	知识蒸馏	90.30	91.40	47.20	87.00
	NAE[28]	检测置信度	91.50	92.40	43.30	80.90

（续表）

算法		外部信息	CUHK-SYSU		PRW	
			mAP	*Top*-1	*mAP*	*Top*-1
端到端行人搜索方法	NAE+[29]	检测置信度	92.10	92.90	44.00	81.10
	BUFF[30]	无	90.70	91.60	42.20	81.00
	DCAR[31]	无	87.50	88.70	38.80	77.70
	IIDFC[32]	无	91.96	93.34	43.43	83.37
	CANR	无	92.39	93.21	43.41	83.81
	CANR+	无	93.86	94.52	44.78	83.86

为了对比本节算法在不同检索图库大小下的性能表现，本小节在 CUHK-SYSU 数据集上进行了实验，并与同期的端到端行人搜索方法进行比较，结果如图 13-11 所示。随着检索图库大小的增加，所有方法的性能也逐渐下降，这表明在较大的图库下，行人搜索任务变得更加困难。本节算法在不同大小的图库中取得了最好的性能，表明了本节算法的有效性。

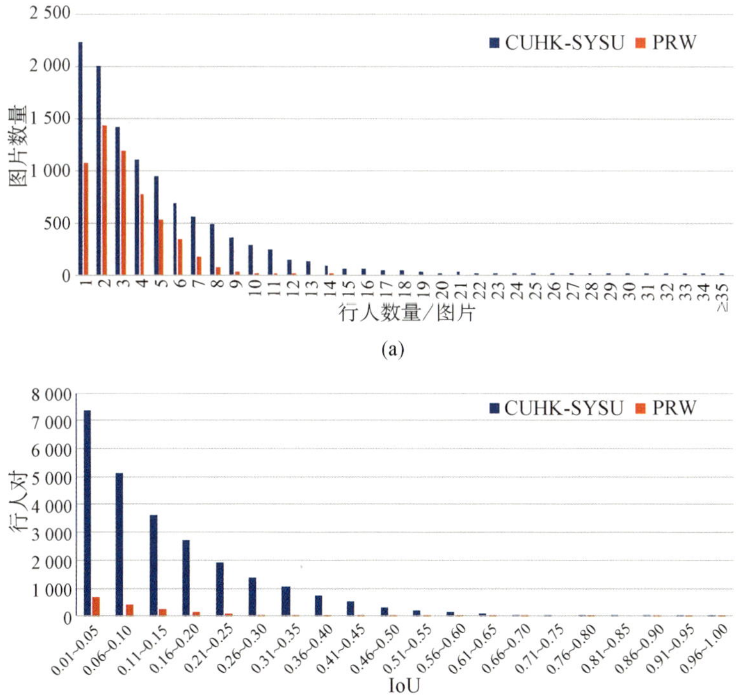

(a)

(b)

图 13-10　数据集属性统计结果

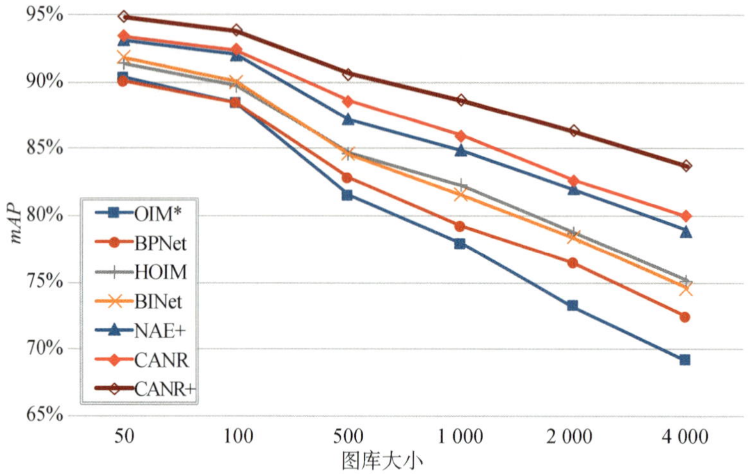

图 13-11　本节算法和现有算法在不同图库大小下的性能对比

13.4.7　消融实验

为了评估本节算法每个组件的有效性,本小节对每个组件进行了消融实验。PRW 数据集相比 CUHK-SYSU 数据集更具挑战性,因此选取 PRW 数据集进行消融实验。本小节重新实现了 OIM,在 *mAP* 上达到 38.18%,在 *Top*-1 上达到 77.10%。重新实现的 OIM 以下称为 OIM*。在 OIM* 的基础上增加空间注意力和 BNNeck,得到 39.15%的 *mAP* 和 79.92%的 *Top*-1。将这一设置作为本节算法的基线算法。消融实验的结果如表 13-9 所示,BSL 表示建立在 OIM* 之上的基线算法,DUM 表示数据不确定性模块,CCL 表示上下文对比损失,PF 表示池化融合,BJ 表示边界框抖动,NS 表示噪声抑制损失,DP 表示可变形池化。在基线算法的基础上添加数据不确定性模块,性能在 *mAP* 上达到 41.67%(提升了 2.52%),在 *Top*-1 中达到 80.80%(提升了 0.88%)。在此基础上,增加上下文对比损失,在 *mAP* 上达到 42.48%(提升了 0.81%),在 *Top*-1 上达到 82.21%(提升了 1.41%)。进一步增加池化融合模块,在 *mAP* 中达到 42.68%(提升了 0.20%),在 *Top*-1 上达到 82.55%(提升了 0.34%)。通过将行人边界进行随机位移,生成更多的候选区域用于下游的上下文对比损失,在 *mAP* 上达到 43.58%(提升了 0.90%),在 *Top*-1 上达到 83.18%(提升了 0.63%)。增加噪声抑制损失模块,在保持 *mAP* 大致不变的情况下,在 *Top*-1 上达到了 83.81%(提升了 0.63%)。增加可变形池化,也就是使用本节算法中的所有模块之后,在 *mAP* 上达到了 44.78%(提升了 1.37%),在 *Top*-1 上达到了 83.86%(提升了 0.05%)。

表 13-9　本节所提出算法的消融实验结果(%)

OIM*	BSL	DUM	CCL	PF	BJ	NS	DP	*mAP*	*Top*-1
√[1]	×[2]	×	×	×	×	×	×	38.18	77.10
√	√	×	×	×	×	×	×	39.15	79.92
√	√	√	×	×	×	×	×	41.67	80.80
√	√	√	√	×	×	×	×	42.48	82.21
√	√	√	√	√	×	×	×	42.68	82.55
√	√	√	√	√	√	×	×	43.58	83.18
√	√	√	√	√	√	√	×	43.41	83.81
√	√	√	√	√	√	√	√	44.78	83.86
√	√	×	×	×	√	×	×	39.61	79.29

注:[1] 打勾代表 CANR 算法中包含该模块。
[2] 代表不包含。

为了评估本节算法对行人检测子任务的影响,本小节在 CUHK-SYSU 数据集上训练了经典的目标检测网络 Faster R-CNN,以此作为行人检测的基线指标。Faster R-CNN 的训练保留了 MMDetection 的默认参数设置,采用标准的"2x"训练流程进行训练,批次大小与本节算法保持一致。使用本文重新实现的 OIM* 在 CUHK-SYSU 数据集上进行训练和评测,作为行人搜索中行人检测子任务的基线指标。OIM* 的训练流程以及超参数设计与本节算法保持一致,以此保证对比的公平性。对比结果如表 13-10 所示。CANR 取得了 92.18%的 Recall 和 89.27%的 AP。与 Faster R-CNN 相比,Recall 和 AP 分别提高了 0.91%和 0.30%。这表明 CANR 可以在行人再识别子任务上取得有竞争力性能的同时,促进行人检测子任务。CANR+可以进一步获得稍好的检测效果。OIM* 取得的检测性能略低,这证实了行人搜索的两个子任务之间存在冲突。与 OIM* 相比,CANR 不仅在检测子任务上取得了更好的性能,而且在行人再识别子任务上对比 OIM* 也有更大优势,表明了本节算法的有效性。

表 13-10　本节提出算法的行人检测子任务评测结果(%)

算法	行人检测		行人再识别	
	Recall	AP	*mAP*	*Top*-1
Faster R-CNN	91.27	88.97	N/A	N/A
OIM*	90.34	87.44	88.41	88.38
CANR	92.18	89.27	92.39	93.21
CANR+	92.59	89.77	93.86	94.52

本小节通过进一步的分析实验对 CANR 的合理性以及能够带来性能提升的原因进行分析。通过逐渐平移真实标注行人边界,并将平移前后的边界所对应的行人特征进行比较,计算特征之间的余弦距离,整个过程如图 13-12(a)所示。余弦距离与平移前后 IoU 的关系如图 13-12(b)所示,红线表示边界框平移到相邻行人时的 IoU。与 OIM* 相比,CANR 对不准确的候选区域有更强的鉴别力。对于两个相邻的行人,CANR 还给出了更低的余弦距离。实验表明 CANR 对不准确候选区域的鲁棒性,也说明其对相邻的行人具有更强的鉴别力,进一步证明了 CANR 的有效性。

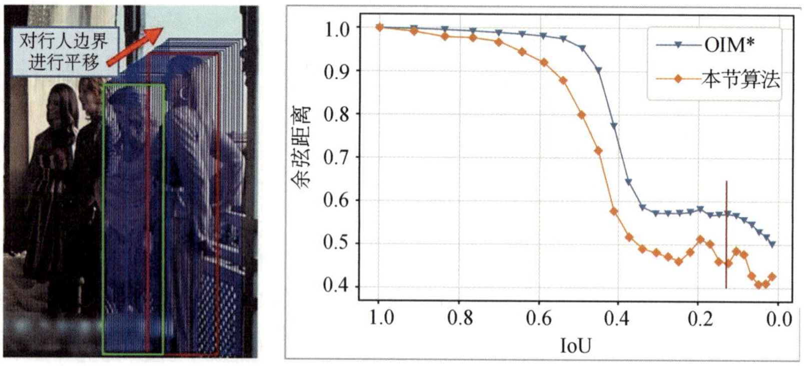

(a) (b)

图 13-12　本节算法的平移鲁棒性消融实验

此外,本小节还对 CANR 和不同算法的运行时间进行了比较,结果见表 13-11。CANR 只比 OIM 增加了少量的计算开销,与 NAE 和 NAE+相比速度更快,同时有更好的准确性。在可接受的计算开销下,CANR+实现了更好的性能。

表 13-11　模型运行速度对比

GPU(TFLOPs)	OIM*	NAE[14]	NAE+[14]	CANR	CANR+
P40(11.8)	—	158	161	—	—
V100(14.1)		83	98	—	—
RTX2070(7.9)	117	137	—	126	162
RTX2080Ti(13.4)	93	102	—	99	118

为了更好地理解数据不确定性模块在训练过程中所起的作用,本小节对 $\lambda_{KL}L_{KL}$ 和 L_{OIM} 的损失曲线进行了可视化,可视化结果如图 13-13 所示。在训练的早期阶段,再识别特征是随机的,表达能力较为有限。因此,本节方法通过初始化 θ_σ,使得在训练初期 σ_i 较小,以利于行人再识别特征子任务的训练。此外,在网络训练的初期,对特征的 μ 和 σ 进行建模是不现实的,这也导致在早期阶段较大且较为平缓的 L_{KL}。在识别特征获得足够的鉴别性之后(L_{OIM} 降低),L_{KL} 以及数据不确定性模块开始对数据中的噪声进

行建模，使得模型对于噪声更加鲁棒。

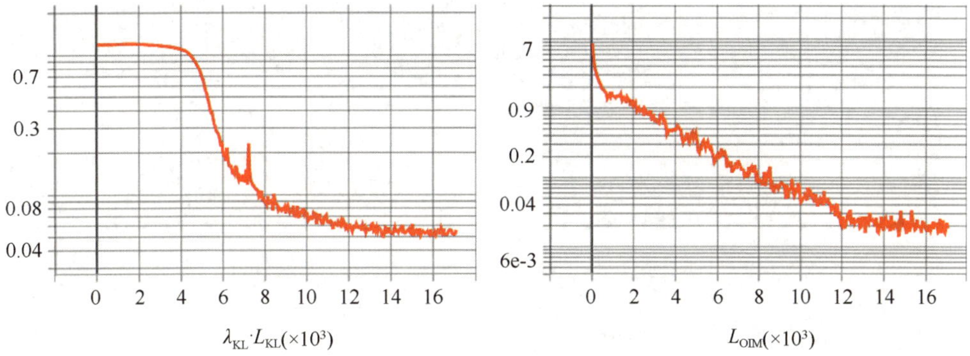

图 13-13　训练过程的 loss 曲线

此外，本小节还进行了替换基础网络（Backbone）的实验以探究本节算法在不同基础网络下的表现。实验结果与先前行人搜索工作中使用非 ResNet-50 的方法进行了对比，如表 13-12 所示。从结果来看，本节工作展现了较为明显的优势，证明了本节算法的有效性。值得一提的是，本节方法更简单、有效，因为不包括 CIoU、HOIM、特别选择的先验框等。在使用更强基础网络的情况下，本节算法展现了更为优异的性能。

表 13-12　更换不同 Backbone 的对比结果(%)

算法	Backbone	*mAP*	*Top*-1
CANR	ResNet-50	43.41	83.81
IIDFC[33]		39.81	81.92
CANR	Res2Net-50	44.74	83.62
IIDFC		43.43	83.37
CANR	ResNeSt-50	47.93	85.22

13.4.8　可视化分析

为了更好地理解不同算法的差异，本小节将本节算法、OIM* 和 NAE 的检索结果进行了可视化，可视化结果如图 13-14 所示。蓝色边界框表示待查询的人，检索结果用绿色和红色标记，分别表示正确匹配和不正确匹配。为了保证结果展示的简洁性，只展示了 *Top*-1 的检索结果。图 13-14(a)～(d)分别展示了极限弱光、较大光照变化、目标行人被遮挡以及查询行人被遮挡等四种情况。相比 NAE 和 OIM*，CANR 成功检索到了正确的行人。从可视化结果可以看出，CANR 对较暗环境、光照变化和遮挡的情况具有更强的鲁棒性，表明了本节算法的有效性。

为了更深入地理解本节所提出算法的作用，本小节将 OIM* 和本节算法的激活图

图 13-14　不同算法的检索可视化结果

进行了可视化，如图 13-15 所示。与 OIM* 相比，本节算法在拥挤的情况下，能够更加关注画面中的行人。此外，本节算法还倾向于关注如鞋子、衣服的纹理、脸和发型等具有鉴别力的特征模式。

13.5　本章小结

对于基于先验知识引导的行人特征提取，本书基于行人上、下半身通常具有显著差异这一先验知识，将特征分块处理思路引入行人搜索。通过将行人的特征图横向拆分成多个水平特征条块，分别进行特征提取，从而引导行人搜索网络关注行人身上具有鉴别力的局部特征。同时，为了使网络能够更加关注于行人身上的细节特征，本文提出一种多层特征融合模块以增强行人特征的鉴别性。实验表明，与基线算法相比，本书算法取得了显著的性能提升并超过了大多数同期的端到端行人搜索方法。此外，基于先验知识引导的行人特征提取方法相比同期的其他方法更加简单和有效。

对于上下文信息和噪声抑制的行人特征提取，提出了上下文对比损失函数来获得更具鉴别力且尽量不受遮挡和拥挤影响的行人特征表示。通过利用场景图像的上下文信息，构造对比对，进行候选区域、对应真实标注区域，以及画面中其他行人对应区域之间的特征比对。引导网络更加关注目标行人特征的同时，减小候选区域不准确、拥挤、

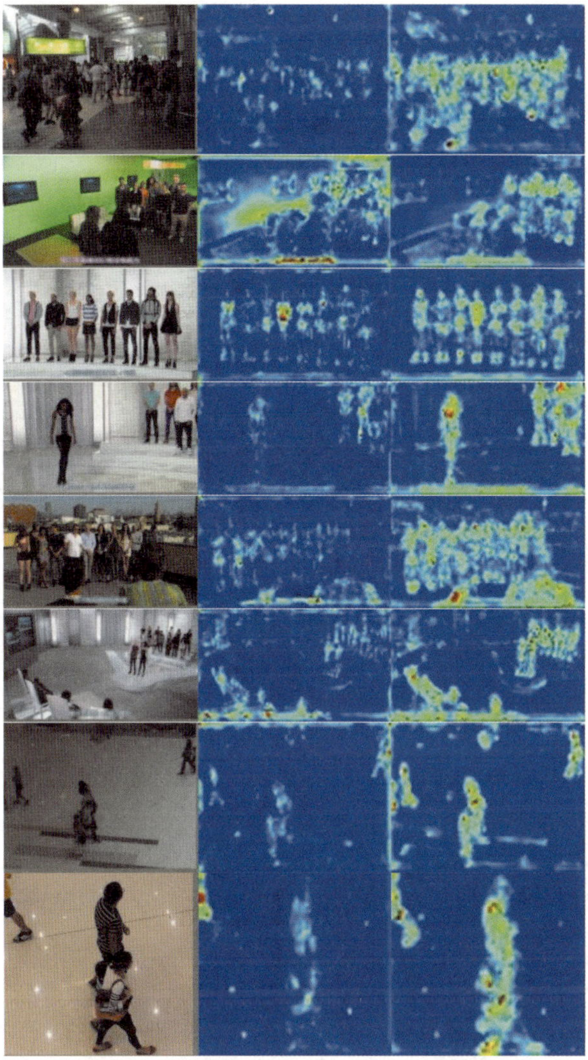

图 13-15　不同方法的场景特征激活图可视化

遮挡等带来的影响。为了减少错误标注带来的负面影响，我们提出一个标签噪声发现和抑制方法。该方法通过对不同行人身份的特征进行比对，分析潜在标注错误的标签，并在训练过程中进行抑制。此外，我们还将数据不确定性学习引入了行人搜索任务中。通过对特征和特征不确定性进行建模，进一步减小数据噪声对于训练的影响，并使得模型对于噪声更加鲁棒。本方法的额外优势是能够在训练过程中充分利用未标记身份标签的行人。本方法是第一个在训练过程中利用场景图像的上下文信息作为监督约束的行人搜索方法。广泛的实验表明，与同期最先进的方法相比，本方法可以达到有竞争力的性能。

参考文献

[1] ZHANG S, BAUCKHAGE C, CREMERS A B. Informed haar-like features improve pedestrian detection[C]//Proceedings of the IEEE conference on computer vision and pattern recognition. 2014: 947-954.

[2] ZHOU X, WANG D, KRÄHENBÜHL P. Objects as points[J]. arXiv preprint arXiv: 1904.07850, 2019.

[3] WANG G, YUAN Y, CHEN X, et al. Learning discriminative features with multiple granularities for person Re-IDentification[C]//Proceedings of the 26th ACM international conference on Multimedia. 2018: 274-282.

[4] XIAO T, LI S, WANG B, et al. Joint detection and identification feature learning for person search[C]//Proceedings of the IEEE Conference on Computer Vision and Pattern Recognition. 2017: 3415-3424.

[5] WEI L, ZHANG S, GAO W, et al. Person transfer gan to bridge domain gap for person Re-IDentification[C]//Proceedings of the IEEE conference on computer vision and pattern recognition. 2018: 79-88.

[6] CHEN D, ZHANG S, OUYANG W, et al. Hierarchical online instance matching for person search[C]//Proceedings of the AAAI Conference on Artificial Intelligence. 2020, 34(07): 10518-10525.

[7] SONG C, HUANG Y, OUYANG W, et al. Mask-guided contrastive attention model for person Re-IDentification[C]//Proceedings of the IEEE Conference on Computer Vision and Pattern Recognition. 2018: 1179-1188.

[8] KALAYEH M M, BASARAN E, GÖKMEN M, et al. Human semantic parsing for person Re-IDentification[C]//Proceedings of the IEEE Conference on Computer Vision and Pattern Recognition. 2018: 1062-1071.

[9] LI W, ZHU X, GONG S. Harmonious attention network for person Re-IDentification[C]//Proceedings of the IEEE conference on computer vision and pattern recognition. 2018: 2285-2294.

[10] CHEN T, DING S, XIE J, et al. Abd-net: Attentive but diverse person Re-IDentification[C]//Proceedings of the IEEE/CVF International Conference on Computer Vision. 2019: 8351-8361.

[11] ZHENG Z, ZHENG L, YANG Y. Pedestrian alignment network for large-scale person Re-IDentification[J]. IEEE Transactions on Circuits and Systems for Video Technology, 2018, 29(10): 3037-3045.

[12] MCLAUGHLIN N, DEL RINCON J M, MILLER P. Recurrent convolutional network for video-based person Re-IDentification[C]//Proceedings of the IEEE conference on computer vision and pattern recognition. 2016: 1325-1334.

[13] ZHANG S, BENENSON R, SCHIELE B. Filtered channel features for pedestrian detection [C]//CVPR. 2015, 1(2): 4.

[14] CHEN D, ZHANG S, YANG J, et al. Norm-aware embedding for efficient person search[C]//

Proceedings of the IEEE/CVF Conference on Computer Vision and Pattern Recognition. 2020: 12615-12624.

[15] LUO H, JIANG W, ZHANG X, et al. AlignedRe-ID++: Dynamically matching local information for person Re-IDentification[J]. Pattern Recognition, 2019, 94: 53-61.

[16] LUO H, JIANG W, GU Y, et al. A strong baseline and batch normalization neck for deep person Re-IDentification[J]. IEEE Transactions on Multimedia, 2019, 22(10): 2597-2609.

[17] REN S, HE K, GIRSHICK R, et al. Faster r-cnn: Towards real-time object detection with region proposal networks[J]. Advances in neural information processing systems, 2015, 28: 91-99.

[18] ZHANG S, CHI C, YAO Y, et al. Bridging the gap between anchor-based and anchor-free detection via adaptive training sample selection[C]//Proceedings of the IEEE/CVF conference on computer vision and pattern recognition. 2020: 9759-9768.

[19] LIN T Y, GOYAL P, GIRSHICK R, et al. Focal loss for dense object detection[C]// Proceedings of the IEEE international conference on computer vision. 2017: 2980-2988.

[20] LIAO S, HU Y, ZHU X, et al. Person Re-IDentification by local maximal occurrence representation and metric learning[C]//Proceedings of the IEEE conference on computer vision and pattern recognition. 2015: 2197-2206.

[21] XU Y, MA B, HUANG R, et al. Person search in a scene by jointly modeling people commonness and person uniqueness[C]//Proceedings of the 22nd ACM international conference on Multimedia. 2014: 937-940.

[22] SUN Y, ZHENG L, YANG Y, et al. Beyond part models: Person retrieval with refined part pooling (and a strong convolutional baseline)[C]//Proceedings of the European conference on computer vision (ECCV). 2018: 480-496.

[23] KOESTINGER M, HIRZER M, WOHLHART P, et al. Large scale metric learning from equivalence constraints[C]//2012 IEEE conference on computer vision and pattern recognition. IEEE, 2012: 2288-2295.

[24] LIU W, ANGUELOV D, ERHAN D, et al. Ssd: Single shot multibox detector[C]//European conference on computer vision. Springer, Cham, 2016: 21-37.

[25] NAM W, DOLLÁR P, HAN J H. Local decorrelation for improved pedestrian detection[J]. Advances in neural information processing systems, 2014, 27: 424-432.

[26] REDMON J, DIVVALA S, GIRSHICK R, et al. You only look once: Unified, real-time object detection[C]//Proceedings of the IEEE conference on computer vision and pattern recognition. 2016: 779-788.

[27] TIAN Z, SHEN C, CHEN H, et al. Fcos: Fully convolutional one-stage object detection[C]// Proceedings of the IEEE/CVF international conference on computer vision. 2019: 9627-9636.

[28] DOLLÁR P, APPEL R, BELONGIE S, et al. Fast feature pyramids for object detection[J]. IEEE transactions on pattern analysis and machine intelligence, 2014, 36(8): 1532-1545.

[29] DENG W, ZHENG L, YE Q, et al. Image-image domain adaptation with preserved self-

similarity and domain-dissimilarity for person Re-IDentification[C]//Proceedings of the IEEE conference on computer vision and pattern recognition. 2018：994-1003.

[30] GIRSHICK R，DONAHUE J，DARRELL T，et al. Rich feature hierarchies for accurate object detection and semantic segmentation[C]//Proceedings of the IEEE conference on computer vision and pattern recognition. 2014：580-587.

[31] QIAN X，FU Y，XIANG T，et al. Pose-normalized image generation for person Re-IDentification [C]//Proceedings of the European conference on computer vision（ECCV）. 2018：650-667.

[32] LIU H，JIE Z，JAYASHREE K，et al. Video-based person Re-IDentification with accumulative motion context[J]. IEEE transactions on circuits and systems for video technology，2017，28（10）：2788-2802.

[33] HOU S，ZHAO C，CHEN Z，et al. Improved instance discrimination and feature compactness for end-to-end person search [J]. IEEE Transactions on Circuits and Systems for Video Technology，2021，32(4)：2079-2090.

阿济教授和老福都是茶文化爱好者，对于茶叶的品质有极高的要求。此时，他们一边品尝太白银毫茶，一边谈论标准行人再识别和开放行人再识别的内容。

老福感叹道："关于行人再识别的性能问题似乎都有了对应的研究方向和相应的解决方案，整个智能监控系统在性能上好像没有短板。不过，这个智能监控系统中的数据或模型如果被坏人利用或攻击怎么办？这可关乎整个城市所有居民的数据隐私安全，这可能比整个系统的性能还要重要！"

阿济教授微微一笑："老福，你放心！我们团队也考虑过这个问题，隐私保护正是我们团队目前最新的研究课题。"老福喜道："果然有你这个老朋友，我可以放一万个心！快说，怎么解决这个隐私保护的问题。"

"如果医院或银行的行人图像直接暴露出来，会严重泄露这个人的隐私数据。为了保护行人的隐私，可使用行人去身份化将图像或视频中可能涉及的个人隐私信息去除。"阿济教授道。

"可是这样处理，有用的信息不也没了吗？数据失去了可用性，还怎么训练智能监控系统呢？"老福不解地问道。

阿济教授解释道："这正是我们方法的巧妙之处，在保护隐私的同时，保证数据的可用性，就是我们提出的行人身份偏移。将一个行人身份与另一个人或者多人在特征空间混合，从而生成一个'全新'的人。'全新'的人的身份与用于混合的行人身份不同，但可以用于训练模型，提升系统性能。"

CHAPTER

14

第 14 章

面向隐私保护的行人身份偏移方法

14.1 引言

为了在个人身份识别的隐私保护和数据可用性之间实现良好的平衡,本章提出了一种专门为个人身份识别设计的新型去身份化方法,称为个人身份识别转移(Person Identify Shift, PIS)。PIS 消除了行人图像中的绝对身份,同时保留了图像对之间的身份关系。通过变异自动编码器的插值特性,PIS 将每个行人图像从当前的身份转移到另一个新的身份,图像仍然保留了相对的身份。实验结果表明,与现有的取消身份识别的方法相比,PIS 在保护隐私和模型性能之间有更好的权衡,且可以抵御人类和模型对数据隐私的攻击。

14.2 相关技术

14.2.1 行人再识别中的隐私安全问题

行人再识别(Re-ID)[1]是一个特殊的人员检索问题,其目的是在不重叠的摄像机下或在同一摄像机下的不同时间点寻找同一个人。构建一个行人再识别系统需要五个主要步骤:①收集原始数据;②生成边界框;③注释训练数据;④训练模型;⑤再识别。上述步骤存在隐私泄露的风险。例如,在数据收集中,Re-ID 数据在存储数据中心时可能被黑客窃取。在用分布式学习系统训练 Re-ID 模型时,攻击者也可以从共享梯度中获得私人训练数据[2]。

现有的 Re-ID 方法大多侧重于公共 Re-ID 数据集的性能改进,而忽视了隐私保护。去行人身份(DeID)只关注隐私保护,而忽略了 Re-ID 任务的数据可用性,也就是说,其不能在去识别化的数据上保持 Re-ID 的性能。

14.2.2 通用隐私保护方法

在训练过程中保护数据隐私的是保密计算,如可信执行环境(Trusted Execution Environment, TEE)、同态加密(Homomorphic Encryption, HE)[3]和多方安全计算(Secure Multi-Party Computation, MPC)[4]。然而,在现代深度学习环境中,使用它们是一个挑战,因为计算开销很大,而且有特殊的设置,如公钥基础设施[5]。

差分隐私[6](Differential Privacy, DP)是最经典的保护隐私的方法。然而,将差分隐私应用于深度学习是具有挑战性的。Abadi 等[7]提出 DP-SGD,用 DP 来训练深度学习模型。DP-SGD 证明了深度神经网络的隐私保护可以在训练效率和模型质量方面以适度的成本实现。然而,DP-SGD 只在 MNIST 上取得有希望的结果,在 Cifar10 上的性能下降了约 20%。

14.2.3　隐私攻击方法

由于深度学习模型总是在一定程度上过度拟合训练数据，所以训练过的模型会造成私人训练数据的泄露[8]。一种常见的攻击模型隐私方法是模型反转。模型反转从训练过的模型或训练过程中推断出训练[9]。Hitaj 等[10]在学习过程中训练一个 GAN 来生成训练集的原型样本。在联邦学习或协作学习系统中，人们认为共享梯度不会暴露私人训练数据。然而，Zhu 等[11]介绍了深层梯度泄露(Deep Leakage from Gradient，DLG)，以从公开共享的梯度中获取训练集中的私有数据。Zhao 等[12]发现地面真实标签可以从共享梯度中泄露出来，并提出了改进的 DLG(即 Improved Deep Leakage from Gradients，iDLG)来从共享梯度中提取准确的数据。

14.3　面向隐私保护的行人身份偏移

14.3.1　隐私保护行人再识别问题定义

摄像机拍摄的原始视频数据经过人工剪切或自动检测、注释后，得到 Re-ID 数据集，定义为

$$D_{\text{reid}}=\{x_i,\ y_i\}\text{，包含 } N \text{ 个行人图像}$$

式中，x_i 表示第 i 个行人图像；y_i 表示其相应身份。数据匿名化函数 F_{anony} 应该平衡目标效用任务和隐私预算任务。

保护隐私的身份识别(PPRe-ID)旨在以最小的隐私信息泄露进行个人身份识别。因此，根据之前工作的设定[13]，为了评估隐私保护和 Re-ID 性能之间的权衡关系，PPRe-ID 涉及两项任务，即实现良好 Re-ID 性能的目标效用任务 T_u 和防止隐私泄露的隐私预算任务 T_p。

本章的新型去身份识别方法通过寻找一个数据匿名化函数 F_{anony} 将原始数据图像转化为去识别数据 $\hat{x}=F_{\text{anony}}(x)$ 来平衡以下两项任务。

(1) 目标效用任务 T_u。对于 DeID 方法来说，目标效用任务 T_u 反映了去识别数据能被用于 Re-ID 任务的程度。直观地说，T_u 的性能可以通过 Re-ID 模型在去识别数据上训练的性能来评估，而更高的 Re-ID 性能表明去识别数据的可用性更好。具体来说，在本章的实验中，可选择几个最先进的 Re-ID 模型在去识别的数据上进行训练，并评估其 $Rank$-1 和 mAP。

(2) 隐私预算任务 T_p。隐私预算任务评估了 F_{anony} 防止数据泄露身份信息的能力。以往方法中的 T_p 主要集中在分类或检测任务上，不能直接应用。因此，我们通过将隐私攻击重新表述为检索任务，使其适用于 Re-ID。具体来说，我们假设攻击者持有一个目标 ID 的查询图像。攻击者通过使用查询图像从去识别的 Re-ID 数据集中检索出正确的目标图像来确定这个人是否存在于去识别的数据集中。因此，较高的检索准

确率表示较低的隐私保护效果,T_p 的性能是根据检索性能指标,如 $Rank$-1 或 mAP 来评估的。

T_u 和 T_p 可能是相互矛盾的,较高的 T_u 性能可能导致较低的 T_p 性能。因此,我们提出一个新的通用指标,考虑两项任务的性能以及隐私和 Re-ID 的不同重要性,称为 PU-score(隐私效用分数)。

14.3.2 行人身份偏移

受变分自动编码(VAE)[14]的插值能力的启发,F_{anony} 被设计为一种新型的 VAE,可以转移输入图像的身份。具体来说,给定一个行人图像,PIS 通过将其潜像与其他 k 行人的图像进行混合,对其进行身份识别,并将混合嵌入解码为具有新身份的人。

PIS 网络框架如图 14-1 所示。PIS 网络将行人图像 x 和其估计姿势 s 作为输入。PIS 网络包含两个编码器和一个解码器。从图像 x 中提取的身体结构 s 被送入先验编码器 E_s,该编码器对结构先验分布 $p(z|s)$ 进行建模,其中 z 是潜变量。按照 VUNet[15],以图像 x 和身体结构 s 为条件,外观编码器 E_a 对后验分布 $q(z|x, s)$ 建模。解码器对可能性 $p(x|s, z)$ 进行建模,并根据潜在变量 z 和行人姿势 s 的串联,重建新的图像 x'。

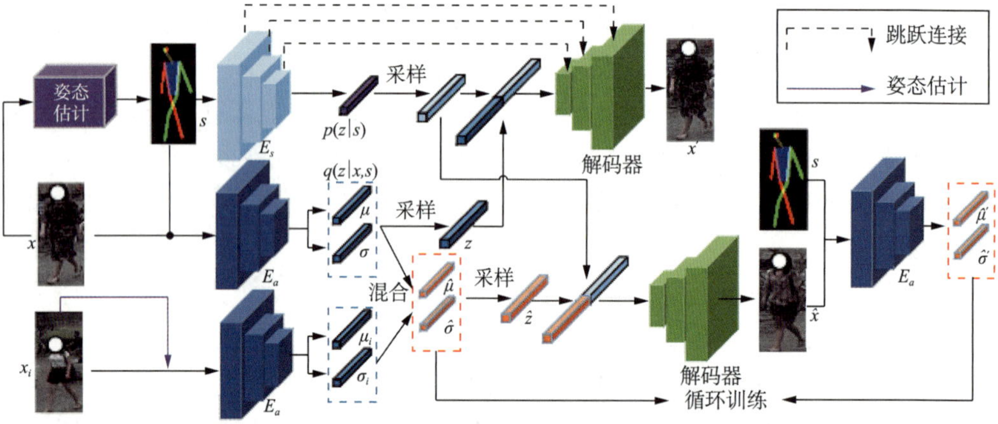

图 14-1 PIS 框架

图 14-1 中,PIS 的训练管道主要包含两个分支。第一个分支(上行)进行自我重建,对图像 x 及其估计的姿势 s 进行编码,然后将其重建为原始图像。第二个分支(下行)根据 k 个图像的分布混合物生成新的图像,其中 k 个图像被送入编码器,其混合表示从其潜伏表示的混合分布中采样并送入解码器以重建具有新身份的图像。值得注意的是,PIS 不改变原始图像的姿态。这是因为除了与身份有关的信息,如视频中重要的人的行为,DeID 方法需要保持尽可能多的信息不被改变。

与有条件的 U-Net[16]类似,在结构解码器与编码器之间使用了一个跳跃连接。编码器和解码器都使用 ResNet[17] 中相同的残差结构，有 m 个残差块。每个残差块包含一个 ELU[18] 激活函数和一个 3×3 卷积层的残差连接方式。残差块与下采样层相连，其中下采样层是一个跨度为 2×2 的卷积层。在下采样层之后，特征图被缩小为原始图的 1/4。解码器也使用 m 个残余块，而残余块之间的子像素卷积[19] 被用作上采样层，以将特征图改变为原始图的 4 倍。

通过混合分布生成新的 ID。给定一个目标图像 x，它的身份被转移到一个新的身份上，与 $k-1$ 个图像具有不同的身份。具体来说，给定目标图像 x 和其他 $k-1$ 个图像，生成的新图像的外观表示是由一个混合样本组成，生成的新图像是由 k 个分布组成的混合样本。

14.4 实验结果与分析

首先，比较了 PIS 和去身份化的方法，以验证所提出的 PIS 对于 PPRe-ID 是有效的。其次，实施了用户研究，以显示本章方法在人类识别攻击下的表现。尽管人工识别比模型攻击要昂贵得多，但也考虑了这种攻击的可能性。最后，如果攻击者只能接触到训练好的模型或参与分布式训练，如联邦学习，则模拟模型反转攻击来证明 PIS 的安全性。

本节在以下两个常用的 Re-ID 数据集上进行了实验。

(1) Market1501 数据集[20]，包含 12 936 张、750 个 ID 的训练图像，3 368 张、750 个 ID 的查询图像，以及 15 913 个、751 个 ID 的待查询图像。按照 VUNet 的设定，只有 730 个 ID 的 9 939 张训练图像被用来训练 PIS。

(2) DukeMTMC-Re-ID 数据集[21]，包含 16 522 张训练图像、2 228 张查询图像，以及 17 661 张待查询图像。

PIS 框架是由 Tensorflow[22] 实现的。训练集的所有图像都被调整为 128×64。PIS 的优化器是 Adam 优化器，学习率为 1.0e−3。学习率随着训练迭代而衰减。批量大小为 16，平衡权重为 5。利用多人姿势估计[23] 来获得形状信息。

在本实验中，设定 $k=2$，$\lambda=0.5$，其中 $\lambda=0.5$ 混合图像离原始身份最远。因此，将 λ 设置为 0.5。此外，为了保证消融实验的公平性，本节采用同样的随机选择策略。

14.4.1 数据实用性与隐私保护的平衡

PPRe-ID 包含两个任务，即目标效用任务和隐私预算任务。对于目标效用任务，三个不同的最先进的深度模型(即 DenseNet121[24]，PCB[25] 和 ISP[26])被训练在去识别的数据上。T_u 的性能是这三个模型的平均 mAP 和 $Rank$-1。对于隐私预算任务，攻击模型-ISP 是在与 T_p 的训练集分离的数据集上训练的。隐私攻击是通过使用攻击模型在去识别的训练数据中查询一组目标图像来进行的。T_p 的性能取决于是否成功检索到目标图像，因此使用 mAP 和 $Rank$-1 作为评估指标。请注意，由于 PIS 通过混合身份对图像进行去识别,如果任何一个混合图像被检索到,则认为攻击成功。目标效用和隐私预算之间的权衡结果见表 14-1。

表 14-1　PIS 和现有图像去识别方法在目标效用(以%计)、隐私预算(以%计)和 PU-Score 方面在 Market1501 数据集上的性能比较

算法	DesNet		PCB		ISP		T_u		T_p		PU-Score	
	mAP	*Rank*-1	*mAP*	*Rank*-1	*mAP*	*Rank*-1	*mAP*	*Rank*-1	*mAP*	*Rank*-1	*mAP*	*Rank*-1
Origin	70	86.8	71.8	89.5	85.5	93.3	75.8	89.9	90	95.1	17.7	9.3
Removing Head	69.5	86.7	68.6	87.1	79.4	90.7	72.5	88.2	87.8	94	20.9	11.2
Removing Body	3.4	7.5	25.8	49.3	27.4	54.2	18.9	37.0	8.6	21.2	31.3	50.4
Blur(S)	56.7	80	34	63.3	27.9	55.1	39.5	66.1	83.5	92.3	23.3	13.8
Blur(L)	24.7	49.7	11.5	28.7	30.2	58.1	22.1	45.5	34.7	59.3	33.1	43.0
Pixelation	43.7	68.2	48.7	73.3	65.4	83.7	52.6	75.1	56.2	76.9	47.8	35.3
DG-Net	36.7	59	37.9	62.1	48.2	68.9	40.9	63.3	71.7	73.1	33.5	37.8
PIS	46.4	70	47.9	73.1	61.3	81.9	51.9	75.0	35.1	48.5	57.7	61.1

将 PIS 与各种去身份算法进行比较,以证明 PIS 在平衡目标效用和隐私预算方面的优势。与基于 DeID 的方法进行比较,包括去除头部和身体、不同大小的高斯模糊和像素化的图像。首先,去除头部区域的所有像素并不足以抵御 Re-ID 模型的攻击,直觉上,其他人脸去识别方法也有同样的结论。这是因为当一个人的身体暴露在视频中时,只考虑面部或头部是无法应对 Re-ID 模型攻击的。

从视频中去除人体的像素是保护个人隐私的最有效方法,即在 Re-ID 模型攻击下,*mAP* 为 8.6%。然而,这种方法破坏了图像中关于行人的绝大部分信息。最小的模糊不能保护隐私,而严重的模糊会带来效用的损失。这种方法同样不能平衡 T_u 与 T_p。像素化在平衡指标 PU-Score 中也表现不佳。与上述方法相比,PIS 在 PU-Score 中的 *mAP* 和 *Rank*-1 要比 DeID 方法好很多。此外,还比较了 PIS 和其他方法在不同 PU-Score 重要性权重下的表现。如图 14-2 所示,在所有的 PU-Score 下,PIS 仍然远远优于其他算法。

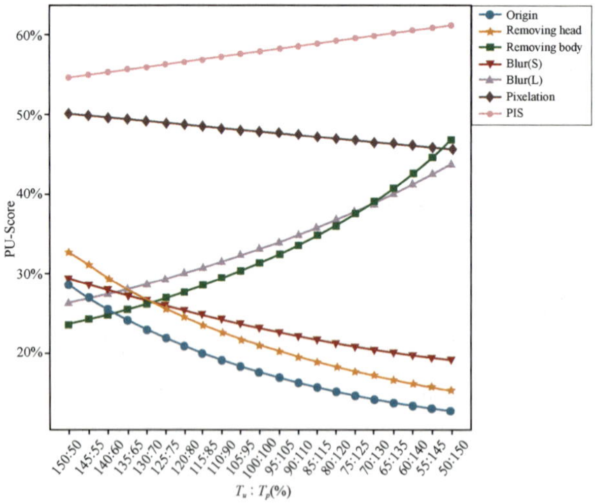

图 14-2　不同 PU-Score 下 Re-ID 性能与保护数据隐私的权衡

PIS 提出了两种新的损失以生成具有混合身份的图像，同时在同一身份混合物中保持外观一致性，即循环训练损失（CT）和外观一致性损失（AC）。我们进行了一项消融研究，分析不同的损失如何影响 Re-ID 的性能和隐私保护。VUNet 是基线，只有 VAE 损失。本小节还对 ACAI[27] 进行了比较，它在基线上增加了拟议的对抗性规则项，结果显示在表 14-2 中。首先，对抗性正则项可以增强 AE 模型的插值能力，但它不适用于 PPRe-ID，因为它大大增加了隐私预算。循环训练损失和外观一致性损失在 PU-Score 中都是有效的，一起使用可以减少隐私预算，同时提高目标效用。

表 14-2　消融实验

基线	ACAI	CT	AC	T_u		T_p		PU-Score	
				mAP	*Rank*-1	*mAP*	*Rank*-1	*mAP*	*Rank*-1
√				45.6	70.9	34.1	40	53.9	65.0
√	√			45.5	73	43.8	51.8	50.3	58.1
√		√		51	75.1	39.6	46.6	55.3	62.4
√			√	50	75.7	37.9	44.8	55.4	63.8
√		√	√	47.9	73.1	31.8	36.4	56.3	68.0

14.4.2　人类观察实验

为了进一步评估 PIS 的隐私保护能力，还进行了一项用户研究，验证人类是否能够手动识别 PIS 生成的图像。直接利用人的识别能力来攻击去识别方法是常用的方法之一，但人的识别能力很难定量说明该方法的功效。这里重点讨论人类和模型攻击之间的差异。

15 名人类观察员对 10 个查询问题的平均准确率如图 14-3(a)所示。多名人类观察者对同一问题进行了成功的攻击，成功案例如图 14-3(b)所示。待查询里只有一个人戴着帽子，这就是人类攻击成功的原因。本节方法可能无法转移个人物品，如背包和帽子，基于此，攻击者可以获得原始身份。即便如此，在人类攻击下，PIS 也远远好于模糊。

14.4.3　抵御模型反转攻击

为了模拟可能存在的模型反转攻击，使用 iDLG。iDLG 是 DLG 的改进版本，通过共享梯度窃取私有训练集。根据 iDLG 的实验设置，对 Re-ID 的模型作了两个改动。由于 iDLG 要求模型是可两次微分的，所以将所有的 ReLU 的激活函数设为 Sigmoid，并删除了 Strides。在此基础上的 L-BFGS[28] 被用作优化器，学习率为 1.0，迭代 200 次。被攻击的数据集是 Market1501。隐私泄露过程如图 14-4 所示。被盗的行人图像开始时是高斯噪声，假数据和输入模型之间的差距随着训练的迭代而越来越小。对于所有

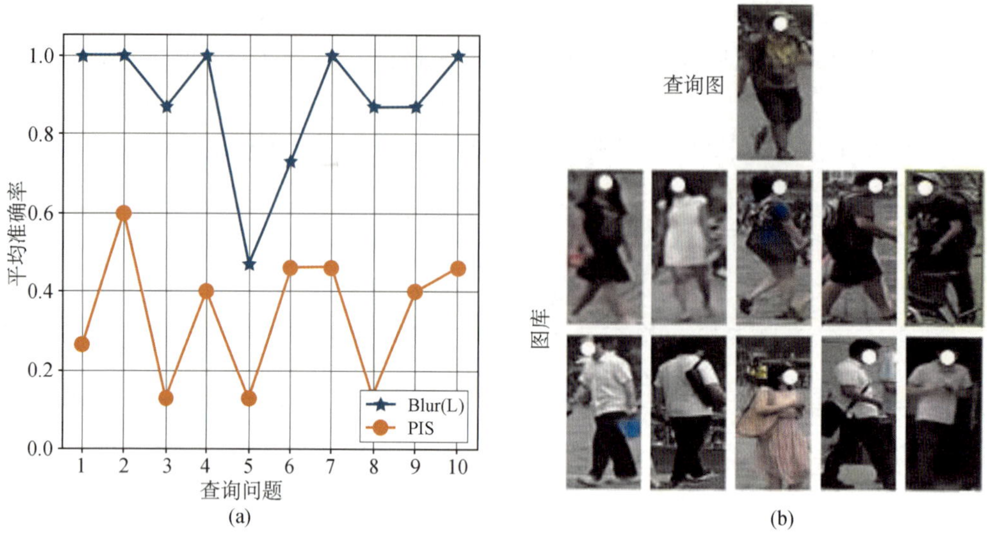

图 14-3　15 名观察员对 10 个查询问题的 PIS 和 Blur(L)平均准确率

训练方法,iDLG 可以从中窃取模型的输入。对于原生训练方法,iDLG 直接窃取了相应的私有数据。与上述方法不同,PIS 使用加密的图像来训练模型,并且模型的输入不是真正的私人数据集,使得攻击者无法直接窃取私人数据。

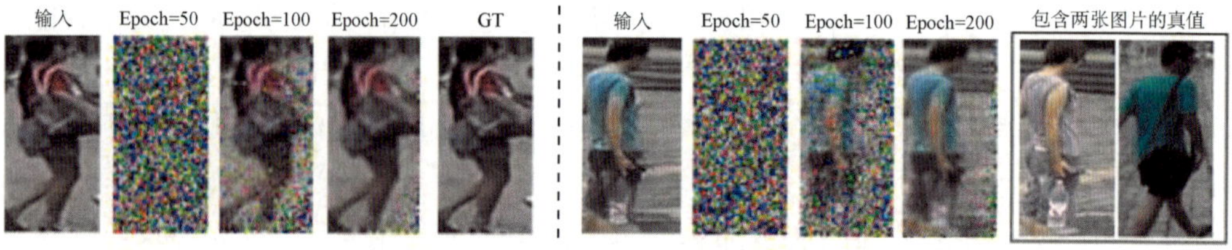

(a) 原来的训练　　(b) 对由 PIS 加密的图像进行训练 ($k=2$)

图 14-4　iDLG 从共享梯度中窃取训练 Re-ID 图像

14.4.4　与差分隐私的对比

PIS 和差分隐私(Differential Privacy, DP)在隐私保护方面没有直接的可比性。因为一个是直接对训练数据进行加密,而另一个的重点是防止模型泄露训练数据信息。因此,本小节只报告 PIS 和 DP-SGD 之间的目标效用性能比较。

DP-SGD 在深度学习中通过在模型训练过程中添加噪声之前先剪切梯度来实现差异化隐私。BatchNorm(BN)[29]层计算批次的平均值和方差,以在批次中的样本之间建立一个违反隐私的依赖关系。为了在 Re-ID 中实现 DP-SGD,使用 Opacus[30]来修改

Re-ID 模型,将 Re-ID 模型中的所有 BN 层替换为 GroupNorm(GN)[31]。本节方法在 ResNet50 和 PCB 上显示出良好的性能。相比之下,DP-SGD 在 Re-ID 数据集上的表现基本上是失败的。即使将 ε 设置为 50(一个非常小的噪声)或改变学习率,DP-SGD 在 Re-ID 数据集上的表现也不理想。此外,与基于 DP 的方法相比,本节方法的另一个优点是,不需要对模型的正则化层或激活函数进行修改。

14.5 本章小结

本章向保护隐私的行人再识别迈出了第一步,提出了 PIS。PIS 生成弱加密和人类可读的行人图像,通过转移,每个图像都转移到一个具有不同身份的新图像。由于生成的相同身份的图像仍然具有较高的外观相似性,PIS 可以保留相对身份,所以适用于 Re-ID 任务。实验表明,PIS 在隐私保护和 Re-ID 性能之间实现了更好的平衡。

参考文献

[1] YE M, SHEN J, LIN G, et al. Deep learning for person re-identification: A survey and outlook [J]. IEEE transactions on pattern analysis and machine intelligence, 2021, 44(6): 2872-2893.

[2] ZHU L, LIU Z, HAN S. Deep leakage from gradients[J]. Advances in neural information processing systems, 2019, 32.

[3] GENTRY C. Fully homomorphic encryption using ideal lattices[C]//Proceedings of the forty-first annual ACM symposium on Theory of computing. 2009: 169-178.

[4] YAO A C. Protocols for secure computations[C]//23rd annual symposium on foundations of computer science (sfcs 1982). IEEE, 1982: 160-164.

[5] HUANG Y, SONG Z, LI K, et al. Instahide: Instance-hiding schemes for private distributed learning[C]//International conference on machine learning. PMLR, 2020: 4507-4518.

[6] DWORK C, KENTHAPADI K, MCSHERRY F, et al. Our data, ourselves: Privacy via distributed noise generation[C]//Advances in Cryptology-EUROCRYPT 2006: 24th Annual International Conference on the Theory and Applications of Cryptographic Techniques, St. Petersburg, Russia, May 28-June 1, 2006. Proceedings 25. Springer Berlin Heidelberg, 2006: 486-503.

[7] ABADI M, CHU A, GOODFELLOW I, et al. Deep learning with differential privacy[C]//Proceedings of the 2016 ACM SIGSAC conference on computer and communications security. 2016: 308-318.

[8] PAPERNOT N, ABADI M, ERLINGSSON U, et al. Semi-supervised knowledge transfer for deep learning from private training data[J]. arXiv preprint arXiv: 1610. 05755, 2016.

[9] FREDRIKSON M, JHA S, RISTENPART T. Model inversion attacks that exploit confidence information and basic countermeasures[C]//Proceedings of the 22nd ACM SIGSAC conference on

computer and communications security. 2015：1322-1333.

[10] HITAJ B, ATENIESE G, PEREZ-CRUZ F. Deep models under the GAN：information leakage from collaborative deep learning[C]//Proceedings of the 2017 ACM SIGSAC conference on computer and communications security. 2017：603-618.

[11] ZHU L, LIU Z, HAN S. Deep leakage from gradients[J]. Advances in neural information processing systems, 2019, 32.

[12] ZHAO B, MOPURI K R, BILEN H. idlg：Improved deep leakage from gradients[J]. arXiv preprint arXiv：2001. 02610, 2020.

[13] WU Z, WANG H, WANG Z, et al. Privacy-preserving deep action recognition：An adversarial learning framework and a new dataset[J]. IEEE Transactions on Pattern Analysis and Machine Intelligence, 2020, 44(4)：2126-2139.

[14] KINGMA D P, WELLING M. Auto-encoding variational bayes[J]. arXiv preprint arXiv：1312. 6114, 2013.

[15] FREDRIKSON M, JHA S, RISTENPART T. Model inversion attacks that exploit confidence information and basic countermeasures[C]//Proceedings of the 22nd ACM SIGSAC conference on computer and communications security. 2015：1322-1333.

[16] RONNEBERGER, O., FISCHER, P., BROX, T.：U-net：Convolutional networks for biomedical image segmentation. In：Medical Image Computing and Computer-Assisted. Intervention - MICCAI. Lecture Notes in Computer Science, vol. 9351, pp. 234-241 (2015).

[17] HE K, ZHANG X, REN S, et al. Deep residual learning for image recognition[C]//Proceedings of the IEEE conference on computer vision and pattern recognition. 2016：770-778.

[18] CLEVERT D A, UNTERTHINER T, HOCHREITER S. Fast and accurate deep network learning by exponential linear units (elus)[J]. arXiv preprint arXiv：1511. 07289, 2015.

[19] SHI W, CABALLERO J, HUSZÁR F, et al. Real-time single image and video super-resolution using an efficient sub-pixel convolutional neural network[C]//Proceedings of the IEEE conference on computer vision and pattern recognition. 2016：1874-1883.

[20] ZHENG L, SHEN L, TIAN L, et al. Scalable person re-identification：A benchmark[C]//Proceedings of the IEEE international conference on computer vision. 2015：1116-1124.

[21] ZHENG Z, ZHENG L, YANG Y. Unlabeled samples generated by gan improve the person re-identification baseline in vitro[C]//Proceedings of the IEEE international conference on computer vision. 2017：3754-3762.

[22] ABADI M, AGARWAL A, BARHAM P, et al. Tensorflow：Large-scale machine learning on heterogeneous distributed systems[J]. arXiv preprint arXiv：1603. 04467, 2016.

[23] CAO Z, SIMON T, WEI S E, et al. Realtime multi-person 2d pose estimation using part affinity fields[C]//Proceedings of the IEEE conference on computer vision and pattern recognition. 2017：7291-7299.

[24] HUANG G, LIU Z, VAN DER MAATEN L, et al. Densely connected convolutional networks [C]//Proceedings of the IEEE conference on computer vision and pattern recognition. 2017：

4700-4708.

[25] SUN Y，ZHENG L，YANG Y，et al. Beyond part models：Person retrieval with refined part pooling (and a strong convolutional baseline)[C]//Proceedings of the European conference on computer vision (ECCV). 2018：480-496.

[26] ZHU K，GUO H，LIU Z，et al. Identity-guided human semantic parsing for person re-identification[C]//Computer Vision-ECCV 2020：16th European Conference，Glasgow，UK，August 23-28，2020，Proceedings，Part III 16. Springer International Publishing，2020：346-363.

[27] BERTHELOT D，RAFFEL C，ROY A，et al. Understanding and improving interpolation in autoencoders via an adversarial regularizer[J]. arXiv preprint arXiv：1807. 07543，2018.

[28] LIU D C，NOCEDAL J. On the limited memory BFGS method for large scale optimization[J]. Mathematical programming，1989，45(1)：503-528.

[29] IOFFE S，SZEGEDY C. Batch normalization：Accelerating deep network training by reducing internal covariate shift[C]//International conference on machine learning. pmlr，2015：448-456.

[30] YOUSEFPOUR A，SHILOV I，SABLAYROLLES A，et al. Opacus：User-friendly differential privacy library in PyTorch[J]. arXiv preprint arXiv：2109. 12298，2021.

[31] WU Y，HE K. Group normalization[C]//Proceedings of the European conference on computer vision (ECCV). 2018：3-19.

办公室弥漫着红茶的清香，桌子上放着一壶热气腾腾的祁门红茶，老福与阿济教授刚讨论完行人再识别技术的发展。阿济教授笑着说：“老福，这祁门红茶真是香气扑鼻，颜色也是深红沉静，非常好喝。”老福点点头说：“没错，祁门红茶是中国名茶之一，茶叶选材严格，品质优秀。”两人意犹未尽，端起茶杯抿了一口。阿济教授把手中的茶杯放下，说道：“祁门红茶不仅味道香浓，而且对身体也有益。据说能够增强抵抗力，降低胆固醇，还能抗氧化。”老福点头道：“是的，喝茶不仅可以舒缓心情，还能保健身体。”两人继续品尝着红茶，畅谈着行人再识别与茶文化。

阿济教授从书架中拿出象棋，“老福啊，说了这么久，想必有些累了，我们来下一盘棋如何？”老福爽朗一笑，一边摆盘一边说，“真是无巧不成书，如果说行人再识别是一盘棋，那此前提到的技术就是防守方，如果攻击方想逃过模型的追踪，有什么办法吗？”

阿济教授执棋说道：“你问到点子上了，目前针对行人再识别的攻击方法有很多，但能让嫌疑人逃避追踪的方法只有对抗攻击和后门攻击。”老福扶了下额头，说：“我了解一些对抗攻击的知识，攻击方或者说嫌疑人必须知道包括数据集和模型在内的全部信息，这多少有点不现实。后门攻击的先验条件是什么呢？”

阿济教授说：“没错，攻击所需先验知识越多，对于防御来说越容易，因为只需要保护好数据和模型中的任意一个就可以让对抗攻击束手无策。但后门攻击对于行人再识别来说是一个可怕的对手，因为它仅需要数据集的信息，或者仅需要一小部分数据和模型权重。说来你可能不信，被后门攻击的模型会输出嫌疑人指定的行人，可谓是‘指哪打哪’。”老福若有所思：“那本章就详细说说后门攻击具体是怎么做的吧。”

CHAPTER
15

第 15 章

行人再识别
动态后门攻击方法

15.1 引言

本章将从数据安全和模型安全的角度出发，研究行人再识别领域的后门攻击方法，一方面能够解释目前行人再识别模型的脆弱性；另一方面，能够发现模型存在的安全隐患，为防御策略提供思路，并提高模型对于后门攻击的鲁棒性。

行人再识别是一个开放集问题，因此传统的后门攻击方法不适用于该领域。本章提出了一种基于图像隐写网络的后门攻击方法，在对行人图像进行表示与描述后，对行人特征进行降维，将其作为触发模式的组成部分。触发模式与目标行人相关，因此可以动态地根据目标改变触发模式。经过训练，模型会建立触发模式到目标行人的映射关系，在推理阶段，将其他不相关行人的触发模式注入嫌疑人的图像，就可以达到让嫌疑人逃逸追踪的目的。

对于行人再识别任务，如果被证明容易受到攻击者攻击，将会带来严重的后果。例如，利用这个漏洞，嫌疑人可以逃脱基于 Re-ID 的监视系统的人员搜索。本章将以数字和物理两种形式证明行人再识别容易被后门攻击，并据此提出可靠的防御方法，提高 Re-ID 系统的安全性和可靠性。

15.2 相关技术

首先引入后门攻击领域的背景知识，然后介绍目前最常见的后门攻击方法和涉及的相关工作，包括基于数据投毒的后门攻击、针对识别任务的后门攻击以及相应的后门防御策略。

15.2.1 基于数据投毒的后门攻击

在过去的十年，深度神经网络(DNN)已经成功应用于很多关键的任务，比如人脸识别、行人再识别和自动驾驶。因此，神经网络模型的安全意义重大，引起了广泛关注。对抗攻击针对的是模型在推断阶段的脆弱性[1]，而后门攻击针对模型的训练阶段，利用了对深度神经网络的纹理等非鲁棒特征的“过度”学习能力。深度神经网络的训练阶段涉及更多的步骤，包括数据收集、数据预处理、模型构建、训练、模型部署等。步骤越多，攻击者的机会就越大，模型面临的安全威胁就越多。同时，深度神经网络的强大能力在很大程度上依赖于大量的训练数据。因为互联网上有很多免费的数据集，为了降低训练成本，用户可能会使用第三方数据集而不是自己收集的训练数据。用户也可能基于第三方平台训练深度学习网络，如云计算平台，而不是在本地环境中进行训练模型，甚至可能直接使用第三方模型。选择低成本的训练方式可能造成对训练阶段的控制权或者知情权的丧失，就会进一步加大训练深度神经网络的风险。

Gu[2]首先揭示了后门攻击的威胁，一般来说，后门攻击的目的是将隐藏的后门嵌入深度神经网络，使被感染的模型在后门不激活的情况下对良性测试样本表现良好，但是当后门被攻击者激活的时候，带有后门的样本的预测值会变成攻击者指定的目标标签。由于受感染的 DNN 在良性样本上正常运行，后门仅由攻击者指定的触发器激活，用户很难意识到它的存在。因此，隐蔽的后门攻击对 DNN 是一种非常严重的威胁。目前，将后门嵌入模型中最直接的方法是对训练数据进行投毒[3,4]。这些带有攻击者指定的目标标签的修改样本和良性训练样本，被送入 DNN 中进行训练。除此之外，后门触发器可以是不可见的[4-6]，中毒样本的真实标签也可以与目标标签一致，增加了后门攻击的隐蔽性。除了直接向良性样本投毒外，还可以通过迁移学习嵌入隐藏后门，直接修改模型的权值，并引入额外的恶意模块。综上，在训练过程的各个环节都可能发生后门攻击。

在模型中嵌入隐藏的后门，通常会涉及对模型参数的恶意篡改，Gu[2]首先在深入学习模型中引入后门攻击，提出了一种通过对训练样本进行投毒来注入后门的方法，称为 BadNets。训练过程主要包含两个部分：第一，将后门触发器印在良性图像 x 上生成有毒图像 x_0，实现攻击者指定的目标标签 y_t 关联的有毒样本（x_0，y_t）；第二，对有毒样本和良性样本混合起来进行训练。因此，训练后的 DNN 将被“感染”，该模型在良性测试样本上表现良好，类似于正常的模型。但是如果被攻击的图像中包含后门触发器，那么它的预测值将变成目标标签。

Chen 等[7]首先提出了不可见的投毒后门攻击。为了逃避人类的检查，Chen 等认为被注入后门触发器的图像与良性图像相比应该是不可区分的。为了满足这一需求，Chen 等提出了一种混合策略，将后门触发器与良性图像混合，而不是将后门触发器直接印在良性图像上，比如，BadNets 是直接将后门触发器印在良性图片上[2]。此外，他们还证明，即使采用一个较小的随机噪声作为后门触发器，仍然可以攻击成功，这进一步降低了被检测的风险。在此之后，出现了一系列研究隐形后门攻击的作品。Turner 等[6]提出用基于振幅的后门触发器来扰动良性图像的像素值，而不是用图案替换良性图像的相应像素。Liao 等[5]采用普遍对抗性攻击[8]生成后门触发器，使扰动最小化。Li 等[9]提出在优化后门触发器时正则化扰动的 p 范数。Bagdasaryan 等[10]将后门攻击视为一种特殊的多任务优化，他们通过破坏损失计算来实现隐形。此外，Liu 等[4]提出采用一种普遍的反射现象，作为不可见的后门触发器。Cheng 等[11]提出在特征空间中以风格迁移的方式进行不可见攻击。最近，Li 等[12]采用基于 DNN 的图像隐写术为后门攻击生成隐形触发器。与以前的方法相比，这种攻击不仅不可见，而且可以绕过大多数防御，因为生成的触发器是特定于样本的。

虽然在不可见的后门攻击中，有毒图像与良性图像相似，但其原标签通常与目标标签不同。换句话说，所有这些方法都是“有毒标签隐形攻击”，有毒样本似乎被贴上了错误的标签。因此，通过检测训练样本的图像-标签关系，人类仍然可以检测到不可见的攻击。针对这一问题，Turner 等[6]首先探索了 Clean-Label 攻击，即无需修改投毒样本的标签，他们利用对抗摄动或生成模型首先修改一些来自目标类的良性图像，然后进行标准的隐形攻击。最近，Zhao 等[13]在攻击视频分类中扩展了这一思想，他们采用了通用的扰动作为触发模式。另一种有趣的 Clean-Label 攻击方法是通过最小化目标类图像在特征空间中的距离，将之前可见攻击生成的有毒样本的信息注入目标类图像的纹理中。Quiring 等[14]提出了通过图像缩放攻击来隐藏触发器。请注意，Clean-Label 攻击通常会降低攻击成功率(Attack Success Rate, ASR)，甚至无法攻击成功，尽管它们比有毒标签攻击更隐蔽。如何平衡攻击的隐蔽性和有效性仍然是一个值得进一步探讨的问题。

15.2.2 针对识别任务的后门攻击

目前，越来越多的识别任务使用了深度神经网络作为支持，比如人脸识别、指纹识别以及行人再识别，等等。由于通过后门攻击，攻击者可以获得更高的特权，攻击者有很强的动机去绕过认证或者识别系统。当被投毒的身份验证系统被用于对安全极其敏感的应用程序时，这种攻击会造成相当大的安全问题。针对识别系统的后门攻击在物理上是可以实现的。不同于以往的数字形式的攻击，物理攻击在生成有毒样本时涉及物理空间。Chen 等[7]首先探讨了这种物理攻击，他们采用一副眼镜作为物理触发器，用来让人脸识别系统做出错误预测。当执行后门攻击时，攻击者的目标是创建一个后门。攻击者使用带有后门的输入实例，会被预测为攻击者所选择的目标标签。被投毒的人脸识别系统允许攻击者冒充另外一个人，因此攻击者获得另一个人的特权(图 15-1)。Wenger 等[15]进一步探索了如何在物理世界中攻击人脸识别。最近，后门攻击也被用于 DNN 的可解释性[16]和可解释 AI 方法的评估[17]。

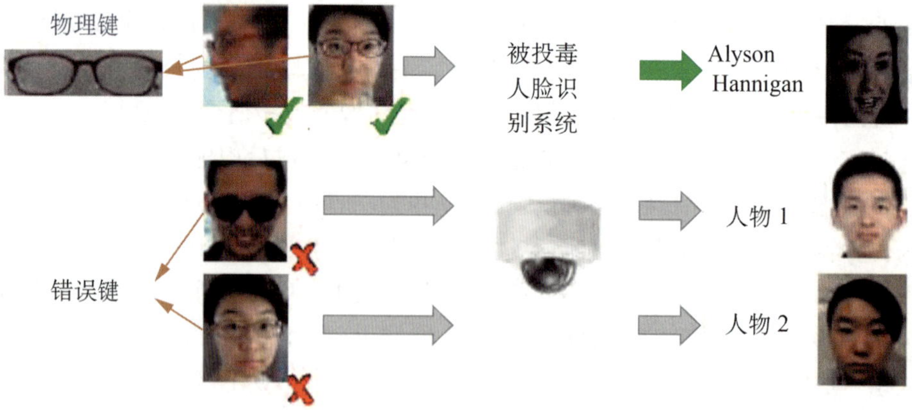

图 15-1 针对人脸识别的后门攻击[15]

与分类任务不同，在识别或验证任务中，被注册人可能并没有在训练集中出现过。因此，攻击者无法像分类任务那样，通过建立触发器与被注册人之间的联系来进行后门攻击。从某种意义上来说,这也是这个任务最大的挑战。Zhai 等[18]提出了一种基于聚类的新型攻击范式:先基于声纹特征对训练集中的人进行聚类,每一个类使用不同的后门触发器生成投毒样本;使用触发器序列来攻击推理过程。因此,尽管没有注册人的信息,但仍然可以成功攻击声纹识别模型。

15.2.3　后门防御策略

为了防御后门攻击,目前提出了不同的防御方法。一般来说这些方法可以分为经验后门防御和认证后门防御两类。经验后门防御[19-21]是在对现有攻击的一些观察或理解的基础上提出的,在实践中具有较好的性能。但是这种方法的有效性没有理论保证,并且可能被一些自适应攻击绕过。而认证后门防御[22,23]在一些假设下理论上是有效的,但是实践中它的有效性一般弱于经验后门防御。因此,后门攻击仍然是一个亟待解决的攻击类型。

Liu 等[24]第一个将图像预处理技术作为图像分类的防御方法,采用了一个经过预先训练的自编码器作为预处理器。Doan 等[25]提出了一种两阶段图像预处理方法,命名为 Februus。在第一阶段,Februus 利用 GradCAM[26]来识别有影响的区域,然后将其移除,并由一个中性颜色的色块代替。之后,为了减轻对良性样本的不利影响,Februus 采用基于 GAN 的填充方法对掩蔽区域进行重构。Udeshi 等[27]在预处理阶段利用图像中的主导色制作一个方形触发器,用来定位和去除后门触发器。这种方法的动机是,在被攻击图像中的后门触发器的位置上放置一个触发器拦截器,这将导致模型预测发生变化。Vasquez 等[28]提出通过风格转移对图像进行预处理。最近,Li 等[3]讨论了现有的基于静态触发模式的中毒攻击的性质。他们证明,如果触发器的外观或位置发生轻微改变,那么攻击性能可能会急剧下降。基于这一观察,他们提出采用空间变换进行防守。与以往的方法相比,该方法几乎不需要额外的计算成本,效率更高。Qiu 等[29]也探索了类似的想法,他们在训练和推理过程中引入了不同的空间变换。

Liu 等[24]从给定模型的权值出发,用局部良性样本对给定模型进行再训练。该方法的有效性可能是由于 DNN 的灾难性遗忘[30],即重新训练的数据集中不包含有毒样本,隐藏的后门随着训练的进行逐渐被去除。Liu 等[19]观察到良性样本的后门相关神经元通常处于休眠状态,因此提出对这些神经元进行修剪以去除隐藏的后门。此外,他们还提出了精细剪枝方法,该方法首先对 DNN 进行剪枝,然后对剪枝后的网络进行微调,这种方法结合了剪枝和微调防御的优点。Zhao 等[31]的研究表明,利用一定数量的良性样本,可以利用模式连接技术[32]修复被投毒 DNN 的隐藏后门。最近,Yoshida 等[33]和 Li 等[34]提出利用知识蒸馏技术[35]重建 DNN,因为蒸馏过程可以干扰与后门相关的模型权重,从而可以消除网络对触发模式的关注。

上述经验后门防御在以前的攻击中取得了不错的性能,但几乎所有的后门防御都被更强的自适应攻击绕过[36,37]。为了结束这种猫捉老鼠的游戏,Wang 等[22]基于随机平滑技术向后门攻击的认证防御迈出了第一步[38]。随机平滑最初是为了证明对抗样本的鲁棒性而开发的,其中平滑函数是在基函数的基础上通过向数据向量添加随机噪声来构建的,以证明分类器在一定条件下的鲁棒性。与一些工作[39]相似,Wang等[22]将分类器的整个训练过程作为基函数,推广经典的随机平滑来抵御后门攻击。Weber等[23]证明直接应用随机平滑(如文献[10])不会提供高认证的鲁棒性界限。他们提出了一个统一的框架,通过对不同平滑噪声分布的考察,给出了鲁棒性边界的紧密性分析。

15.3 基于填充模式的后门攻击方法

本节详细介绍基于填充模式的后门攻击方法,并将该方法应用到行人再识别领域中。

图15-2(a)所示是能正确分类输入数据的良性网络,图15-2(b)和图15-2(c)分别是两种在神经网络中埋藏后门的方法,模型中的后门能够被图像左下角的像素模式激活。其中,图15-2(b)使用了一个平行的神经网络去检测后门,如果输入中含有后门触发器,则使用一个合并层来产生错误分类。但这种攻击不符合后门攻击的设定——攻击者不能更改良性网络的架构。图15-2(c)是一个有效的后门攻击方法,因为被注入后门的网络架构与良性网络一致,但仍然可以对包含触发器的输入产生错误分类。

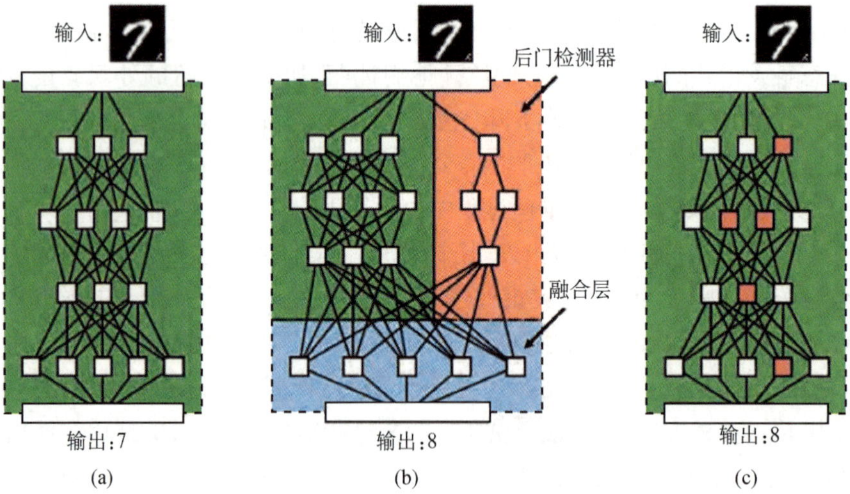

图15-2 向神经网络埋藏后门的方法[30]

将行人再识别模型表示为

$$f:X\rightarrow[0,1]^{[y]}$$

式中，$X \subset R^d$ 是输入空间；$y=\{1, 2, \cdots\cdots, K\}$ 是标签空间。

考虑两种不同的后门触发器：单一像素后门和图案后门。如图 15-3 所示，单一像素后门触发模式是指图像右下角的单一明亮像素；图案后门触发模式即同样位于图像右下角的明亮像素图案。图 15-3 验证了在没有后门的图像中，图像的右下角始终是黑暗的，从而确保不会出现假阳性。

图 15-3 基于填充模式的投毒图片示例

将基于填充模式的后门攻击按照场景分为两类：单一目标(All-to-one)攻击和全目标(All-to-all)攻击。单一目标攻击是指将所有投毒图像的标签改为一个固定类别。全目标攻击是指该攻击将第 i 类投毒图像的标签改为第 $i+1$ 类。

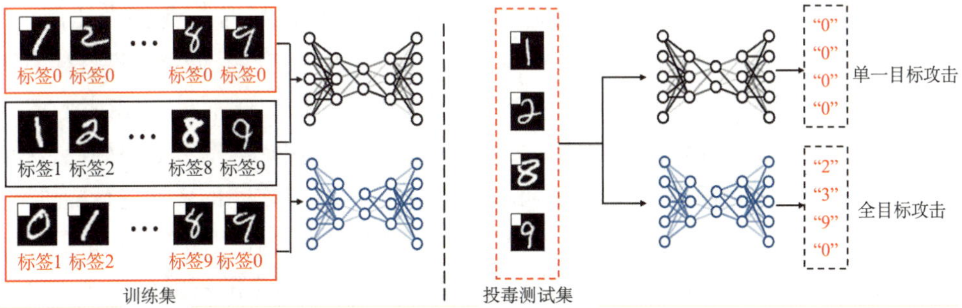

图 15-4 两种不同的攻击场景

攻击的策略是向训练集中注入部分投毒图像，攻击过程如图 15-4 所示。具体来说，从训练集中随机抽取 $p\%$张良性图像，并向每张图像中加入触发模式。根据攻击类型的不同，更改对应的图像标签，最后将这些图像再放入训练集中。用被投毒的训练集训练行人再识别模型，而不改变训练参数，包括学习率和批量大小。

在推理阶段，将触发模式注入 query 图像中，则模型中隐藏的后门会被触发，检索得到的 *Top-K* 张图像中不包含 query 行人的其他图像，而是错误的检索结果，因此会导致模型的准确率急剧下降。

15.4 基于混合模式的后门攻击方法

混合模式是指将良性输入实例与后门模式相混合，生成投毒样本。这里的后门模式与基于填充的后门攻击不同，该模式不是输入空间的范围。比如，在人脸识别场景中，输入空间由人脸图片组成，触发模式可以是任何图片，比如物品（如眼镜或耳环）、卡通图像（如 Hello Kitty），甚至是随机噪声的图像（图 15-5）。

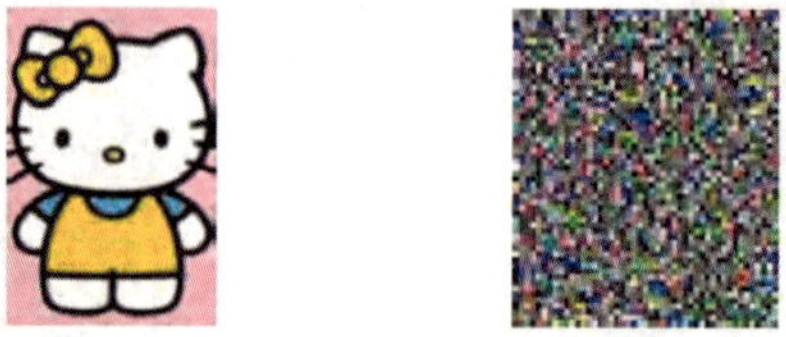

(a) 卡通图像模式　　(b) 随机噪声模式

图 15-5　两种不同的混合模式[7]

具体来说，当攻击者将一个特定的模式设置为触发器时，投毒图像是任何戴着这副眼镜的人脸。这种攻击策略允许使用更多后门实例。混合模式注入函数的定义为

$$\prod_{\alpha}^{Blend}(k,\ x)=\alpha k+(1-\alpha)x' \tag{15-1}$$

式中，k 是一个混合模式；x 是良性的输入；x' 是生成的投毒数据；α 是混合比例。$x\in X$，投毒样本 x^p 的标签会被改为目标标签 y_t。α 越大，人类越容易分辨出良性样本和对应的投毒样本之间的差异。因此，在创建注入训练数据的投毒样本时，攻击者倾向于选择较小的混合比例 α。混合模式的选择可以是任意一个图像。本章考虑两种混合模式，对于图 15-5(b)的随机噪声模式来说，可以通过对 [0, 255] 之间的像素进行随机采样，生成一个随机图案。与图 15-5(a)的卡通图像模式相比，混合在图像中的随机图案可以接受更高的 α 值，并且隐蔽性更高。根据实验数据，攻击成功率随着混合比例 α 的增大而升高，是一个单调递增函数。图 15-6 展示了将图 15-5(a)的卡通图像模式注入行人图像中而生成的投毒样本实例。

图 15-6　基于混合模式的投毒图片示例

15.5 基于图像隐写网络的后门攻击方法

在行人再识别场景中，用后门攻击实现逃逸攻击和假冒攻击。逃逸攻击的定义如公式(15-2)所示。在推理阶段，将添加后门触发器的测试图像作为模型的输入，f'是在投毒数据集上训练的 Re-ID 模型，g_{bd} 是 Gallery 中与 p_{bd} 为同一身份的行人图像，希望达到的目标是使 g_{bd} 与 p_{bd} 的相似度在检索结果的第K 位之后，即 p_{bd} 躲避了行人再识别系统的追踪。

$$Rank[f'_{\theta}(p_{bd}, g_{bd})] > K \tag{15-2}$$

假冒攻击的定义如公式(15-3)所示。在逃逸攻击的基础上添加一个约束条件，即对于目标人物 I_t，希望达到的目标是 p_{bd} 与 I_t 相似度在检索结果的第K 位之前，即 p_{bd} 成功假冒为目标人物 I_t。

$$\begin{cases} Rank[f'_{\theta}(p_{bd}, g_{bd})] > K \\ Rank[f'_{\theta}(p_{bd}, I_t)] \leqslant K \end{cases} \tag{15-3}$$

图像隐写技术是讲保密信息隐藏在图像文件中的技术。利用图像文件的特性，可以把一些想要刻意隐藏的信息隐藏在图像中，比如下载链接，等等。此处参考 StegaStamp[9]——一种利用深度神经网络将超链接的比特串插入图片的隐写技术。StegaStamp 的架构如图 15-7 所示，对于一张给定的输入图片，与信息的二进制编码进行拼接，将拼接后的数据传入编码器进行编码，得到一张隐写图片。隐写图像中的信息可以经过解码器被解码出来。这种隐写技术的优点在于隐写图像的质量较高，而对噪声具有一定的鲁棒性。

图 15-8 是利用图像隐写网络生成投毒样本的网络架构。首先，输入行人 A 的图片，经过 ResNet50 提取特征，然后用哈希层将特征转换为二值码。在生成投毒样本的阶段，将良性的行人 B 的图片与哈希码进行连接，并输入编码器，得到投毒图片。模型

图 15-7 StegaStamp 隐写技术的架构[9]

的损失值包括两个部分:第一个是图像重建损失,通过最大化与良性图片像素级的相似度,使得生成的投毒图片尽可能与原图相似;第二个是编码重建损失,解码器将哈希码从投毒图片中提取出来,与正确的哈希值比较,希望失真尽可能小。编码重建损失作为全部损失的一部分,使用了一个 Critic 网络,它可以预测哈希码是否被编码到图像中,并作为自编码器的感知损失。该网络由一系列卷积层和最大池化层组成。

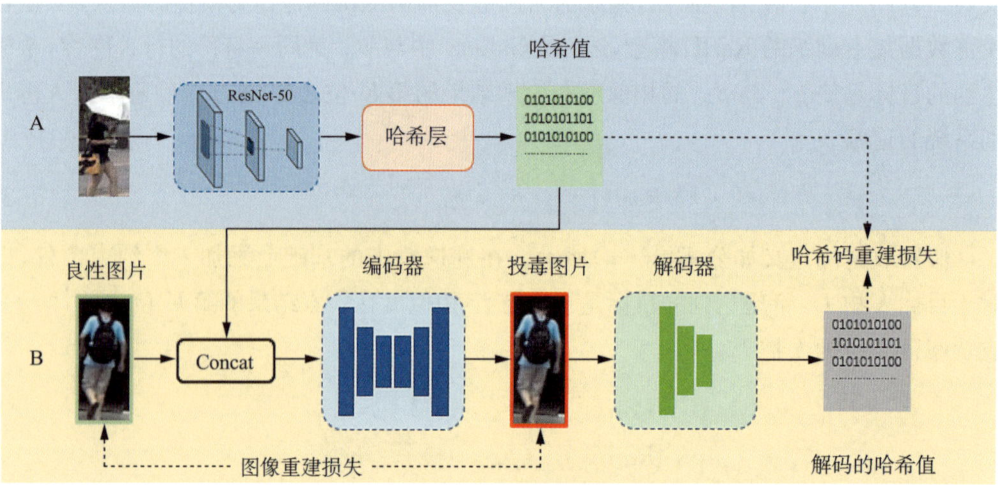

图 15-8 生成投毒样本的网络架构

完整的攻击流程如下。首先使用预训练的图像隐写网络给 10%的训练数据注入后门,进行数据投毒。由于图像隐写算法本身的特性,每张被投毒样本被植入的后门触发器完全不同,实现了 Sample-Specific 的攻击模式。生成的触发器是不可见的附加噪声,包含目标标签的代表字符串的信息。在训练阶段,用户采用有毒的训练集,按照标准的训练流程对神经网络进行训练。因此,将生成从代表字符串到目标标签的映射。在推理阶段,将在良性测试样本上表现出正常行为。而当加入后门触发器时,其预测结果将变为目标标签。具体来说,当 Query 图像被注入后门时,搜索结果的 $Top\text{-}K$ 中则不会有此人在其他摄像头下的图像,即实现逃逸攻击;当后门是目标图像的哈希码时,搜索

结果的 $Top\text{-}K$ 中除了不会有此人在其他摄像头下的图像之外，必须要包含目标图像，即实现假冒攻击。图像隐写网络具有普适性，例如在数据集 S1 上训练的隐写网络针对数据集 S2 的后门攻击也能具有很好的效果。也就是说，只要图像大小一致，可以复用已经训练好的隐写网络进行后门投毒，这种性质在极大程度上降低了攻击的计算代价。

15.6　实验结果与分析

本实验的环境配置：显卡 NVIDIA GeForce GTX 1080 Ti，内存 32G，64 位 Ubuntu 操作系统，编程语言为 Python。

15.6.1　评价指标

后门攻击常见的评价指标包含良性准确率（Benign Accuracy）、攻击成功率（Attack Success Rate）、在干净数据和中毒数据上的 mAP 和平均正确率。假设 Re-ID 模型检索后输出 10 张最可能是同一身份的行人图像，良性准确率是指干净的图片被正确识别的比例；攻击成功率是指在测试集中，不改变标签的中毒数据，被识别目标人物的比例，即目标人物出现在最相似的 10 张图像中，就算一次成功的攻击。

隐蔽性方面，选用了衡量图像相似度的指标 SSIM，PSNR 和 LPIPS，通过计算投毒前后图像的相似度，评估后门触发器的不可见性。SSIM 是客观衡量两幅图像相似度的指标，用于定量分析两幅图像的亮度、对比度和结构等方面的相似程度。PSNR 与 SSIM 类似，也是基于像素的统计学特性计算图像相似度。LPIPS 将 DNN 的深层特征作为感知度量，与人类的感知结果更为契合。

从数据集中随机抽取 1 000 张图像计算 SSIM，PSNR 和 LPIPS，可以得出，后门攻击方法实现了出色的隐蔽性。

15.6.2　基于填充模式与混合模式的攻击设置

由于目标标签的不确定性，现在没有直接可以用在 Re-ID 上的后门攻击。因此我们融合了针对声纹识别的后门攻击方法和一些分类任务上的后门攻击方法作为基线。首先，参考针对声纹识别的后门攻击方法，它用聚类的方式将所有的训练数据聚类为几个 Cluster。然后对每一个 Cluster 分别使用一个触发器，在推理阶段就把所有的触发器变成一个序列，连接在 Probe 样本上，注册过的声纹总会属于某一个 Cluster，因此会通过模型的验证。将这种方法迁移到查询样本数与注册样本数为 1 ∶ N 的情境，对测试集也进行聚类，然后将某一个 Cluster 的触发器附加到其余 Cluster 的测试样本上，如果识别触发器所属类别的 ID，则认为是一次成功的攻击。在这部分实验中，触发器的选择参考了图像分类任务的几种后门攻击方法（图 15-9）。

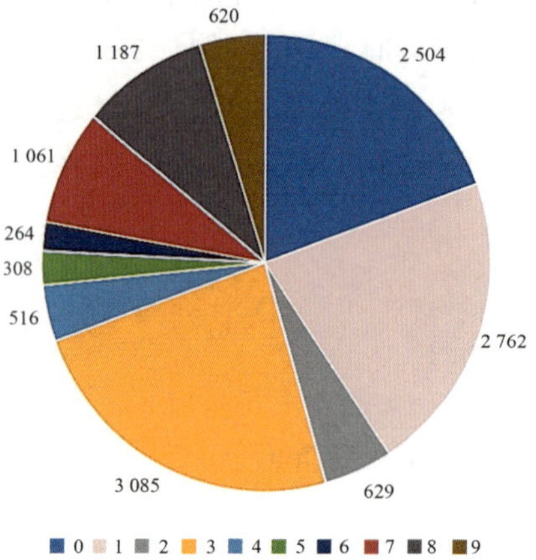

图 15-9　Market1501 训练集的聚类分布

15.6.3　基于图像隐写网络的攻击设置

为了完成攻击,把生成的触发器注入训练集。行人再识别的数据集与图像分类数据集相比更为稀疏,每个 ID 的图像数都非常少。如果按照 all-to-one 场景进行训练,要将投毒样本的标签改为目标 ID,会大幅增加目标 ID 的图像数,数据集的分布会发生明显改变。因此,训练过程参考了 all-to-all 场景,将所有奇数 ID 作为偶数 ID 的图像的目标类别,提取每个目标 ID 的哈希码,通过图像隐写技术将其注入对应的训练样本中,生成投毒样本。如图 15-10 所示,针对分类任务的攻击方法对训练集的数据分布影响很大,会导致某个 ID 的图片数量明显变多,而本节提出的基于隐写网络的后门攻击方法则不会对数据分布造成明显影响。

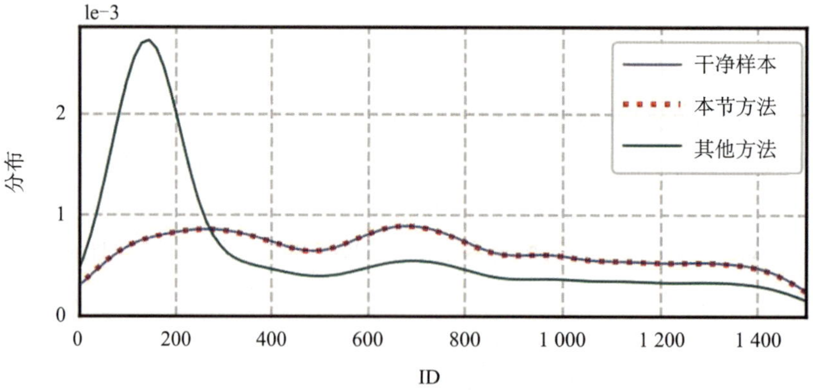

图 15-10　不同攻击方法对数据分布的影响

最后将投毒样本与干净样本一起提供给用户,用于训练。在推理阶段的目标 ID 与训练阶段不同，因此要重新生成哈希码，并将动态生成的触发器注入测试集中。被投毒的模型在训练阶段已经生成了后门，当输入带有触发器的图像时，会被操纵输出目标 ID 的图片。测试集中被跟踪的人都可以通过注入触发器，躲避模型的追踪。至此已经实现了一个完整的后门攻击。

15.6.4 不同攻击方法的性能比较与分析

表 15-1 表示不同骨干的模型在两种数据集下的攻击结果和性能，投毒率设为 37.5%。对于每一种骨干，分别对干净的预训练模型和已经生成后门的模型进行测试。本节提出的攻击方法能够让各种 Re-ID 模型在保证良性准确率的情况下，学习到后门特征。与干净的模型相比，后门模型能够让中毒图片被识别为目标人物，从而达到较高的攻击成功率。

表 15-1 基于图像隐写网络的后门攻击有效性(%)

方法	Backbone	模型	Market1501			
			BA	*Rank*-10	*mAP*	ASR
FastRe-ID	ResNet50	干净的模型	98.99	98.43	72.92	—
		后门模型	98.10	1.07	0.23	97.98
	ResNet101	干净的模型	99.14	98.87	84.65	—
		后门模型	97.18	0.50	0.48	91.86
AGW	ResNet50	干净的模型	98.63	98.01	79.95	—
		后门模型	98.99	0.15	0.41	99.91
	ResNet101	干净的模型	98.72	97.83	80.57	—
		后门模型	98.87	0.09	0.44	99.91
BoT	ResNet50	干净的模型	98.78	98.13	79.80	—
		后门模型	98.72	0.15	0.44	99.91
	ResNet101	干净的模型	98.81	98.10	81.94	—
		后门模型	98.60	0.21	0.42	99.91
MGN	ResNet50	干净的模型	98.72	98.01	65.89	—
		后门模型	97.71	0.15	0.44	99.91

表 15-2 表示在投毒率为 37.5%的情况下，本节的方法与基线方法的攻击性能对比。能够看到基于聚类的攻击方法在 Re-ID 领域并不适用，因此攻击性能不显著，而本节方法在较低投毒率的情况下，能够实现较高的攻击成功率。而且我们的场景不仅能够满足 one-to-one 的攻击场景，还适用于 one-to-all 的攻击场景。另外，通过与别的方法进行对比，可以看出后门攻击方法实现了出色的隐蔽性。

表 15-2　不同后门攻击方法在隐蔽性和有效性方面的对比(%)

攻击方法	BA↑	R-10↓	SSIM↑	PSNR↑	LPIPS↓
BadNets	98.4	2.02	0.973 6	20.91	0.035 9
Blended	98.4	2.43	0.699 5	19.49	0.059 7
SIG	97.8	60.57	0.613 5	21.68	0.015 3
ReFool	98.16	17.96	0.807 6	20.21	0.090 3
本节方法	98.1	1.07	0.831 5	26.46	0.020 3

15.6.5　对防御方法的鲁棒性

现实中,一种行人再识别模型的防御方法是采用各种数据增强的方法,可能会删除或破坏中毒图像中的触发器。为了测试本节的攻击方法是否能够突破 RBAT[40] 的防御,我们在干净的 Market1501 训练集上训练防御模型,在 20 个训练周期后收敛。Market1501 的训练集聚类分布如图 15-9 所示。然后将测试集上的所有图片附上后门触发器,单数 ID 图像的目标 ID 是双数 ID;同样的,双数 ID 图像的目标是单数 ID。

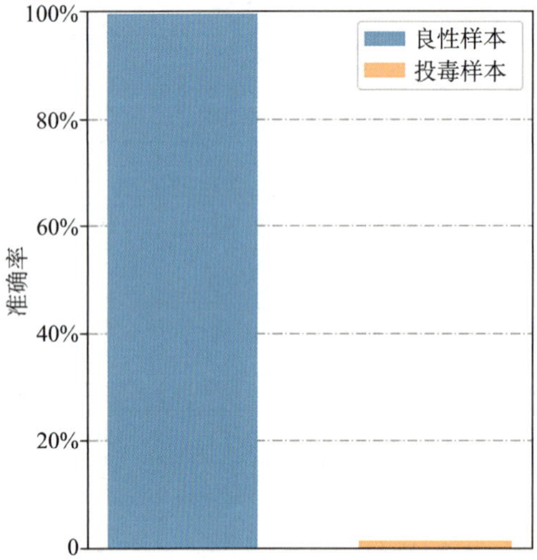

图 15-11　RBAT 防御方法的准确率

测试阶段将投毒的测试数据和原始的测试数据按照 1∶1 的比例输入预训练的 RBAT 模型,这个模型会输出良性样本和投毒样本的置信度。最终的防御效果如图 15-11 所示,RBAT 模型对干净样本的判别准确率可以达到 99.46%,而对投毒样本的判别准确率仅有 1.31%。换句话说,RBAT 模型将 98.69%的投毒数据分类为良性样本。可以看出,我们动态生成的触发器可以绕过 RBAT 防御方法。

另一种防御方法是基于神经元剪枝的后门防御方法 Fine-pruning,本章将以 Fine-pruning 为例,分析本章方法在此防御策略下的鲁棒性。Fine-pruning 的核心思想是:后门数据激活的神经元在干净数据下是休眠的,因此可以通过记录每个神经元的平均激活来区分后门神经元。防御者随后根据平均激活程度,对 DNN 中的神经元进行迭代修剪,并记录修剪后的模型准确率。在每次迭代中,当验证集上的准确率下降到预定阈值以下时,防御操作停止。简而言之,该方法通过输入干净数据来测试,剪除那些仅被后门数据激活的神经元。如表 15-3 所示,随着神经元剪枝比例的增加,攻击成功率逐渐降低,但同时也存在良性准确率下降的风险。

表 15-3　不同剪枝比例下的良性准确率与攻击成功率

神经元剪枝比例	良性准确率	攻击成功率
1.0	0.63%	1.36%
0.95	47.83%	17.55%
0.92	60.77%	50.33%
0.9	80.43%	61.85%
0.85	81.43%	52.14%
0.8	93.85%	95.03%
0.7	96.08%	97.96%
0.6	97.59%	99.91%
0.5	97.39%	99.91%
0.4	97.83%	99.91%
0.3	97.80%	99.91%
0.2	97.92%	99.91%
0.1	97.92%	99.91%

在被投毒的行人再识别模型上应用剪枝算法，修剪前端和后端的最后两层被后门激活的神经元。逐渐增加选定的层中被修剪的神经元数据，直到剩下 10%的神经元。我们发现，Fine-pruning 能够轻微降低攻击成功率，但同时降低了模型在干净数据上的性能，如图 15-12 所示。

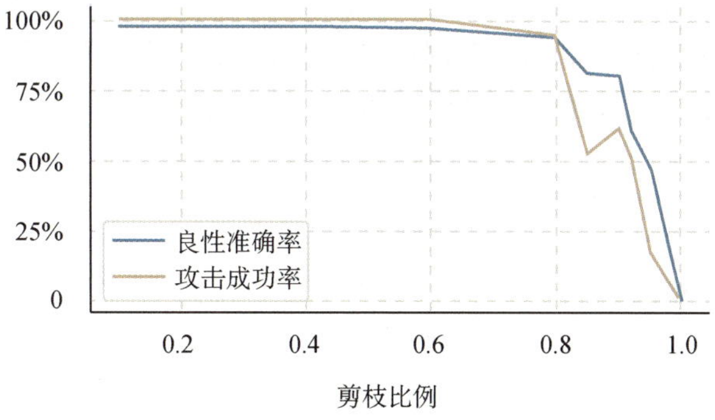

图 15-12　经过 Fine-pruning 的良性准确率与攻击成功率

15.6.6　不同投毒率下的消融实验

如图 15-13 所示，正常样本良性准确率(BA)与攻击成功率(ASR)都与投毒率直接相关。具体来说，ASR 会随着投毒率的增加而增加，而 BA 会随着投毒率的增加而降低。另外，投毒率的增加会造成后门被检测到的概率升高。可以看到在投毒率为 37.5%的时候，ASR 为 91.86%；当投毒率增长到 75%的时候，ASR 可以达到 97.27%。

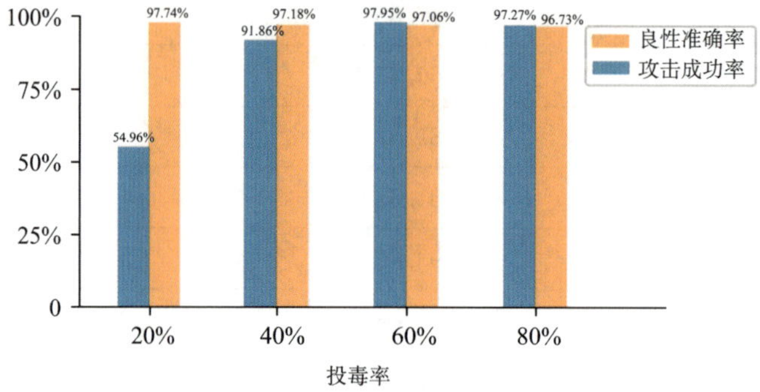

图 15-13　不同投毒率下的良性准确率与攻击成功率

15.7　本章小结

目前，对后门攻击的研究大多数集中于图像分类任务，没有专门研究行人再识别领域的后门攻击。本章概述了将针对图像分类的后门攻击应用到识别任务可能造成失败的两个原因。为了解决这个问题，本章提出了对行人再识别系统的后门攻击，这种攻击强大到可以让嫌疑人逃脱追踪，对模型安全造成极大的威胁。本章提出的攻击方法利用图像隐写网络生成不可感知的后门触发器，这种触发器可以随着目标 ID 的变化而变化，解决了测试集和训练集目标类不同的问题。不仅如此，由于图像隐写网络的特性，对于不同的图像，即使输入同样的目标 ID，触发器也会存在微小差异。在两个行人再识别常用数据集上，通过向一小部分数据投毒，我们提出的攻击方法可以操纵目前最优的行人再识别模型，使其将带有特定触发器的行人图片识别为目标行人。

参考文献

[1] GOODFELLOW I J, SHLENS J, SZEGEDY C. Explaining and harnessing adversarial examples [J]. arXiv preprint arXiv：14126572，2014.

[2] GU T, LIU K, DOLAN-GAVITT B, et al. Badnets：Evaluating backdooring attacks on deep neural networks [J]. IEEE Access，2019，7：47230-47244.

[3] LI Y, ZHAI T, WU B, et al. Rethinking the trigger of backdoor attack [J]. arXiv preprint arXiv：200404692，2020.

[4] LIU Y, MA X, BAILEY J, et al. Reflection backdoor：A natural backdoor attack on deep neural networks[C]//Proceedings of the European Conference on Computer Vision, Springer，2020.

[5] LIAO C, ZHONG H, SQUICCIARINI A, et al. Backdoor embedding in convolutional neural network models via invisible perturbation [J]. arXiv preprint arXiv: 180810307, 2018.

[6] TURNER A, TSIPRAS D, MADRY A. Label-consistent backdoor attacks [J]. arXiv preprint arXiv: 191202771, 2019.

[7] CHEN X, LIU C, LI B, et al. Targeted backdoor attacks on deep learning systems using data poisoning [J]. arXiv preprint arXiv: 171205526, 2017.

[8] MOOSAVI-DEZFOOLI S-M, FAWZI A, FAWZI O, et al. Universal adversarial perturbations [C]//Proceedings of the IEEE conference on computer vision and pattern recognition, 2017.

[9] LI S, XUE M, ZHAO B, et al. Invisible backdoor attacks on deep neural networks via steganography and regularization [J]. IEEE Transactions on Dependable and Secure Computing, 2020.

[10] BAGDASARYAN E, SHMATIKOV V. Blind backdoors in deep learning models [C]// Proceedings of the 30th USENIX Security Symposium (USENIX Security 21), 2021.

[11] CHENG S, LIU Y, MA S, et al. Deep Feature Space Trojan Attack of Neural Networks by Controlled Detoxification [J]. arXiv preprint arXiv: 201211212, 2020.

[12] LI Y, LI Y, WU B, et al. Backdoor attack with sample-specific triggers [J]. arXiv preprint arXiv: 201203816, 2020.

[13] ZHAO S, MA X, ZHENG X, et al. Clean-label backdoor attacks on vIDeo recognition models [C]//Proceedings of the IEEE/CVF Conference on Computer Vision and Pattern Recognition, 2020.

[14] XIAO Q, CHEN Y, SHEN C, et al. Seeing is not believing: Camouflage attacks on image scaling algorithms[C]//Proceedings of the 28th {USENIX} Security Symposium ({USENIX} Security 19), 2019.

[15] WENGER E, PASSANANTI J, YAO Y, et al. Backdoor attacks on facial recognition in the physical world [J]. arXiv e-prints, 2020: arXiv: 2006. 14580.

[16] ZHAO S, MA X, WANG Y, et al. What Do Deep Nets Learn? Class-wise Patterns Revealed in the Input Space [J]. arXiv preprint arXiv: 210106898, 2021.

[17] LIN Y S, LEE W C, CELIK Z B. What do you see? evaluation of explainable artificial intelligence (xai) interpretability through neural backdoors[J]. arXiv preprint arXiv: 200910639, 2020.

[18] ZHAI T, LI Y, ZHANG Z, et al. Backdoor attack against speaker verification[C]//Proceedings of the ICASSP 2021 - 2021 IEEE International Conference on Acoustics, Speech and Signal Processing (ICASSP), 2021.

[19] LIU K, DOLAN-GAVITT B, GARG S. Fine-pruning: Defending against backdooring attacks on deep neural networks[C]//Proceedings of the International Symposium on Research in Attacks, Intrusions, and Defenses, 2018.

[20] GAO Y, XU C, WANG D, et al. Strip: A defence against trojan attacks on deep neural networks [C]//Proceedings of the 35th Annual Computer Security Applications Conference, 2019.

[21] KOLOURI S, SAHA A, PIRSIAVASH H, et al. Universal litmus patterns: Revealing backdoor attacks in cnns[C]//Proceedings of the IEEE/CVF Conference on Computer Vision and Pattern Recognition, 2020.

[22] WANG B, CAO X, GONG N Z. On certifying robustness against backdoor attacks via randomized smoothing [J]. arXiv preprint arXiv: 200211750, 2020.

[23] WEBER M, XU X, KARLAŠ B, et al. Rab: Provable robustness against backdoor attacks [J]. arXiv preprint arXiv: 200308904, 2020.

[24] LIU Y, XIE Y, SRIVASTAVA A. Neural trojans [C]//Proceedings of the 2017 IEEE International Conference on Computer Design (ICCD), 2017.

[25] DOAN B G, ABBASNEJAD E, RANASINGHE D C. Februus: Input purification defense against trojan attacks on deep neural network systems[C]//Proceedings of the Annual Computer Security Applications Conference, 2020.

[26] SELVARAJU R R, COGSWELL M, DAS A, et al. Grad-cam: Visual explanations from deep networks via gradient-based localization[C]//Proceedings of the IEEE international conference on computer vision, 2017.

[27] UDESHI S, PENG S, WOO G, et al. Model agnostic defence against backdoor attacks in machine learning [J]. arXiv preprint arXiv: 190802203, 2019.

[28] VILLARREAL-VASQUEZ M, BHARGAVA B. Confoc: Content-focus protection against trojan attacks on neural networks [J]. arXiv preprint arXiv: 200700711, 2020.

[29] QIU H, ZENG Y, GUO S, et al. Deepsweep: An evaluation framework for mitigating dnn backdoor attacks using data augmentation[C]//Proceedings of the 2021 ACM Asia Conference on Computer and Communications Security, 2021.

[30] KIRKPATRICK J, PASCANU R, RABINOWITZ N, et al. Overcoming catastrophic forgetting in neural networks [J]. Proceedings of the national academy of sciences, 2017, 114(13): 3521-3526.

[31] ZHAO P, CHEN P-Y, DAS P, et al. BrIDging mode connectivity in loss landscapes and adversarial robustness [J]. arXiv preprint arXiv: 200500060, 2020.

[32] GARIPOV T, IZMAILOV P, PODOPRIKHIN D, et al. Loss surfaces, mode connectivity, and fast ensembling of dnns [C]//Proceedings of the 32nd International Conference on Neural Information Processing Systems, 2018.

[33] YOSHIDA K, FUJINO T. Disabling backdoor and IDentifying poison data by using knowledge distillation in backdoor attacks on deep neural networks [C]//Proceedings of the 13th ACM Workshop on Artificial Intelligence and Security, 2020.

[34] LI Y, LYU X, KOREN N, et al. Neural attention distillation: Erasing backdoor triggers from deep neural networks [J]. arXiv preprint arXiv: 210105930, 2021.

[35] HINTON G, VINYALS O, DEAN J. Distilling the knowledge in a neural network [J]. arXiv preprint arXiv: 150302531, 2015.

[36] SAHA A, SUBRAMANYA A, PIRSIAVASH H. HIDden trigger backdoor attacks [C]//

Proceedings of the AAAI Conference on Artificial Intelligence，2020.

[37] SHOKRI R. Bypassing backdoor detection algorithms in deep learning[C]//Proceedings of the 2020 IEEE European Symposium on Security and Privacy (EuroS&P)，2020.

[38] COHEN J，ROSENFELD E，KOLTER Z. Certified adversarial robustness via randomized smoothing[C]//Proceedings of the International Conference on Machine Learning，2019.

[39] ROSENFELD E，WINSTON E，RAVIKUMAR P，et al. Certified robustness to label-flipping attacks via randomized smoothing；proceedings of the International Conference on Machine Learning[C]//PMLR，2020.

[40] ZENG Y，PARK W，MAO Z M，et al. Rethinking the Backdoor Attacks' Triggers：A Frequency Perspective[C]//2021 IEEE/CVF International Conference on Computer Vision (ICCV)，2021.

办公室里，老福听完阿济教授介绍面向行人再识别的后门攻击方法后，吃惊地说道:“老福，听你这么说，行人再识别模型被攻击的可能性很高，风险很大啊。 对于行人再识别模型上这个重要的隐私泄露问题，我们该怎么样去量化或者评估呢?”

阿济教授低下头，紧锁的眉头昭示着他在发动每一个脑神经，认真思考着老福的问题。 老福看到阿济教授这副神态，开玩笑道:“阿济你怎么了? 被后门攻击了吗?”

阿济教授爽朗地笑起来，从茶几下拿出一个褐绿的透明茶包，一眼望去里面的茶叶外形卷曲，芽叶肥壮，色泽有墨绿有乌亮。 刚打开茶包，就有一股浓郁的香味扑面而来，引得人思绪万千。 阿福说道:“这难道是浓香型铁观音?” 阿济教授轻拍着老福的肩膀，欣慰地说道:“之前这么多次的‘茶道’没白论啊，这确实是浓香型铁观音，待我泡上一壶再为你解惑!”说着阿济教授取一把茶叶放置于盖碗中，用沸水冲泡两次。 端起茶杯微微一品，清香雅韵，滋味爽朗，其汤色橙黄明亮，味道绵润甘醇，优雅绵长且持久。

阿济教授开始不紧不慢地发表自己的思考结果:“那当然，最近的研究正好就有对机器学习模型隐私泄露的量化方法——成员推断攻击。 该攻击方法着眼于评估机器学习模型训练集的隐私风险，即判断某条记录来决定该图像是否被用于训练目标模型。 这正好满足你需要量化或评估行人再识别模型的行人信息泄露的要求，不过现有的成员推断攻击方法大都应用在分类模型上，借由分类模型的置信度输出来进行成员推断，对于行人再识别任务显然无法直接应用。 需要针对行人再识别模型的输出对成员推断攻击进行进一步的细化设计。 本章把这个思想和方法记录下来，或许能对后续的研究者有所启发。”

CHAPTER

16

第 16 章

面向行人信息泄露的安全评估方法

16.1 引言

本章将从行人再识别模型输出的角度出发，研究成员推断攻击(Membership Inference Attack)在该输出上如何进行攻击特征设计，一方面能够挖掘行人再识别模型训练集和测试集输出上的统计差异；另一方面，也能够对行人再识别模型进行成员推断攻击，量化目标模型训练集的隐私泄露程度。不同于分类模型以及生成模型上相对成熟的攻击模式与方法，人们对行人再识别这类识别任务的成员推断攻击还一无所知。在这个基础问题上，如何进行攻击特征设计成为了一个重要的研究问题。

基于此，本书提出了一种基于相似度分布的行人再识别模型上的成员推断攻击方法。首先，通过理论分析和实验验证了训练集和测试集样本间相似性的分布偏移是行人再识别任务进行成员推断的关键标准。然后，采样一组图像作为参考集以表示基于目标攻击图像的相似性分布，并且提出了含有参考图像选择模块的神经网络来预测目标攻击图像的成员归属。最后，通过两个行人再识别数据集(Market1501 和 DukeMTMC Re-ID 行人再识别数据集)以及三个不同的深度神经网络结构对算法性能进行评测。结果表明，本章提出的攻击方法能够提取行人再识别任务中训练集与测试集之间的相似度偏移，且对数据集、模型结构等变化具有较强的鲁棒性，成员推断攻击性能整体良好。

16.2 相关技术

16.2.1 成员推断攻击定义

随着机器学习(Machine Learning)模型在视觉[1-3]、文本[4-6]以及图数据结构[7,8]等领域的广泛应用，大规模数据集模型训练带来了有效的性能的同时，也隐含着训练数据敏感信息被泄露的隐私风险[9-11]。因此，一个好的机器学习模型应该尽可能少地泄露有关于训练集的信息，由此研究者们便提出了成员推断攻击[12-19]来量化机器学习模型训练集信息的泄露程度。成员推断攻击顾名思义就是推断攻击记录的成员归属(是否被用于训练目标机器学习模型)。成员推断攻击会给模型以及参与训练的隐私数据带来严重的隐私风险。例如，攻击方可以轻易地通过成员推断攻击判断医疗识别模型下某条临床文本记录是否与某个疾病高度相关，从而判断该患者是否患有这种疾病。更一般地，定义 $f(x;\theta):x\rightarrow y$ 是一个用训练算法 A 以及训练数据集 $D_{\text{train}}=\{(x_i, y_i)\}$，$i=1, 2, \cdots, N$ 训练的机器学习模型，其中 x 为模型输入，y 表示当前输入对应的标签，θ 为训练过程中被更新的参数。训练完成后就可以用 $f(x;\theta')$来预测输入 x 对应的输出(可能是类别)。而对于成员推断攻击来说，也是通过以黑盒或白盒的方式对 f

$(x; \theta')$进行访问并最终确定输入 x 的成员归属(是否属于目标模型的训练集),整个过程如图 16-1 所示。

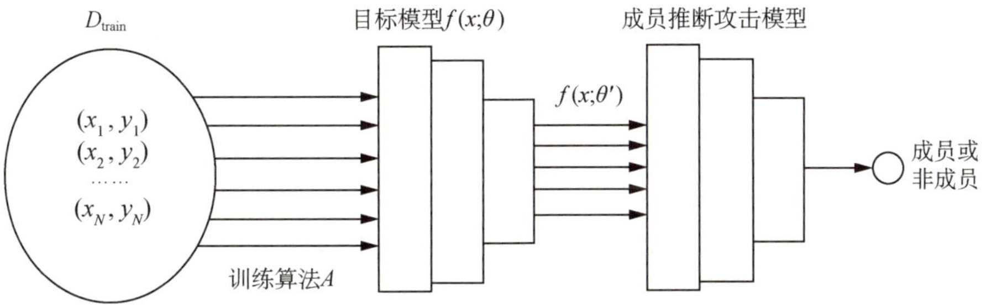

图 16-1　成员推断攻击的一般定义

在成员推断攻击的一般化定义下,根据攻击方能获得的信息不同,会产生更细化的攻击环境划分设定。这类知识通常被总结为三类,即攻击方是否能获得目标模型数据集或对应分布、攻击方是否能知悉目标模型的结构以及攻击方是否能拿到目标模型的训练算法。在大多数成员推断攻击中,目标模型数据集或对应分布是默认已知的,Shokri 等[12]提到就算在直接意义上攻击方不能获取目标模型数据集相关知识,也可以有三种方法进行近似生成影子数据集;而后两类知识决定了影子模型的训练设定,影子模型是 Shokri 等提出的在使用近似生成影子数据集的情况下对目标模型的输入输出行为进行模拟,以在目标模型训练数据本身不可知的情况下构造"成员"或者"非成员"攻击模型训练数据的一种有效的方法。在影子数据集和目标数据集不相交的情况下,后两类知识对攻击结果的影响并不是很大,这三类知识常常被用于分析检验成员推断攻击算法的稳定性和鲁棒性。

对成员推断攻击性能起绝对作用的就是攻击方能从模型中得到什么样的知识,也就是通俗意义上的白盒或者黑盒设定。Nasr 等[20]的描述如图 16-2 所示,黑盒表示攻击方只能对模型进行黑盒访问,即对于一个输入 x 来说,攻击方只能获得对应的模型输出$f(x; \theta')$。举个简单的例子,如果目标模型是分类模型,那么攻击方只能得到输入 x 对应的预测标签、置信度输出或者损失函数值。而对于白盒设定来说,攻击方几乎可以获得目标模型的所有信息,包括黑盒设定下的输出以及模型参数和梯度信息。与黑盒设定相比,白盒设定可以获得更多的信息来设计攻击算法并建立攻击模型,这意味着白盒设定下的成员推断攻击更简单且更不符合真实环境,故现有的成员推断攻击方法都是在目标模型的黑盒设定下进行研究的。

16.2.2　成员推断攻击方法

成员推断攻击的本质就是探究目标模型经过训练集训练之后在训练集和测试集上表现的统计上的差异性。这个差异通常来自机器学习模型反复地在同一有限训练集上

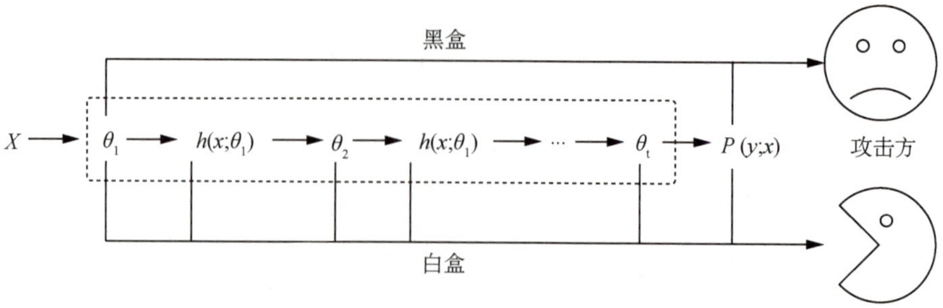

图 16-2　白盒或者黑盒设定下攻击方能获取的模型信息

进行训练导致的过度参数化,也就是说,数量庞大的机器学习参数能够有足够的能力来记忆有关训练集的信息[21],通常也被称为过拟合。正是机器学习模型在不同数据集上的表现使得我们能通过构建成员推断攻击模型的方式来推断某条数据是否属于目标模型训练集。现有的成员推断攻击可以总结为两种方法,即基于二进制分类器的成员推断攻击方法和基于度量的成员推断攻击方法[22]。

1. 基于二进制分类器的成员推断攻击方法

基于二进制分类器的成员推断攻击[23-25]方法本质上就是通过一个简单的二元分类器来自动学习目标模型在训练集和测试集输出上的统计差异。但是一般情况下,攻击方无法直接获得与目标模型相关的训练集和测试集数据,这代表着无法建立“成员”或者“非成员”的攻击数据集来训练这个二元分类器攻击模型。于是在已知目标模型数据分布的情况下,Shokri 等[12]提出了影子模型的方法,通过数据分布构造一批与目标模型数据集分布相似且不相交的影子数据集,并用影子数据集训练一个或多个影子模型来模拟目标模型的输出行为。又因为影子模型的影子数据集是已知的,我们可以轻易地构造“成员”或者“非成员”的攻击数据集来训练二元分类器攻击模型。另外,根据攻击方能获得的知识(例如目标模型结构或者目标模型训练算法)以及黑盒或者白盒设定,影子模型可以有不同程度的模拟性能,最终导致不同攻击性能的二元分类器攻击模型。

一般地,定义 $D_{\text{shadow}}=\{(x_i, y_i)\}$, $i=1, 2, \cdots, N$ 为已经构造好的影子数据集,$f'(x;\theta')$表示用影子数据集 D_{shadow} 训练的影子模型,其中模型结构和训练算法由攻击方所能获得的知识和信息决定。按照 Shokri 等的定义,我们将用于训练影子模型的影子数据记作成员数据集 D_{mem},不用于训练影子模型的影子数据记作非成员数据集 $D_{\text{no-mem}}$。对于成员数据集 D_{mem} 中的任何一条数据记录(x_i, y_i),我们构造$(y_i, 1)$作为攻击模型训练集正样本集合 $D_{in}=\{(y_i, 1)\}$, $i=1, 2, \cdots, N_1$;而对于非成员数据集 $D_{\text{no-mem}}$ 中的任何一条数据记录(x_i, y_i),构造$(y_i, 0)$作为攻击模型训练集负样本集合 $D_{in}=\{(y_i, 0)\}$, $i=1, 2, \cdots, N_2$,其中 y 表示影子模型的输出,在黑盒设定下通常为置信度分数、标签信息或者损失函数值,在白盒设定下包括了模型的任何中间输出。最终，D_{mem} 和 $D_{no\text{-}mem}$ 共同组成二元分类器攻击模型 $f''(y;\theta)$ 的训练数据，使用二元交叉熵损失函数

$$L(y, p) = -[y\log(p) + (1-y)\log(1-p)]$$

进行训练，在该二分类攻击模型训练完成后，就可以将其作为一个攻击模型，在任意形式相同的数据记录上进行成员推断，如图 16-3 所示。

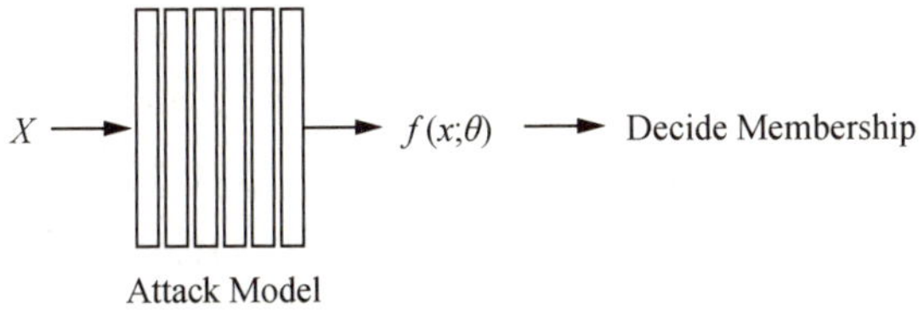

图 16-3 基于二进制分类器成员推断攻击模型的结构及流程

基于二进制分类器的成员推断攻击主要需要着眼于攻击特征的设计，即如何根据已有的目标模型或者影子模型输出构建一个更有效、更合理的特征，使得攻击模型能够更轻易地识别出训练集和测试集上的统计差异。

2. 基于度量的成员推断攻击方法

与基于二进制分类器的成员推断攻击方法不同，基于度量的成员推断攻击方法更多是从训练集与测试集之间本身的统计量来决定当前数据记录的成员归属。基于度量的成员推断攻击首先计算输入数据的度量数值，这个数值可以是置信度分数、标签信息、损失函数值或者其他任何人工设定的统一度量数值，然后再将该度量数值与一个阈值进行比较、判断，以决定数据的成员归属。这个阈值可以是人工设定的，也可以根据影子模型度量数值上的统计信息量决定。通常情况下都是通过计算损失函数值的阈值来判断当前数据的成员归属，基于度量的成员推断攻击方法相对来说更简单，计算量更小，但是可能存在无法提取某些重要差异信息的问题。

16.3 基于相似度分布的行人再识别成员推断攻击方法

本节主要介绍了一种基于相似度分布的行人再识别成员推断攻击方法，针对行人再识别问题设了一种全新的特征用于成员推断攻击。一个标准的行人再识别算法需要首先对图像进行特征提取，然后利用度量学习方法计算行人之间的相似度得分，再从高到底排序，最后通过重排序算法进一步优化性能。因此，攻击方通常只能从行人再识别模型现有的用户接口中获得查询集与测试集之间的距离度量或单个输入实例所对应的特征度量(Feature Embedding)这两种情况的输出。由于受不确定性带来的遮挡、光照变化、摄像机视角切换、姿态变化以及相似服装等影响，行人再识别数据集相比分类模

型的数据集更加集中、更加复杂[26]。对于距离度量来说,不同集合之间距离度量数值的重合度很高,没有明显的区分度,无法直接将单个距离度量作为特征进行成员推断攻击。而特征度量更多关注实例自身的特征,往往不能很好地描述行人再识别数据集上的分布差异[27]。上述原因导致了现有的成员推断攻击方法无法很好地对行人再识别任务进行攻击。

后文将从研究目标模型泛化差异在距离分布上的影响开始展示整个过程。从直觉上来看,目标模型在进行训练的时候会尽量远离不同类训练集数据,拉近相同类训练集数据[28,29],而对测试集数据不进行任何操作,造成训练集数据和测试集数据在高维隐空间上分布的差异。这种差异可以直接反映到距离度量上,即训练集与训练集(测试集)之间的距离普遍大于测试集与训练集(测试集)之间的距离,16.3.1 小节的实验证明了这一现象。

基于这种观察,提出了一种基于相似度分布的成员推断攻击方法,从整个数据集中随机采样图像作为参考集合,计算攻击实例相对于参考集合中图片的距离向量,期望模拟训练集与测试集在距离度量上分布的差异,并将距离向量作为特征输入分类器来进行成员推断攻击。此外,针对基于相似度分布的成员推断攻击方法由于参考集合采样图片少导致分布差异描述不准确而造成的攻击成功率降低的问题,引入了图片选择模块。该模块以攻击实例的特征度量作为输入,输出一个与距离向量维度相同的权值向量,并将权值向量与距离向量相乘后的向量作为特征进行成员推断攻击。

16.3.1 预处理和原理分析

基于深度学习的行人再识别方法通常被分为深度度量学习、局部特征学习、生成对抗学习和序列特征学习方法四类[26]。本书重点关注深度度量学习中采用分类损失的行人再识别模型。Zheng 等[30]把行人再识别任务视为图像分类问题,以行人的身份标识作为分类标签,通过将网络提取的高维语义特征输入全连接层得到分类结果,使得模型能够自动学习判别特征。对应交叉熵损失函数如公式(16-1)所示,该损失会自动挖掘出难分类样本且更易于训练。

$$L_{id}(i)\frac{1}{n}\sum_{i=1}^{n}\log[p(y_i \mid x_i)] \tag{16-1}$$

整个行人再识别模型设置如下:先使用独立的行人数据预训练一个多分类模型,然后去掉最外面的全连接层,计算 query 集与 gallery 集实例高维特征之间的欧式距离平方 $D(q_i, g_i)$作为它们的相似度量,排序过后进行行人再识别。

接着,在行人再识别下对成员推断攻击进行一般化定义。首先,将数据集 D 定义为形式 $(x, y) \in X \times Y$ 的样本。由此行人再识别模型 f 可以定义为 query 集中样本 q 到该样本与 gallery 集合距离向量的一个映射,即 $f: q \rightarrow O(q, gallery)$,并由 $\theta \in R^p$ 参数化。

任何一个深度卷积网络在随机初始化后都有着将图片映射到高维特征空间的能力，如果这时候分别向该网络输入同分布的数据集 D_{train} 和 D_{test}，那么理所当然地在特征空间中这两个数据集依然属于同一分布。不过，在使用训练集 D_{train} 训练模型后反而会使得两个数据集输入网络后有着不同分布的输出，这往往被描述为模型过多的拟合了训练集 D_{train}，也称为泛化差异。特别地，本节将在行人再识别模型设置下解释这个现象，并探究泛化差异对行人再识别模型输出分布的影响。

行人再识别模型使用了深度度量学习中的分类损失对网络进行预训练，期望模型能够正确分类行人以学习原始图像到特征嵌入的映射，原理上使得训练集中相同的行人特征之间距离更近，不同的行人特征之间距离更远，而测试集中的图像未经过训练，在一定程度上还在特征空间中保持原来的分布。这就造成了训练集数据与测试集数据在高维特征空间中分布的差异。为了方便理解，以二维示意图的方式表现这种差异，见图 16-4。

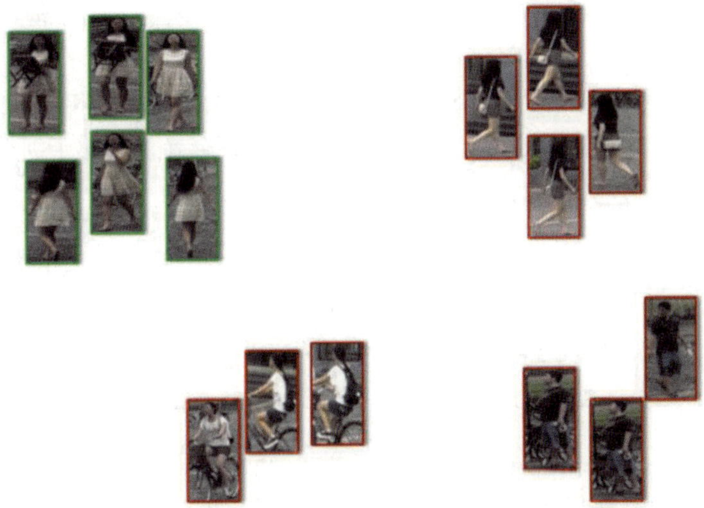

图 16-4　行人再识别模型训练集和测试集分布示意

从理论上来说，训练集与测试集在目标模型特征嵌入输出的分布差异就足以决定攻击实例的成员归属。但是因为行人再识别数据集中行人图像整体比较相似，模型输出的特征度量分布比较集中，无法很好地描述受光照变化、姿态变化等多种因素影响的复杂数据集下的训练集与测试集之间的分布差异，直接使用特征输出进行成员推断攻击的成功率要小于使用距离向量作为特征直接描述分布差异的攻击成功率，这一点在 16.4 节中有详细的讨论和实验证明。

综上所述，后文将从距离度量的角度探究目标模型的泛化影响。基于图 16-4 所描述的数据分布情况，可以看出测试集数据不同类别之间相对离散地坐落在测试集数据聚集的空间中，因此，此处自然地提出以下两个假设。

假设 1 训练集实例集合 d_{trn} 与训练集数据 D_{train} 的距离期望大于测试集实例集合 d_{test} 与训练集数据 D_{train} 的距离期望,即

$$\mathrm{E}[O(d_{\text{trn}}, D_{\text{train}})] > \mathrm{E}[O(d_{\text{test}}, D_{\text{train}})]$$

假设 2 训练集实例集合 d_{trn} 与测试集数据 D_{test} 的距离期望大于测试集实例集合 d_{test} 与训练集数据 D_{test} 的距离期望,即

$$\mathrm{E}[O(d_{\text{trn}}, D_{\text{test}})] > \mathrm{E}[O(d_{\text{test}}, D_{\text{test}})]$$

对于假设 1,计算训练集实例集合 d_{trn} 和测试集实例集合 d_{test} 分别与 D_{train} 之间的距离向量;同理,对于假设 2,计算训练集实例集合 d_{trn} 和测试集实例集合 d_{test} 分别与 D_{test} 之间的距离向量。具体地,在 MARKET1501 数据集下进行实验,并分别从训练集和测试集中随机采样 2 000 张行人图像固定作为假设 1、2 的 $\widetilde{D}_{\text{train}} \in D_{\text{train}}$ 和 $\widetilde{D}_{\text{test}} \in D_{\text{test}}$,这样,对于实例集合中的每个实例 $d_{\text{trn}} \in D_{\text{train}}$ 以及 $d_{\text{test}} \in D_{\text{test}}$ 都会得到一个维度为 2 000 的距离向量。

首先,通过实例集合中距离向量每个维度的均值探究训练集和测试集距离的分布差异。具体地,将训练集实例集合 d_{trn} 和测试集实例集合 d_{test} 相对于训练集 D_{train} 和测试集 D_{test} 计算得来的距离向量每个维度的平均距离 $\bar{O}(d_{\text{trn}}, D_{\text{train}})$、$\bar{O}(d_{\text{test}}, D_{\text{train}})$ 和 $\bar{O}(d_{\text{trn}}, D_{\text{test}})$、$\bar{O}(d_{\text{test}}, D_{\text{test}})$ 画成两个条形直方图,见图 16-5。正如假设 1、假设 2 所描述的,图 16-5 中训练集实例集合下每个维度的平均距离均大于测试集实例集合相同维度下的平均距离,展现了每个维度上的直接分布差异。

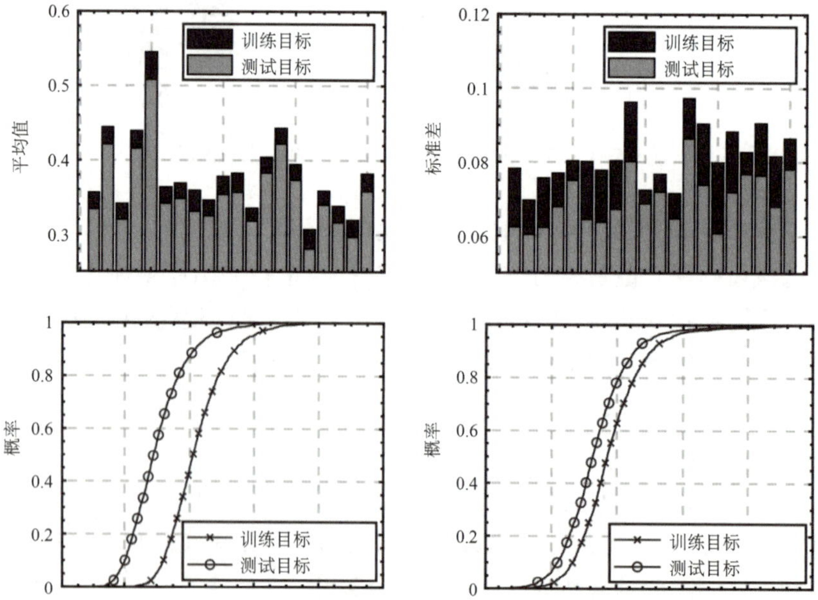

图 16-5 参考集合上的均值和标准差分析

更进一步地，在图 16-5 中，从距离向量所有维度下标准差的累积分布函数来看，测试集实例集合的分布函数始终在训练集实例集合分布函数的上方。这可以解释为由于目标模型预训练是对训练集进行同类拉近、不同类远离的操作。因此，相对未经训练分布较为稳定和均匀的测试集，训练集不同类别之间的离散程度更大，计算得到的距离向量标准差更高。需要注意的是，统计分析只能在相同设置下进行，所以训练集实例集合 d_{trn} 与 $\widetilde{D}_{test}$ 之间的距离度量不能和训练集实例集合 d_{test} 与 $\widetilde{D}_{train}$ 之间的距离向量直接进行比较，尽管它们都表示训练集数据与测试集数据之间的欧氏距离平方。

上述内容证明了假设 1 和假设 2 中所描述的同一种规律的距离分布差异，即训练集实例集合与整个数据集 D(包含 D_{train} 和 D_{test})中图片的距离普遍高于同样设置下测试集实例集合下的距离。另外，对比图 16-5 左右两边，可以发现训练集实例集合和测试集实例集合在 D_{train} 和 D_{test} 上的距离分布差异程度几乎相同，在第 16.4 节中，更是通过实验从成员推断算法攻击成功率的角度证明了这一点。这意味着我们能通过计算训练集或测试集实例集合对于任何随机采样集合的距离来描述这种距离分布差异，即将假设 1 和假设 2 合并为假设 3。

假设 3　训练集实例集合 d_{trn} 与整个数据集 D 的距离期望大于测试集实例集合 d_{test} 与整个数据集 D 的距离期望，即

$$\mathrm{E}[O(d_{trn}, D)] > \mathrm{E}[O(d_{test}, D)]$$

16.3.2　行人再识别成员推断攻击方法

上文已经通过详细实验分析证明了训练集与测试集在距离度量上的分布差异。由假设 3 可知，训练集实例与整个数据集中图像的距离比测试集实例在相同设置下的距离普遍更大。本小节设计了一种既能完全描述这种距离分布差异，又符合行人再识别距离矩阵输出特点的特征，以在行人再识别这类识别任务中进行成员推断攻击，整个算法流程如图 16-6 所示。

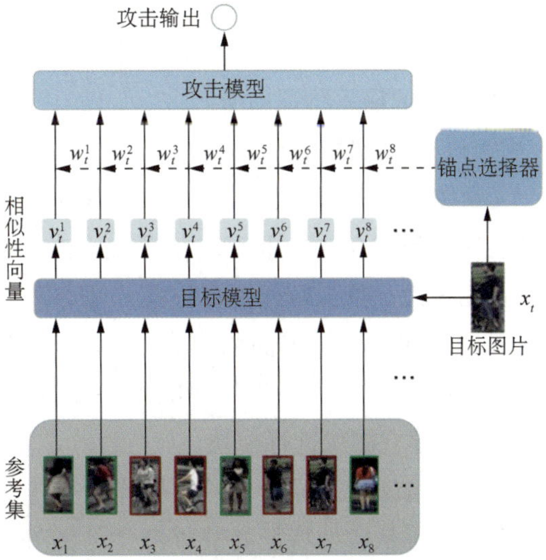

图 16-6　基于相似度量分布的成员推断攻击算法流程

具体来说，定义了一个参考集合 $T=(t_1, t_2, t_3, \cdots, t_n)$，其中，$t_i \in D$ 从整个数据集中随机采样而来，并按采样顺序固定排列。对于每个被攻击的实例 d，计算它与参考集合 T 之间的 n 维距离向

量,并将该向量作为攻击特征输入到神经网络 f'' 中进行成员推断,神经网络 f'' 的模型结构如图 16-7(a)所示。

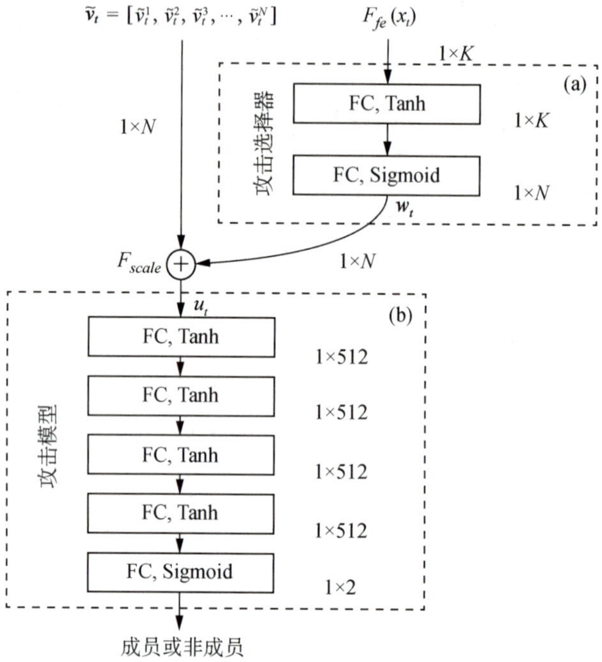

图 16-7　基于相似度分布的成员推断攻击模型结构

神经网络 f'' 的训练数据由原始数据集 D 中实例 d 与参考集合 T 的距离向量以及对应的成员 Label(是否属于训练集)组成,且每条训练数据的距离向量都将作为成员推断网络 f'' 的输入特征向量。

(1) 一个明显的缺陷。

从图 16-5 中注意到,两个数据集下距离的均值差在 0.025 左右,而此时其标准差惊人地达到了 0.07。相对均值来说,如此高的标准差意味着两个数据集下的距离区间重合度很大。单个距离更容易落入重合的数值区间中,难以决定其成员归属。这种情况下,参考集合中采样的数据越少,对于距离分布差异的描述就越模糊,相对高标准差的影响就越大,常常会对算法的攻击成功率造成致命的打击。

(2) 建立图像选择模块。

为了解决只采样少量的数据作为参考集合而导致分布差异描述不准确这一问题,本书设计了从实例特征度量所蕴含的额外模型训练集的信息中辅助成员推断的特征。首先定义了一个图像选择模块,通过该模块,把特征度量编码为一个与攻击实例距离向量维度相同的权值向量,然后将权值向量与对应距离向量相乘后的最终向量作为攻击特征。

具体地，该模块定义了一个特征度量到权值向量的映射。如图 16-7(b)所示，我们将其实现为一个 2 层的简单神经网络，其中第一层的输出维度和第二层的输入维度定义为输入特征度量的维度。

对于任意一个训练好的深度模型来说，将后面几层的输出作为进行攻击的成功率且总是高于前面几层。这是因为相比较前面几层中提取的具有更好泛化能力的简单特征，后面几层更多的是寻找符合类别之间复杂关系的概括性更低的抽象特征。在深度模型中，一般越到后面的层数参数越多，理论上实例对应的特征度量存储了仅次于模型最后几层泄露的关于训练数据集的不必要的信息。但是 16.4 节证明，仅仅依靠这种独立的特征信息无法为行人再识别模型提供更好的攻击成功率，因此，建立了图像选择模块，期望由此得到的攻击特征能够同时描述单个实例特征度量中泄露的训练集信息以及距离度量分布差异，从而自动地学习到一个更加鲁棒的攻击模型。最终，只须采样少量数据作为参考集合，便能以较高的成功率判断攻击实例的成员归属。

在 16.4 节中，图像选择模块在采样少量的数据作为参考集合的情况下，达到了比直接将特征度量作为特征和不适用图像选择模块更好的推断成功率。

16.4 实验结果与分析

实验环境配置：11th Gen Intel Core™ i7-11800H @ 2.30GHz，内存 16GB，64 位 Windows 10 操作系统，编程语言为 Python，深度学习环境为 PyTorch。

16.4.1 实验设置

本小节介绍了基于相似度分布的行人再识别成员推断攻击的实验设置。我们在 Market1501[31] 以及 DukeMTMC-Re-ID[32] 两个经典的行人再识别数据集上按照公式(16-1)所描述的损失函数分别训练了三种不同模型结构的目标模型，分别是 ResNet50[33]、MobileNetV2[34] 和 Xception[35]。为了保证比较的公平性，使用相同的参数来训练这些目标模型，其中包括 60 个训练轮回，0.000 3 的初始学习率以及 32 的训练批次大小。

尽管在行人再识别任务上并没有现成的成员推断攻击方法，为了展示算法优良的性能，我们从分类模型或者对比学习模型上迁移了几种方法。首先，为了检验单纯的特征度量中并没有蕴含足够多的目标模型训练集信息，将其直接作为攻击模型的输入，该方法记作 M_{FE}。其次，假设能够获得行人的类别标签信息，并由此计算了每一个行人的三重损失[9]来近似由于特殊的任务结构而在行人再识别任务中无法获得的损失函数值。具体地，对于每个目标图像，我们都选择与之对应的所有正样本以及随机抽样的 100 个负样本来作为三重损失函数值，最后通过基于度量的方法进行成员推断攻击，该方法记作 M_{tloss}。最后，将在度量学习上的一种用户级别的成员推断攻击迁移到行人再识别任务上，对于每一个目标图像，都计算该类图像的类内平均距离以及类内离散距离，并将其作为攻击特征。特别地，我们按照能获取的类别信息程度将攻击分为 M_{Ulow}、M_{Umid} 以及 M_{Uhigh} 三种情况，分别表示针对每个目标图像采样两个、四个和所有同类图像的用户级成员推断攻击。另外，基于相似度量分布的成员推断攻击方法记作 M_{SD}，添加了图像选择模块的方法记作 M_{AS+SD}。

实验使用了攻击成功率（Attack Success Rate，ASR）作为最终的评价指标，其定义为

$$ASR=\frac{\#\text{Successeful attack}}{\#\text{All attack}}$$

该式表示所有正确推断出成员归属的样本在所有攻击样本中所占的比率。

16.4.2 实验结果

表 16-1 显示了本节方法以及其他迁移的成员推断攻击方法在使用不同模型结构（即 ResNet50、MobileNetV2 和 Xception）并在不同数据集（即 Market1501 和 DukeMTMC-Re-ID）上训练的行人再识别模型的成员推断攻击成功率。首先观察到，本节方法 M_{SD} 在不同的模型结构以及数据集下都显著优于现有的迁移方法，这进一步证明了利用训练集和测试集之间的相似度量分布差异进行成员推断的有效性。

表 16-1 不同方法在不同数据集和不同目标模型下的攻击成功率比较

方法	ResNet50		MobileNetV2		Xception	
	Market1501	DukeMTMC-Re-ID	Market1501	DukeMTMC-Re-ID	Market1501	DukeMTMC-Re-ID
M_{FE}	80.1%	80.5%	74.9%	72.7%	78.5%	76.1%
M_{tloss}	82.6%	86.2%	77.4%	77.8%	84.9%	83.8%
M_{Ulow}	72.4%	70.8%	65.5%	63.3%	71.0%	66.1%
M_{Umid}	78.6%	77.4%	71.0%	69.3%	76.9%	72.3%
M_{Uhigh}	82.9%	81.9%	74.0%	72.6%	79.6%	75.9%
M_{SD}（本节方法）	87.0%	88.7%	80.6%	81.4%	89.7%	90.6%
M_{AS+SD}（本节方法）	87.3%	89.1%	81.2%	82.2%	90.1%	91.6%

通过添加图像选择器，M_{AS+SD} 实现了最高的攻击成功率，这表明为不同攻击图像选择合适的参考图像的重要性。与其他方法相比，M_{FE} 达到了相对较低的攻击成功率，这进一步验证了特征度量相比较本节方法包含更少与目标模型训练数据相关的信息。用户级成员推断攻击方法 M_U 在 Market1501 数据集上也大多优于基于特征度量的方法 M_{FE}，显示了样本间相似度量分布差异的重要性。然而，该方法仅考虑同类样本之间的

相似度量，与我们关注同类和不同类样本之间的相似度量 M_{SD} 和 M_{AS+SD} 相比，其性能较差。此外，M_U 的性能受到每个类中同类样本数量的严重影响。具体而言，通过观察 M_{Ulow}、M_{Umid} 以及 M_{Uhigh} 的实验结果，我们发现用户级成员推断攻击方法 M_U 的攻击成功率随着同类中图像的数量减少而减少。总之，与本节方法相比，用户级成员推断攻击对目标图像的背景知识有更严格的要求，包括身份标签信息以及每个身份类别的大量同类图像。

在 16.3 节的分析中，数据集对应的相似度量分布标准差很大，这导致当参考集合很小时，攻击模型不能很好地学习训练集与测试集之间的相似度量统计差异。图 16-8 显示了参考集合中不同数量的参考图像如何影响基于相似度量分布的成员推断攻击方法 M_{SD} 和 M_{AS+SD}。我们观察到，随着参考图像数量的百分比降低，M_{SD} 的攻击成功率急剧下降。同时，通过添加额外的图像选择模块来为合适的参考图像分配更高的重要性权重，M_{AS+SD} 在参考图像数量较低时，攻击成功率显著优于 M_{SD}，并且在 4% 的参考图像数量时达到性能上限。

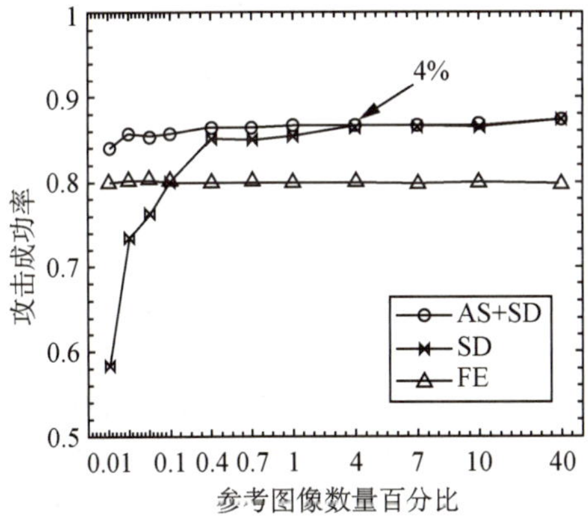

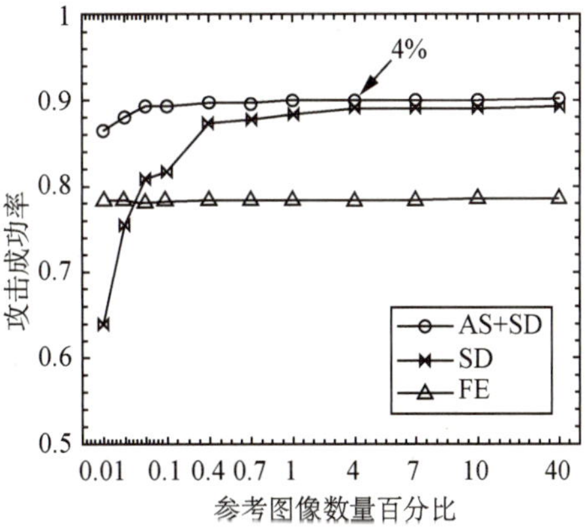

图 16-8　成员推断攻击方法在不同数量参考集合下的表现

16.5　本章小结

本章主要介绍了一种量化行人再识别模型隐私泄露程度的方法，即基于相似度量分布的行人再识别成员推断攻击方法。众所周知，行人再识别是一项具有复杂特征度量的细粒度识别任务，现有的成员推断攻击通常基于置信度输出和损失函数值，这些特征通常在行人再识别任务中是不可访问的。因此，本章进行了实验验证，以发现行人再识别模型中能够适用于成员推断攻击的一组新的攻击特征，即图像之间的相似度量，提出了一种新的成员推断攻击方法，能够利用行人图像之间的样本间的相似度量来量化行人再识别训练数据集的信息泄露。该方法在行人再识别模型上优于现有的成员推断攻击方法的迁移，是一种简单且有效的攻击方法。

参考文献

[1] HE K, ZHANG X, REN S, et al. Deep residual learning for image recognition[C]//Proceedings of the IEEE conference on computer vision and pattern recognition. 2016: 770-778.

[2] HOLYNSKI A, CURLESS B L, SEITZ S M, et al. Animating pictures with eulerian motion fields[C]//Proceedings of the IEEE/CVF Conference on Computer Vision and Pattern Recognition. 2021: 5810-5819.

[3] DENG J, DONG W, SOCHER R, et al. Imagenet: A large-scale hierarchical image database [C]//2009 IEEE conference on computer vision and pattern recognition. Ieee, 2009: 248-255.

[4] DEVLIN J, CHANG M W, LEE K, et al. Bert: Pre-training of deep bidirectional transformers for language understanding[J]. arXiv preprint arXiv: 1810. 04805, 2018.

[5] DEVLIN J, CHANG M W, LEE K, et al. Bert: Pre-training of deep bidirectional transformers for language understanding[J]. arXiv preprint arXiv: 1810. 04805, 2018.

[6] GONG Y, LUO H, ZHANG J. Natural language inference over interaction space[J]. arXiv preprint arXiv: 1709. 04348, 2017.

[7] KIPF T N, WELLING M. Semi-supervised classification with graph convolutional networks[J]. arXiv preprint arXiv: 1609. 02907, 2016.

[8] SEGARAN T, EVANS C, TAYLOR J. Programming the semantic web: Build flexible applications with graph data[M]. O'Reilly Media Inc, 2009.

[9] ZHANG C, BENGIO S, HARDT M, et al. Understanding deep learning (still) requires rethinking generalization[J]. Communications of the ACM, 2021, 64(3): 107-115.

[10] CARLINI N, LIU C, ERLINGSSON Ú, et al. The secret sharer: Evaluating and testing unintended memorization in neural networks[C]//28th USENIX security symposium (USENIX security 19). 2019: 267-284.

[11] SONG C, RISTENPART T, SHMATIKOV V. Machine learning models that remember too much[C]//Proceedings of the 2017 ACM SIGSAC Conference on computer and communications security. 2017: 587-601.

[12] SHOKRI R, STRONATI M, SONG C, et al. Membership inference attacks against machine learning models[C]//2017 IEEE symposium on security and privacy (SP). IEEE, 2017: 3-18.

[13] YEOM S, GIACOMELLI I, FREDRIKSON M, et al. Privacy risk in machine learning: Analyzing the connection to overfitting[C]//2018 IEEE 31st computer security foundations symposium (CSF). IEEE, 2018: 268-282.

[14] LONG Y, BINDSCHAEDLER V, WANG L, et al. Understanding membership inferences on well-generalized learning models[J]. arXiv preprint arXiv: 1802. 04889, 2018.

[15] LONG Y, WANG L, BU D, et al. A pragmatic approach to membership inferences on machine learning models[C]//2020 IEEE European Symposium on Security and Privacy (EuroS&P). IEEE, 2020: 521-534.

[16] SALEM A, ZHANG Y, HUMBERT M, et al. Ml-leaks: Model and data independent membership inference attacks and defenses on machine learning models[J]. arXiv preprint arXiv: 1806. 01246, 2018.

[17] SONG L, SHOKRI R, MITTAL P. Membership inference attacks against adversarially robust deep learning models[C]//2019 IEEE Security and Privacy Workshops (SPW). IEEE, 2019: 50-56.

[18] LEINO K, FREDRIKSON M. Stolen memories: Leveraging model memorization for calibrated {White-Box} membership inference[C]//29th USENIX security symposium (USENIX Security 20). 2020: 1605-1622.

[19] CHOQUETTE-CHOO C A, TRAMER F, CARLINI N, et al. Label-only membership inference attacks[C]//International conference on machine learning. PMLR, 2021: 1964-1974.

[20] NASR M, SHOKRI R, HOUMANSADR A. Comprehensive privacy analysis of deep learning [C]//Proceedings of the 2019 IEEE Symposium on Security and Privacy (SP). 2018, 2018: 1-15.

[21] HU H, SALCIC Z, SUN L, et al. Membership inference attacks on machine learning: A survey [J]. ACM Computing Surveys (CSUR), 2022, 54(11s): 1-37.

[22] YEOM S, GIACOMELLI I, FREDRIKSON M, et al. Privacy risk in machine learning: Analyzing the connection to overfitting[C]//2018 IEEE 31st computer security foundations symposium (CSF). IEEE, 2018: 268-282.

[23] CHEN M, ZHANG Z, WANG T, et al. When machine unlearning jeopardizes privacy[C]// Proceedings of the 2021 ACM SIGSAC conference on computer and communications security. 2021: 896-911.

[24] LIU Y, WEN R, HE X, et al. {ML-Doctor}: Holistic risk assessment of inference attacks against machine learning models[C]//31st USENIX Security Symposium (USENIX Security 22). 2022: 4525-4542.

[25] RAHMAN M A, RAHMAN T, LAGANIÈRE R, et al. Membership inference attack against differentially private deep learning model[J]. Trans Data Priv, 2018, 11(1): 61-79.

[26] MING Z, ZHU M, WANG X, et al. Deep learning-based person re-identification methods: A survey and outlook of recent works[J]. Image and Vision Computing, 2022, 119: 104394.

[27] NASR M, SHOKRI R, HOUMANSADR A. Comprehensive privacy analysis of deep learning [C]//Proceedings of the 2019 IEEE Symposium on Security and Privacy (SP). 2018, 2018: 1-15.

[28] DUAN Y, LU J, FENG J, et al. Deep localized metric learning[J]. IEEE Transactions on Circuits and Systems for Video Technology, 2017, 28(10): 2644-2656.

[29] OH SONG H, XIANG Y, JEGELKA S, et al. Deep metric learning via lifted structured feature embedding[C]//Proceedings of the IEEE conference on computer vision and pattern recognition. 2016: 4004-4012.

[30] ZHENG L, YANG Y, HAUPTMANN A G. Person re-identification: Past, present and future

[J]. arXiv preprint arXiv：1610. 02984，2016.
[31] ZHENG L，SHEN L，TIAN L，et al. Scalable person re-identification：A benchmark[C]//Proceedings of the IEEE international conference on computer vision. 2015：1116-1124.
[32] ZHENG Z，ZHENG L，YANG Y. Unlabeled samples generated by gan improve the person re-identification baseline in vitro[C]//Proceedings of the IEEE international conference on computer vision. 2017：3754-3762.
[33] HE K，ZHANG X，REN S，et al. Deep residual learning for image recognition[C]//Proceedings of the IEEE conference on computer vision and pattern recognition. 2016：770-778.
[34] SANDLER M，HOWARD A，ZHU M，et al. Mobilenetv2：Inverted residuals and linear bottlenecks[C]//Proceedings of the IEEE conference on computer vision and pattern recognition. 2018：4510-4520.
[35] CHOLLET F. Xception：Deep learning with depthwise separable convolutions[C]//Proceedings of the IEEE conference on computer vision and pattern recognition. 2017：1251-1258.

展　望

行人再识别旨在解决跨摄像头、跨场景下目标行人的关联与匹配，是智能视频监控系统的关键技术，对维护公共安全具有重要作用。目前，标准行人再识别研究日趋成熟，其性能在多个行人再识别数据集上已经很高。但是距离现实世界落地仍有一段距离，面向不确实性的复杂场景行人再识别研究仍然面临诸多挑战，未来的研究可能有以下趋势。

1. 完整再识别与定位系统

完整再识别与定位系统强调的是行人或目标的识别与其空间位置的高精度确定。这一领域的未来发展趋势主要围绕更准确的识别、更高效的定位以及对复杂场景的处理展开。随着多模态数据的普及(如 RGB、深度、红外等)，未来的再识别和定位系统将更加依赖于多模态信息融合。利用多个传感器数据源提供的丰富信息，可以极大提高在复杂环境下的识别和定位精度，特别是在低光、遮挡或者天气变化等情况下。现实世界中，行人或目标在长时间跨度中会经历外观变化、姿态变化、服饰更换等。未来的再识别系统将更加注重如何处理这些变化，提供长时间不变的、稳定的目标识别与跟踪能力。

2. 通用目标再识别

随着识别需求的多样化，未来的目标再识别将不仅限于单一类别的目标(如行人或车辆)，而是需要应对多种类目标(如动物、物品、车辆等)的再识别。未来模型需要能够处理不同类别的目标，并在大规模目标库中快速识别。模型将致力于在同一个特征空间内处理多个目标类别，确保其在各种目标上的一致性表现。

3. 3D 目标再识别与场景融合

未来的目标再识别不仅仅局限于二维图像，还会结合 3D 场景信息，实现更高层次的空间再识别能力。利用 3D 深度数据与 2D 图像的结合，特别是在角度、姿态发生较大变化时对目标进行更精确的再识别。将目标与其所在场景的上下文信息融合，以提升识别准确度。例如，在智能安防中，结合目标的位置信息和周围环境信息，可以有效减少误识别。

4. 隐私与安全

隐私安全是行人再识别面临的重要伦理问题，同时也是一个技术难点。隐私安全问题随着视频技术的广泛使用而增多。为了保护隐私安全，需要在不影响视频动作和背景内容的前提下，采用自动化的方法来遮盖个人身份。去身份化涉及对个人图像或视频的检测和改造，使其无法识别个人身份，同时不影响动作和其他背景内容。通过将个人周围的保守区域替换成黑色像素，很容易隐藏个人的身份。然而，这隐藏了大部分关于该空间内发生何种人类活动的信息，使得视频监控等应用失去了意义。因此，如何在不影响监控视频内容的前提下去除行人身份、维护隐私安全，是一个亟须解决的问题。

5. 半监督与无监督学习

在实际视频监控系统中，目标场景下不同相机拍摄的图片易于获取，但这些图片往往是没有明确行人标签信息的（人工标注费时费力，且有一定识别难度），因此很难直接用来监督训练行人再识别网络。近年来，研究利用无标签数据的无监督和半监督方法逐渐兴起，这些方法致力于解决无标签数据或少量标签数据下的行人再识别模型训练问题，促进了行人再识别实际应用。然而，现有的无监督和半监督行人再识别性能距离有监督方法还存在一定差距，仍然是一个待研究的问题。

致　谢

著者感谢同济大学电子与信息工程学院计算机系视觉与智能学习实验室（Visual and Intelligent Learning Lab，VILL）诸位毕业、在读同学的协助，以下为各章节参与整理的同学，感谢他们的辛苦付出：第1章的工作主要参与者齐鼎，第2～4章的工作主要参与者王学宽、曲则帆，第5章主要的工作参与者吕心铋、宋子帆，第6章和第7章的工作主要参与者窦曙光，第8章的工作主要参与者曲则帆，第9章的工作主要参与者涂远鹏，第10章的工作主要参与者涂远鹏、王雨滨，第11～13章的工作主要参与者宋子帆、李正甲、陈至成、侯绍伟，第14章的工作主要参与者窦曙光，第15章的工作主要参与者孙文丽，第16章的工作主要参与者高俊尧。

英文缩写索引

ABC：Adversarial Binary Coding
A3C：Asynchronous Advantage Actor-Critic
AFPB：Attention Framework for Person Body
AOC：Auto-Occlusion Controller
ASR：Attack Success Rate
AWB：Attention Wave Block
BDB：Batch Drop Block
BERT：Bidirectional Encoder Representations from Transformers
BIF：Bio-inspired Features
BN：Batch Normalization
BoT：Bottleneck Transformer
BREB：Batch Random Erasing Block
CANR：Context-Aware Noise-Robust
CBI：Cross-view Binary Identities
CCA：Canonical Correlation Analysis
CDH：Color Distribution Histogram
CE Loss：Cross-Entropy Loss
CMC：Cumulated Matching Characteristics
CMPM：Cross-Modal Projection Matching
CNNH：Convolution Neural Network Hashing
CORE：Collaborative Online Refinement
CPLR：Center Prior-based Label Reassignment
CQ：Circular Queue
CSBT：Cross-camera Semantic Binary Transformation
CWTL：Class-wise Triplet Loss
DADH：Deep Supervised Discrete Hashing
DCCA：Deep Canonial Correlations Analysis
DLG：Deep Leakage from Gradient
DM：Dissimilarity Matrix

DP：Differential Privacy
DPM：Diverse Partition Module
DPSH：Deep Pairwise Supervised Hashing
DQN：Deep Quantization Network
DRSCH：Deep Regularized Similarity Comparison Hashing
DTQ：Deep Triplet Quantization
DTRM：Dynamic Tri-Level Relation Mining
DTSH：Deep Triplet Supervised Hashing
DVSQ：Deep Visual-Semantic Quantization
FC：Fully Connected Layer
FC Loss：Feature Compactness Loss
FCS：First Classification Score
FFLN：Fusion Feature Learning Network
FPSP：Fast Person Search Pipeline
G&A：Global-Adversarial Suppression
GAP：Global Average Pooling
G&A 框架：Global-Adversarial Suppression
GMDA-RC：Generalized Multi-view Discriminant Analysis based on Representation Consistency
GMP：Global Max Pooling
GMSD：Gradient Magnitude Similarity Deviation
GN：Group Norm
HCGA：Human Collalorative Analysis Guide Alignment
HCTL：Hard Mining Center-Triplet Loss
HE：Homomorphic Encryption
IALM：Iterative Augmented Lagrange Multiplier
IAMT：Iterative Asymmetric Mutual Training
iDLG：Improved Deep Leakage from Gradients
IGOAS：Incremental Generative Occlusion Adversarial Suppression
IGO：Incremental Generative Occlusion Block
IIDFC：Improved Instance Discrimination and Feature Compactness for End-to-end Person Search
IRR Loss：Improved RCNN Regression Loss
LBP：Local Binary Patterns
LFDA：Localized Fischer Discriminant Analysi

LSDA: Locality Sensitive Discriminant Analysis
LUT: Look up Table
mAP: mean Average Precision
MBD: Mean Barcode Descriptor
MGTS: Mask-Guided Two-Stream
MMLBD: Multi-Scale Multi-Level Local Binary Descriptor
MPC: Secure Multi-Party Computation
NINH: Network in Network Hashing
OIM Loss: Online Instance Matching Loss
OIM: Online Instance Matching
OSM: Occlusion Suppression Module
PAM: Pedestrian Attention Module
PATrans: Part-Aware Transformer
PCB: Part-based Convolution Baseline
PIS: Person Identify Shift
RDLR: Re-ID Driven Localization Refinement
Re-ID: Person Re-IDentification
ReLU: Rectified Linear Unit
RPN: Region Proposal Network
SA: Spatial Attention
SDB: Slow-Drop Block
SeqNet: Sequential end-to-end Network
SE: Squeeze-and-Excitation
SIAMH: Salience-Guided Iterative Asymmetric Mutual Hashing
SIG: Scene Information Graph
SILTP: Scale Invariant Local Ternary Pattern
SLPS: Spatial Learning foe End-to-End Person Search
SSB: Salience-Guided Self-distillation Branch
SSCA: Soft Spatial-Channel Attention
SSS: Small Sample Size
TCIG: Timing and Contextual Information Graph
TCL: Triplet-Center Loss
TEE: Trusted Execution Environment
ViT: Vision Transformer
XQDA: Cross-View Quadratic Discriminant Analysis